机械工程材料

第2版

主　编　文九巴

副主编　贠自均　李安铭

编写人　文九巴　贠自均

李安铭　王利国

田保红

机械工业出版社

本书是根据高等院校机械类冷加工各专业工程材料课程的基本要求编写的试用教材。

本书从机械类各专业学生实际需要出发，介绍了常用机械工程材料及其应用，主要内容包括：材料的结构和金属的结晶；金属的塑性变形与再结晶；材料的力学性能；二元合金相图；铁碳合金；钢的热处理；合金钢；铸铁；非铁（有色）金属及其合金；机械零件选材及工艺路线分析；非金属机械工程材料（包括高分子材料、工程塑料、橡胶材料、工程陶瓷材料、复合材料）等。书末附录介绍了常用力学性能指标及硬度试验方法，金属硬度及其与强度的换算以及国内外常用钢材牌号。本书在选材方面注重联系实际，反映材料科学的新近成果。书中的相关内容也采用了新的国家标准。

本书可作为高等院校机械类或近机类冷加工各专业使用的教材，也可供专业技术人员阅读参考。

图书在版编目（CIP）数据

机械工程材料/文九巴主编．—2版．—北京：机械工业出版社，2009.7（2023.8重印）

ISBN 978-7-111-27640-1

Ⅰ.机… Ⅱ.文… Ⅲ.机械制造材料 Ⅳ.TH14

中国版本图书馆CIP数据核字（2009）第117007号

机械工业出版社（北京市百万庄大街22号 邮政编码100037）
责任编辑：张秀恩 版式设计：霍永明 责任校对：李秋荣
封面设计：马精明 责任印制：常天培
北京机工印刷厂有限公司印刷
2023年8月第2版第12次印刷
169mm×239mm · 23.25印张 · 448千字
标准书号：ISBN 978-7-111-27640-1
ISBN 978-7-89433-976-8（光盘）
定价：48.00元（含1CD）

凡购本书，如有缺页、倒页、脱页，由本社发行部调换

电话服务	网络服务
社服务中心：(010)88361066	教材网：http://www.cmpedu.com
销售一部：(010)68326294	机工官网：http://www.cmpbook.com
销售二部：(010)88379649	机工官博：http://weibo.com/cmp1952
读者购书热线：(010)88379203	**封面无防伪标均为盗版**

第2版前言

本书自2002年出版以来，已先后印刷6次，共计17000册，被国内多所高等院校选用，这表明它在我国高校有关专业教学中已得到了广泛认同。6年来的教学实践表明，本书的总体结构和内容深浅程度是合适的，但也存在一些问题，根据师生们提出的意见和建议，对本书进行修订再版。

“机械工程材料学”是机械类或近机类冷加工专业专门讲述机械工程材料的唯一课程。该课程使学生通过了解机械工程材料，特别是金属材料的基本理论，学会合理选用金属材料、正确选用热处理工艺方法，能够将材料的成分-工艺-组织-性能-应用有机地结合起来，同时对非金属工程材料有一定的了解。因此，从实用的角度、便于学生学习的角度出发，适当调整不同章节的内容顺序、增加实际生产工艺例子、适当增加必要的内容。本次修订是在原教材的基础上进行了必要的修改和补充，原结构体系基本不变，以保持其科学性、先进性和实用性。

本书这次修订的主要内容有以下几点：

1）适当充实高分子材料和陶瓷材料内容：第一章将淡化“金属”的晶体结构，以材料的结构和金属的结晶为主线，增加离子键、共价键、分子键、非晶体等内容，将合金的相结构、合金的组织放入本章。

2）增加材料力学性能内容，放在第三章。

3）适当压缩合金的结晶过程内容：该内容涉及第三章和第四章。

4）修改Fe-Fe_3C相图内容，将相组成相图和组织组成相图分开介绍。

5）适当增加材料科学的前沿性成果，使学生对材料科学的发展前沿有所了解，如在第八章新型及特种材料部分增加纳米碳管等新的材料科学成果。

以上修订内容由河南科技大学“机械工程材料学”课程组负责完成，增添的第三章由文九巴、李安铭编写。第一章修订由河南科技大学朱利敏完成，第五章、第六章修订由河南科技大学宁向梅完成，第七章修订由河南科技大学王长生完成，河南科技大学王顺兴教授参加修改讨论，并提出了具体意见和建议。

本书课件由河南科技大学宁向梅、朱利敏、王顺兴、文九巴制作。

虽然我们在修订中作了努力，但错误和不当之处仍然难免，请读者继续提出宝贵意见。

河南科技大学　文九巴

2009年5月

第1版前言

《机械工程材料》是机械类冷加工各专业的一门重要技术基础课。近年来，由于学科调整、专业改造、教学计划变更等，使得该课程的教学情况发生了变化，而且随着材料科学的发展，许多新的研究成果也需不断充实到该课程的教材中，为此我们重新编写了《机械工程材料》以适应新形势下的教学要求。

本书从机械工程材料的应用角度出发，以培养机械制造冷加工各专业的学生具有合理选用金属材料、正确选定热处理工艺方法、妥善安排工艺路线的初步能力，了解非金属材料及其在机械工程方面的应用为主要目标。

本书内容包括：金属学、热处理、金属材料、失效分析与选材以及非金属工程材料等。主要讲述：金属材料的结构、成分、组织与性能、加工工艺之间的关系；钢铁材料热处理的基本原理和工艺及其在机械构件上的应用；常用金属材料（碳钢、合金钢、铸铁、非铁（有色）金属及合金、硬质合金等）的分类、编号、成分、组织结构、性能及用途；金属材料的选用原则；机械设计对金属材料及热处理的技术要求；机械零件的失效分析；非金属材料（高分子材料、工程陶瓷、复合材料等）的基本性质及其工程应用等。

本书内容分为两部分（金属材料、非金属材料），适用学时数约50~70学时，各校在使用时可根据专业要求和具体情况进行删减或补充。

本书从机械工业实际出发，内容安排力图更好满足教学要求，以金属材料为主，兼顾非金属工程材料，并补充了有关新材料的内容。书中涉及的材料牌号、成分和性能，以及中外牌号对照采用了新的国家标准。计量单位统一采用国际单位制（SI），并以国际代号表示。

参加本书编写的有河南科技大学文九巴（绪论、第四章、第六章）、河南科技大学贠自均（第五章、第九章）、河南理工大学李安铭（第一章、第七章、第八章）、郑州大学王利国（第二章、第三章、附录）、河南科技大学田保红（第十章、第十一章、第十二章）。河南科技大学王长生为本书提供了部分金相照片。本书在编写过程中，曾得到许多有关同志的热忱帮助和支持，在此谨表示衷心感谢。

本书由杨蕴林教授主审，杨教授认真审阅了全书内容并提出了许多具体意见和建议，在此致谢。

由于我们水平有限，加之时间仓促，书中一定存在不少缺点和错误，恳请广大读者提出宝贵意见。

编　者
2002年4月

目　录

绪　论

人类社会的发展在很大程度上取决于生产力的发展，生产力水平的高低往往以劳动工具为代表，而劳动工具的进步又离不开材料的发展。人类使用材料的历史已有几万年之久。从远古的石器时代到公元前的青铜器时代和铁器时代，金属的使用标志着人类社会开始逐渐进入文明社会。到18世纪，随着钢铁材料的广泛应用，极大地促进了世界范围内的工业革命，因而产生了若干经济发达的强国。所以材料对社会文明的进步发挥着重大的作用。

在近代科学技术的推动下，材料科学发展迅速，材料的种类日益增多，不同效能的新材料不断涌现，原有材料的性能不断改善与提高，以满足各种使用要求，故材料科学是科学技术的发展基础、工业生产的支柱。

工程材料是指各种工程上使用的材料。工程材料按其属性可分为两大类，即金属材料和非金属材料。金属材料一般又分为钢铁（黑色金属）材料和非铁金属（有色金属）及其合金材料两类；非金属材料通常又分为无机非金属材料和有机高分子材料两类。随着材料科学的发展，单一金属或非金属材料无法实现的性能又可通过复合材料得以实现。

从应用的角度，人们习惯将材料分为两大类，一类是以力学性能为主要使用性能并兼具一定物理、化学性能的“结构材料”；另一类叫做“功能材料”，主要是指具有特异物理化学性质的材料，如超导材料、激光材料、储氢材料、生物材料、阻尼材料、半导体材料、形状记忆材料等。机械工程领域使用的主要是结构材料。

在机械工程领域，如机床、农业机械、交通设备、电工设备、化工和纺织机械等，所使用的钢铁材料占90%左右，非铁（有色）金属约占5%。近些年来，随着许多新型非金属材料的不断开发和应用，金属材料的统治地位已受到挑战，开始出现了金属材料、陶瓷材料和有机高分子材料“三足鼎立”的新局面。

目前，陶瓷材料已远远超出其作为建筑材料（以粘土、石英、长石等为主要成分）使用的范围。近20年中，以研究工程陶瓷（以Al_2O_3、SiC、Si_3N_4等为主要成分）用于工程结构件如陶瓷轴承、陶瓷发动机等为目标，在世界范围内兴起了陶瓷热。现在，陶瓷功能材料、陶瓷轴承已投入工业应用，陶瓷材料正显现出良好的发展前景。

高分子材料（包括工程塑料、橡胶、合成纤维等）也正以前所未有的速度发展。随着各种合成或制备技术不断出现和完善，高分子材料的产量和性能均不断提高。有关专家预测，汽车的车身不久将大部分采用工程塑料，每kg工程塑料可代替4~5kg钢铁，而且可整体成型，因而成本和油耗将进一步降低。由于高分子材料由人工合成，且原料充足，可以设计、制造出无穷的新产品，应用前景十分广阔。

陶瓷材料和高分子材料的发展速度虽然很快，但它们还不可能全面地取代传统的金属材料，金属材料目前在工业中，特别是在机械工业中，仍然占有主导地位。

我国是金属材料生产和使用的大国。以钢铁为例，1996年我国钢产量为10124万吨，2000年已达13000万吨，但是我国的特殊钢生产仍然供不应求，每年要花大量的外汇进口合金钢材。特别是我国明确提出要加速发展汽车工业，到2010年汽车工业将与钢铁、石油、化工和建筑工业一样形成国民经济的支柱产业，其年产量将由目前的200万辆达到600多万辆。仅就汽车工业的发展而言，对钢材的需求量（约占全国钢材年产量20%左右）也会不断上升。

钢铁材料因其具有优良的力学性能、工艺性能和低的成本，使其在21世纪中仍将占有重要地位，高分子材料、陶瓷材料及复合材料等虽会少量地代替金属材料，但钢铁材料的应用不可能大幅度衰减。

本课程是机械类、近机械类冷加工各专业的一门必修的技术基础课。

本课程的任务是从机械工程材料的应用角度出发介绍机械工程材料的基本理论，介绍材料的化学成分、加工工艺、组织结构与性能之间的关系，介绍常用机械工程材料及应用等基本知识。

本课程的目的是使学生通过学习，在掌握机械工程材料的基本理论及基本知识的基础上，具备根据机械零件的使用条件和性能要求，对机械零件进行合理地选材及制订零件加工工艺路线的初步能力。

本课程的内容分为金属材料和非金属材料两大部分。金属材料部分由金属学、热处理、金属材料等三方面内容组成，非金属材料部分包括高分子材料、陶瓷材料和复合材料等。

本课程基本要求如下：

（1）金属学方面　了解金属和合金的晶体结构、结晶过程、塑性变形与再结晶以及二元相图的基本知识，为掌握工程材料内部组织结构及其变化规律、理解不同金属材料之间的性能差异打下基础，也为学习热处理和金属材料作好知识准备。

（2）热处理方面　了解钢铁材料热处理的基本原理和工艺，以及热处理工艺在机械零件加工过程中的作用，以便能根据零件的技术要求正确选定热处理工艺方法，合理安排工艺路线。

(3) 金属材料方面　掌握常用的碳钢、合金钢、铸铁、非铁（有色）金属及合金（铜合金、铝合金、轴承合金、钛合金）的成分、组织、性能和用途的基本知识，以便能合理地选用金属材料。了解新型功能材料的发展状况。

(4) 非金属材料方面　了解高分子材料、陶瓷材料、复合材料的基本组成、性能及应用等方面的基础知识。

学习本课程前，学生应先学完材料力学，参加过金工实习，以便对机械工程材料的工艺过程及应用具有一定的感性知识。

第一章　材料的结构和金属的结晶

材料的性能主要取决于其化学组成和结构。所谓结构是指材料中原子的排列位置和空间分布，包括了三个层次：原子结构和原子结合键、原子的空间排列即晶体结构、相和组织。晶体缺陷赋予了材料组织和性能的多样性，是分析材料性能的金钥匙。通过本章学习掌握材料的成分-组织-性能之间的内在联系，从而为零件的选材和热处理工艺设计打下基础。

第一节　晶体结构和非晶体

一、原子的结合键及其特性

当两个或多个原子形成分子或固体时，它们是依靠什么样的结合力聚集在一起的，这就是原子间的键合问题。原子通过结合键可构成分子，原子之间或分子之间也靠结合键聚结成固体状态。

结合键可分为化学键和物理键两大类。化学键即主价键，它包括金属键、离子键和共价键；物理键即次价键，也称范德华力。此外，还有一种结合键称为氢键，其性质介于化学键和范德华力之间。

（一）金属键

金属原子的结构特点是外层电子少，容易失去。当金属原子相互靠近时，其外层的价电子脱离原子成为自由电子，为整个金属所共有，它们在整个金属内部运动，形成电子气。这种由金属正离子和自由电子之间互相作用而结合称为金属键。

金属键无方向性和饱和性，故金属的晶体结构大多具有高对称性，利用金属键可解释金属所具有的各种特性。金属内原子面之间相对位移，金属键仍旧保持，故金属具有良好的延展性。在一定电位差下，自由电子可在金属中定向运动，形成电流，显示出良好的导电性。随温度升高，正离子（或原子）本身振幅增大，阻碍电子通过，使电阻升高，因此金属具有正的电阻温度系数。固态金属中，不仅正离子的振动可传递热能，而且电子的运动也能传递热能，故比非金属具有更好的导热性。金属中的自由电子可吸收可见光的能量，被激发、跃迁到较高能级，因此金属不透明。当它跳回到原来能级时，将所吸收的能量重新辐射出来，使金属具有金属光泽。

（二）离子键

大部分盐类、碱类和金属氧化物在固态下是不能导电的，熔融时可以导电。这类化合物为离子化合物。当两种电负性相差大的原子（如碱金属元素与卤族元素的原子）相互靠近时，其中电负性小的原子失去电子，成为正离子，电负性大的原子获得电子成为负离子，两种离子靠静电引力结合在一起形成离子键。

由于离子的电荷分布是球形对称的，因此它在各方向上都可以和相反电荷的离子相吸引，即离子键没有方向性。离子键的另一个特性是无饱和性，即一个离子可以同时和几个异号离子相结合。例如，在 NaCl 晶体中，每个 Cl^- 离子周围都有 6 个 Na^+ 离子，每个 Na^+ 离子周围也有 6 个 Cl^- 离子等距离排列着。离子晶体在空间三个方向上不断延续就形成了巨大的离子晶体。离子型晶体 NaCl 的晶体结构如图 1-1 所示。

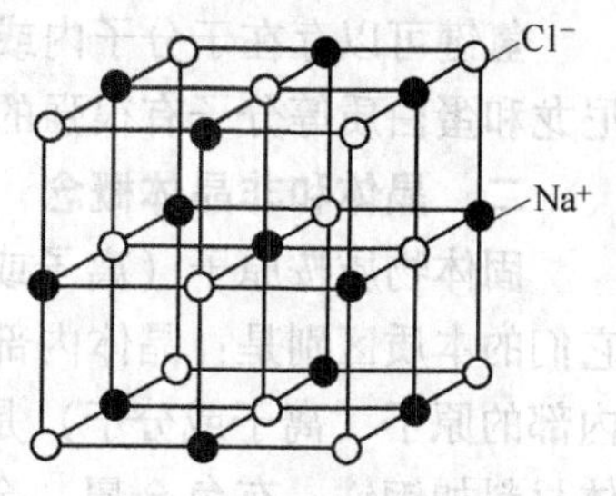

图 1-1　NaCl 晶体结构

离子型晶体中，正、负离子间有很强的电的吸引力，所以有较高熔点，离子晶体如果发生相对移动，将失去电平衡，使离子键遭到破坏，故离子键材料是脆性的。离子的运动不像电子那么容易，故固态时导电性很差。但当处在高温熔融状态时，正负离子在外电场作用下可以自由运动，即呈现离子导电性。

（三）共价键

有些同类原子，例如周期表ⅣA，ⅤA，ⅥA 族中大多数元素或电负性相差不大的原子互相接近时，原子之间不产生电子的转移，此时借共用电子对所产生的力结合，形成共价键。金刚石、单质硅、SiC 等属于共价键。实践证明，一个硅原子与 4 个在其周围的硅原子共享其外壳层能级的电子，使外层能级壳层获得 8 个电子，每个硅原子通过 4 个共价键与 4 个邻近原子结合，如图 1-2 所示。共价键具有方向性，对硅来说，所形成的四面体结构中，每个共价键之间的夹角约为 109°。在外力作用下，原子发生相对位移时，键将遭到破坏，故共价键材料是脆性的。为使电子运动产生电流，必须破坏共价键，需加高温、高压，因此共价键材料具有很好的绝缘性。金刚石中碳原子间的共价键非常牢固，其熔点高达 3750°，是自然界中最坚硬的固体。

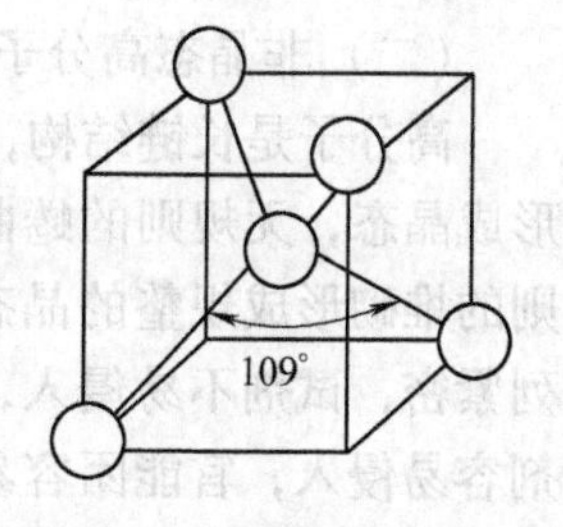

图 1-2　Si 形成的四面体

（四）分子键

分子型物质能由气态转变为液态，由液态转变为固态，这说明分子间存在着相互作用力，这种作用力称为分子间力或范德华力。范德华力是存在于分子间的一种吸引力，它比化学键弱得多。一般来说，某物质的范德华力越大，则它的熔点、沸点就越高。对于组成和结构相似的物质，范德华力一般随着相对分子质量的增大而增强。

(五) 氢键

氢键是一种特殊的分子间作用力。它是由氢原子同时与两个电负性很大而原子半径较小的原子（O，F，N 等）相结合而产生的具有比一般次价键大的键力，又称氢桥。氢键具有饱和性和方向性。

氢键可以存在于分子内或分子间。氢键在高分子材料中特别重要，纤维素、尼龙和蛋白质等分子有很强的氢键，并显示出非常特殊的结晶结构和性能。

二、晶体和非晶体概念

固体物质按原子（离子或分子）的聚集状态分为两大类，即晶体和非晶体。它们的本质区别是：晶体内部的原子（离子或分子）是规则排列的，而非晶体内部的原子（离子或分子）是无规则排列的（不排除局部的短程规则排列）。晶体材料如钢铁、有色金属、金刚石、硅酸盐等；非晶体材料如玻璃、橡胶、塑料等。

晶体具有固定的熔点，而非晶体没有；晶体在不同的方向上表现出不同的物理、化学和力学性能，即具有各向异性的特征，而非晶体则是各向同性的。

三、非晶体结构

(一) 非晶态金属

金属及合金极易结晶，传统的金属材料都以晶态形式出现。但如将某些金属熔体，以极快的速率急剧冷却，例如每秒钟冷却温度大于 100 万℃，则可得到一种崭新的材料。由于冷却极快，高温下液态时原子的无序状态，被迅速“冻结”而形成无定形的固体，这称为非晶态金属；因其内部结构与玻璃相似，故又称金属玻璃。

(二) 非晶态高分子

高分子是长链结构，这个长链是曲曲折折的蜷曲形。有规则的蜷曲（折叠）形成晶态，无规则的蜷曲形成非晶态；高分子的分子与分子堆砌在一起。有规则的堆砌形成规整的晶态排列；无规则的堆砌形成非晶态。规整结构中分子排列紧密，试剂不易侵入，官能团不易起反应；不规整结构中分子排列疏松，试剂容易侵入，官能团容易起反应。同一种高分子化合物可以兼具晶态和非晶态两种结构。大多数的合成树脂都是非晶态结构。聚合物的聚集态结构如图 1-3 所示。

(三) 非晶态陶瓷（玻璃相）

玻璃材料为经熔融、冷却、固化，具有无规则结构的非晶态无机物，原子排列近似液体，近程有序，形状又像固体那样保持一定的形状。玻璃的结构特征表现在近程有序和长程无序。其宏观表现为无序均匀和连续，微观又是有序、不均匀和不连续。

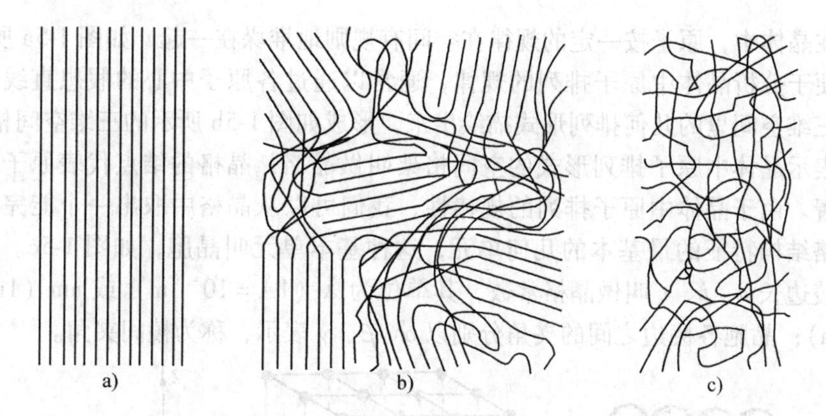

图 1-3　聚合物的聚集态结构

a）晶态　b）部分晶态　c）非晶态

玻璃相多为无规则网络的硅酸盐结构，但其排列是无序的，因此整个玻璃相是一个不存在对称性及周期性的体系。图 1-4 是石英（SiO_2）晶体与石英玻璃（SiO_2）结构对比示意图。

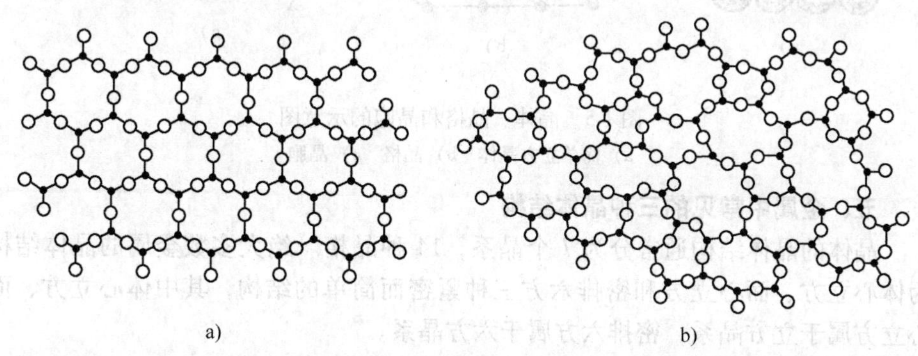

图 1-4　石英结构示意图

a）石英晶体　b）石英玻璃

四、晶体结构的基本概念

固态物质按原子（离子或分子）的聚集状态分为两大类，即晶体和非晶体（又叫玻璃态或无定形结构）。晶体材料如钢铁、非铁（有色）金属、金刚石、硅酸盐等；非晶体材料如玻璃、橡胶、塑料等。晶体与非晶体的本质区别是：晶体内部的原子（离子或分子）是规则排列的；而非晶体内部的原子（离子或分子）是无规则排列的（不排除局部的短程规则排列）。

由于晶体与非晶体内部原子排列规律不同，其性能也不相同。晶体具有固定的熔点而非晶体没有，非晶体液态与固态之间的转变是一个逐渐过渡的过程。此外，晶体在不同方向上常表现出不同的物理、化学或力学性能，即具有各向异性的特征，而非晶体则是各向同性的。

在晶体中，原子按一定的规律在空间有规则地堆垛在一起，如图1-5a所示。为了便于分析晶体中原子排列的规律，通常以通过各原子中心的假想直线把它们在三维空间里的几何排列形式描绘出来，形成如图1-5b所示的三维空间格架，这种表示晶体中原子排列形式的空间格架叫做晶格，晶格的结点代表原子中心的位置。由于晶体中原子排列的规律性，我们可以从晶格中取出一个能完全代表晶格结构特征的最基本的几何单元，这种基本单元叫晶胞，如图1-5c。晶胞的各棱边长 a、b、c 叫做晶格常数，其单位为Å（$1Å = 10^{-10}m$）或nm（$1nm = 10^{-9}m$）；晶胞各棱边之间的夹角分别以 α、β、γ 表示，称为棱间夹角。

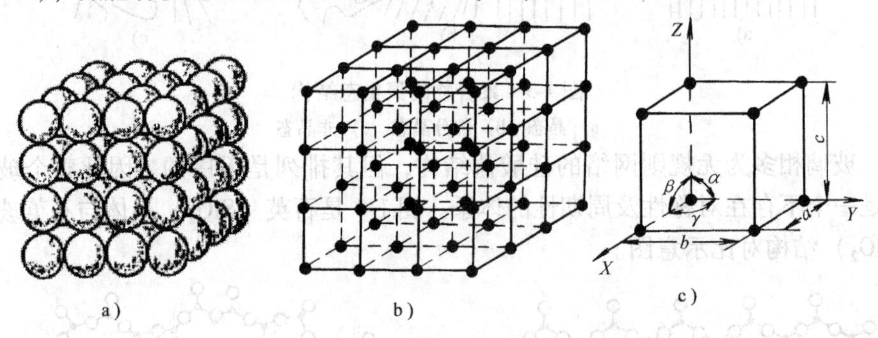

图1-5　晶体、晶格和晶胞的示意图

a）简单立方晶体　b）晶格　c）晶胞

五、金属中常见的三种晶体结构

晶体的晶体结构通常分为7个晶系，14种晶格。绝大多数金属的晶体结构为体心立方、面心立方和密排六方三种紧密而简单的结构，其中体心立方、面心立方属于立方晶系，密排六方属于六方晶系。

（一）体心立方晶格

体心立方晶格的晶胞（图1-6）是由八个原子构成的立方体，且在其体心位置还有一个原子。晶胞中每个顶点上的原子同时属于周围8个晶胞所共有，故每个体心立方晶胞中的原子数为 $\frac{1}{8} \times 8 + 1 = 2$ 个。晶格常数 $a = b = c$，故通常只用一个常数 a 表示。体心立方晶胞沿体对角线方向上的原子是彼此紧密排列的，由此可计算出原子半径 $r = \frac{\sqrt{3}}{4}a$。

属于这种结构的金属有Na、K、Cr、W、Mo、V、α-Fe等。

（二）面心立方晶格

面心立方晶格的晶胞（图1-7）也是由8个原子构成的立方体，在立方体的每个面心位置还各有一个原子。故每个晶胞中的原子数是 $\frac{1}{8} \times 8 + \frac{1}{2} \times 6 = 4$ 个。

此种晶胞每个面上沿对角线方向的原子紧密排列，故原子半径 $r=\dfrac{\sqrt{2}}{4}a$。

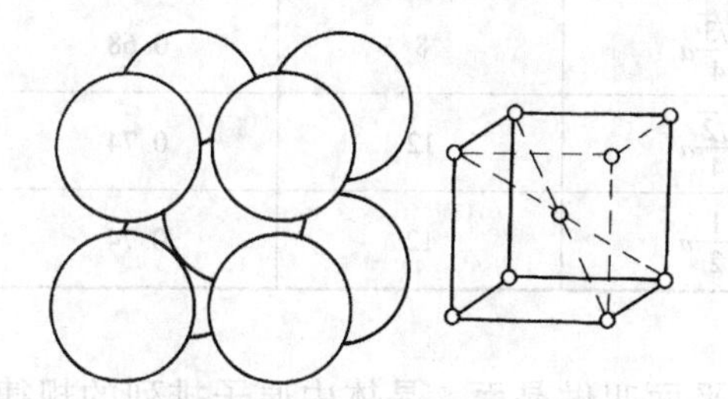

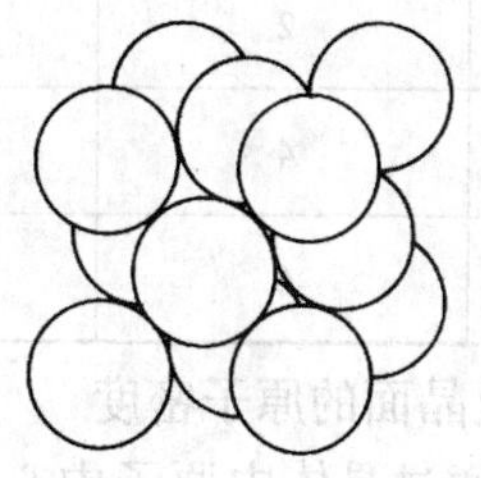

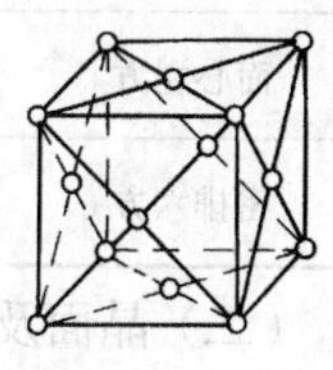

图 1-6 体心立方晶胞　　　　图 1-7 面心立方晶胞

属于这种结构的金属有 Au、Ag、Al、Cu、Ni、γ-Fe 等。

（三）密排六方晶格

密排六方晶格的晶胞（图 1-8）是由 12 个原子构成的六方棱柱体，上下两个六方底面的中心各有一个原子，上下底面之间还有三个原子。密排六方晶格的晶格常数比值 $\dfrac{c}{a}\approx 1.633$。每个密排六方晶胞中包含 $\dfrac{1}{6}\times 6\times 2+\dfrac{1}{2}\times 2+3=6$ 个原子。

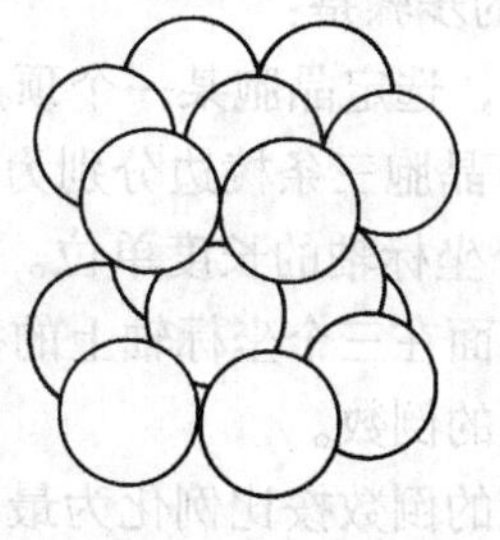

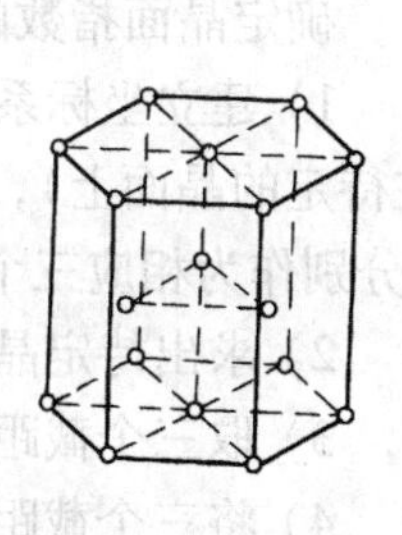

图 1-8 密排六方晶胞

属于这种结构的金属有 Mg、Zn、Be、Cd、α-Ti 等。

六、三种典型晶格的致密度及晶面晶向分析

（一）晶格致密度

晶体中原子排列的紧密程度与晶体结构类型有关，通常用致密度和配位数来表示。致密度是指晶胞中所包含的原子所占有的体积与该晶胞体积之比，配位数是指晶格中与任一原子最邻近且等距离的原子数。晶格的致密度高，配位数也大。表 1-1 列出了三种典型晶格的常用数据。可以看出，三种常见金属晶体结构中原子排列最致密的是面心立方和密排六方，其次是体心立方，面心立方和密排六方致密度、配位数相同，说明原子排列致密程度相同，但原子排列方式不同。

不同类型晶格的晶体中，原子排列紧密程度不同，所以具有不同的比容（单位质量物质所占的体积）。金属的晶格类型发生转变时，会带来体积的膨胀或收缩，如果这种体积变化受到约束，金属内部将产生内应力，引起工件的变形或开裂。

表 1-1　三种典型金属晶格的常用数据

晶格类型	晶胞中原子数	原子半径	配位数	致密度
体心立方	2	$\frac{\sqrt{3}}{4}a$	8	0.68
面心立方	4	$\frac{\sqrt{2}}{4}a$	12	0.74
密排六方	6	$\frac{1}{2}a$	12	0.74

（二）晶面及晶面的原子密度

晶体学中，通过晶体中原子中心的平面叫做晶面。晶体中原子排列的规律性也反映在晶面上。为了分析各种晶面上原子分布的特点，需要给各种晶面规定一个符号，这就是晶面指数。

确定晶面指数的步骤是：

1）建立坐标系，选定晶胞某一个顶点作为空间坐标系的原点 O（原点不能在待定的晶面上），晶胞三条棱边分别为坐标轴 Ox、Oy、Oz，以晶格常数 a、b、c 分别作为相应三个坐标轴的长度单位。

2）求出待定晶面在三个坐标轴上的截距。

3）取三个截距的倒数。

4）将三个截距的倒数按比例化为最小整数，并加一圆括号，即为所求的晶面指数（hkl）。

按照上面的步骤，图 1-9 中所示的晶面在三个坐标轴上的截距分别为 1、2、∞，截距的倒数为 1、$\frac{1}{2}$、0；晶面指数为（210）。

由于坐标原点选择的任意性，（hkl）面实际上并非仅表示某一晶面而是表示一组原子排列相同的平行晶面。若晶面的截距是负数，则应在相应的指数上加“－”号，例如（$\bar{1}$11）晶面。图 1-10 表示了立方晶格中三种重要的晶面。

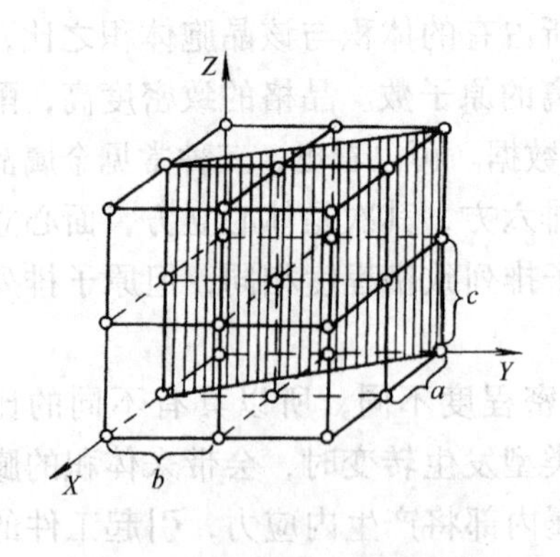

图 1-9　晶面指数的确定方法

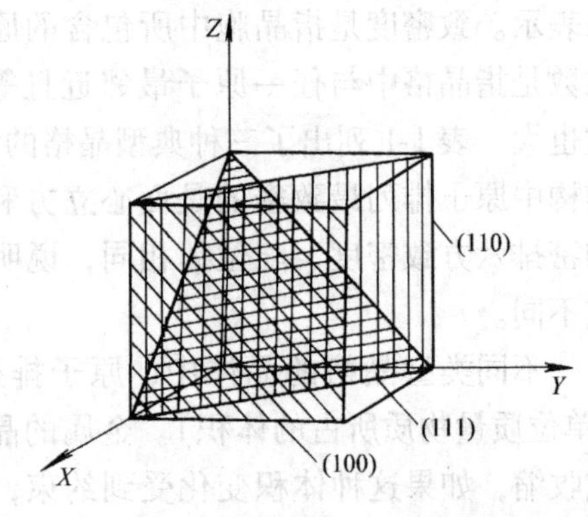

图 1-10　立方晶格中的三种重要的晶面

晶体中原子排列方式相同但位向不同的晶面，称为一族晶面，用 {hkl} 表示。例如，立方晶系中 {110} 包括 (110)、(011)、(101)、$(\bar{1}10)$、$(0\bar{1}1)$、$(\bar{1}01)$ 六个晶面。

晶体中不同晶面上原子排列的紧密程度可以用晶面的原子密度表示，它是指某晶面单位面积中的原子个数。立方晶系中主要晶面的原子密度见表 1-2，可以看出，在体心立方晶格中，原子密度最大的晶面是 {110}；面心立方晶格中，原子密度最大的晶面是 {111}。

表 1-2　立方晶系中主要晶面的原子密度

晶格类型	晶面指数		
	{100}	{110}	{111}
体心立方	$1/a^2$	$1.4/a^2$	$0.58/a^2$
面心立方	$2/a^2$	$1.4/a^2$	$2.3/a^2$

（三）晶向及晶向的原子密度

晶体中的原子列称为晶向，晶向用晶向指数表示。确定晶向指数的步骤是：

1）建立坐标系，取晶胞中某一顶点作为坐标原点 O，晶胞三条棱边分别为坐标轴 Ox、Oy、Oz，以晶格常数 a、b、c 分别作为相应三个坐标轴的长度单位。

2）过坐标原点作一条平行于待定晶向的直线。

3）求出该直线上任意一点的坐标值。

4）将三个坐标值按比例化为最小整数，并加一方括号，即为所求的晶向指数 [uvw]。

同样，一个晶向指数并非仅表示某一个晶向而是代表一组相互平行且方向相同的晶向。图 1-11 给出了立方晶格中几个重要的晶向。如果指数为负数，则在其上加"－"号，如 $[\bar{1}11]$。在晶体中，凡原子排列完全相同的晶向，统称为一族晶向，用〈uvw〉表示。例如，立方晶系中〈110〉包括 [110]、[011]、[101]、$[\bar{1}10]$、$[\bar{1}01]$、$[0\bar{1}1]$ 六个晶向。

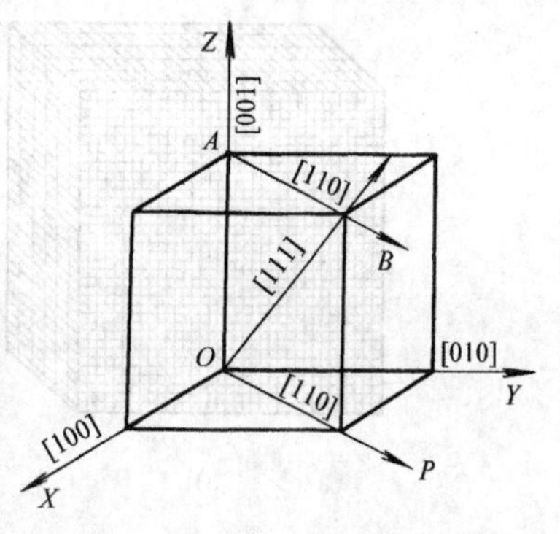

图 1-11　立方晶格中几个重要晶向

晶向的原子密度指某晶向单位长度上的原子数。立方晶系中主要晶向的原子密度见表 1-3，可以看出，体心立方晶格中，原子密度最大的晶向是〈111〉；面心立方晶格中，原子密度最大的晶向是〈110〉。

表 1-3　立方晶系中主要晶向的原子密度

晶格类型	晶向指数		
	〈100〉	〈110〉	〈111〉
体心立方	$1/a$	$0.7/a$	$1.16/a$
面心立方	$1/a$	$1.4/a$	$0.58/a$

七、单晶体的各向异性与多晶体的伪各向同性

当晶体内部的原子都按同一规律同一位向排列，即晶格位向完全一致时，此晶体称为单晶体。如图 1-12a 所示。

在单晶体中不同晶面和晶向上的原子密度不同，原子间的结合力就不同，因而晶体在不同方向上的性能各异，即晶体的各向异性。晶体的这种特性在力学性能、物理性能、化学性能上都能表现出来，是区别于非晶体的重要标志之一。例如，体心立方的铁晶体，在〈111〉方向，弹性模量 $E=290\text{GPa}$，在〈100〉方向，$E=135\text{GPa}$。再如石膏、云母、方解石等晶体常沿一定的晶面最易被拉断或劈裂，即具有一定的解理面，也都是这个道理。铁的单晶体在磁场中沿〈100〉方向的磁化，比沿〈111〉方向容易。所以，制造变压器的铁心的硅钢片的〈100〉晶向应平行于导磁方向，以降低变压器的铁损。目前，工业生产上已通过特殊的轧制工艺生产出了〈100〉晶向平行于轧制方向的硅钢片，从而获得优良的导磁率。

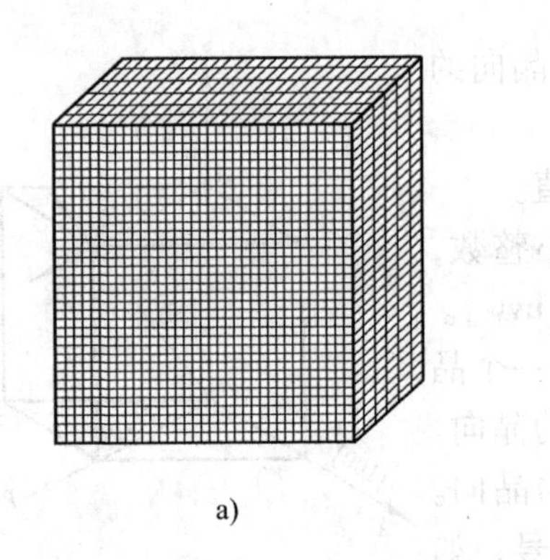

a)

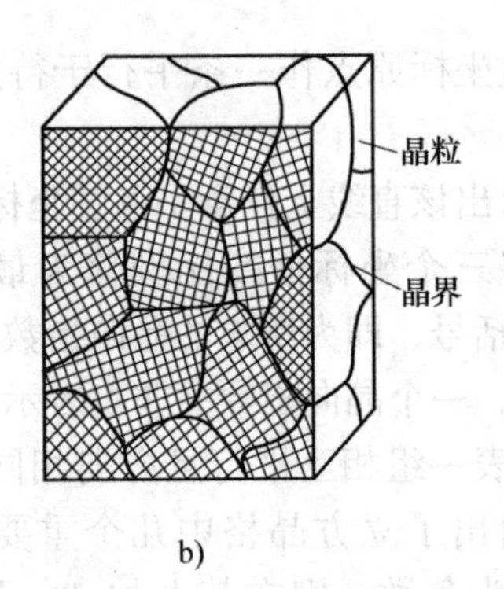

b)

图 1-12　晶体示意图
a）单晶体　b）多晶体

实际使用的金属材料单晶体很少，基本上都是由许多位向不同的单晶体所组成的多晶体，如图 1-12b 所示。实际金属材料是由许多外形不规则的颗粒状小晶体组成的，其中每个小晶体称为一个晶粒。在每个晶粒内部，晶格位向是均匀一致的，相邻晶粒的位向存在一定的差异。晶粒之间的界面称为晶界，它是不同位向晶粒之间的过渡区，故晶界的原子排列是不规则的。

晶粒的尺寸（平均截线长）依金属的种类和加工工艺的不同而不同。在钢铁材料中，一般为10^{-1}～10^{-3}mm，必须在显微镜下才能看到。在显微镜下观察到的金属材料的晶粒大小、形态和分布叫做“显微组织”。晶粒也有大到几个至十几个毫米，小至微米、纳米。

实际晶粒都不是完全理想的晶体，每个晶粒内部不同区域的晶格位向还有微小的差别，这些小区域叫做亚晶粒，尺寸一般约10^{-5}～10^{-3}mm，亚晶粒之间的界面叫做亚晶界。

在多晶体的金属中，每个晶粒相当于一个单晶体，具有各向异性，但各个晶粒在整块金属内的空间位向是任意的，整个晶体各个方向上的性能则是大量位向各不相同的晶粒性能的均值。因此，整块金属在各个方向上的性能是均匀一致的，只称为“伪各向同性”。例如，工业纯铁在任何方向上，其弹性模量E为210GPa。

第二节　晶体缺陷

若整个晶体完全是晶胞规则重复排列构成的，即晶体的所有原子都是规则排列的，则这种晶体被称为理想晶体。在实际晶体中，由于各种因素的影响，原子排列并非那样规则和完整，总会存在一些不完整的、原子排列偏离理想状态的区域，这些区域称之为晶体缺陷。晶体缺陷按其几何形态分为三类：点缺陷、线缺陷和面缺陷。

一、点缺陷

点缺陷是指在三维尺度上都很小，不超过几个原子直径的缺陷。晶体的点缺陷主要指空位和间隙原子，如图1-13所示。

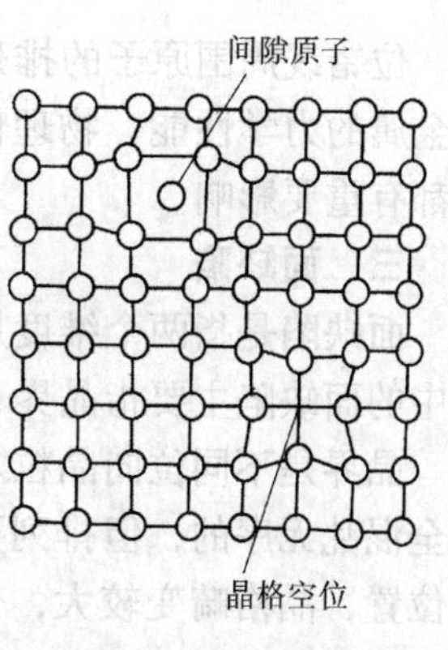

图1-13　晶格空位和间隙原子示意图

空位就是没有原子的结点。晶格结点上的原子并非固定不动，而是以其平衡位置为中心不停地作热振动，若受到某种因素（如加热、辐射等）的影响，个别原子的能量增大到足以克服周围原子对它的束缚，这些原子便可能脱离平衡位置迁移出去，而在结点处形成空位。位于晶格间隙中的原子称为间隙原子，它可能是从晶格结点转移到晶格间隙中的原子，但更多的是异类原子。

晶体中的点缺陷会影响周围原子的正常排列，造成晶格的局部弹性畸变，晶格畸变将导致金属强度和电阻率的增加，同时对扩散过程和相变过程等均有很大影响。

二、线缺陷

线缺陷是指二个维度尺寸很小而在另一个维度上尺寸相对很大的缺陷，这类缺陷在金属中就是位错。位错可分为两种类型：刃型位错和螺型位错。

如图 1-14 所示，刃型位错是在一个完整晶体内部的某一晶面（*ABCD* 面）以上多出半个原子面 *EFGH*，由于这个半原子面像刀一样切入晶体内，从而造成晶体中原子的错排，故称为刃型位错。*EF* 称为位错线，简称位错。当半原子面位于该晶面上方时称为正刃型位错，用“⊥”表示，而半原子面位于该晶面下方时，称为负刃型位错，用“⊤”表示。

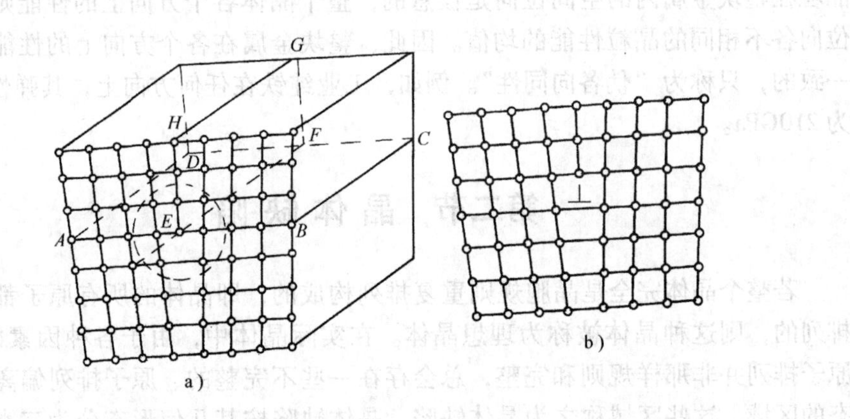

图 1-14　刃型位错示意图

a）立体模型　b）平面示意图

位错线周围原子的排列规律被打乱，晶格发生较严重的畸变。位错的存在对金属的力学性能、物理性能和化学性能以及塑性变形、扩散、相变等许多过程都有重要影响。

三、面缺陷

面缺陷是指两个维度尺寸很大而在另一个维度上尺寸很小的缺陷，金属晶体中的面缺陷主要指晶界、亚晶界和相界等。

晶界是不同位向晶粒之间的过渡区，如图 1-15 所示。晶界上原子排列不是完全混乱无序的，但排列要受相邻晶粒的影响，因而原子常占据不同位向的折衷位置，晶格畸变较大，位错密度高，杂质原子含量一般高于晶粒内部。晶界的宽度约为 3 个原子间距。亚晶界可以看作由一系列刃型位错组成，见图 1-16，亚晶界和晶界有相似的特征。

一般来说金属的晶粒愈细，单位体积金属中晶界和亚晶界面积愈大，金属的强度便愈高，这就是金属的细晶强化。此外晶界同样对金属的塑性变形、相变、扩散等过程有重要影响。

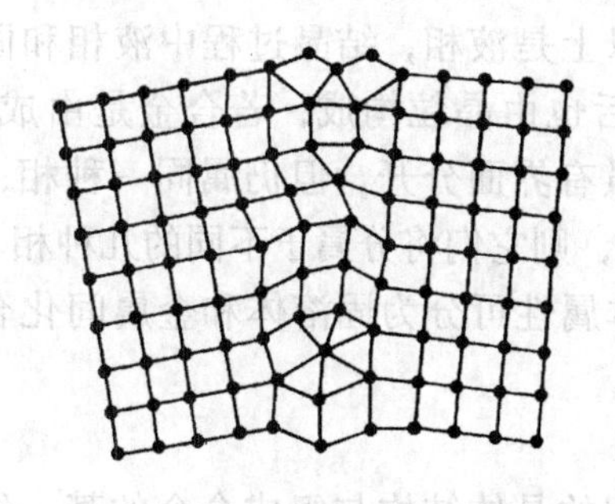

图 1-15　晶界原子排列示意图

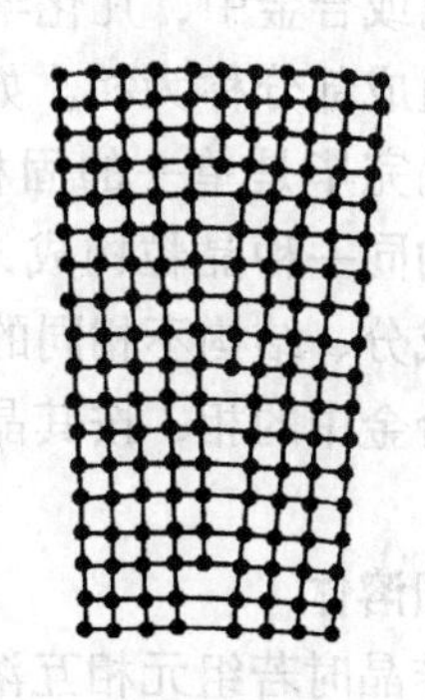

图 1-16　亚晶界位错结构示意图

金属中晶体缺陷的存在是不可避免的,晶体缺陷破坏了晶体的完整性,对金属的力学性能、物理性能、化学性能以及许多变化过程都会产生影响,改变这些缺陷的数量和分布,已成为改善金属性能的重要途径。但必须指出,晶体缺陷的存在并不改变金属的晶体性质。

第三节　合金的相结构

一、基本概念

（一）合金

所谓合金就是由两种或两种以上的金属元素或金属元素与非金属元素经过冶炼、烧结或用其它方法组合而成的具有金属特性的物质。工业上应用最广泛的材料都是合金，例如碳钢和铸铁就是以铁和碳为主要元素经熔炼而成的合金，而黄铜则是由铜和锌组成的合金。

和纯金属相比，合金种类繁多，成本低廉，更主要的是合金所达到的性能不仅在强度、硬度、耐磨性等力学性能方面比纯金属高许多，而且在电、磁、化学稳定性等物理、化学方面的性能也毫不逊色，因此，从古到今人们都在生产和使用着各种各样的合金材料。

（二）组元

通常把组成合金的最简单、最基本，能够单独存在的物质称为组元。大多数情况下是金属或非金属元素，但在研究范围内既不发生分解也不发生任何化学反应的稳定的化合物也可称为组元。根据组成合金组元数目的多少，合金可分为二元合金、三元合金和多元合金。也可以按所含元素的名称命名，例如碳钢和铸铁又称铁碳合金，黄铜又称铜锌合金。

（三）相

在金属或合金中，凡化学成分相同、晶体结构相同并与其它部分有界面分开的均匀组成部分称为相。如纯金属熔点以上是液相，结晶过程中液相和固相共存，结晶完毕是单一的固相。合金结晶后也由晶粒构成，若合金是由成分、结构相同的同一种晶粒构成，各晶粒之间虽有界面分开，但仍属同一种相；若合金是由成分、结构不相同的几种晶粒构成，则它们将分属于不同的几种相。

固态合金中的相，按其晶格结构的基本属性可分为固溶体和金属间化合物两大类。

二、固溶体

合金结晶时若组元相互溶解所形成固相的晶体结构与组成合金的某一组元相同，则这类固相称为固溶体。固溶体中含量较多的组元称为溶剂，含量较少的组元称为溶质，固溶体的晶格类型与溶剂组元的晶体结构相同。按照溶质原子在溶剂晶格中的配置情况即所占位置的不同，可将固溶体分为置换固溶体和间隙固溶体两类。

（一）置换固溶体

置换固溶体是指溶质原子占据了溶剂原子晶格中的某些结点位置而形成的固溶体（图 1-17a）。置换固溶体中溶质原子的分布通常是无序的、任意的，这种固溶体称为无序固溶体；少数合金（如 Cu-Au 合金）在一定条件下溶质原子会以一定比例按一定规律分布在溶剂晶格结点上，如图 1-18 所示，这种固溶体称为有序固溶体（或称超结构）。有序固溶体加热至某一临界温度时将转变为无序固溶体，而缓慢冷却至此温度时又变为有序固溶体，这种转变过程称为固溶体的有序化。发生有序化转变的临界温度称为固溶体的有序化温度。有序固溶体实际上是无序固溶体与金属间化合物的过渡相，当固溶体从无序转变为有序时，合金的硬度、脆性显著增加，而塑性、电阻率下降。

根据溶质原子在溶剂中的溶解能力，置换固溶体又可分为有限固溶体和无限固溶体。固溶体中溶质浓度一般用重量百分比表示，也可用原子百分比表示。在一定的温度和压力条件下，溶质在溶剂中的极限浓度即为溶质在固溶体中的溶解度。通常固溶体的溶解度是有限的，这类固溶体称有限固溶体；而不存在极限浓度限制的固溶体为无限固溶体，也称连续固溶体，这类固溶体中各组元可按任意比例相互溶解。例如黄铜（Cu-Zn 合金）是锌溶入铜中形成的有限固溶体，锌在铜中的溶解度为 39%；而白铜（Cu-Ni 合金）中铜和镍可以任意比例互溶，形成无限固溶体。

（二）间隙固溶体

溶质原子嵌入溶剂晶格间隙所形成的固溶体为间隙固溶体（图 1-17b），一般情况下，当溶质原子半径与溶剂原子半径之比 $r_{质}/r_{剂} < 0.59$ 时，容易形成间隙固溶体，两者大小相当时则易形成置换固溶体。间隙固溶体中，溶质原子在

溶剂晶格间隙中的分布往往是无序的，故形成无序固溶体。另外，由于溶剂晶格中间隙的尺寸和数量是一定的，因此间隙固溶体只能是有限固溶体，而且其溶解度也不可能很大。后面将要讲到的碳素钢中的铁素体、奥氏体等都是碳原子进入铁晶格中的八面体间隙而形成的间隙固溶体。

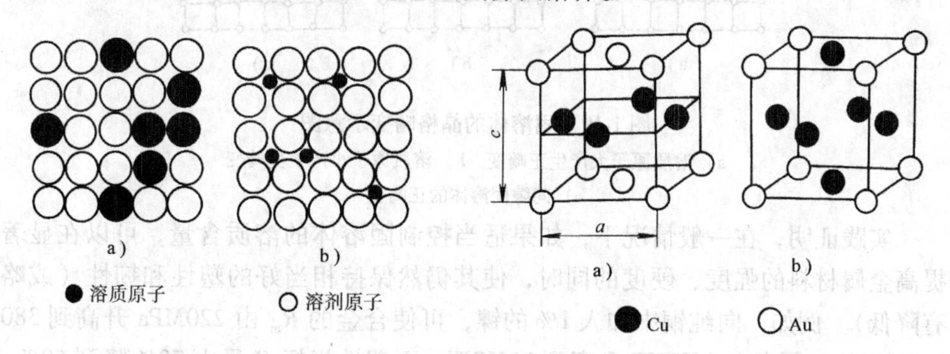

图 1-17　固溶体的两种类型

a）置换固溶体　b）间隙固溶体

图 1-18　有序固溶体的晶体结构

a）CuAu　b）Cu_3Au

影响固溶体类型和溶解度大小的主要因素有：组元的晶格类型、原子尺寸大小、电化学特性及电子浓度等。当原子半径、电化学特性接近，晶格类型相同的组元，即组元元素在元素周期表中的位置相近时，它们之间形成置换固溶体，并且溶解度较大，甚至形成无限固溶体。反之，则容易形成间隙固溶体，且溶解度较小。无限固溶体和有序固溶体一定是置换固溶体，而间隙固溶体都是有限固溶体，并且一定是无序的。另外，固溶体的溶解度还与温度有关，温度越高，溶解度越大。因此高温下已达饱和的有限固溶体在冷却过程中，会因其溶解度的降低，致使固溶体发生分解而析出其它相。

习惯上，在合金系统中，为便于分析研究，常常按照某种顺序（如固溶体的浓度、固溶体的稳定存在温度范围等）用希腊字母 α、β、γ、δ、ε…来表示不同类型的固溶体，并称之为 α 固溶体、β 固溶体等。

（三）固溶体的特性

虽然固溶体仍保持着溶剂的晶格类型，但由于形成固溶体的溶质原子和溶剂原子的尺寸和性质不同，溶质原子的溶入必然导致溶剂晶格的畸变。图 1-19 为固溶体晶格畸变的示意图。对于置换固溶体，溶质原子较大时造成正畸变，较小时引起负畸变（图 1-19a、b）。形成间隙固溶体时，晶格总是产生正畸变（图 1-19c）。显然，原子尺寸差别愈大，溶剂中溶入的溶质原子愈多，则所形成的固溶体的晶格畸变就愈严重。晶格畸变增加位错运动的阻力，使金属的滑移变形变得更加困难，从而提高合金的强度和硬度。这种通过溶入某种溶质元素形成固溶体而使金属强度和硬度提高的现象称为固溶强化，固溶强化是金属材料特别是非铁（有色）金属材料的主要强化手段之一。

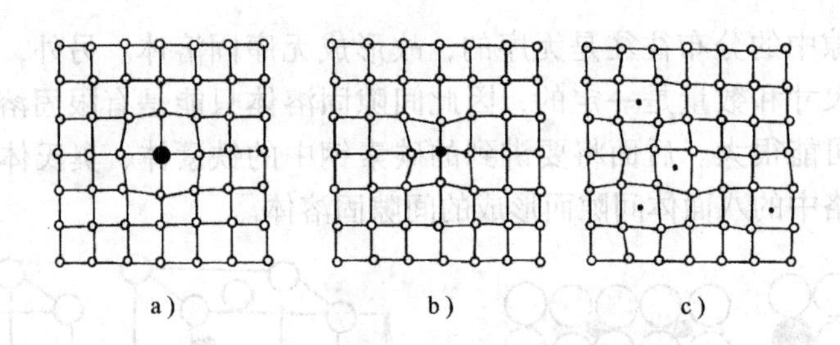

图 1-19　固溶体的晶格畸变示意图

a）溶质原子大产生正畸变　b）溶质原子小产生负畸变

c）间隙固溶体的正畸变

实践证明，在一般情况下，如果适当控制固溶体的溶质含量，可以在显著提高金属材料的强度、硬度的同时，使其仍然保持相当好的塑性和韧性（或略有降低）。例如，向纯铜中加入 1% 的镍，可使合金的 R_m 由 220MPa 升高到 380 ~400MPa，硬度由 44HBW 升高到 70HBW，而塑性指标 Z 虽由 70% 降到 50%，但降幅不大，若按其它方法（如冷变形加工硬化）获得同样的强化效果，其塑性将接近完全丧失。所以固溶体的综合力学性能良好，常作为结构材料的基体相。但单纯采用固溶强化，因其效果有限，还不能完全满足人们对于结构材料的诸多要求，因此，有必要在此基础上采取多种强化方式共同作用。

在物理性能方面，随溶质原子浓度的增加，固溶体的电阻率下降，电阻升高，电阻温度系数减小。因此工业上应用的精密电阻或电热材料，如铁铬铝电阻丝等都广泛采用单相固溶体合金。

三、化合物

两组元 A 和 B 组成合金时，除了可形成以 A 或 B 为基的固溶体外，还可能形成晶体结构与 A、B 两组元均不相同的新相。这类相常处在相图的中间位置，故通常称为中间相，一般可用分子式 A_xB_y 大致表示其组成，例如碳钢中的 Fe_3C，黄铜中的 CuZn（β 相）及铝合金中的 $CuAl_2$（θ 相）等。由于这类相均具有相当程度的金属键以及一定的金属特性，故又称为金属间化合物。

根据金属间化合物的形成条件及结构特点，可将其分为正常价化合物、电子化合物和间隙化合物三种类型。

（一）正常价化合物

正常价化合物就是符合一般化合物的原子价规律，成分固定，可用化学式表示的金属间化合物。正常价化合物通常是由强金属元素（如 Mg）与非金属元素或类金属元素（如Ⅳ、Ⅴ，Ⅵ族的 Sb、Bi、Sn、Pb 等）组成的，例如 Mg_2Si、Mg_2Sn、Mg_2Pb、Mg_2S、MnS 等。这类化合物一般不能形成以自身为基体的固溶体。

（二）电子化合物

不遵守原子价规律而取决于电子浓度（化合物中价电子数与原子数之比）

比值所形成的金属间化合物称作电子化合物。电子化合物主要是由元素周期表中第Ⅰ族或过渡族金属元素与第Ⅱ至第Ⅴ族金属元素结合而成。电子化合物的晶体结构与合金的电子浓度密切相关，例如电子浓度为3/2（21/14）时，具有体心立方晶格，称为β相；电子浓度为21/13时，为复杂立方晶格，称为γ相；电子浓度为21/12时，则为密排六方晶格，称为ε相。铜合金中常见的电子化合物如表1-4所示。

表1-4　铜合金中常见的电子化合物

合金系	电子浓度及所形成相的晶体结构		
	3/2（21/14）β相 体心立方	21/13γ相 复杂立方	7/4（21/12）ε相 密排六方
Cu-Zn	CuZn	Cu_5Zn_8	$CuZn_3$
Cu-Sn	Cu_5Sn	$Cu_{31}Sn_8$	Cu_3Sn
Cu-Al	Cu_3Al	Cu_9Al_4	Cu_5Al_3
Cu-Si	Cu_5Si	$Cu_{31}Si_8$	Cu_3Si

电子化合物虽然可以用化学式表示，但不符合化合价规律，并且其成分可在一定范围内变化，因此可以把它看作是以电子化合物为基的固溶体，其电子浓度也在一定范围内变化。电子化合物是合金特别是非铁（有色）金属合金中重要的强化相。

（三）间隙化合物

间隙化合物主要受组元的原子尺寸因素控制，通常是由过渡族金属与原子半径很小的非金属元素氢、氮、碳、硼等所组成，后者处于这类化合物晶格的间隙中。根据非金属元素（X）与过渡族金属元素（M）原子半径的比值，可将其分为两类：当 $r_X/r_M \leqslant 0.59$ 时，形成具有简单结构的化合物，称为间隙相；当 $r_X/r_M > 0.59$ 时，则形成具有复杂晶体结构的化合物，称为间隙化合物。

（1）间隙相　形成间隙相时，金属原子形成与其本身晶格类型不同的一种新结构，非金属原子处于该晶格的间隙之中。例如，钒为体心立方晶格，但它与碳组成碳化钒（VC）时，钒原子却构成面心立方晶格，碳原子占据晶格的所有八面体间隙位置，如图1-20a所示。由此可见，间隙相和间隙固溶体不同，它是一种金属间化合物，其晶格类型不同于任一种组元的晶格类型；而间隙固溶体是一种固溶体，它保持着溶剂组元的晶格类型。

间隙相都具有简单的晶体结构，如面心立方、体心立方、简单立方或密排六方等，且间隙相的组元比一般均能满足简单的化学式 M_4X、M_2X、MX和 MX_2 等，两者有一定的对应关系，作为实例，表1-5列出了钢中的间隙相及其对应的化学式。

（2）间隙化合物　间隙化合物的晶体结构都很复杂，有的一个晶胞中就含有几十到上百个原子。铬、锰、铁、钴的碳化物及铁的硼化物均属此类，如在合金钢中常见的有 M_3C 型（如 Fe_3C），M_7C_3 型（如 Cr_7C_3），$M_{23}C_6$ 型（如 Cr_{23}

表 1-5 钢中间隙相的化学式与晶格类型的关系

间隙相的化学式	钢中的间隙相	结构类型
M_4X	Fe_4N、Mn_4N	面心立方
M_2X	Ti_2H、Zr_2H、Fe_2N、Cr_2N、V_2N、Mn_2C、W_2C、Mo_2C	密排六方
MX	TaC、TiC、ZrC、VC、ZrN、VN、TiN、CrN、ZrH、TiH	面心立方
	TaH、NbH	体心立方
	WC、MoN	简单立方
MX_2	TiH_2、ThH_2、ZnH_2	面心立方

C_6）和 M_6C 型（如 Fe_3W_3C，Fe_4W_2C）等。其中 Fe_3C 是钢中的一种基本相也是重要的间隙化合物，称为渗碳体，其晶体结构属正交晶系，如图 1-20b 所示。这种复杂结构的间隙化合物中的铁原子可被其它原子如 Mn、Cr、Mo、W 所取代，分别形成（Fe，Mn)$_3$C，（Fe，Cr)$_3$C 等更复杂的化合物，称为合金渗碳体。其它间隙化合物的金属原子也可被其它金属元素所置换。

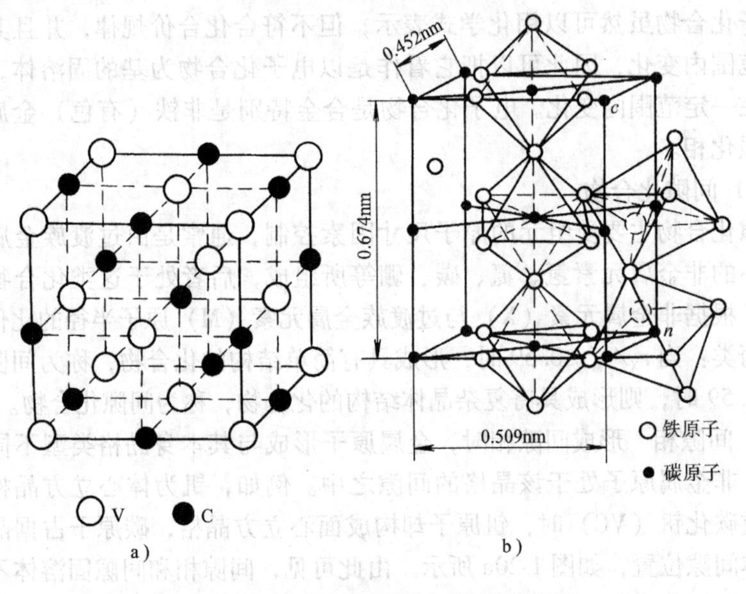

图 1-20 间隙相与间隙化合物的晶体结构

a）VC—面心立方晶格 b）Fe_3C—正交晶系

（四）金属间化合物的特性

虽然金属间化合物种类繁多，晶体结构或简单或复杂，但它们都具有共同的特性：高的熔点，高的化学稳定性，高的硬度和较大的室温脆性。表 1-6 给出了钢中常见碳化物的硬度与熔点。当合金中出现金属间化合物时，通常能提高合金的强度、硬度和耐磨性，但也会使其塑性和韧性降低，根据这一特性，绝大多数的工程材料都将金属间化合物作为重要强化相，而不作为基体相。例如，一些正常价化合物和多数电子化合物可作为非铁（有色）金属的强化相；简单间隙化合物在合金钢及硬质合金中得到广泛应用，而复杂间隙化合物同样是合金钢及高温合金中的重要强化相。

表 1-6　钢中常见碳化物的硬度与熔点

类型	间隙相								间隙化合物	
	NbC	W_2C	WC	Mo_2C	TaC	TiC	ZrC	VC	$Cr_{23}C_6$	Fe_3C
熔点/°C	3770 ± 125	3120	2867	2960 ± 50	4150 ± 140	3410	3805	3023	1577	1227
硬度 HV	2050	—	1730	1480	1550	2850	2840	2010	1650	~800

此外，由于结合键和晶格类型的多样性，使金属间化合物具有许多特殊的物理化学性能，诸如电、磁、声、电子、催化、高温性能等，其中已有不少金属间化合物已作为新的功能材料和耐热材料，如性能远远超过现在广泛应用的硅半导体材料的金属间化合物砷化镓（GaAs），形状记合金材料 NiTi 和 CuZn，新一代能源的储氢材料 $LaNi_5$ 等等。

第四节　合金的组织

一、组织的概念

合金的组织是指肉眼或借助显微镜所观察到的合金的相组成及相的数量、形态、大小、分布特征。组织可以由一种相组成，也可以由多种相组成，合金的组织不同，其性能也不相同。

图 1-21 和图 1-22 是两种不同成分（质量分数）铜锌合金的显微组织，H70 黄铜是单相合金，一般称为单相黄铜，H62 黄铜是双相组织，由α相和β相组

图 1-21　H70（w_{Zn}30%）单相黄铜

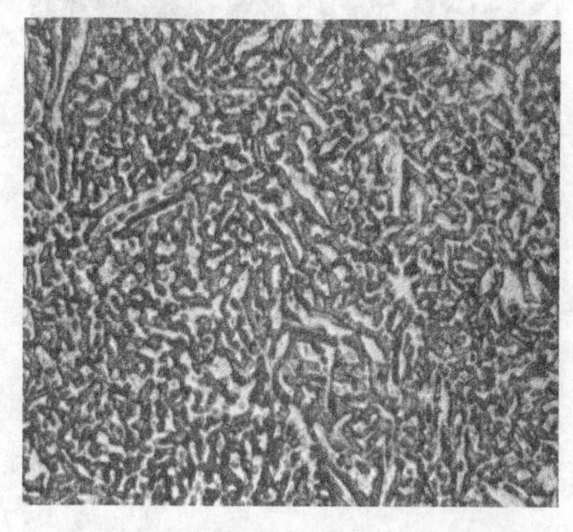

图 1-22　H62（w_{Zn}38%）双相黄铜

成，一般称为双相黄铜。

二、单相组织

只有一种相组成的组织称为单相组织。例如，铁碳合金中的工业纯铁的显微组织是铁素体（F），是只有一种 α 相组成的单相组织（见图 1-23）。铁碳合金中的奥氏体（A）是由单一的 γ 相组成的单相组织。又如图 1-21 中含 w_{Zn}30% 的黄铜也是单相 α 组成的单相组织。

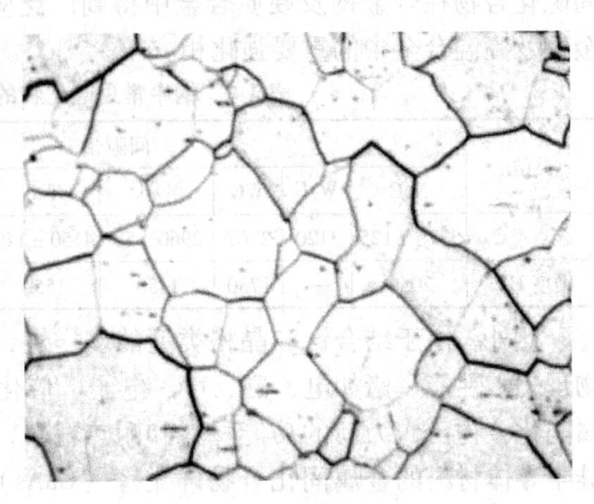

图 1-23　工业纯铁的显微组织

三、双相组织

单相多晶体材料的强度往往很低，因此，工程中更多应用的是两相或两相以上的晶体材料，各个相具有不同的晶体结构和成分。双相组织由两种相组成，主要包括下面几类。

（一）两晶组成的混合物（主要指共晶、共析组织）

例如，图 1-24 是铁碳合金中的共析组织珠光体 P，即含碳量为 0.77%（质量分数）的铁碳合金平衡冷却条件下得到的显微组织，它是由 α 和 Fe_3C 两相交替分布的双相组织。图 1-25 是含锡 61.9%（质量分数）的铅锡合金冷却后得到的共晶组织，是由 α 和 β 两相组成的双相组织。

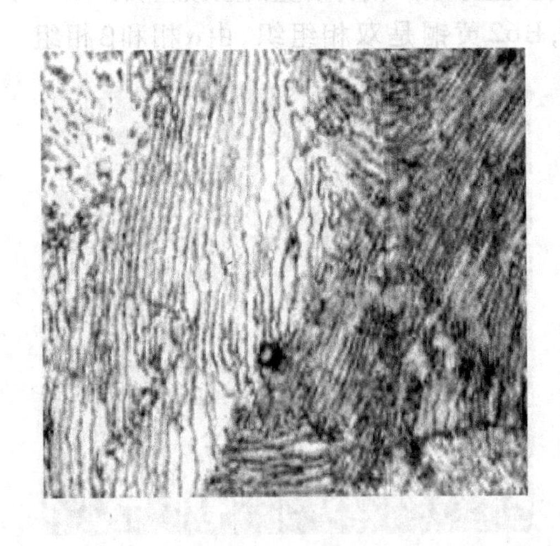

图 1-24　共析钢显微组织（w_C0.77%）

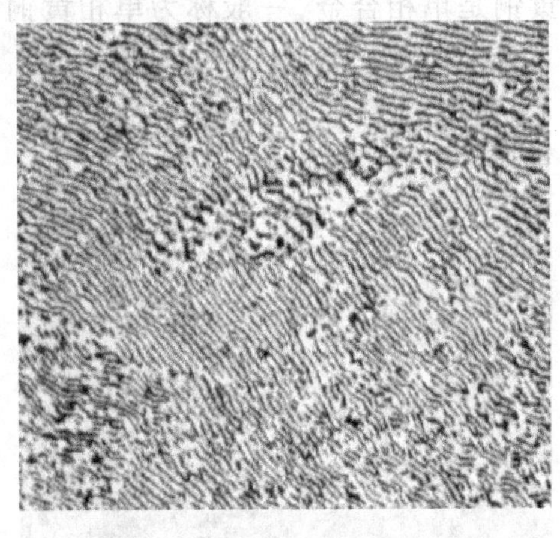

图 1-25　铅锡合金共晶组织（w_{Sn}61.9%）

（二）弥散型两相组织

指在基体上分布细小弥散第二相的组织。

例如，图 1-26 所示的粒状珠光体，是由较软的 α 基体上分布着弥散的颗粒状的 Fe_3C 共同组成的。

图 1-26　粒状珠光体

（三）聚合型两相组织

主要指由两种块状组织组成的。例如 45 钢的平衡组织（见图 1-27），它是由块状的铁素体（F）和块状的珠光体（P）组成。

另外，还存在非晶相 + 晶相两相组织：例如半晶高分子、陶瓷等。

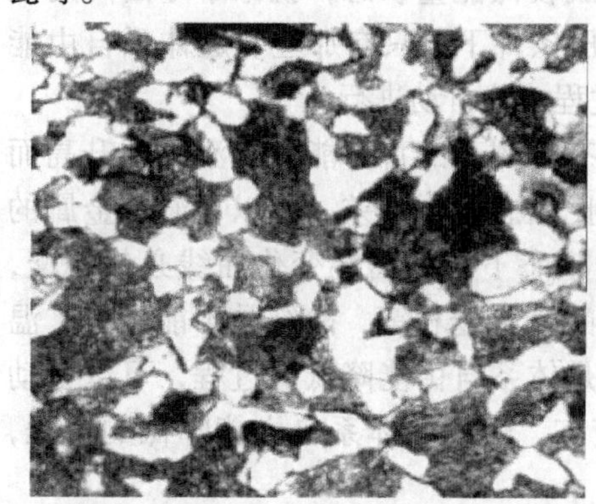

图 1-27　45 钢平衡组织

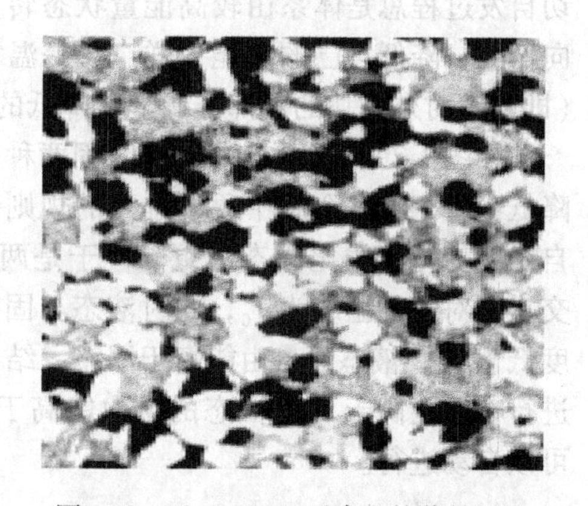

图 1-28　Pb-Sn-Bi 三元合金的共晶组织

四、多相组织

多相组织是由三种或三种以上的相组成的组织。例如 Pb-Sn-Bi 三元合金的共晶组织（见图 1-28），这种共晶组织是由多边形的 β（黑色）、Sn（灰色）、Bi（白色）三种相组成的多相组织。

第五节　金属的结晶与铸锭

物质从液态到固态的转变过程统称为凝固，如果所凝固成的固体是晶体，则此过程称为结晶。金属由液体转变成固体的过程是结晶。

日常使用的金属材料，不管是冶炼后再经压力加工成材，还是浇铸成铸件在铸态组织下直接使用，它们都有一个结晶过程。由于熔化、浇注、冷却等工艺条件的差异，造成金属内部组织不同，进而影响金属材料的力学性能和工艺性能。所以，研究金属的结晶过程，掌握有关规律和影响结晶的因素，了解铸态组织中的缺陷，对于提高金属材料的性能，具有重要意义。

一、概述

(一) 结晶的条件

我们知道，晶体物质与非晶体物质的一个很大区别是有没有固定的结晶温度。从理论上讲，纯金属有确定的平衡结晶温度 T_0，高于此温度，固态金属熔化为液态；低于此温度，液态金属结晶为固态；在平衡结晶温度，液态与固态共存，处于熔化与结晶动态平衡状态。所以，要使金属能够结晶，必须将液态金属冷至平衡结晶温度以下的某一个温度。金属的实际结晶温度 T_n 总是低于平衡结晶温度 T_0，这一现象称为过冷现象。T_0 与 T_n 的差值 ΔT 称为过冷度，即 $\Delta T = T_0 - T_n$。金属结晶能够自动进行的必要条件，是有一定过冷度。

为什么金属液体必须过冷才能自动结晶呢？热力学定律指出，自然界的一切自发过程总是体系由较高能量状态转变成较低能量状态，就像小球由高处滚向低处，降低自己的势能一样。在等温等压条件下，只有那些引起体系自由能(即能够对外做功的那部分能量)降低的过程才能自动进行。

如图 1-29 所示，金属在液、固两种状态下体系的自由能均随温度的升高而降低，由于液态金属中原子排列的规则性比固态金属中差，所以，液态金属的自由能变化曲线比固态的更陡，于是两种状态下的自由能变化曲线必然相交，交点所对应的温度为 T_0，此时液态与固态的自由能相等，故结晶不能进行。温度低于 T_0，液态的自由能高于固态，结晶是体系自由能降低的过程，可以自动进行；温度高于 T_0，固态的自由能高于液态，熔化是体系自由能降低的过程，可以自动进行。

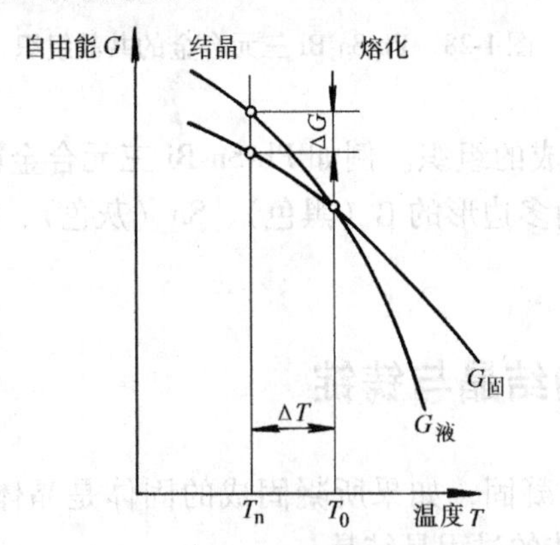

图 1-29 金属在液、固两种状态下自由能与温度的关系

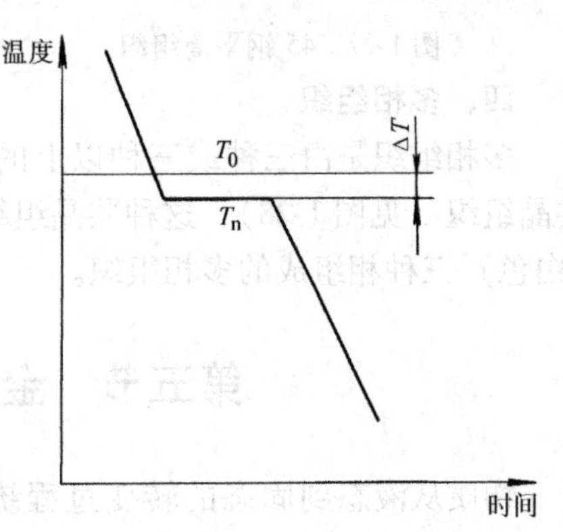

图 1-30 纯金属的冷却曲线示意图

金属的实际结晶温度 T_n 可以由冷却曲线测定，图 1-30 是利用热分析法测出的纯金属的冷却曲线示意图。首先将金属加热融化，而后以缓慢速度冷却，将温度随时间变化的曲线记录下来，便可得到冷却曲线。液态金属从高温开始冷却时，由于周围环境的吸热，温度均匀下降，但状态保持不变。当温度下降到 T_n 后，金属开始结晶，释放出“结晶潜热”，抵消了金属向环境散发的热量，因而冷却曲线上出现水平台阶。持续一段时间之后，结晶完毕，然后固态金属的温度继续下降，直至室温。

过冷度 ΔT 不是一个恒定值，它与金属的性质、冷却速度和液态金属的纯度等有关。同一金属从液态冷却时，冷却速度越大，金属的实际结晶温度越低，过冷度也越大，结晶也越容易进行。

（二）结晶的基本规律

实验证明，金属的结晶有两个基本过程。第一，在液体内部先形成一批尺寸极小的晶体作为结晶的核心即晶核；第二，这些晶核不断从液体中获得原子而逐渐长大，最终形成一个个晶粒。晶核长大的同时，液体中又不断地产生新的晶核，并逐步长大。最终完成全部结晶过程，如图 1-31 所示。由于各个晶核的位向不同，所以实际金属凝固成由许多位向不同的晶粒所组成的多晶体。

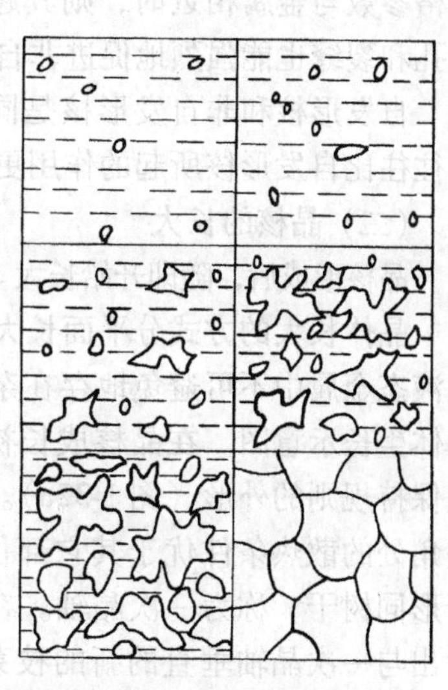

图 1-31 金属结晶过程示意图

金属结晶过程是个形核、长大的过程，就每一个晶粒来说，在时间上可分为先形核，后长大两个阶段，但就整个铸锭而言，形核和长大在整个结晶期间是同时进行的。

金属结晶过程中速度的变化规律是：开始时结晶较慢，随后逐渐加快，而结晶后期速度又变慢。这是因为结晶开始时，晶核的数量极少，故单位时间内液态向固态转变的量也少，结晶速度很慢，这一过程一般称之为“孕育期”；随后因大量晶核的形成和长大同时并进，于是结晶过程明显加快；结晶后期，由晶核长大的晶体彼此相互接触，剩余液体的量及液体中可供结晶的空间不断减小，故结晶速度不断变小，直至液体完全消失，结晶完毕。

二、晶核的形成与长大

（一）晶核的形成

晶核的形成有两种方式，即自发形核和非自发形核。

液体金属从高温冷却到结晶温度的过程中，不断产生大量的类似于晶体中原子规则排列的小集团，液体中这种微小区域内原子的有序排列称为“近程有序”。由于液体中原子的剧烈热运动，这种近程有序很容易被破坏而消失，在结晶温度以上，这些“近程有序”集团是不稳定的，时聚时散。当温度降低到结晶温度以下，过冷度达到一定的大小之后，某些尺寸较大的“近程有序”集团变得较为稳定，不再消失，而成为结晶核心。这种从液体中自发形成的结晶核心叫做自发晶核。

温度愈低，即过冷度愈大，能够稳定存在的“近程有序”集团的尺寸可以更小，所以单位体积内自发核心数目就愈多，即形核率愈大。但过冷度过大时，生成晶核过程中的原子扩散受阻，自发形核的形核率反而减小。

液体金属内往往存在着各种难熔的杂质。杂质的存在能够促进晶核在其表面上形成，这种依附于杂质而生成的晶核叫做非自发晶核。杂质的晶体结构和晶格参数与金属相近时，则其越易于起到非自发形核的作用，杂质表面的微细凹孔和裂缝也能强烈地促进非自发晶核的生成。

自发形核和非自发形核是同时存在的，在实际生产中，金属结晶非自发形核往往比自发形核所起的作用更大。

（二）晶核的长大

晶核形成后，随即开始长大。晶核长大的实质是原子由液体向固体表面转移。

晶体长大的方式分平面长大和树枝状长大。实际金属结晶时，过冷度较大，且液态金属中不可避免地存在杂质，故晶核多以树枝状长大。图 1-32 是树枝状晶体生长示意图。在晶核成长初期，因晶体内部原子规则排列，晶体基本上可以保持规则的外形（图 1-32a）。但随着晶核成长的各向异性，晶体棱角的形成，棱角处的散热条件优于其它部位，因而得到优先成长，形成空间骨干。这种骨干形同树干，称为一次晶轴。在一次晶轴伸长和变粗的同时，在其侧面同样会生出与一次晶轴垂直的新的枝芽，枝芽发展成枝干，称为二次晶轴，二次晶轴生长的同时又可以长出三次晶轴。如此不断长大，最终将得到一个具有树枝形状的所谓树枝晶（图 1-32d）。

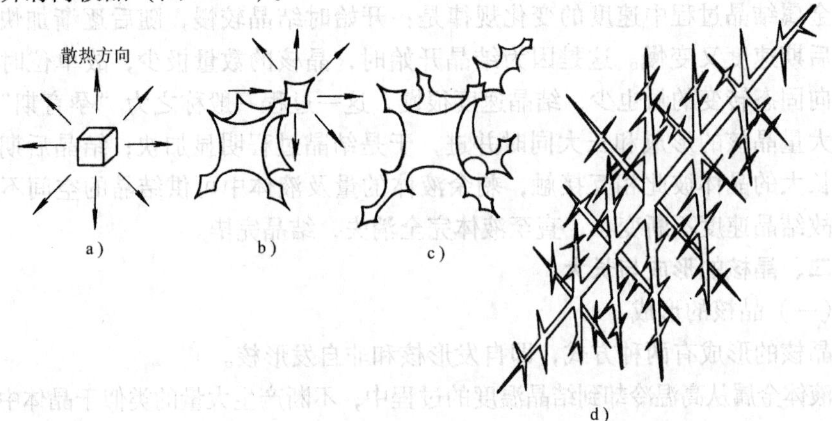

图 1-32　树枝状晶体生长示意图

（三）枝晶生长中的干扰

理想的树枝状晶体（即一个晶粒）中，原子排列具有相同位向。但枝晶在成长过程中，由于枝叉彼此抵触，或受液态金属的对流、振动以及杂质或其它晶体缺陷的影响，常使枝晶轴在成长过程中局部区域原子排列的位向发生少许偏斜（一般小于3°），从而在晶粒内形成亚晶粒组织，同时也会造成其它晶体缺陷。

三、结晶后晶粒大小及控制

金属结晶后晶粒大小对金属的力学性能影响很大。室温下，细晶粒金属有较高的强度、硬度、韧性和塑性。而在高温下，较粗晶粒金属比细晶粒金属具有更高的强度。工业上，由于用途不同，需要控制晶粒的大小。

晶粒大小可用单位面积上的晶粒数目或者晶粒平均截线长度来表示。根据计算，金属结晶后单位体积中晶粒总数 Z 与结晶过程中的形核率 N（单位时间在单位体积内所形成的晶核数）和成长速率 G（单位时间界面向前推进的距离）之间存在如下关系：

$$Z = 0.9 \times \left(\frac{N}{G}\right)^{3/4}$$

上式表明，凡是增大$\frac{N}{G}$值的方法，都会细化晶粒。工业上控制晶粒大小的方法主要有：

（一）增大过冷度

金属结晶时过冷度的大小对晶粒大小有很大的影响。不同过冷度 ΔT 对形核率 N［晶核形成数目/（s · mm^3）］和成长速率 G（mm/s）的影响如图 1-33 所示。过冷度等于零时，结晶没有发生，过冷度增大，形核率和长大速率都增大，过冷度增大至一定值时，形核率和长大速率达到最大值。之后，随过冷度的增大，N 和 G 反而逐渐减小。上述规律是结晶驱动力和液态金属中原子扩散能力两个因素综合作用的结果。结晶驱动力就是金属处于液态和固态时的自由能差 ΔG，图 1-34 是自由能差 ΔG 和扩散系数 D 与过冷度 ΔT 的关系。过冷度较小时，液态金属温度高，原子的扩散较为容易，结晶驱动力大小成为主要影响因素，随着 ΔT 的增大，自由能差 ΔG 增大，即结晶驱动力增大，形核率和成长率增大。在过冷度较大时，虽然自由能差很大，但由于液态金属温度低，原子扩散较困难，晶核也难以形成和成长；故在中等过冷度情况下，形核率和成长率达到极大值。

图 1-33 还表明，在一定的过冷度范围内，N 和 G 值随着 ΔT 的增大而增大，但 N 的增长速率大于 G 的增长速率，因此，增大过冷度，就会提高（N/G）值，使晶粒变细。

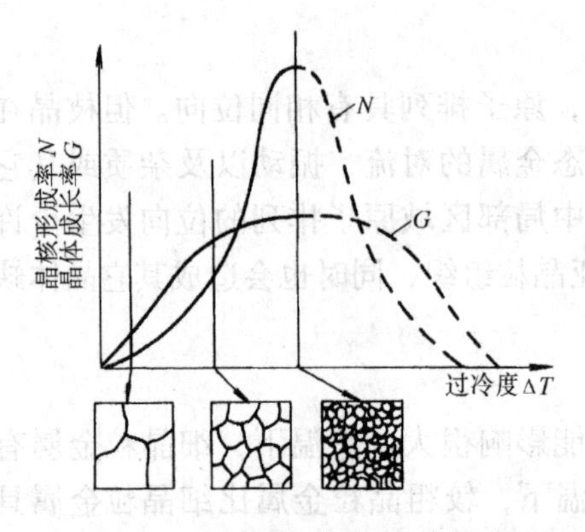

图 1-33 形核率（N）和成长速率（G）与过冷度 ΔT 的关系

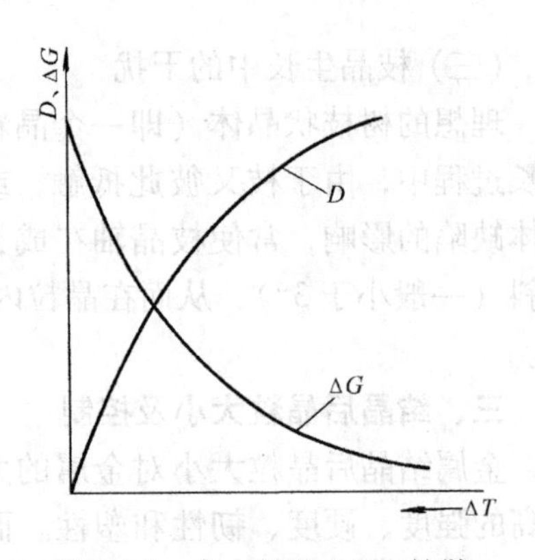

图 1-34 自由能差 ΔG 和扩散系数 D 与过冷度 ΔT 的关系

过冷度的大小取决于冷却速度，冷却速度大则过冷度大。提高金属结晶冷却速度的方法很多，如降低金属液的浇注温度、采用金属模、水冷模、连续浇注等。对于大截面的铸锭或铸件，欲获得大的过冷度是不容易实现的，更难以使整个体积范围内均匀冷却以得到较均匀的晶粒度，因此工业生产中常采用变质处理和振动搅拌等方法来细化晶粒。

（二）变质处理

变质处理就是向液态金属中加入称为变质剂的物质，以获得细小晶粒，这是工业上广泛采用的方法。变质剂的作用在于增加非自发晶核的数量或者阻止晶核的长大，例如向铝合金液体中加入钛、锆、硼；在铸铁液中加入硅钙合金等。

（三）振动和搅拌

采用各种振动和搅拌方法，（如机械振动、超声波振动、电磁搅拌等），使正在成长的枝晶破碎，这样折断的枝晶碎块又可作为一个新的晶粒成长，从而获得细晶粒。由于振动提供能量，也可以使形核率增加。

四、金属铸锭的组织

金属制品大多数是先把金属溶液浇铸成铸锭，经压力加工成型材，然后再经各种冷、热加工制成各种成品以供使用。铸态组织不仅影响其加工性能，还影响最终制品的力学性能，因此，应当对铸锭组织（包括晶粒大小、形状等）有所了解。

（一）铸锭的结晶

典型的铸锭组织如图 1-35 所示，一般可分为三层不同的晶区：表层细晶粒区，柱状晶粒区和中心粗等轴晶粒区。

表层细晶粒区：当高温的金属液体注入锭模时，由于锭模温度较低，靠近模壁的薄层液体产生极大的过冷，加上模壁的非自发形核作用，于是生成大量的晶核，并同时向不同方向成长，形成一层很细的等轴晶粒。

柱状晶粒区：随表面细晶粒层的形成，模温升高，液态金属冷却速度变慢，过冷度减小，难以独立形核，但已形成的晶粒可以长大，尤其是细晶区中那些一次晶轴平行于散热方向（即垂直于模壁方向）的晶粒，迅速地优先向液体中生长，而其它取向的晶粒，由于受相邻晶粒的限制，很难长大。结果形成彼此大致平行的柱状晶。

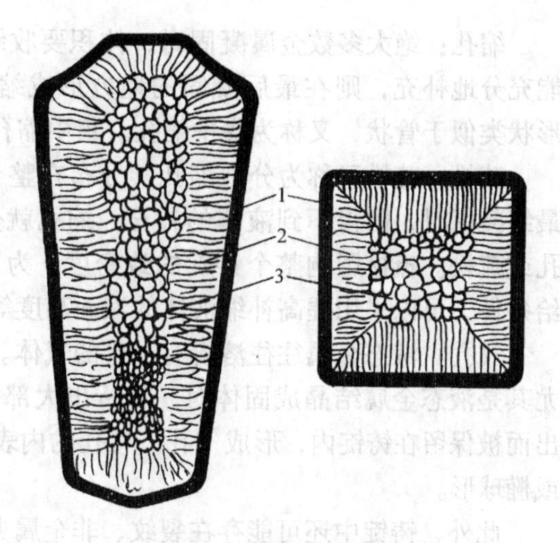

图 1-35　铸锭组织的示意图

1—表面细晶粒层　2—柱状晶粒层

3—心部等轴晶粒区

中心等轴晶粒区：随着柱状晶区的发展，模壁的温度升高，散热减慢，剩余液体温差不断减少，常导致铸锭中心部分的液体都降至结晶温度以下，从而出现结晶核心。另外，从柱状晶上折断的枝晶碎块进入铸锭中心，也成为晶核。这些晶核向各个方向均匀长大，最后形成一个粗大的等轴晶粒区。

在生产中，可以根据金属的性质、外来杂质和具体熔铸条件的不同，采取不同的措施，调整和控制柱状晶区和中心等轴晶区的厚度，甚至得到只有两个或单独一个晶区的铸锭组织。

（二）铸锭的组织与性能

铸锭中三晶区的组织各具有不同的特性。

表层细等轴晶区最致密，室温力学性能最好。

柱状晶区的特点是：柱状晶本身由于分枝较少，在枝晶间形成铸造缺陷的可能性小，组织比较致密。但相邻柱状晶的晶界较平直，晶粒间彼此结合的不如等轴晶牢固，特别是沿不同方向延伸的柱状晶交界处往往出现脆弱界面，在轧制时容易沿此面开裂。对于具有良好塑性的非铁（有色）金属（如铜、铝等），则希望得到柱状晶组织。因为其组织致密、力学性能好，在压力加工时，因塑性好而不致于发生开裂。而对于塑性较差的金属（如钢铁等）铸锭，浇注时应尽量避免形成柱状晶。

中心等轴晶粒区没有明显的弱面，且树枝状枝晶之间搭扣得很牢固。因而热加工时不易开裂。但组织较为疏松，致密度差，且一般情况下晶粒较为粗大。

（三）铸锭的缺陷

铸锭组织中主要缺陷有以下几种：

缩孔：绝大多数金属凝固时，体积要收缩。如果在浇注过程中金属液体不能充分地补充，则在最后凝固的地方形成缩孔，这种缩孔集中在铸锭的上部，形状类似于管状，又称为集中缩孔。集中缩孔一般都要切除。

疏松：疏松又称为分散缩孔，分布在整个铸锭中。在树枝状枝干间的液体最终凝固时，因得不到液体的补充，缩孔就分散存在于枝晶间，故称为分散缩孔或疏松。疏松影响整个铸锭的致密度。为了减少疏松，需改善铸锭液体的补给条件，可以采用提高补缩液体的液面高度等方法。

气孔：液态金属往往溶解有一定的气体。气体的溶解度随温度下降而减小，尤其是液态金属结晶成固体时，将析出大部分气体，其中一部分由于来不及逸出而被保留在铸锭内，形成气孔。气孔的内表面一般比较光滑，其形状多为球状或椭球形。

此外，铸锭中还可能存在裂纹、非金属夹杂物以及化学成分偏析等缺陷。

本章主要名词

晶体结构（crystal structure）
晶胞(unit lattice cell,unit cell,elementary cell)
配位数（coordination number）
体心立方晶格（body-centered cubic lattice）
面心立方晶格（face-centered cubic lattice）
密排六方晶格（close-packed hexagonal lattice）
点缺陷（point defect）
面缺陷（plane defect）
晶粒（crystalline grain）
结晶（crystallization）
变质处理（inoculation）
晶格（crystal lattice）
晶格常数（lattice constant）
致密度（packing factor）
线缺陷（linear defect）
位错（dislocation）
晶界（crystal boundary）
过冷度（degree of supercooling）
置换固溶体（substitutional solid solution）
连续固溶体（continuous series of solid solution）
金属间化合物（intermetallic compound）
电子化合物（electron compound）
固溶体（solid solution）
间隙固溶体（interstitial solid solution）
化合物（compound）
正常价化合物（valence compound）
间隙化合物（interstitial compound）

习　题

1. 解释下列名词

(1) 晶体、金属键、晶格、晶胞、致密度、配位数；

(2) 单晶体、多晶体、晶粒、晶界、亚晶界；

(3) 过冷度、形核率、成长率、变质处理。

(4) 合金、组元、相、组织、固溶体、置换固溶体、间隙固溶体、间隙相、金属间化合

物

2. 常见的金属晶格类型有哪几种？它们的晶格常数和原子排列有什么特点？

3. 在立方晶胞中画出下列晶面和晶向：(101)、(111)、(321)、$(2\bar{3}1)$、[011]、$[1\bar{1}1]$、[231]、$[1\bar{2}3]$。

4. 在立方晶胞中，一平面通过 $y=1$，$x=3$，且平行于 z 轴，它的晶面指数是多少？试绘图表示之。

5. 为什么单晶体具有各向异性，而多晶体在一般情况下不显示各向异性？

6. 在实际金属中存在哪几种晶体缺陷？它们对金属的力学性能有何影响？

7. 金属结晶的基本规律是什么？工业生产中采用哪些措施细化晶粒？举例说明。

第二章　金属的塑性变形与再结晶

金属材料经冶炼浇注到制成型材和工件绝大多数要经过压力加工（如轧制、锻压、挤压、拉丝和冲压等），以消除铸锭组织晶粒粗大、组织不均匀、不致密以及成分偏析等缺陷。压力加工时，金属材料将发生塑性变形，其外形尺寸、内部组织结构、性能将发生很大变化。压力加工之后一般还要对金属进行加热，使其发生回复与再结晶，消除塑性变形带来的不利影响。因此有必要了解塑性变形、回复与再结晶等过程的实质与规律，这些知识对改进金属材料的加工工艺、提高产品质量、充分发挥金属材料力学性能的潜力等均具有指导意义。

第一节　金属的塑性变形

一、金属变形的三个阶段

在外力（载荷）的作用下，金属首先发生弹性变形，载荷增加到一定值后，除发生弹性变形外，同时还发生塑性变形，即弹塑性变形；继续增加载荷，塑性变形不断增大，最终将导致金属发生断裂。这就是金属材料在外力作用下变形过程的三个阶段，即弹性变形、弹塑性变形和断裂。这三个阶段可通过图 2-1 所示低碳钢在拉伸实验时的应力-伸长率曲线来说明。

（一）弹性变形

弹性变形是指外力去除后能够完全恢复的那部分可逆变形。图 2-1 中，在应力低于弹性极限（R_p）时，材料所发生的变形即为弹性变形。在此阶段，应力与伸长率成正比关系，两者的比值称为弹性模量或杨氏模量，记为 E，它表示材料对弹性变形的抗力，其值愈大，材料发生单位弹性应变所需要的应力愈大，故工程上也称为材料的刚度。弹性变形的实质是在应力作用下，金属内部的晶格发生弹性伸长或歪扭，原子稍稍偏离平衡位置（未超过晶格原子间距）而处于不稳定状态，外力去除后，在原子结合力的作用下，原子立即恢复到原来平衡位置，变形也随之消失。

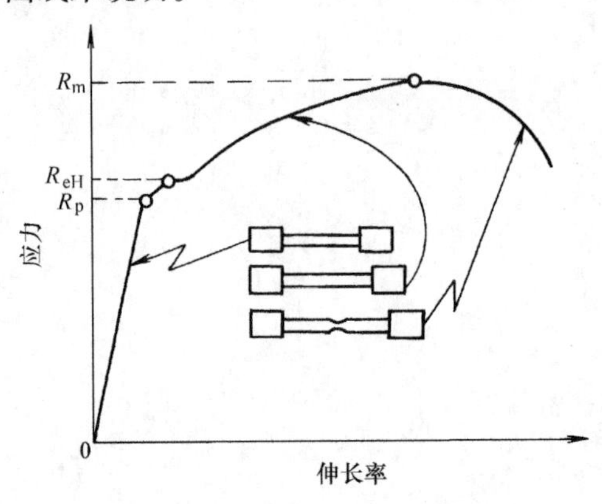

图 2-1　低碳钢的应力-伸长率曲线

（二）弹塑性变形

当应力大于弹性极限（R_p）时，材料不但发生弹性变形，而且还要发生塑性变形。当应力去除后，变形只能部分恢复（弹性变形部分），而保留部分永久变形，即塑性变形。开始发生塑性变形的最小应力称为屈服点。对于无明显屈服极限的材料，规定以产生0.2%残余变形的应力作为屈服强度，称为条件屈服强度，以$R_{p0.2}$表示。塑性变形的实质是材料内部原子离开其平衡位置，并达到新的平衡位置，产生永久位移，外力去除后原子不再恢复到原平衡位置，其变形不能恢复。表示材料塑性变形能力的指标是伸长率（A）和断面收缩率（Z），它们的具体含义见附录一。

（三）断裂

当应力超过屈服强度后，试样将发生明显而均匀的塑性变形，欲使试样的应变增大，必须提高外加应力，这种随塑性变形的增大塑性变形抗力不断增加的现象称为加工硬化或应变硬化。当应力达到强度极限R_m后，试样开始发生不均匀的塑性变形，变形集中在试样局部而产生颈缩，此时颈缩处变形迅速增大，当应力达到断裂应力（图2-1）后试样断裂。强度极限（R_m）表示材料产生不均匀塑性变形的抗力，是材料极限承载能力的标志。材料的断裂通常有两种方式：

（1）韧性断裂　具有明显塑性变形后而发生的断裂称为韧性断裂，其断口一般有细小凸凹，呈纤维状，灰暗无光。

（2）脆性断裂　材料断裂前无明显的塑性变形，这种断裂多发生在脆性材料中。脆性断裂可沿晶界发生，也可穿过晶粒发生，按断口形貌区分，前者称为沿晶断裂，断口凸凹不平，呈颗粒状；后者称为穿晶断裂，断口比较平坦。脆性断裂往往是没有预兆就发生，常导致灾难性事故，故危害性极大。

二、单晶体的塑性变形

常温下，单晶体金属塑性变形的主要方式有滑移和孪生两种，其中滑移是最重要也是最基本的方式。

（一）滑移

所谓滑移是指在切应力τ作用下，当τ超过晶体的弹性极限时，晶体的一部分将沿一定晶面和一定晶向发生相对的整体滑动，即产生了相对位移，这种位移在应力去除后不能恢复，大量局部滑移的积累就构成金属的宏观塑性变形。

（二）滑移的特征

（1）滑移只能在切应力的作用下发生　单晶体试样受拉伸时，外力P在晶内任一晶面上皆可分解为正应力σ（垂直于晶面）和切应力τ（平行于晶面），如图2-2所示。正应力σ只能引起晶格产生弹性伸长，当σ大于原子间结合力时，晶体将断裂；切应力τ使晶格产生歪扭，当τ增大到一定值（即临界切应力）后，将引起滑移面两侧的晶体发生相对位移而产生滑移。

（2）滑移的结果使晶体表面形成台阶，产生滑移线、滑移带　将一个表面抛光的金属单晶体（如铜）试样进行拉伸，当应力超过屈服极限而发生塑性变形后，在光学显微镜下观察，则在其表面可看到许多平行的线条，称之为滑移带，如图 2-3 所示。进一步观察可以发现，每条滑移带均是由许多密集在一起的相互平行的滑移线所组成，这些滑移线实际上是塑性变形时晶体滑移在晶体表面产生的一个个小台阶（图 2-4）。单晶体滑移变形的滑移量是滑移方向上原子间距的整数倍，滑移后滑移面两侧的晶体位向不变。

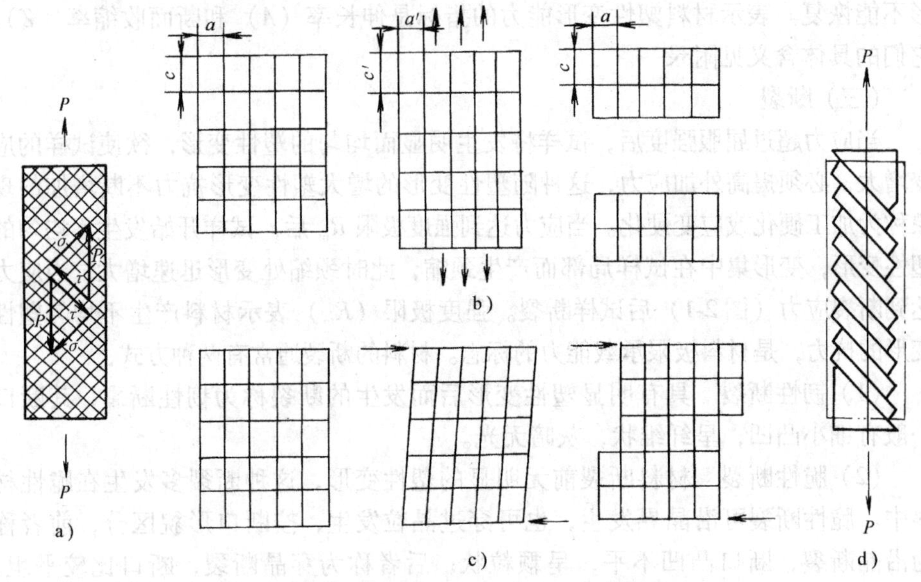

图 2-2　单晶体试样拉伸变形示意图
a）拉伸试样　b）在正应力 σ 作用下的变形
c）在切应力 τ 作用下的变形　d）拉伸后产生的滑移带

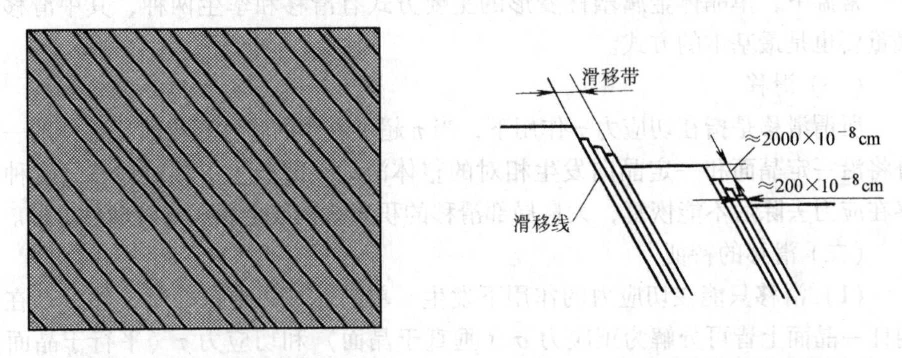

图 2-3　铜中的滑移带图　　　图 2-4　滑移带和滑移线示意图

（3）滑移通常沿晶体中原子密度最大的晶面和晶向进行　这是因为在晶体的原子密度最大的晶面上，原子间结合力最强，而面与面之间的间距最大，即相互平行的密排晶面之间的原子结合力最弱，相对滑移的阻力最小，因而最易于滑移。同样沿原子密度最大的晶向滑动时，阻力也最小。晶体中的一个滑移面和该面上的一个滑移方向组成一个滑移系。晶体结构不同，滑移面、滑移方向及滑移系的多少也不相同，如表2-1所示。晶体中滑移系越多，金属发生滑移的可能性就越大，塑性就越好。其中滑移方向对滑移所起的作用比滑移面大。表2-1中的面心立方晶格和体心立方晶格的滑移系数目均为12，但面心立方晶格每个滑移面上有3个滑移方向，体心立方晶格每个滑移面上只有2个，故体心立方晶格金属（如Fe、Cr、Mo、W、V等）的塑性要比面心立方晶格金属（如Cu、Ag、Au、Ni、Al等）的差。密排六方晶格金属（如Mg、Zn等）滑移系只有3个，其塑性就更差。

表2-1　三种常见金属晶体结构的滑移系

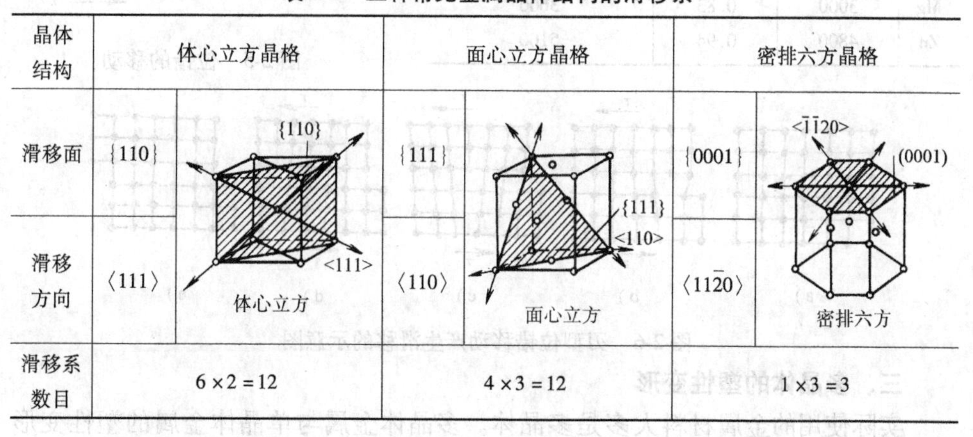

晶体结构	体心立方晶格		面心立方晶格		密排六方晶格	
滑移面	{110}	体心立方	{111}	面心立方	{0001}	密排六方
滑移方向	〈111〉		〈110〉		〈11$\bar{2}$0〉	
滑移系数目	6×2=12		4×3=12		1×3=3	

（4）滑移的同时伴随有晶体的转动　晶体滑移时，除了原子面作相对位移外，还伴随有晶体的转动。这是因为晶体两部分沿滑移面和滑移方向移动之后，会使滑移面上下的正应力不再作用在同一轴线上而成一对力偶（如图2-2），使晶体在滑移的同时发生转动。转动的结果使原来有利于滑移的晶面可以变成不利于滑移的晶面，而原来处于不利于滑移的晶面可能会转到有利于滑移的方向上来，所以就使得滑移在不同的滑移系上交替进行。

（5）滑移是由位错运动造成的　若把晶体的滑移视为晶体中滑移面上下两部分沿滑移方向作整体的相对移动，则根据理论计算得到的金属单晶体发生滑移所需要的最小切应力（即临界切应力）要比实测值大得多，如表2-2所示。显然把滑移简单理解为刚性滑移是不符合实际的。大量实验证明，滑移是滑移面上位错运动的结果。图2-5是刃型位错运动示意图，在切应力τ作用下，位错中心滑移面上面多余半原子面向右作微量位移至虚线位置；位错中心滑移面下面一列原子向左作微量位移，也移到虚线位置，这样位错中心半原子面便向右移动一个原子间距。如此不断运动，位错线便沿滑移面从晶体一端运动到另一端，就造成了一个原子间距的滑移量，大量位错移出晶体表面就形成了显微镜下所观察到的滑移台阶，从而形成宏观塑性变形。图 2-6 是晶体中刃型位错在切应力作用下沿滑移面运动过程的示意图。由此可见，通过位错运动方式的滑移并不需要整个滑移面上的原子同时移动，只需位错中心附近的少量的原子作微量的位移，所以它所需的临界切应力便远远小于刚性滑移。

表 2-2　临界切应力的理论值与实测值

金属	计算值/MPa	实测值/MPa	计算值与实测值之比
Ag	4500	0.5	9000
Au	4500	0.92	4900
Ni	11000	5.8	1900
Mg	3000	0.83	3600
Zn	4800	0.94	5100

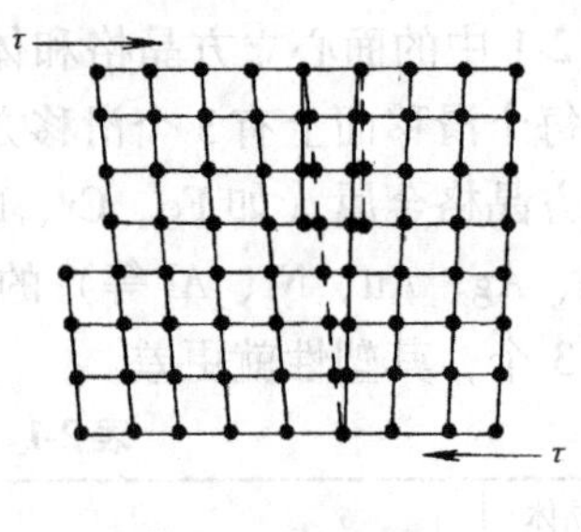

图 2-5　位错的移动

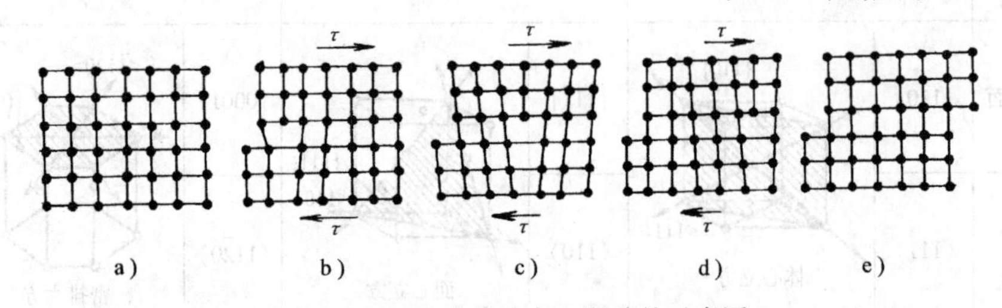

图 2-6　刃型位错移动产生滑移的示意图

三、多晶体的塑性变形

实际使用的金属材料大多是多晶体。多晶体金属与单晶体金属的塑性变形基本方式相同，即多晶体金属中的每个晶粒的塑性变形仍主要以滑移为主。但由于各晶粒取向不同，每个晶粒的变形还要受到周围晶粒的制约，晶粒之间的晶界也影响晶粒的塑性变形，因此多晶体的塑性变形要比单晶体困难和复杂得多。

（一）晶粒取向的影响

晶粒取向的影响主要表现在各晶粒变形过程中的相互制约和协调性。多晶体在外力作用下，各晶粒因位向不同而受到的外力并不一致，作用在各晶粒的滑移系上的分切应力也相差很大，因此各晶粒不可能同时开始变形，而是处于有利位向的晶粒先滑移，处于不利位向的晶粒后滑移。如图 2-7 所示，滑移面和滑移方向与外力成或接近成 45°方位的晶粒（图中 *A*、*B* 晶粒），其滑移系所受到的分切应力最大，即处于有利位向，称为“软位向”，它们最先发生滑移；而滑移面和滑移方向处于接近与外力平行或垂直方位的晶粒（图中 *C* 晶粒），其滑移系

图 2-7　多晶体金属塑性变形不均匀性的示意图

所受到的分切应力最小，即处于不利位向或称为“硬位向”，它们最难发生滑移。同时，多晶体中每个晶粒都处于其它晶粒包围之中，它们的变形必然要与其它邻近晶粒相互协调配合，不然就难以进行，甚至不能保持晶粒之间的连续性，继而造成空隙而导致材料的断裂。在多晶体滑移的过程中，由于伴随有晶体的转动，首先发生滑移的软位向晶粒会逐步转向与外力平行的硬位向而发生滑移困难，此时那些接近软位向的晶粒会逐渐开始滑移，而那些硬位向晶粒因晶粒之间的协调配合有可能转到有利的软位向也会陆续进行滑移。由此可见，在外力的持续作用下，多晶体金属的塑性变形总是一批一批晶粒逐次发生，由少数晶粒开始，逐步扩大到多数晶粒，最后到全体晶粒，并且从不均匀的变形逐步发展到均匀的变形。这反映了多晶体金属塑性变形的不同时性和相互协调性。

（二）晶界的影响

晶界上原子排列较乱，点阵畸变严重，杂质原子也易在晶界偏聚，且晶界两侧的晶粒取向不同，滑移方向和滑移面互不一致，因此，滑移要从一个晶粒直接延续到下一个晶粒相当困难，也就是说晶界是滑移的主要障碍，使滑移变形的抗力增大。图 2-8 为只有 2 个晶粒组成的试样拉伸试验后变形的示意图，可以看出，由于晶界变形抗力较大，致使试样在拉伸变形后往往呈竹节状，每个晶粒的变形不均匀，晶界处变形量小，晶粒内部变形量大。多晶体与单晶体拉伸曲线的对比如图 2-9 所示，多晶体拉伸变形所需应力明显偏大。晶界除提高材料的变形抗力外，晶界区的塑性变形可使晶粒间的应力集中松弛，同时对相邻晶粒的塑性变形起协调作用，晶界的变形量一般比变形大的晶粒小，比变形小的晶粒大，以维持相邻晶粒变形的连续性，这又反映了多晶体塑性变形的不均匀性。由于晶界数量直接取决于晶粒的大小，因此，晶界对多晶体塑性变形的影响可通过晶粒度直接体现。实践证明，多晶体的强度随其晶粒细化而提高，如图 2-10 所示。这是因为晶粒越小，其晶界的总面积就越大，每个晶粒周围不同取向的晶粒数也就越多，对塑性变形的抗力也就越大。这种细化晶粒增加晶界以提高金属强度的方法称为晶界强化或细晶强化。晶界强化是金属材料的一种重要强化方法，细化晶粒不仅能提高材料的强度，还可改善材料的塑性

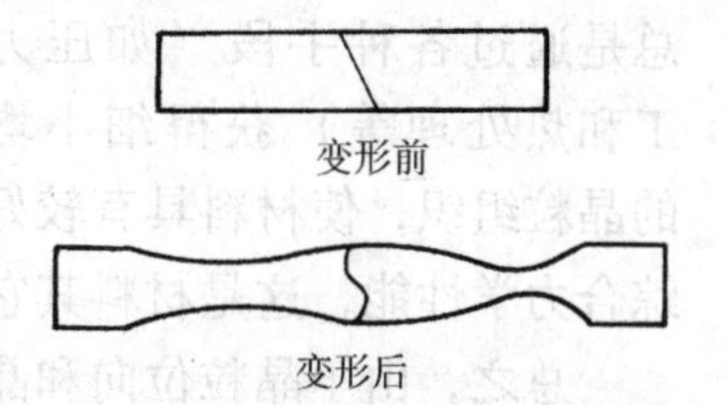

图 2-8　仅有两个晶粒的试样在拉伸时变形的示意图

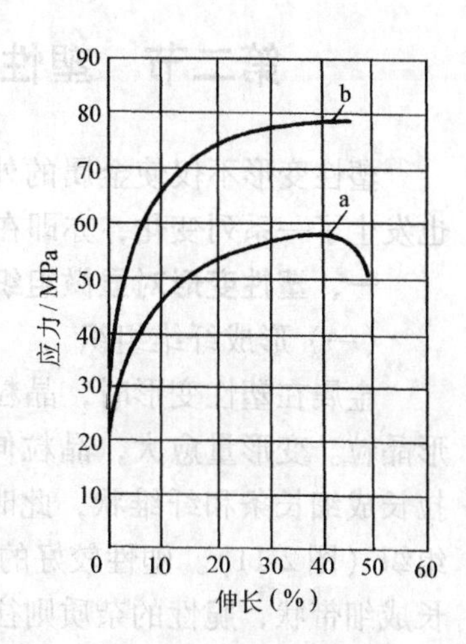

图 2-9　纯铝单晶体 a 与多晶体 b 的拉伸曲线

和韧性，这是因为，晶粒愈细，单位体积内的晶粒数就愈多，变形时同样的变形量可分散到更多的晶粒中发生，以产生比较均匀的变形，这样因局部应力集中而引起材料开裂的机率较小，使材料在断裂前就有可能承受较大的塑性变形，得到较大的伸长率、断面收缩率和具有较高的冲击载荷抗力。因此，工业生产中通常总是通过各种手段（如压力加工和热处理等）获得细小均匀的晶粒组织，使材料具有较好的综合力学性能，这是材料其它强化方法所不能比拟的。

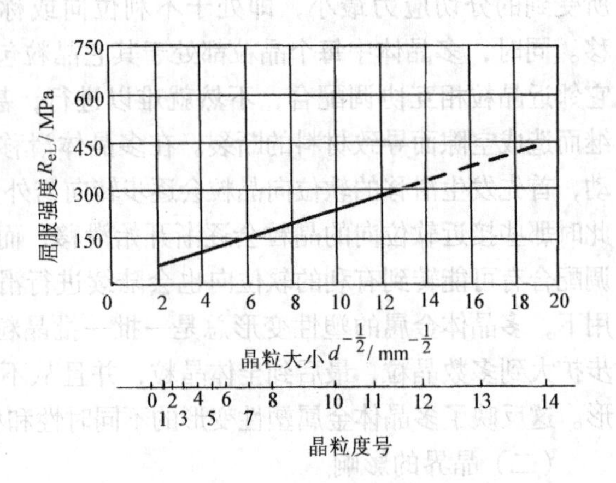

图 2-10　纯铁的强度与晶粒度大小的关系

总之，由于晶粒位向和晶界的影响，多晶体金属的塑性变形与单晶体相比，具有晶粒变形的不同时性、晶粒变形的相互协调性以及塑性变形的不均匀性三个主要特点。

第二节　塑性变形对金属组织和性能的影响

塑性变形不仅使金属的外形和尺寸得到改变，而且金属的内部组织和性能也发生了一系列变化，亦即在变形的同时伴随有性能的变化。

一、塑性变形对显微组织的影响

（一）形成纤维组织

金属在塑性变形时，晶粒会沿着变形量最大的方向伸长成为长条形或扁平形晶粒。变形量愈大，晶粒伸长的程度也愈显著。变形量很大时，各晶粒会被拉长成细长条和纤维状，此时晶界模糊，晶粒难以分辨，这种组织被称为纤维组织（图 2-11）。塑性较好的杂质，在塑性变形时会随晶粒形状的变化而随之伸长成细带状，脆性的杂质则往往会碎断成链状。

（二）亚结构细化

如前所述，晶体的塑性变形本质上是借助位错在应力作用下不断运动和增殖而进行的。随变形程度的增加，晶体中位错密度迅速提高，大量位错聚集并发生交互作用，形成不均匀的分布，并使原来的晶粒碎化成许多位向略有差异的小晶块，称为亚晶粒，如图 2-12 所示。形变量越大，晶粒碎细程度就越大，亚晶界就越多，位错密度显著增大，从而进一步阻碍位错运动，增加金属的塑性变形抗力。在塑性变形的同时，细碎的亚晶粒也会随着晶粒的伸长而伸长。

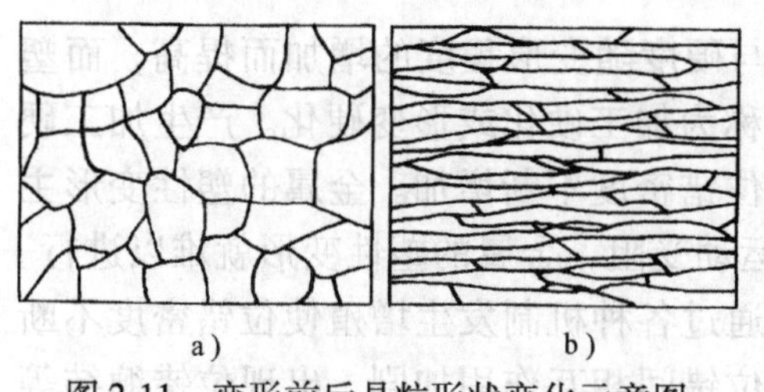

图 2-11　变形前后晶粒形状变化示意图

a）变形前　b）变形后

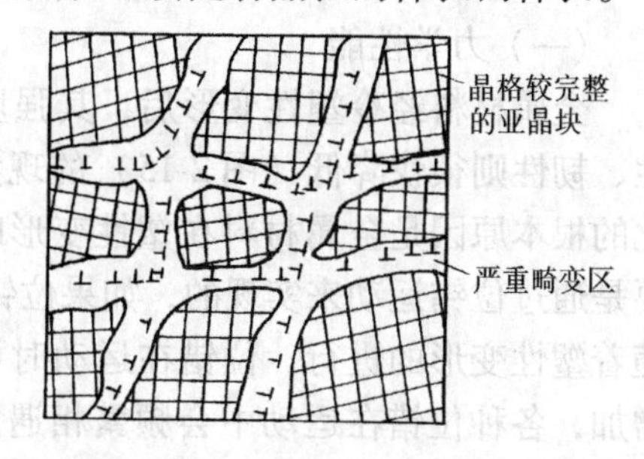

图 2-12　金属经变形后的亚结构示意图

（三）产生形变织构

在塑性变形量很大时，伴随着晶粒的转动，各个晶粒的滑移面和滑移方向都会逐渐与形变方向趋于一致，从而使多晶体中原来取向互不相同的各个晶粒在空间位向上呈现一定程度的一致性，这种现象称为择优取向，这种组织状态则称为形变织构。形变织构随加工方式的不同主要分两种：拉拔变形时每个晶粒的某一晶向大致与变形方向平行，所形成的织构称为丝织构，例如低碳钢经大变形量的拉丝后，铁素体的〈110〉晶向平行于拉丝方向；轧制板材各晶粒的某一晶面往往与轧制面大致平行，某一晶向则与轧制时的主要形变方向平行，此时形成的织构为板织构，如低碳钢冷轧钢板，各晶粒的｛001｝晶面与〈110〉晶向均平行于板面。形变织构的示意图见图 2-13。

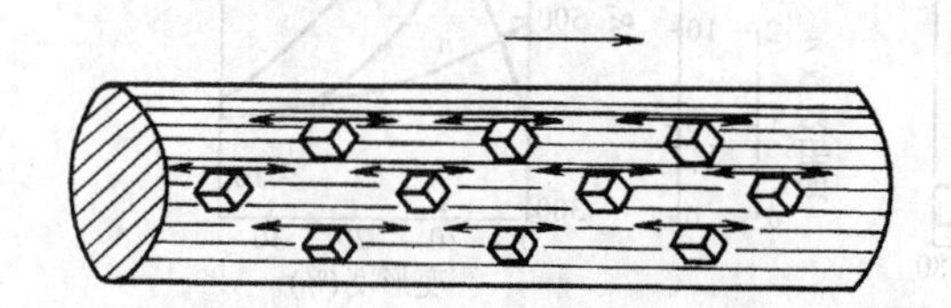

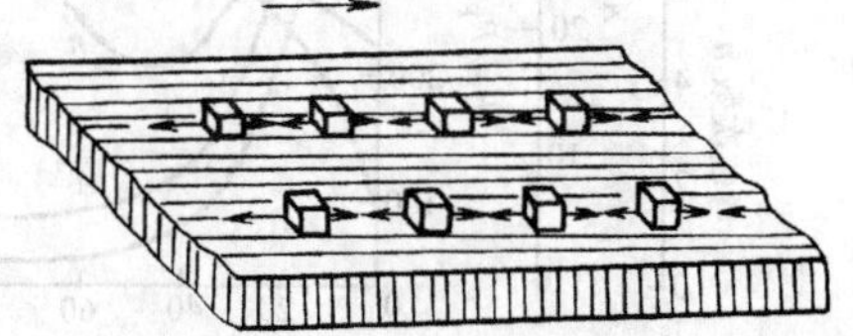

图 2-13　形变织构—丝织构和板织构的示意图

形变织构形成后会使金属材料呈现明显的各向异性，这对金属材料的加工和使用性能都有不利影响。例如利用有织构的板材冷冲筒形工件时，由于板材各个方向变形的能力不同，冲出的产品壁厚不均匀，边缘不整齐，形成所谓“制耳”现象，如图 2-14 所示。但织构的存在在某些情况下是有利的，如用轧制后沿｛110｝面和〈100〉方向的板织构硅钢片制成变压器铁心，因铁沿〈100〉方向最易磁化，故可增加磁导率，减少磁滞损耗，大大提高变压器的效率，并能减轻设备自重，节约钢材。

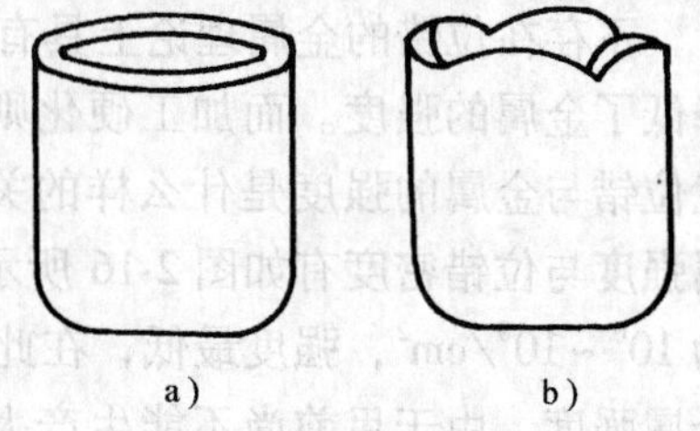

图 2-14　因形变织构造成的制耳

a）无织构　b）有织构

二、塑性变形对金属性能的影响

(一) 力学性能

金属材料经冷塑性变形后，其强度与硬度随变形程度的增加而提高，而塑性、韧性则很快降低（图 2-15）的现象称为加工硬化或形变硬化。产生加工硬化的根本原因是金属材料在塑性变形时位错密度不断增加。金属的塑性变形主要是通过位错运动来实现的，如果位错运动受阻，金属的塑性变形就难以进行。随着塑性变形的进行，位错在运动时可通过各种机制发生增殖使位错密度不断增加，各种位错在运动中会频繁相遇，位错间相互作用加剧，出现位错缠结等现象，使位错运动的阻力增大，要使位错持续不断运动，即塑性变形不断进行，就必须增大外力，从而引起塑性变形抗力增加；而塑性变形抗力的增加，又进一步加剧位错运动的阻力，使位错在晶体中发生塞积，这又造成位错密度的增加加快。这样，金属的塑性变形就变得愈发困难，继续变形就必须增大外力，因此提高了金属的强度。

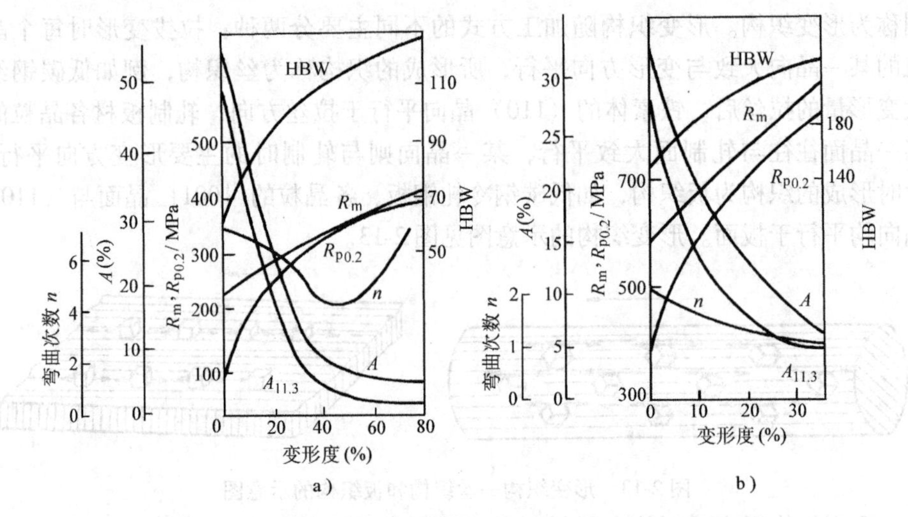

图 2-15　两种常见金属材料的力学性能——变形度曲线

a) 工业纯铜　b) 45 钢

不存在位错的金属理论上具有极高的强度（表 2-2），也就是说位错的存在降低了金属的强度。而加工硬化则说明位错的增加会提高金属强度，那么，究竟位错与金属的强度是什么样的关系呢？通过大量的实验和理论研究，发现金属强度与位错密度有如图 2-16 所示的关系。通常退火状态下的金属，位错密度为 10^6 ~ 10^8/cm^2，强度最低，在此基础上增加或降低位错密度，都可有效提高金属强度。由于目前尚不能生产大尺寸的低位错密度的金属，只能制出一些极细的低位错密度的金属丝（称晶须），然后再将其编成较大尺寸的材料或混到某些材料中制成复合材料以提高强度，这种减少金属中的位错以提高强度的方法成本高、效率低，因而现在主要还是利用加工硬化等增加位错密度的方法来提高金属的强度，尤其是对于那些不能通过热处理强化的材料，如纯金属以及某些合金（如奥氏体不锈钢等）来说，这种方法是主要的强化方法。

（二）其它性能

经过冷塑性变形的金属，其物理性能和化学性能也会发生明显变化。比如，由于金属在冷变形过程中位错密度增加，点阵畸变加剧，使得金属的电阻率增加，导电性能和电阻温度系数下降，导热系数也略微下降，导磁率下降，密度减小。塑性变形后由于金属中的晶体缺陷增加，使金属的内能增大，因而导致金属中原子扩散过程加速，金属的化学活性增加，腐蚀速度加快，即金属的耐腐蚀性能下降。

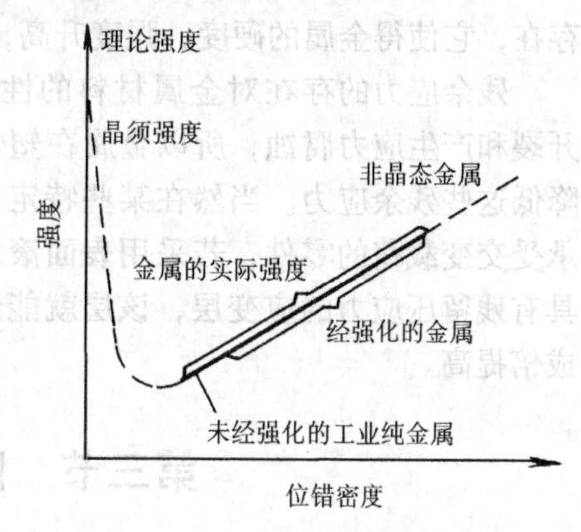

图 2-16　金属强度与位错密度关系示意图

三、残余应力

塑性变形中外力所做的功大部分转化为热能，使金属温度升高，尔后又散失，还有少部分（约 10%）以残余应力及点阵畸变的形式保留在金属内部，这部分能量称为储存能。残余应力是一种内应力，在整个工件中处于自相平衡状态，它主要是由于金属在外力作用下所产生的内部变形不均匀，以及变形金属中各部分相互间的牵制作用所致。按照残余应力平衡范围的不同，通常可将其分为三类：

（一）宏观内应力（第一类内应力）

它是由工件不同部分的宏观变形不均匀而引起的，应力作用范围应包括整个工件。例如图 2-17 所示的金属线材经拔丝加工后，由于拔丝模壁的阻力作用，线材的外表面较心部变形小，故表面受拉应力，而心部受压应力，但在整个体积范围内内应力处于一种平衡状态。这类残余应力所对应的畸变能不大，仅占总储存能的 0.1% 左右。

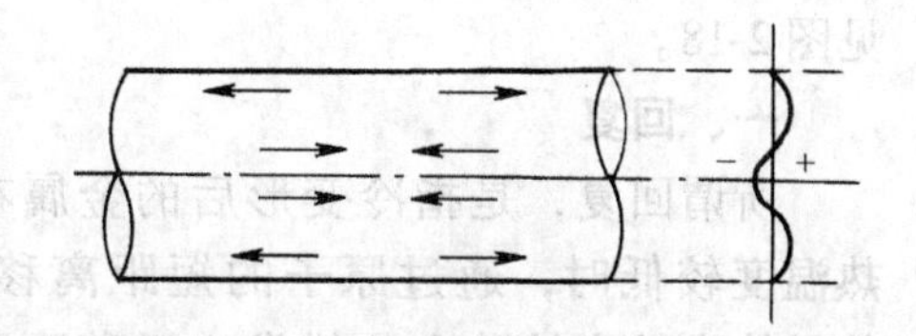

图 2-17　金属线材经拔丝加工后的残余应力

（二）微观内应力（第二类内应力）

它是由于晶粒或亚晶粒之间的变形不均匀而引起的，应力作用范围与晶粒尺寸相当，在晶粒与亚晶粒之间保持平衡。这类应力在某些局部地区可达很大数值，致使工件在不大的外力作用下，产生微裂纹并导致工件断裂。

（三）点阵畸变（第三类内应力）

它是由于金属在塑性变形中形成的位错、空位和间隙原子等点阵缺陷而引起的，其作用范围更小，仅在晶界、位错、点缺陷等范围约几百到几千个原子范围内保持平衡。变形金属储存能的绝大部分（80%～90%）以点阵畸变形式存在，它使得金属的硬度、强度升高，而塑性和韧性及耐腐蚀性能下降。

残余应力的存在对金属材料的性能是有害的，它导致材料及工件的变形、开裂和产生应力腐蚀，所以金属在塑性变形后通常要进行退火处理，以消除或降低这些残余应力。当然在某些特定条件下，残余应力存在也是有利的，例如承受交变载荷的零件，若采用表面滚压或喷丸处理，可以使零件表面产生一层具有残留压应力的应变层，该层就能起到强化表面的目的，可使零件疲劳寿命成倍提高。

第三节 回复与再结晶

金属经过塑性变形后，其组织与性能均发生了明显变化，而且还存在残留内应力，使其自由能较变形前升高，处于热力学亚稳状态，具有恢复原始状态的自发趋势。对冷变形金属进行退火处理，即将金属加热到一定温度，其组织会从不稳定的状态向稳定状态变化，性能也将得到一定程度的恢复。在退火过程中，随着加热温度的提高，变形金属将相继发生回复、再结晶和晶粒长大三个阶段的变化，见图 2-18。

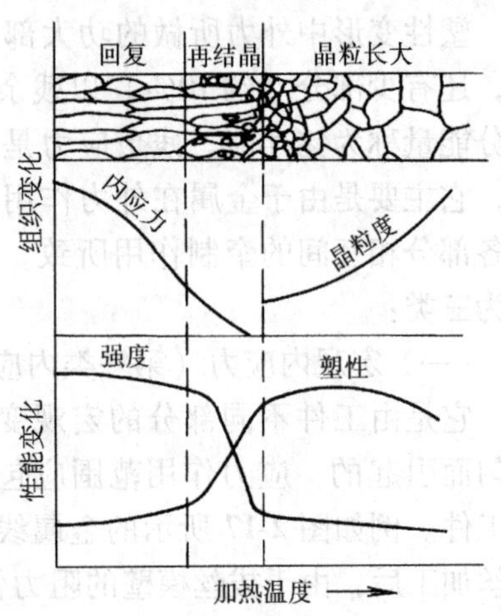

图 2-18 变形金属加热时组织和性能变化示意图

一、回复

所谓回复，是指冷变形后的金属在加热温度较低时，通过原子的短距离移动，使晶体内的点缺陷和位错发生迁移而引起的某些亚结构和性能的变化过程。在回复阶段，变形金属的显微组织没有明显变化，纤维状外形的晶粒仍存在，故金属的强度、硬度和塑性韧性等力学性能变化不大，某些物理、化学性能恢复，如电阻降低、抗应力腐蚀性能提高等，同时残留应力显著降低。因此生产中常利用回复过程对冷变形金属进行低温退火，使其在保持加工硬化状态（高强度、高硬度）的条件下，降低其内应力和改善某些物理化学性能。例如冷卷弹簧就要在冷拉钢丝卷成弹簧制品后进行一次 250～350℃的低温退火（也称去应力退火），以降低内应力并使其定形。

二、再结晶

再结晶是指冷变形金属在加热到一定温度后，在原来变形组织中重新产生并最终由无畸变的新晶粒完全取代，而性能也发生明显变化并恢复到变形前状态的变化过程。和回复不同，再结晶后变形组织不再存在，加工硬化现象得到消除，变形储存能充分释放，强度硬度显著降低、塑性韧性明显提高，并最终恢复到冷变形前的状态。

（一）再结晶过程

再结晶实质是新晶粒重新形核和长大的过程（图2-19）。实验结果表明，再结晶晶核优先在塑性变形引起的最大畸变处形成，这些区域位错密度大，能量状态高，加热时原子、位错等的运动比较容易。再结晶过程大致如下，首先是那些经回复之后已经存在、尺寸较大的较稳定的无畸变且晶格位向基本相近的亚晶粒之间彼此发生合并，形成较大的亚晶粒，这类亚晶粒长大到一定的稳定尺寸之后，便可成为再结晶晶核，随后再结晶晶核向四周变形的晶粒中逐渐长大，形成新的等轴晶粒。当畸变晶粒完全被新的无畸变的再结晶晶粒取代后，再结晶过程即告结束。与重结晶（即同素异构转变）不同，再结晶转变前后的晶格类型没有发生变化，故称为再结晶；而重结晶时晶格类型发生了变化。另外，再结晶是对冷塑性变形的金属而言，只有经过冷塑性变形的金属才会发生再结晶，没有经过冷塑性变形的金属不存在再结晶的问题。

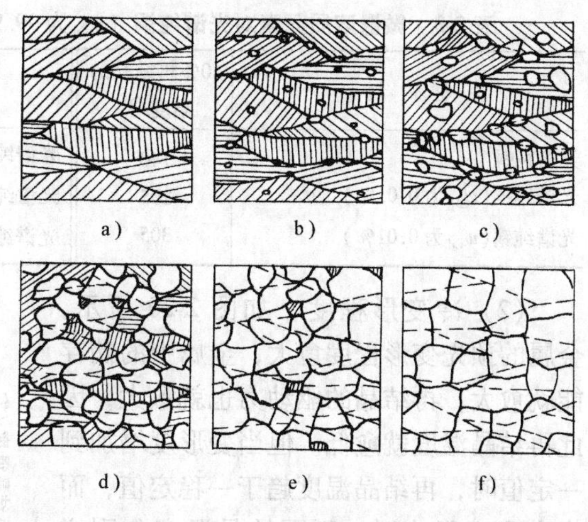

图2-19　再结晶过程示意图

（二）再结晶温度及影响因素

再结晶不是相变，没有确定的转变温度，而是在一个较宽的温度范围进行，因此，一般是把冷变形金属开始进行再结晶的最低温度称为再结晶温度。为了便于比较和使用方便，在实际生产中，通常把再结晶温度定义为：经过大变形量冷塑性变形的金属（变形度 >70%），在1h保温时间内能够完成再结晶转变（转变量 >95%）的温度。

再结晶温度（$T_{再}$）随金属熔点（$T_{熔}$）的升高而升高，两者之间有如下关系：

$$T_{再} \approx 0.4 T_{熔}$$

式中的 $T_{再}$，$T_{熔}$ 均为热力学温度。

再结晶温度不是一个物理常数，除金属的熔点外，金属的纯度、变形程度以及加热速度、保温时间等因素也影响再结晶温度。

（1）金属的纯度　金属的纯度越低，再结晶温度越高。这是因为金属中微量的杂质或合金元素原子趋于向位错、晶界处偏聚，对位错的滑移与攀移和晶界的迁移起阻碍作用，从而不利于再结晶的形核和长大，阻碍再结晶过程。杂质或合金元素的作用在低含量时表现最为明显，当其含量增至某一浓度后，往往不再继续提高再结晶温度，有时反而会降低再结晶温度。表2-3列出了一些微量元素对冷变形纯铜再结晶温度的影响。

表2-3　微量溶质元素对光谱纯铜（w_{Cu}为99.999%）50%再结晶温度的影响

材　料	50%再结晶的温度/℃	材　料	50%再结晶的温度/℃
光谱纯铜	140	光谱纯铜（w_{Sn}为0.01%）	315
光谱纯铜（w_{Ag}为0.01%）	205	光谱纯铜（w_{Sb}为0.01%）	320
光谱纯铜（w_{Cd}为0.01%）	305	光谱纯铜（w_{Te}为0.01%）	370

（2）冷变形程度　如图2-20所示，金属的预先变形程度愈大，金属中的储存能就愈大，再结晶的驱动力也就愈大，因此再结晶温度就愈低。但当变形度增加到一定值时，再结晶温度趋于一稳定值，而当变形度很小时，则再结晶温度急剧增大，即不会有再结晶过程的发生。所以实际再结晶开始温度是以较大的变形量作为测试条件之一的。

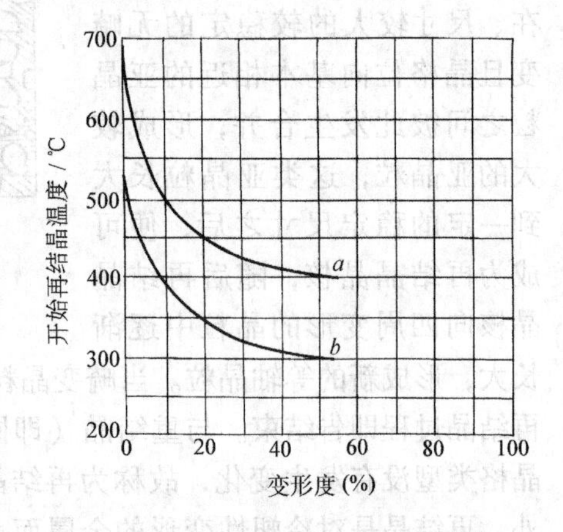

图2-20　铁和铝的开始再结晶温度与预先变形程度的关系

a—电解铁　b—w_{Al}=99%

（3）再结晶退火工艺参数　加热速度、加热温度与保温时间等退火工艺参数，也影响冷塑性变形金属的再结晶温度。加热速度过缓和过快都能使再结晶温度升高，原因在于，加热速度缓慢，变形金属在加热过程中有足够的时间进行回复，使储存能减少，从而减少再结晶的驱动力，使再结晶温度升高；而加热速度过快，再结晶的形核和长大因在各温度下的停留时间过短而来不及充分进行，所以推迟到较高温度才发生再结晶。在一定温度范围内延长保温时间，有利于原子的扩散而会降低再结晶温度。同样原因，退火温度愈高，再结晶速度会愈快，但再结晶后的晶粒也粗大一些。

工业生产上为了缩短退火周期，采用的再结晶退火温度一般定为最低再结晶温度以上100~200℃。

三、晶粒长大

再结晶刚刚完成后的晶粒是无畸变的等轴细晶粒，如果继续升高温度或延长保温时间，晶粒之间就会相互吞并而长大，这一现象称之为晶粒长大。晶粒长大的过程是界面能降低的过程，因而也是自发过程，晶粒的长大主要是通过晶界的迁移由晶粒的相互吞并来实现的，如图2-21所示。晶界的迁移是由某些尺寸较大的晶粒向邻近尺寸较小的晶粒方向迁移，小晶粒晶界处的原子逐渐向大晶粒移动并按大晶粒的位向排列，从而使大晶粒逐渐吞并小晶粒，这种长大的结果是晶粒均匀长大。如果金属原来的变形不均匀、有形变织构或含有较多的杂质时，大多数晶界的迁移将受到阻碍，只有少数晶粒脱离杂质等的约束，获得优先长大的机会，使再结晶后的晶粒大小不均匀，此时很容易发生大晶粒吞并小晶粒而愈长愈大的现象，其尺寸往往比原始晶粒尺寸大几十倍甚至上百倍。这种晶粒不均匀急剧长大的现象因类似于再结晶的形核（由较大的稳定亚晶粒生成）和长大（吞并周围小亚晶粒）过程而被称为二次再结晶。

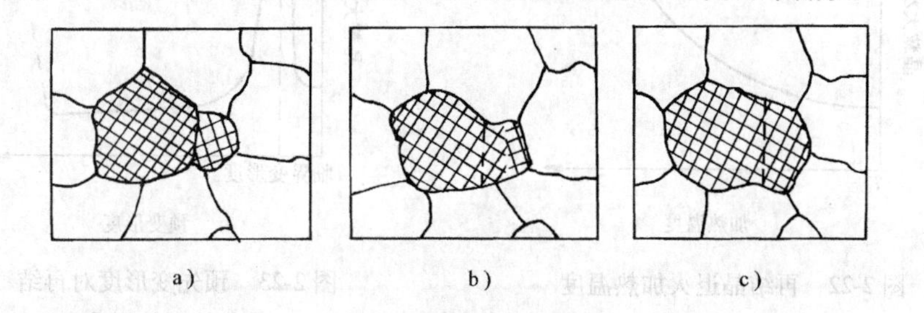

图2-21　晶粒长大示意图

晶粒长大后特别是二次再结晶后所得到的粗大晶粒组织，能使金属材料的强度、塑性和韧性显著降低，还易产生裂纹，导致零件的破坏，因此应当避免晶粒过度长大，尤其是二次再结晶现象的出现。

四、影响再结晶退火后晶粒度的因素

再结晶退火后最终得到的晶粒大小直接影响金属材料的强度、塑性和韧性，一般情况下，总希望得到综合性能好的细晶粒组织。为此，必须了解影响再结晶后晶粒大小的因素，以合理控制，最终获得理想组织。实践表明，影响再结晶后晶粒大小的因素，主要有：

（一）加热温度

加热温度越高，原子扩散能力越强，晶界迁移越快，再结晶退火后的晶粒度就越大，如图2-22所示。在一定温度下，晶粒长大到一定尺寸一般就不再长大，温度升高则晶粒又会继续长大。此外，加热温度一定时，延长保温时间也会使晶粒长大，但其影响远不如加热温度的影响大。

（二）冷变形程度

预先变形程度的影响比较复杂，如图2-23所示。当变形度很小时，金属晶格畸变很小，不足以引起再结晶，故再结晶退火前后晶粒度不发生变化。当变形度达到2%～10%时，因金属中仅有部分晶粒发生变形致使变形很不均匀，再结晶时形核数目少，再结晶后晶粒大小极不均匀，非常有利于晶粒发生相互吞并而长大，最终形成异常粗大的晶粒。这种使再结晶后晶粒发生异常长大的变形度称为临界变形度。工业生产中进行冷变形加工时，一般应尽量避开临界变形度这一范围。当变形度大于临界变形度之后，随变形度的增加，变形趋于均匀，再结晶形核率增大，最终形成的晶粒就愈小。但当变形度很大（约90%）时，某些金属（如铁）中，又会出现再结晶后晶粒再次粗化的现象，一般认为这与金属中形成的形变织构有关，织构中各晶粒大致相同的晶格位向，给它们沿一定方向迅速长大提供了优越条件。

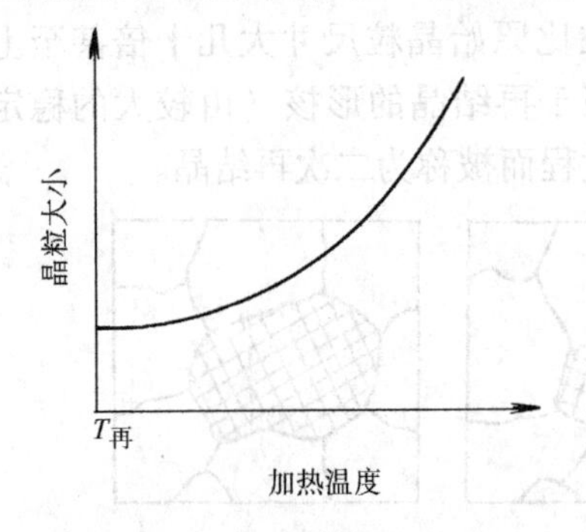

图 2-22　再结晶退火加热温度对晶粒度的影响

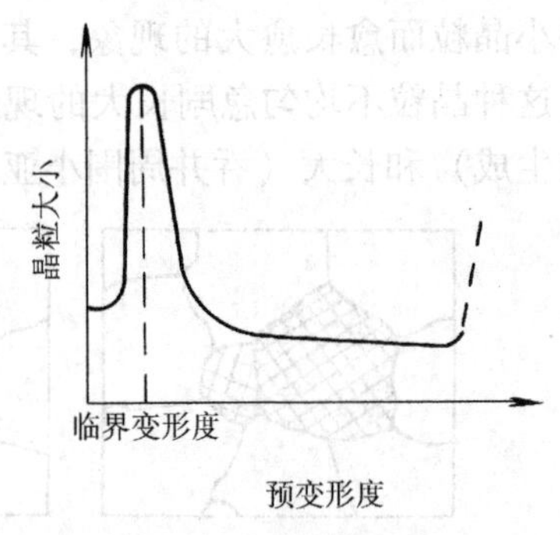

图 2-23　预先变形度对再结晶晶粒度的影响

若将加热温度和冷变形度对再结晶晶粒度的影响综合于一个立体坐标图中，便可得到所谓的再结晶全图，如图 2-24 所示。再结晶全图对于制定冷塑性加工

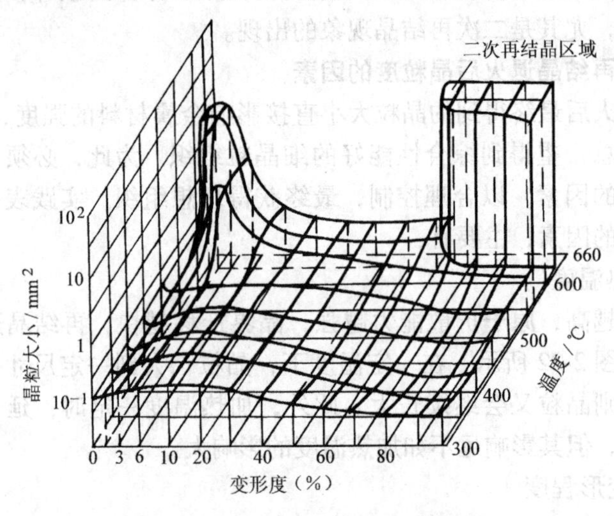

图 2-24　工业纯铝的再结晶全图

工艺和再结晶退火工艺具有重要意义，也是制定热加工工艺的重要参考资料。

第四节　金属的热加工

一、金属的热加工与冷加工

金属的塑性变形如果是在室温下进行的，习惯上称之为冷塑性变形或冷加工。冷塑性变形后产品表面质量好，尺寸精度高，强度也较高，工业上有广泛应用，如冷挤丝杠等。但冷塑性变形后会引起金属的加工硬化，变形抗力增大，塑韧性下降，这使得那些尺寸较大，变形量较大或塑性不好的金属制品在常温下难以进行塑性变形，为此，生产上还常采用高温热塑性变形加工（即热加工），如锻造，热挤等。

从金属学角度看，所谓热加工是指在再结晶温度以上的加工过程，而在再结晶温度以下的加工过程则称冷加工，也就是说再结晶温度是区分冷热加工的分界线。例如低熔点金属铅、锡等再结晶温度在0℃以下，对它们在室温下进行塑性变形就是热加工；而高熔点的金属如钨，再结晶温度为1200℃，那么在1000℃拉制钨丝也属于冷加工。

热加工过程实质上包括变形中的加工硬化与动态软化两个同时进行的过程（图2-25），其中加工硬化被动态软化所抵消，因而热加工时一般不产生明显的加工硬化现象。

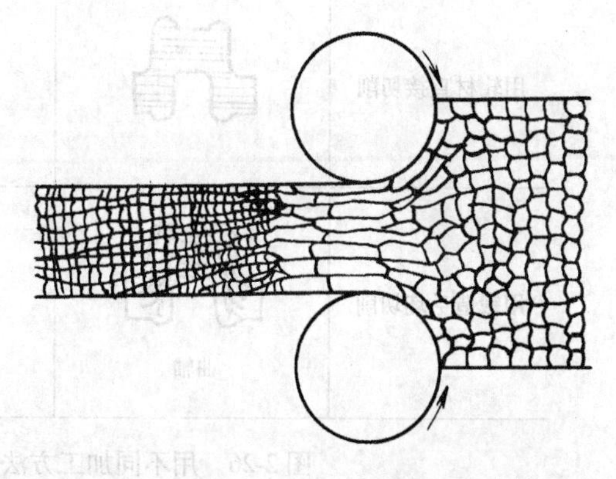

图2-25　热加工时的动态再结晶示意图

热加工过程中的动态软化包括动态回复和动态再结晶两个过程。由于金属热加工时表面易于氧化，产品的表面粗糙度和尺寸精度不如冷加工好，故而热加工主要用于截面尺寸较大，变形量较大的金属制品或半成品，以及脆性较大的金属材料的变形；而冷加工则适于截面尺寸较小，加工精度要求高和表面粗糙度要求较低的金属制品的成形。

二、热加工对金属组织和性能的影响

热加工虽然最终不会引起加工硬化，但因热加工过程中要发生塑性变形及动态回复和动态再结晶，因此热加工后的金属组织和性能也会发生很大变化，主要表现在：

（一）改善铸态组织

高温下的热加工变形量大，可使得铸态组织中的缺陷得到明显改善，如微

裂纹和气孔被焊合，疏松压实，从而提高其致密度。铸态组织中的粗大柱状晶通过热加工后一般都能细化，某些合金钢（如高速钢）中的大块碳化物可被打碎并使之较均匀分布，铸件中的成分偏析也因高温下扩散进行的较快而得到部分消除。铸态组织缺陷的改善，使得其力学性能特别是塑、韧性明显提高，同样，由铸锭经热加工（轧制、锻造等）后获得的型材，性能也进一步提高。

（二）出现纤维组织

热加工过程中，铸态金属中的某些枝晶偏析、非金属夹杂物及第二相将随基体组织的塑性变形而伸长并沿变形的方向分布，在宏观组织上呈现一条条细线（称为流线），这种组织叫做热加工纤维组织。纤维组织的出现，使得金属的力学性能具有明显的各向异性，沿流线方向的强度、塑性和韧性要显著大于垂直流线方向上的相应性能，特别是塑性和韧性。因此工业生产中，一方面可以通过冶炼和加工以减弱和控制流线的形成，另一方面在制定工件的热加工工艺时，应注意控制流线的分布状态，尽量使流线与应力方向一致，这样可充分利用材料的强度，提高零件寿命。图 2-26 所示的是用锻造方法和用型材切削加工所得到工件的流线分布，二者相比，显然锻造工件流线分布要合理。

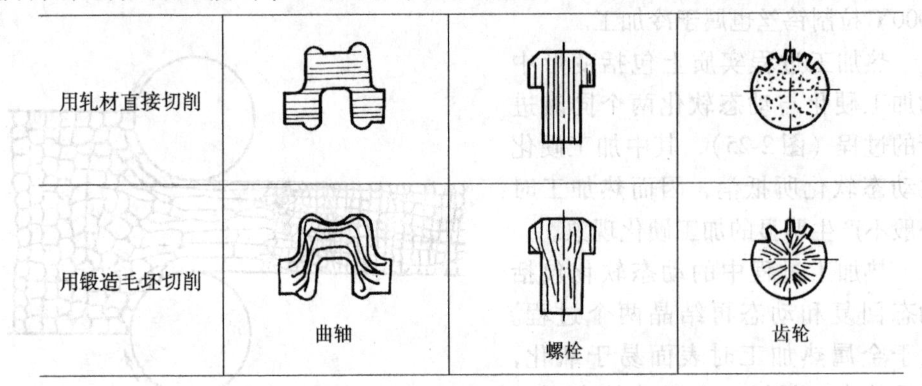

图 2-26　用不同加工方法生产的工件流线分布

（三）形成带状组织

若钢锭或钢坯中存在严重的夹杂物偏析，或热加工温度过低，将会造成钢中出现铁素体与珠光体分层分布的组织，在层与层之间还有一些被拉长的夹杂物或偏析区，这种沿变形方向呈带状或层状分布的显微组织称为带状组织，如图 2-27 所示。带状组织也使材料产生各向异性，其影响与流线类似。防止和消除带状组织的主要措施有：减少钢中杂质元素含量并避免在两相区变形；采用高温扩散退火消除元素偏析；对于有比较严重带状组织的材料，要经过复杂的热处理（如高温扩散退火及随后的正火或多次正火处理）方可消除。

三、超塑性

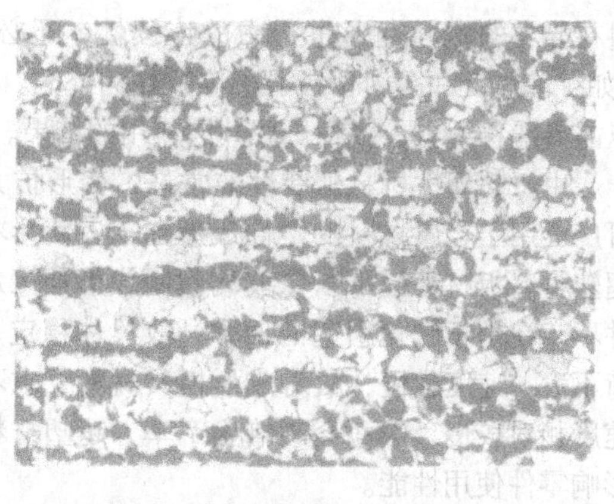

图 2-27 钢中的带状组织（100×）

伸长率是金属的塑性指标之一，是指金属在外力作用下，无损而永久改变形状的能力，用 $A=\frac{L_U-L_0}{L_0}\times 100\%$ 表示。一般钢铁在室温下的伸长率不大于40%，铝、铜等金属约为50%～60%，即使在高温拉伸的条件下，也难达到100%。然而某些金属和合金在特定组织条件和变形温度、变形速度条件下，可以呈现异常好的塑性，伸长率可达百分之几百，甚至百分之二千以上，并且其变形抗力也非常小，这种现象称为超塑性。超塑性并非金属材料所独有，研究发现，一些非金属材料如陶瓷、有机材料以及复合材料等也能在特定条件下呈现超塑性。表 2-4 列出了一些超塑性材料的超塑变形温度及所达到的伸长率。

表 2-4 一些超塑性材料的塑性

合金材料		变形温度/℃	伸长率 A(%)	合金材料		变形温度/℃	伸长率 A(%)
锌基	Zn-22Al	250	1500～2000	镍基	Ni-39Cr-10Fe-2Ti	810～980	1000
锡基	Sn-38Pb	20	700	镁基	Mg-6Zn-0.5Zr	270～310	1000
铝基	Al-33Cu-7Mg Al-25.2Cu-5.2Si Al-6Cu-0.5Zn	420～480 500 420～450	>600 1310 2000	铁基	Fe-1.2C-1.5Cr Fe-0.18C-1.54Mn-0.1N Fe-4Ni	700 900 900	445 320 820
铜基	Cu-9.8Al Cu-19.5Al-4Fe	700 800	700 800	铝基复合材料①	10% SiC_W/7475 20% SiC_W/6061 20% Si_3CN_{4W}/7064 15% SiC_P/2014	520 100～450 545 480	350 1400 600 349
钛基	Ti-6Al-4V Ti-5Al-2.5Sn	800～1000 900～1100	1000 450				

① W—表示晶须；P—表示颗粒。

超塑性一般可分为组织超塑性、相变超塑性和其它超塑性三大类，其中研究最多的是组织超塑性。组织超塑性又称细晶超塑性或恒温超塑性，它一般要具备三个条件：①组织条件：晶粒细小（≤10μm）、等轴，并有较好的稳定性。②变形温度一般在 $0.5\sim0.7T_{熔}$ 的范围内。③应变速率（即单位时间的应变 ε）一般应在 $10^{-4}\sim10^{-2}$/s 或 $10^{-3}\sim10^{-2}$/min 范围内，比常规塑性变形要慢。

关于超塑性变形的机理，目前尚无统一完整的理论，但都认为，对组织超塑性起主导作用的是晶界行为，即晶界滑移，此外还有晶粒转动。为了保持材料在异常的塑性变形过程中的连续性，还必须有其它的变形理论和协调机制（如扩散蠕变和晶内位错滑移等）作为补充。因而可认为，超塑性的塑性变形是以晶界滑移为主，多种机理共同作用的结果。

由于超塑性材料延展性非常好，变形抗力很小并且不产生加工硬化，因而可广泛用于金属材料的塑性成形加工，使形状非常复杂的零件一次成型，一些超塑材料板材甚至可以像玻璃吹制成形加工那样进行气胀成形。超塑成形的零件不存在由于硬化引起的回弹，故尺寸稳定、精度高。此外超塑成形时所需载荷不大，速度较慢，故对成形模具材料要求不高，模具寿命也长。但超塑成形速度相对较慢，因而会影响生产率，超塑材料在气胀成形过程中会出现空洞而影响零件使用性能。

超塑性及基于超塑性的材料加工技术目前已引起越来越多人的关注，有些已进入实用阶段。

本章主要名词

塑性变形（plastic deformation）
弹性变形（elastic deformation）
断裂（fracture）
韧性断裂（ductile fracture）
脆性断裂（brittle fracture）
单晶体（single crystal）
多晶体（polycrystalline crystals）
滑移（slip）
孪生（twin）
回复（recovery）
再结晶（recrystallization）
二次再结晶（secondary recrystallization）
晶粒长大（grain growth）
动态回复（dynamic recovery）
动态再结晶（dynamic recrystallization）
择优取向（preferred orientation）
纤维组织（fiber microstructure）
形变织构（deformation texture）
轧制织构（rolling texture）
拉拔织构（wire or fiber texture）
加工硬化（work hardening）
应变强化（strain hardening）
残留应力（residual stress）
热加工（hot working）
冷加工（cold working）
超塑性（superplasticity）

习　　题

1. 解释下列名词：

滑移、滑移面、滑移线、加工硬化、回复、再结晶、形变织构、纤维组织、临界变形度、超塑性

2. 指出下列名词的主要区别：

（1）弹性变形与塑性变形　（2）韧性断裂与脆性断裂

（3）重结晶、再结晶与二次再结晶　（4）热加工与冷加工

（5）去应力退火与再结晶退火

3. 塑性变形的实质是什么？它对金属的组织与性能有何影响？

4. 多晶体的塑性变形与单晶体的塑性变形有何异同？

5. 为什么常温下晶粒越细小，不仅强度、硬度越高，而且塑性、韧性也越好？

6. 用冷拔铜丝制作导线，冷拔后应如何处理，为什么？

7. 已知金属 W、Fe、Cu 的熔点分别为 3380℃、1538℃、1083℃，试估算这些金属的再结晶温度范围。

8. 为获得细小的晶粒组织，应根据什么原则制定塑性变形及退火工艺？

9. 用一冷拉钢丝绳（新的、无疵病）吊装一大型工件入炉，并随工件一起被加热到1000℃，保温后再次吊装工件时，钢丝绳发生断裂，试分析原因。

10. 说明产生下列现象的原因：

（1）滑移面和滑移方向是原子排列密度最大的晶面和晶向；

（2）晶界处滑移阻力最大；

（3）实际测得的晶体滑移所需的临界切应力比理论计算的数值小的多；

（4）Zn、α-Fe 和 Cu 的塑性不同。

第三章　材料的力学性能

材料的力学性能是指材料在承受各种载荷时抵抗变形和破坏的能力。它关系到工件在使用过程中传递力的能力和使用寿命，也关系到材料加工的难易程度。

材料的力学性能取决于材料的化学成分、组织结构、表面和内部缺陷等内在因素；载荷性质、应力状态、温度、环境介质等外在因素也对材料的力学性能产生很大的影响。

当材料受外力作用时，一般会出现弹性变形、塑性变形和断裂三个过程。根据载荷性质的不同（如拉伸、压缩、冲击等），这些过程的发生和发展是不同的。为了研究材料的成分、组织结构和性能之间的关系，做到合理选用材料、正确制定加工工艺和研制开发新材料，必须了解材料力学性能的基本概念。本章主要介绍各种力学性能指标的物理意义、技术意义及影响因素。

第一节　材料承受静载荷时的力学性能

所谓静载荷是指对试样缓慢加载。最常用的静载试验有拉伸、硬度、弯曲试验等。利用这些不同类型的试验。可以测得材料的各种力学性能指标，如抗拉强度、伸长率、断面收缩率、硬度和弯曲强度等。这些性能指标是评定材料和选用材料的主要依据，也是材料研究方面的重要技术指标。

一、材料的拉伸曲线

单向静拉伸试验是广泛应用的材料性能检测方法。拉伸试样通常加工成圆棒状，或制成其它截面的试样，我国国家标准对拉伸试样的形状和尺寸有严格的规定。

拉伸实验时，试验机向试样缓慢而均匀地施加轴向拉力，随着拉力的增大，试样发生变形，直到断裂。自动记录装置将拉伸过程中载荷-伸长的变化绘出曲线（见图 3-1），称为材料的拉伸曲线。整个拉伸过程中的变形可分为弹性变形、屈服变形、均匀塑性变形及不均匀塑性变形四个阶段。

图 3-2 是几种材料的载荷-伸长曲线。图中曲线 1 为高碳钢淬火、低温回火的载荷-伸长曲线；曲线 2 为低合金结构钢的载荷-伸长曲线；曲线 3 为黄铜的载荷-伸长曲线；曲线 4 为陶瓷、玻璃类脆性材料的载荷-伸长曲线；曲线 5 为橡胶类材料的载荷-伸长曲线；曲线 6 为工程塑料的载荷-伸长曲线。

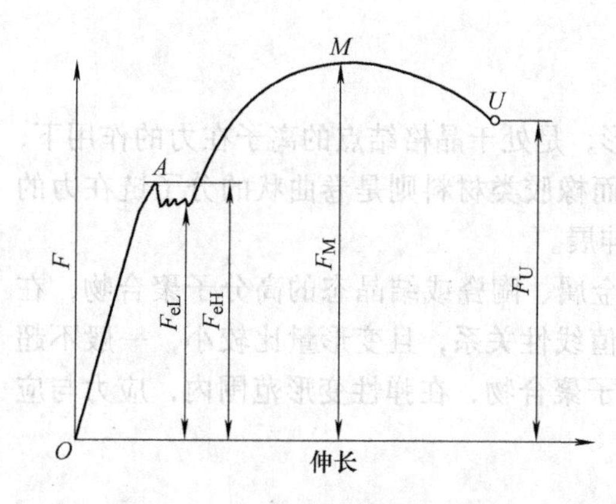

图 3-1 低碳钢的载荷-伸长曲线

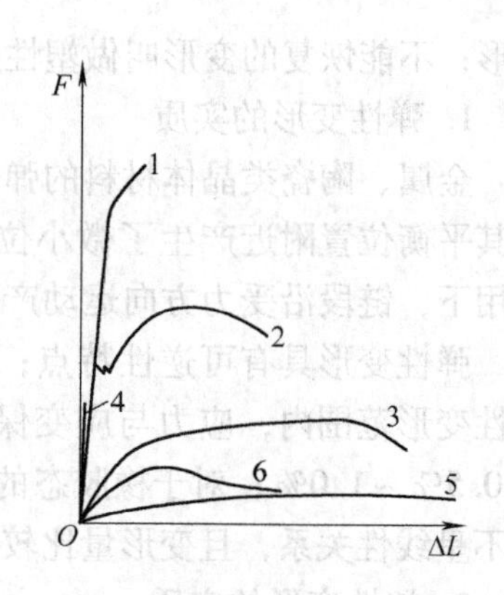

图 3-2 几种材料的载荷-伸长曲线

将载荷-伸长曲线的纵、横坐标分别用拉伸试样的原始截面积 S_0 和原始标距长度 L_0 相除，则得到应力 ($R = F/S_0$)-伸长率 ($A = \frac{\Delta L}{L_0}$) 曲线（见图 3-3）。这样的应力-伸长率曲线称为工程应力-伸长率曲线。工程应力-伸长率曲线对材料在工程中的应用是非常重要的，根据该曲线可获得材料静拉伸条件下的力学性能指标，如规定非比例延伸强度 R_p、上屈服强度 R_{eH}、下屈服强度 R_{eL}和抗拉强度 R_m 等。

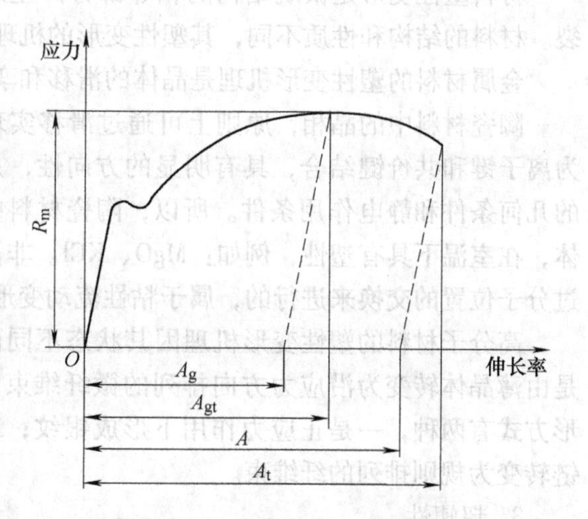

图 3-3 应力-伸长率曲线

实际上，在拉伸过程中，试棒的截面积和长度随着拉伸力的增大而不断变化，工程应力-伸长率曲线并不能反映试验过程中的真实情况。如果以瞬时截面积 S 除其相应的拉伸力 F，则可得到瞬时的真实应力。在工程应用中，多数构件的变形量限制在弹性变形范围内，工程应力和真实应力的差别可以忽略，同时工程应力、工程伸长率便于测量和计算，因此，工程设计中材料的选用一般以工程应力、工程伸长率为依据。但在材料研究中，真实应力与真实伸长率具有重要意义。

二、材料的变形及其性能指标

（一）材料变形的实质

材料变形分为弹性变形和塑性变形。外力去除后能够恢复的变形叫做弹性变形；不能恢复的变形叫做塑性变形。

1. 弹性变形的实质

金属、陶瓷类晶体材料的弹性变形，是处于晶格结点的离子在力的作用下，在其平衡位置附近产生了微小位移；而橡胶类材料则是卷曲状的分子链在力的作用下，链段沿受力方向运动产生的伸展。

弹性变形具有可逆性特点；对于金属、陶瓷或结晶态的高分子聚合物，在弹性变形范围内，应力与应变保持单值线性关系，且变形量比较小，一般不超过0.5%～1.0%；对于橡胶态的高分子聚合物，在弹性变形范围内，应力与应变不呈线性关系，且变形量比较大。

2. 塑性变形的实质

材料塑性变形是微观结构的相邻部分产生永久性位移，但并不引起材料破裂。材料的结构和性质不同，其塑性变形的机理也不同。

金属材料的塑性变形机理是晶体的滑移和孪生。

陶瓷材料中的晶相，原则上可通过滑移实现塑性变形。但由于陶瓷晶体多为离子键和共价键结合，具有明显的方向性，只有个别滑移系能满足位错运动的几何条件和静电作用条件。所以，陶瓷材料中，只有少数具有简单结构的晶体，在室温下具有塑性，例如：MgO、KCl。非晶态陶瓷材料，其塑性变形是通过分子位置的交换来进行的，属于粘性流动变形机制。

高分子材料的塑性变形机理因其状态不同而异。结晶态高聚物的塑性变形是由薄晶体转变为沿应力方向排列的微纤维束的过程；非晶态高聚物的塑性变形方式有两种，一是正应力作用下形成银纹；二是切应力作用下，无取向分子链转变为规则排列的纤维束。

3. 超塑性

某些材料在特定条件下进行拉伸时，能获得特别大的均匀塑性变形，甚至达500%～2000%，这种性能称为超塑性。与一般塑性变形相比，材料超塑性变形的伸长率要高出10倍以上，并且基本上不发生形变硬化。

超塑性变形的机制主要是晶界滑动，也需要与之协调的晶界迁移和晶内位错的运动。超塑性变形过程中，虽然材料发生了很大的形变，但晶粒基本上保持等轴状态。

很多纯金属和合金具有超塑性，而且陶瓷材料在适当条件下也可以呈现超塑性。利用超塑性技术可以压制成形复杂的机件，达到节约材料、提高精度、减小加工工时及能源消耗的目的。研究材料的超塑性具有重要意义。

（二）材料变形的性能指标

1. 弹性模量（E）

在弹性范围内，应力与伸长率的比值叫弹性模量。它相当于引起单位变形时所需要的应力。主要取决于材料中原子间结合力，对合金元素和组织不敏感，不能通过合金化、热处理、冷变形等方法改变。例如，不管钢的成分和显微组织如何变化，其室温下的弹性模量 E 都在 204000 ~ 214200MPa 范围内。弹性模量对温度很敏感，随着温度升高，材料的弹性模量降低。因为温度高，原子间结合力减小。

2. 上屈服强度 R_{eH}

随载荷增大，载荷-伸长曲线出现屈服阶段（见图 3-1），其特点是当载荷 F 不变，或略有升高（或降低）的情况下，伸长量 ΔL 继续显著增加，此种现象称为材料的“屈服”。

在应力-伸长率曲线（见图 3-4）分为上屈服强度和下屈服强度。

试样发生屈服而力首次下降前的最高应力称为上屈服强度，用 R_{eH}（MPa）表示。

$$R_{eH}=\frac{F_{eH}}{S_0} \tag{3-1}$$

式中 F_{eH}——试样发生屈服而力首次下降前的最高负荷（MN）；

S_0——试样原始截面积（m^2）。

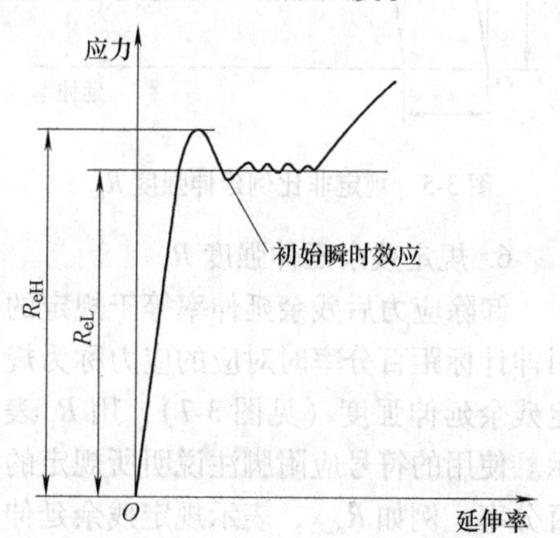

图 3-4　上屈服强度 R_{eH} 和下屈服强度 R_{eL}

3. 下屈服强度 R_{eL}

试样在屈服期间，不计初始瞬时效应时的最低应力称为下屈服强度，用 R_{eL}（MPa）表示。

$$R_{eL}=\frac{F_{eL}}{S_0} \tag{3-2}$$

式中 F_{eL}——试样在屈服期间，不计初始瞬时效应时的最低负荷（MN）；

S_0——试样原始截面积（m^2）。

4. 规定非比例延伸强度 R_p

许多材料没有明显屈服点，如图 3-5 所示。因此以非比例延伸率等于规定的引伸计标距百分率时的应力称为规定非比例延伸强度，用 R_p 表示。使用的符号应附以下脚注说明所规定的百分率，例如 $R_{p0.2}$，表示规定非比例延伸率为 0.2% 时的应力。

5. 规定总延伸强度 R_t

总延伸率等于规定的引伸计标距百分率时的应力称为规定总延伸强度（见图 3-6），用 R_t 表示。使用的符号应附下脚注说明所规定的百分率，例如 $R_{t0.5}$，表示规定总延伸率为0.5%时的应力。

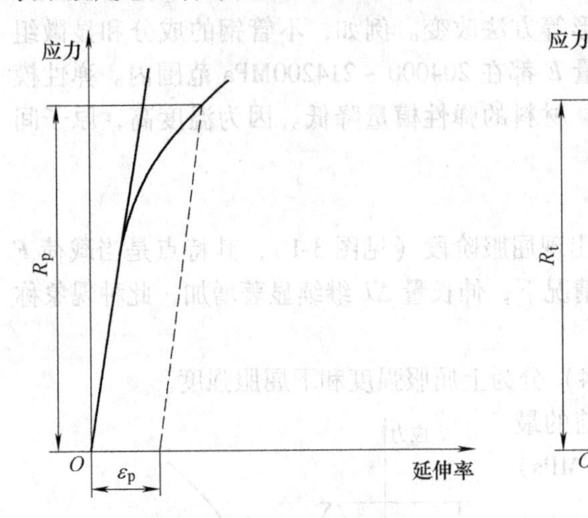

图3-5　规定非比例延伸强度 R_p

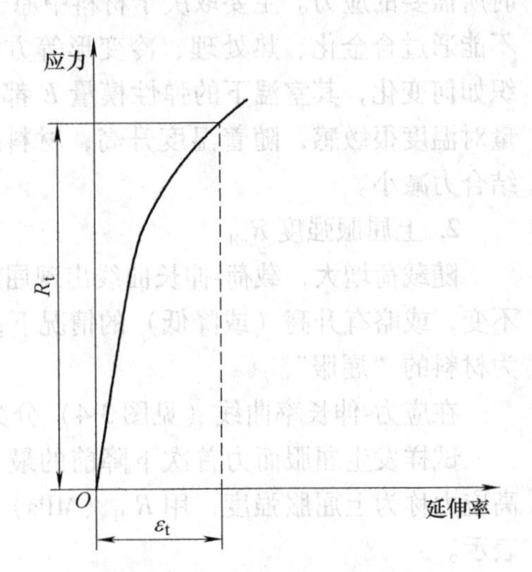

图3-6　规定总延伸强度 R_t

6. 规定残余延伸强度 R_r

卸除应力后残余延伸率等于规定的引伸计标距百分率时对应的应力称为规定残余延伸强度（见图3-7），用 R_r 表示。使用的符号应附脚注说明所规定的百分率。例如 $R_{r0.2}$，表示规定残余延伸率为0.2%时的应力。

7. 抗拉强度 R_m

试样经大量塑性变形后，产生加工硬化，塑性变形抗力增加。达到载荷-伸长曲线 M 点时，载荷 F 达到最大值 F_m。试样相应最大力（F_m）的应力，称为抗拉强度，用 R_m（MPa）表示，它代表材料能够承受的最大拉伸应力。

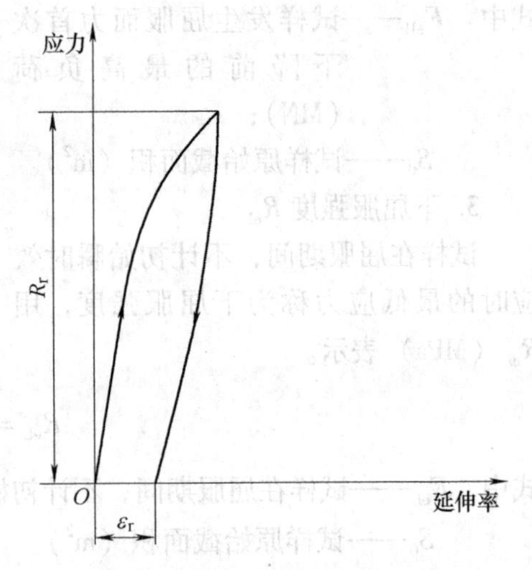

图3-7　规定残余延伸强度 R_r

$$R_m = \frac{F_m}{S_0} \tag{3-3}$$

式中　F_m——试样能承受的最大载荷（MN）；

S_0——试样原始截面积（m^2）。

8. 伸长率 A

试样原始标距的伸长与原始标距（L_0）之比的百分率，用 A 表示。

（1）断后伸长率（A）　断后标距的残余伸长（$L_U - L_0$）与原始标距（L_0）

之比的百分率。

$$A = \frac{L_U - L_0}{L_0} \times 100\% \tag{3-4}$$

对于比例试样，若原始标距不为 $5.65\sqrt{S_0}$（S_0 为平行长度的原始横截面积），符号 A 应附以下脚注说明所使用的比例系数，例如，$A_{11.3}$ 表示原始标距（L_0）为 $11.3\sqrt{S_0}$ 的断后伸长率。对于非比例试样，符号 A 应附下脚注说明所使用的原始标距，以毫米（mm）表示，例如，A_{80mm} 表示原始标距（L_0）为 80mm 的断后伸长率。

（2）断裂总伸长率（A_t）　断裂时刻原始标距的总伸长（弹性伸长加塑性伸长）与原始标距（L_0）之比的百分率。

（3）最大力伸长率　最大力时原始标距的伸长与原始标距（L_0）之比的百分率。分为最大力总伸长率（A_{gt}）和最大力非比例伸长率（A_g），见图 3-3。

9. 断面收缩率 Z

断裂后试样横截面积的最大缩减量（$S_0 - S_U$）与原始横截面积（S_0）之比的百分率，称为断面收缩率，用 Z 表示。

$$Z = \frac{S_0 - S_U}{S_0} \times 100\% \tag{3-5}$$

式中　S_0——试样原始截面积（m^2）；

S_U——试样拉断后最小截面积（m^2）。

材料的 A 和 Z 越大，则塑性越好。

三、材料的断裂及其性能指标

固体材料在力的作用下分成若干部分的现象称为断裂。

（一）断裂的类型及断口特征

由于材料种类不同，引起断裂的条件各异，材料断裂的机理并不相同，为了便于分析研究，人们按照不同的分类方法，把断裂分为下列类型：根据断裂前后材料宏观塑性变形的程度，分为脆性断裂与韧性断裂；根据晶体材料断裂时裂纹扩展的途径，分为穿晶断裂和沿晶（晶界）断裂；根据微观断裂机理，分为解理断裂和剪切断裂等。

材料的断裂表面称为断口。用肉眼、放大镜或电子显微镜等手段对材料断口进行宏观及微观的观察分析，称为断口分析。它是了解材料断裂原因、断裂机理以及有关断裂信息的主要方法。断口分析法在调查机件断裂原因以及材料研究中具有十分重要的作用。

1. 韧性断裂与脆性断裂

韧性断裂是材料断裂前产生明显塑性变形的断裂过程。韧性断裂的断口往往呈暗灰色、纤维状。塑性较好的金属材料和高分子材料，室温下的静拉伸断裂具有典型的韧性断裂特征。

脆性断裂是材料断裂前不产生明显塑性变形的断裂。脆性断裂的断口，一般与正应力垂直，宏观上比较齐平光亮，常呈放射状或结晶状。淬火钢、灰铸铁、陶瓷、玻璃等脆性材料的断口常具有上述特征。

实际上，金属的脆性断裂与韧性断裂并无明显的界限，脆性断裂前也会产生微量塑性变形。因此，规定光滑拉伸试样的断面收缩率小于5%为脆性断裂；大于5%为韧性断裂。

2. 穿晶断裂与沿晶断裂

根据材料（包括金属、陶瓷及结晶高分子）发生断裂时裂纹扩展的路径，分为穿晶断裂和沿晶（晶界）断裂两种，如图3-8所示。

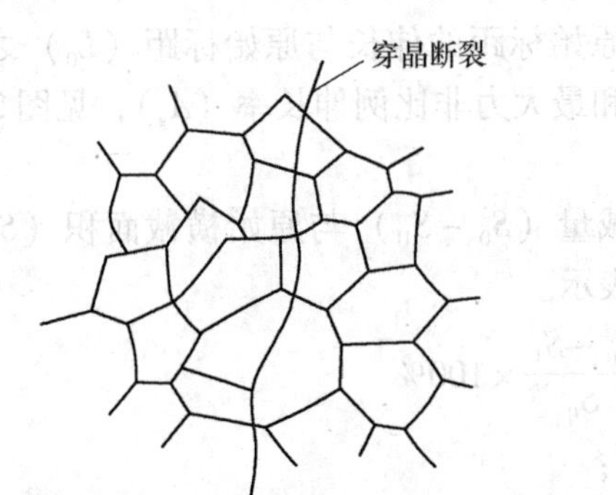

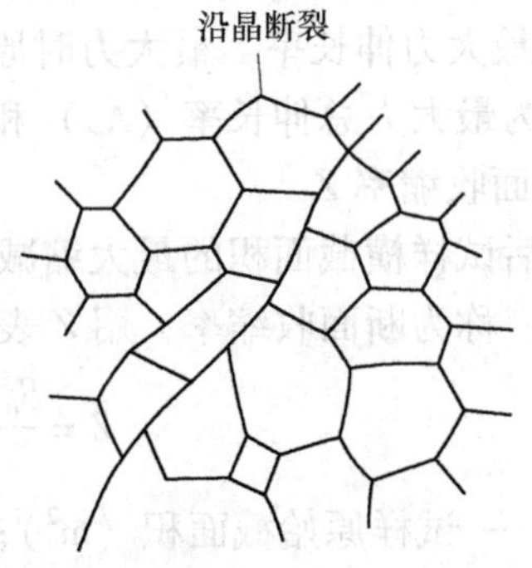

图3-8　穿晶断裂与沿晶断裂示意图

穿晶断裂可以是韧性断裂，也可以是脆性断裂；而沿晶断裂则多为脆性断裂，断口呈结晶状；沿晶断裂是晶界结合力较弱的一种表现。例如共价键陶瓷晶界较弱，断裂方式主要是晶界断裂。离子键晶体的断裂往往以穿晶解理为主。

3. 剪切断裂与解理断裂

（1）剪切断裂　材料在切应力作用下沿滑移面分离而造成的断裂称为剪切断裂。又分为滑断（纯剪切断裂）和微孔聚集型断裂。某些纯金属，尤其是单晶体金属可产生纯剪切断裂，其断口呈锋利的楔形。如低碳钢拉伸断口上的剪切唇。大块单晶体的纯剪切断口上，用肉眼便可观察到很多直线状的滑移痕迹。微孔聚集型断裂是通过微孔聚合而导致材料分离。由于实际材料中常同时形成许多微孔，故微孔聚集型断裂

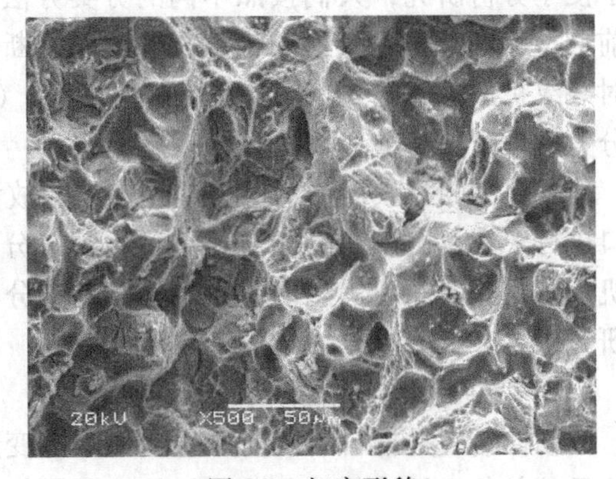

图3-9　韧窝形貌

是材料韧性断裂的普通方式。其断口在宏观上常呈现暗灰色、纤维状，微观特征是断口上分布大量“韧窝”，如图 3-9 所示。

（2）解理断裂　在正应力作用下，材料原子间的结合键被破坏，从而引起沿特定晶面发生的穿晶断裂称为解理断裂。解理断口由许多大致相当于晶粒大小的解理面集合而成。这种以晶粒大小为单位的解理面称为解理刻面。解理裂纹往往沿着一族相互平行，但位于“不同高度”的晶面扩展。不同高度的解理面之间存在台阶，众多台阶的汇合便形成河流状花样。解理台阶、河流花样和舌状花样是解理断口的基本微观特征，如图 3-10 所示。

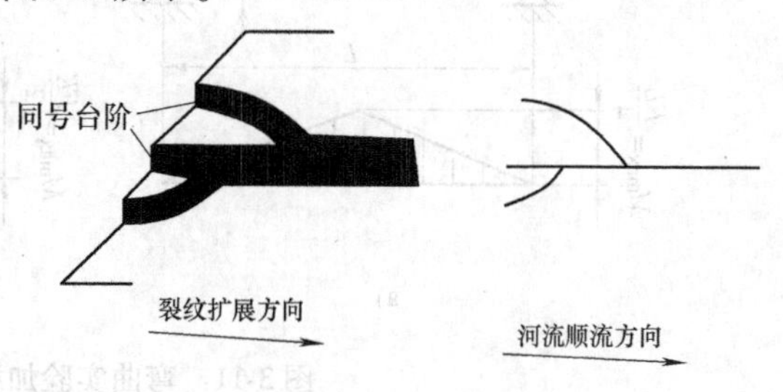

图 3-10　河流花样形成示意图

（3）准解理断裂　准解理断裂是解理断裂的变种，断口微观形态相似于解理河流状花样，但准解理裂纹不是严格沿着一定晶面扩展，其刻面不是晶体学解理面，不属于真正的解理，故称为准解理。解理裂纹一般源于晶界，而准解理裂纹则常源于晶内硬质点，形成从晶内某点发源的放射状河流花样。准解理断裂常见于淬火、回火处理的钢中。

4. 高分子材料的断裂

高分子材料的断裂也分为脆性断裂和韧性断裂两大类。玻璃态聚合物在玻璃化温度 T_g 以下主要为脆性断裂，聚合物单晶体可以发生解理断裂，属于脆性断裂。而 T_g 温度以上的玻璃态聚合物以及通常使用的半晶态聚合物，断裂时伴随有较大的塑性变形，属于韧性断裂。

由于高分子材料的分子结构特点，其微观断裂机理不同于金属和陶瓷材料。

四、材料的弯曲及其性能指标

1. 弯曲试验测定的力学性能指标

弯曲试验在万能试验机上进行，其试样分圆柱和方形两种。加载方式有三点弯曲加载和四点弯曲加载两种：图 3-11a 所示为三点弯曲加载，最大弯矩（N·m）$M_{max}=\frac{FL}{4}$；图 3-11b 为四点弯曲加载；L 段为等弯矩，最大弯矩（N·m）$M_{max}=\frac{FK}{2}$。通过记录载荷 F（或弯矩 M）与试样最大挠度 f_{max} 之间的关系曲线-弯曲图（见图 3-12），来确定材料在弯曲载荷下的力学性能。

试样弯曲时，受拉一侧表面的最大应力 R_{max} 为

$$R_{max}=\frac{M_{max}}{W} \tag{3-6}$$

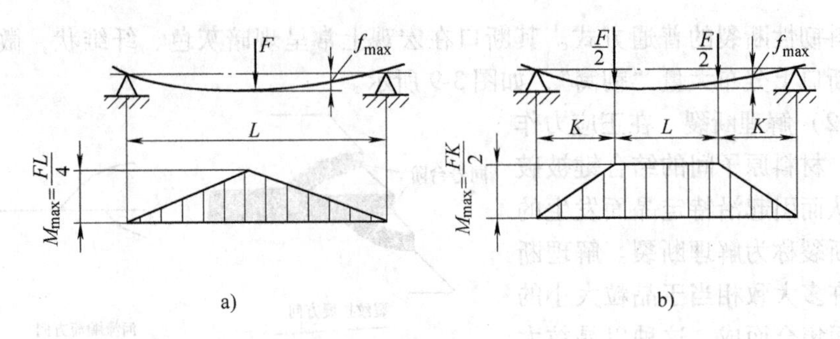

图 3-11　弯曲实验加载方式

a）集中加载　b）等弯矩加载

式中，W 为试样抗弯截面系数，对于直径为 d_0 的圆柱试样，$W=\frac{\pi d_0^3}{32}$（m^3）对于宽度为 b，厚度为 a 的矩形试样，$W=\frac{ba^3}{6}$（m^3）。

对于脆性材料，可根据弯曲图（见图 3-12c）计算抗弯强度 R_{bb}：

$$R_{bb}=\frac{M_b}{W} \tag{3-7}$$

式中　M_b——试样断裂时的弯矩（N·m）。

材料的塑性用最大弯曲挠度 f_{max} 表示，f_{max} 值可由百分表或挠度计直接读出。此外，从弯曲-挠度曲线上还可测算弯曲弹性模量 E_b。

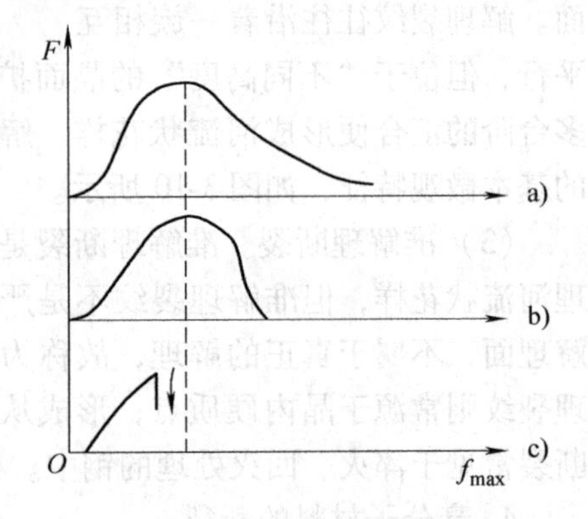

图 3-12　典型的弯曲图

a）塑性材料　b）中等塑性材料

c）脆性材料

2. 弯曲试验的特点及应用

1）弯曲加载时受拉一侧的应力状态基本上与静拉伸时相同，且不存在拉伸试验时试样装卡偏斜对实验结果造成的影响。对于难以加工成拉伸试样的硬脆材料，可用弯曲试验测定断裂强度，并能显示出它们的塑性差别。

2）弯曲试验时，试样截面上的应力分布是表面上应力最大，故可灵敏地反映材料的表面缺陷。因此，常用来比较和评定材料表面处理层的质量，例如检验渗碳层的质量和性能。

3）弯曲试验不能使塑性材料断裂，虽可测定规定非比例应力和弯曲应力，但实际上很少应用。

4）弯曲试验主要用于测定灰铸铁、硬质合金、陶瓷等材料的抗弯强度。灰铸铁弯曲试样一般采用圆柱毛坯试样，试验加载速度不大于 0.1mm/s。硬质合金由于硬高度，难以加工成拉伸试样，故常用弯曲试验评价其性能和质量。陶瓷材料脆性大，测定抗拉强度困难，不能得到精确的结果，主要以抗弯强度作为评价陶瓷材料性能的指标。

五、材料的硬度

硬度是衡量材料软硬程度的一种力学性能，其物理意义是材料表面上不大体积内抵抗变形或破裂的能力。

硬度试验方法有十几种，按加载方式不同，可分为压入法和刻划法两大类。布氏硬度、洛氏硬度、维氏硬度和显微硬度属于压入法。刻划法包括莫氏硬度和挫刀法等。下面介绍两种常用的实验方法。

1. 布氏硬度

布氏硬度是1900年由瑞典工程师J B Brinell提出。测量方法是，在载荷F的作用下，将直径为D的球体压入试样表面（见图3-13），保持一定时间后卸除载荷，以试样压痕的表面积S去除载荷F所得的商，作为硬度的计算指标，用符号HBW表示。实验时只要测出压痕直径d值，就可以计算或查表得出HBW值。压痕直径越大，布氏硬度值HBW越小；反之，则硬度HBW值越大。

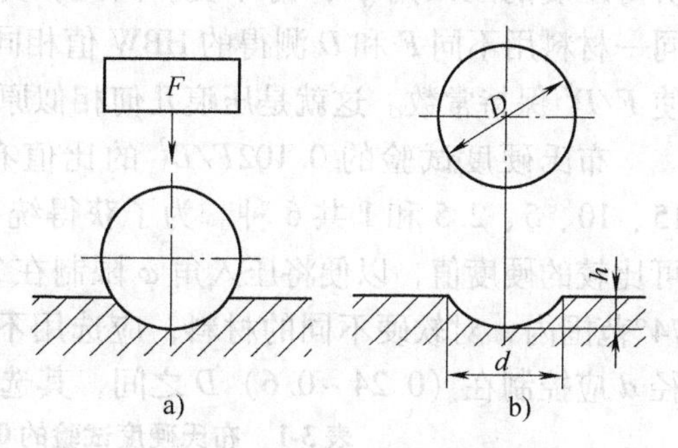

图3-13　布氏硬度测量原理图

a）钢球压入试样表面　b）卸去载荷后测定压痕直径

$$\mathrm{HBW}=\frac{F}{S}=0.102\frac{2F}{\pi D\left(D-\sqrt{D^2-d^2}\right)} \tag{3-8}$$

布氏硬度试验的具体操作及试验规范按GB/T 233.1—2002的规定进行。

布氏硬度值的表示方法，一般记为“数字+硬度符号+数字/数字/数字”的形式，符号前面的数字为硬度值，符号后面的数字依次表示球体直径、载荷大小及载荷保持时间等试验条件。

例3-1　500HBW5/750

表示直径5mm硬质合金球，在7355N载荷作用下保持10~15s测得的布氏硬度值为500。保持时间为10~15s时可不标注。

例3-2　600HBW1/30/20

表示用直径为1mm的硬质合金球，在294.2N载荷作用下保持20s测得的布氏硬度值为600。

进行布氏硬度检验时，常需要选用不同的载荷F和压头直径D。问题在于，当对同一种材料采用不同的F和D进行试验时，能否得到同一布氏硬度值。

从图3-14中可以看出，d和压入角φ的关系，即$d=D\sin\varphi/2$代入（3-

12）得

$$\mathrm{HBW}=0.102\frac{F}{D^2}\frac{2}{\pi\left(1-\sqrt{1-\sin^2\varphi/2}\right)} \tag{3-9}$$

由式（3-9）可知，要保持在不同的试验条件下，测得同一材料的布氏硬度值相同，必须同时满足两个条件：一是压入角 φ 为常数，即获得几何形状相似的压痕；二是保证 F/D^2 为常数。大量试验结果表明，当 F/D^2 等于常数时，所得压痕的压入角 φ 保持不变。因此，为了使同一材料用不同 F 和 D 测得的 HBW 值相同，应使 F/D^2 保持常数。这就是压痕几何相似原理。

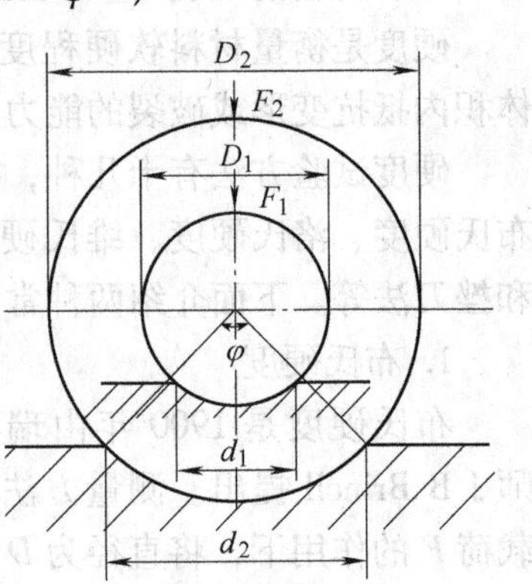

图 3-14　压痕相似原理

布氏硬度试验的 $0.102F/D^2$ 的比值有 30、15、10、5、2.5 和 1 共 6 种。为了获得统一的、可比较的硬度值，以便将压入角 φ 限制在 28°～74°范围内，对软硬不同的材料，应选用不同的 F/D^2 比值。与此相应的压痕直径 d 应控制在（0.24～0.6）D 之间，其选择依据如表 3-1 所示。

表 3-1　布氏硬度试验的 $0.102F/D^2$ 值的选择

材料	布氏硬度	$0.102F/D^2$
铜、镍合金、钛合金	<140	30
铸铁	<140	10
	≥140	30
铜及其合金	<35	5
	35～130	10
	>120	30
轻金属及合金	<35	2.5
	35～80	5 10 15
	>80	10 15
铅、锡	—	1

布氏硬度试验的优点是压痕面积大，试验数据稳定，重复性高。其硬度值能反映材料在较大区域内各组成相的平均性能，最适合测定灰铸铁、轴承合金等材料的硬度。

布氏硬度试验操作较为麻烦，对不同的材料需要更换压头直径 D 和载荷 F，压痕直径需要测量。因压痕直径较大，一般不宜在成品件上直接进行检验。

2. 洛氏硬度

洛氏硬度是1919年由美国人S P Rockwell和H M Rockwell提出，也是利用压痕来测定材料的硬度。与布氏硬度的不同点是，以压痕深度作为计量硬度的依据。

洛氏硬度试验时，采用的压头为120°的金钢石圆锥或直径为1.588mm、3.175mm的硬质合金球。载荷先后分两次施加，先加初载荷F_1，再加主载荷F_2，其总载荷为F（$F=F_1+F_2$）。图3-15中：0-0为金刚石压头没有和试样接触时的位置；1-1为压头在初载荷F_1的作用下，压入试样深度为h_1的位置；2-2为压头受到主载荷F_2后，压入试样深度为h_2的位置；3-3为卸除主载荷F_2，只保留初载荷F_1时压头的位置。由于试样弹性变形部分的恢复，使压头提高了h_3，此时压头受主载荷的作用实际压入深度为h。

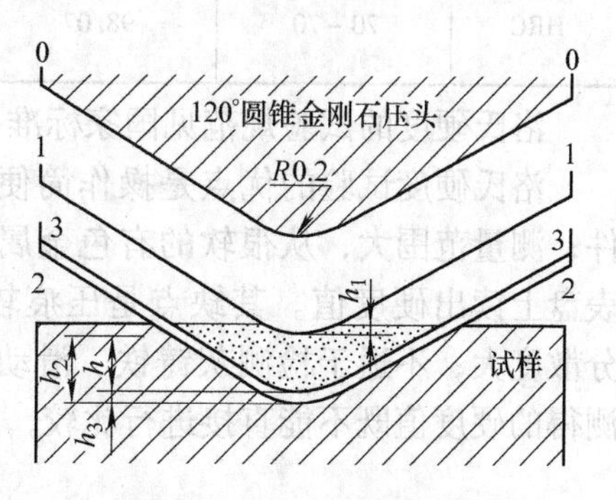

图3-15 洛氏硬度试验原理

以$h=h_2-h_3$的深度作为洛氏硬度的计算深度。金属越硬压痕深度越小，金属越软压痕深度越深。若直接以深度h作为硬度值，则出现硬的材料h值越小，软的材料h值反而大的现象。为了适应人们习惯上数值越大硬度越高的概念，人为规定一常数N减去$\frac{h}{S}$的值作为洛氏硬度值指标，所得差值作为洛氏硬度的指标HR，即

$$\mathrm{HR}=N-\frac{h}{S} \tag{3-10}$$

式中 S——给定标尺的单位（mm）；

N——给定标尺的硬度数。

规定洛氏硬度计的表盘上每一格相当于0.002mm深度，也相当于一个洛氏硬度单位。硬度值可由表盘上直接读出。显然，材料越软则压痕h越深；反之，钢材越硬，h越小。为了使洛氏硬度计能够测定不同材料的硬度，采用不同的压头与总载荷搭配，组合成15种洛氏硬度标尺。每一种标尺用HR后加一个字母注明。常用的是HRA、HRB及HRC三种。其试验规范见表3-2。

表3-2 洛氏硬度试验条件及应用

标　尺	测量范围	初载荷/N	主载荷/N	压头类型	硬度值
HRA	20~88	98.07	490.3	金刚石圆锥体	$100-\frac{h}{0.002}$

（续）

标　尺	测量范围	初载荷/N	主载荷/N	压头类型	硬度值
HRB	20～100	98.07	882.6	ϕ1.5875mm 球	$130-\frac{h}{0.002}$
HRC	20～70	98.07	1373	金刚石圆锥体	$100-\frac{h}{0.002}$

洛氏硬度的试验规范见国家标准 GB/T 230.1—2004。

洛氏硬度试验的优点是操作简便；压痕面积较小，可检测成品、小件和薄件；测量范围大，从很软的有色金属到极硬的硬质合金；测量迅速，可直接从表盘上读出硬度值。其缺点是压痕较小，代表性差；所测硬度值的重复性差、分散度大；不适于检测灰铸铁、滑动轴承合金及偏析严重的材料。用不同标尺测得的硬度值既不能直接进行比较，又不能彼此互换。

第二节　材料承受冲击载荷时的力学性能

许多工件受冲击载荷的作用，如火箭的发射、飞机的降落、材料的压力加工（锻造、冲裁）等，载荷是突然加到构件上的。一般说来，在冲击载荷作用下，材料的塑性下降，脆性增大。为了评定材料承受冲击载荷的能力，揭示材料在冲击载荷下的力学行为，需要进行相应的力学性能试验。

一、缺口试样的冲击试验

1. 缺口效应

实际生产中的机件，绝大多数都不是截面均匀的光滑体，往往存在截面的急剧变化，如键槽、轴肩、螺纹、焊缝等，这种界面变化的部位可视为“缺口”。由于缺口的存在，在静载荷作用下，缺口界面上的应力状态将发生变化，产生所谓“缺口效应”，从而影响金属材料的力学性能。主要有以下两方面效应：

第一是在缺口根部引起应力集中，并改变缺口前方的应力状态是缺口试样或机件中所受的应力状态由原来的单项应力状态改变为两向或三向应力状态，也就是出现了平面应力状态或平面应变状态；

第二是使塑性材料强度提高，塑性降低，即所谓“缺口强化”。缺口强化并不是金属内在性能发生变化，而是由于三向拉伸应力约束了塑性变形所致，因此不能把缺口强化看作是强化金属材料的手段。

无论是脆性材料还是塑性材料，其机件上的缺口都因造成两向或三向应力状态和应力集中而产生变脆倾向，降低了使用安全性。为了评定不同金属材料的缺口变脆倾向，必须采用缺口试样进行静载力学性能试验，一般采用缺口试样静拉伸和缺口试样静弯曲。

2. 冲击弯曲试验

缺口冲击弯曲试验的试样摆锤冲击试验机支座及砧座相对位置示意见图3-16。试验用试样分为夏比V形缺口试样和夏比U形缺口试样。缺口试样一次冲击弯曲试验原理如图3-17所示。试验在摆锤式冲击试验机上进行，将试样水平放置于试验机支座上，缺口位于冲击相背方向。冲击时将重力为W摆锤举至高度h的位置，使其获得初始势能。释放摆锤冲断试样后，摆锤上升的高度为h_1，则摆锤冲断试样失去的势能为（$Wh - Wh_1$）。此即为试样变形和断裂所吸收的能量，称为冲击吸收能，以K（注：用字母V和U表示缺口几何形状，用下标数字2或8表示摆锤刀刃半径，例如KV_2）表示，单位为J。

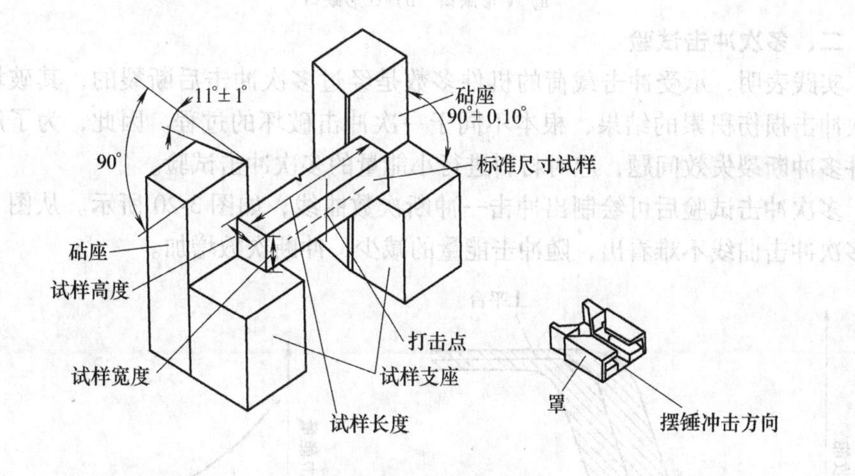

图3-16 试样摆锤冲击试验机支座及砧座相对位置示意

国家标准GB/T 229—2007规定，冲击弯曲试验用试样分为夏比V形缺口试样和夏比U形缺口试样（见图3-18）。夏比V形缺口试样缺口深度为8mm见图3-18a；夏比U形缺口试样缺口深度分为8mm和5mm两种规格，见图3-18b。冲击摆锤刀刃半径有2mm和8mm两种。在上述两种摆锤刀刃下测得的V形缺口试样的冲击吸收能记为KV_2，KV_2；U形缺口试样的冲击吸收能记为KU_2和KU_8。冲击吸收能与温度的关系曲线见图3-19。测量陶瓷、铸铁或工具钢等脆性材料的冲

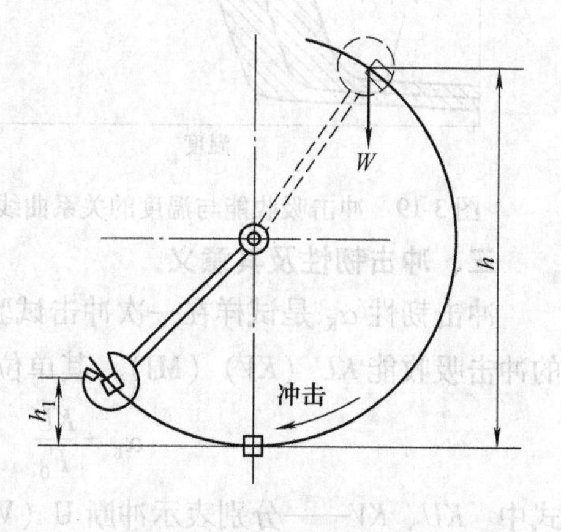

图3-17 冲击试验原理

击功时，常采用10mm×10mm×55mm的无缺口冲击试样。

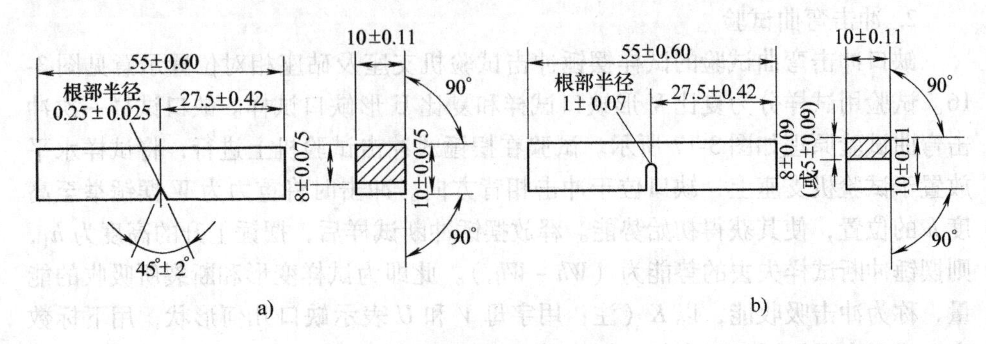

图3-18 标准夏比冲击试样

a）V形缺口 b）U形缺口

二、多次冲击试验

实践表明，承受冲击载荷的机件多数是经过多次冲击后断裂的，其破坏是各次冲击损伤积累的结果，根本不同于一次冲击破坏的过程。因此，为了解决机件多冲断裂失效问题，应对材料进行小能量的多次冲击试验。

多次冲击试验后可绘制出冲击—冲断次数曲线，如图3-20所示。从图3-20中多次冲击曲线不难看出，随冲击能量的减少，冲断次数增加。

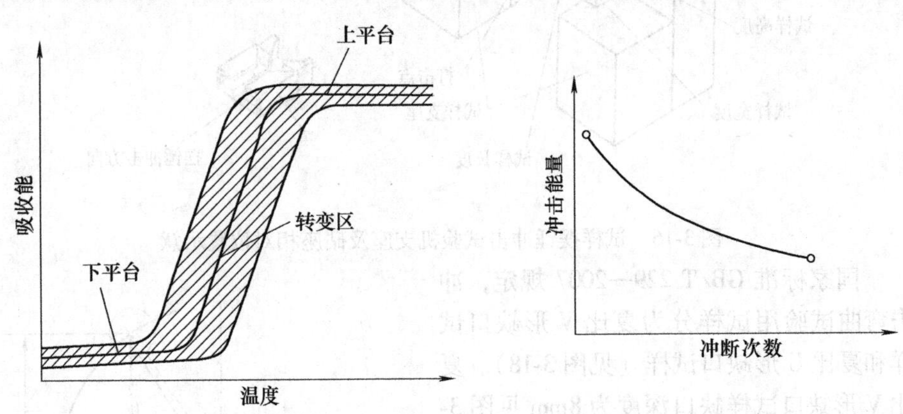

图3-19 冲击吸收能与温度的关系曲线　　图3-20 多次冲击曲线

三、冲击韧性及其意义

冲击韧性 α_K 是试样在一次冲击试验时，缺口处单位截面积（m^2）上所消耗的冲击吸收能 KU（KV）（MJ），其单位为 MJ/m^2。冲击韧性可用下式求出：

$$\alpha_K=\frac{KU}{F_0} \quad 或 \quad \alpha_K=\frac{KV}{F_0} \tag{3-11}$$

式中　KU、KV——分别表示冲断U（V）形试样所消耗的冲击能量（MJ）；

F_0——试样缺口处横截面积（m^2）。

α_K 值越大，表示材料的冲击韧性越好。冲击韧性表示材料抵抗冲击破坏的能力。研究表明，α_K 值不仅与材料的成分及内部组织有关，而且与试验条件有关。同一条件下，同一材料制作的两种试样，其U形缺口试样的 α_K 值显著大于V形缺口试样，所以两种试样的 α_K 值不能互相比较。

材料的 α_K 值随温度的降低而减小，如图3-21所示。在某一温度范围内，α_K 值急剧降低，这种现象称为冷脆。这个温度范围称为冷脆转变温度范围。

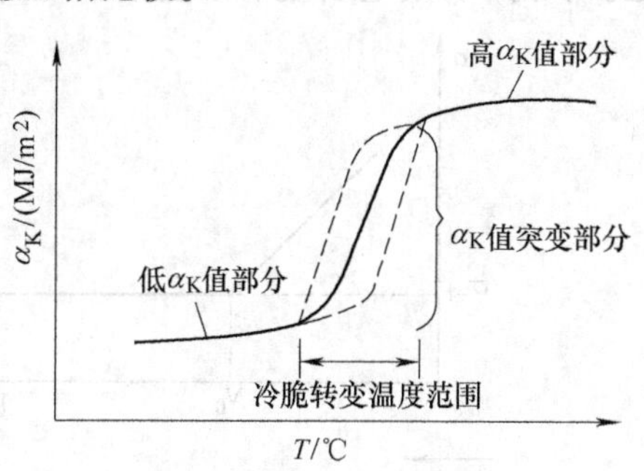

图3-21　冲击韧性与试验温度的关系

α_K 值对材料的缺陷，如淬火过热造成的晶粒粗大、回火脆性、时效不充分、夹杂物形态、纤维方向等非常敏感，故常用于检验冶炼、热加工、热处理工艺的质量。也常用于检验材料的冷脆性、以确定材料的冷脆转变温度。

第三节　材料的疲劳

许多机件承受的是大小及方向不断变化的交变载荷，例如轴、齿轮、弹簧等。在交变载荷作用下，材料经常在远低于其屈服强度的载荷下发生断裂，这种现象称为“疲劳”。疲劳断裂时，材料没有明显的塑性变形，断裂是突然发生的，常常造成严重的事故。

依据不同的分类方法，将疲劳断裂分成许多类。按应力状态，分为弯曲疲劳、扭转疲劳、拉压疲劳、接触疲劳和复合疲劳；按应力高低和断裂寿命，分为高周疲劳和低周疲劳。

一、疲劳曲线

以 σ_{max} 为纵坐标，以疲劳断裂周次 N 为横坐标绘制的曲线，称为疲劳曲线。简写为 σ-N 曲线。实验表明，金属材料所受的最大交变应力 σ_{max} 越大，则断裂前所能承受的应力循环次数 N 越少，如图3-22所示。当应力循环中的最大应力 σ_{max} 降低到某一数值，材料可以经受无限

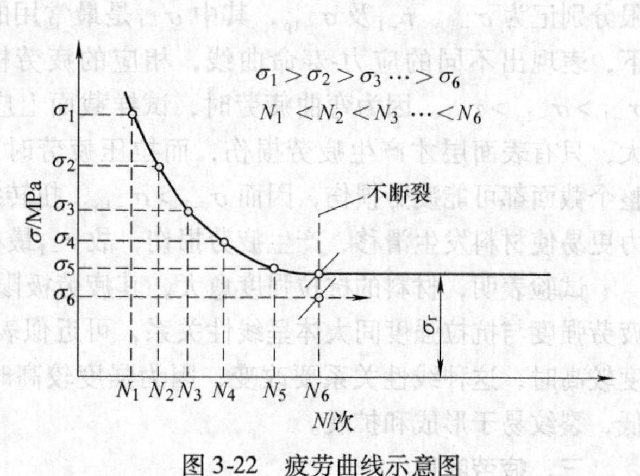

图3-22　疲劳曲线示意图

次应力循环而不发生疲劳断裂，σ-N 曲线上出现了趋于水平部分。

不同材料的疲劳曲线形状不同，大致可分为两类。一类有水平线，如一般结构钢和球墨铸铁的疲劳曲线，据此，可标定出无限寿命的疲劳强度；另一类无水平线，如有色合金、不锈钢和高强钢的疲劳曲线（见图 3-23）。

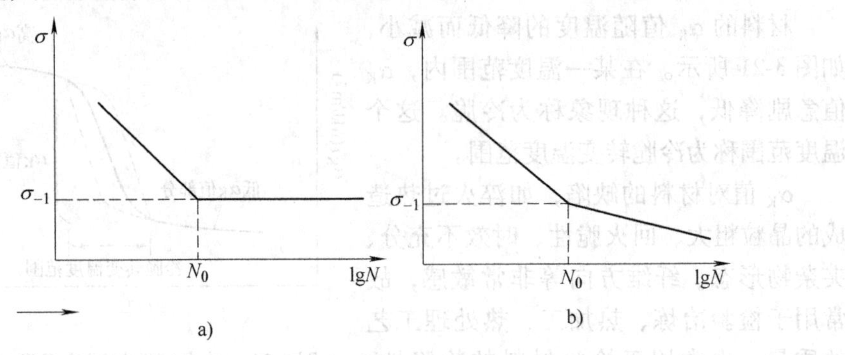

图 3-23　两种类型的疲劳曲线

a）钢铁材料　b）部分有色金属（如铝合金等）

二、疲劳极限

当应力低于某一值时，材料经无限循环周次也不发生断裂，此值称为疲劳极限或疲劳强度。疲劳极限是保证机件疲劳寿命的重要性能指标，是评定材料、制订工艺和疲劳设计的依据。光滑试样的对称疲劳极限用 σ_{-1} 表示，单位 MPa。对于无水平线的疲劳曲线，只能根据材料的使用要求，确定有限寿命下的疲劳极限。例如，钢材的循环基数为 10^7，有色金属和某些超高强度钢的循环基数为 10^8。超过这个基数就认为该材料不再发生疲劳破坏。

应力比对疲劳极限有很大影响，应根据实际循环应力状态选用相应的疲劳极限。

常见的对称循环载荷有对称弯曲、对称扭转、对称拉压等，对应的疲劳极限分别记为 σ_{-1}、τ_{-1} 及 σ_{-1p}，其中 σ_{-1} 是最常用的。同种材料在不同应力状态下，表现出不同的应力-寿命曲线，相应的疲劳极限也不相同。一般情况下，$\sigma_{-1} > \sigma_{-1p} > \tau_{-1}$。因为弯曲疲劳时，试样截面上应力分布不均匀，表面应力最大，只有表面层才产生疲劳损伤，而拉压疲劳时，试样截面的应力均匀分布，整个截面都可能疲劳损伤，因而 $\sigma_{-1} > \sigma_{-1p}$，扭转疲劳时切应力大，较变动拉应力更易使材料发生滑移，产生疲劳损伤，故 τ_{-1} 最小。

试验表明，材料的抗拉强度愈大，其疲劳极限也愈大。对于中、低强度钢，疲劳强度与抗拉强度间大体呈线性关系，可近似表示成 $\sigma_{-1} = 0.5R_m$。但抗拉强度较高时，这种线性关系要改变，因为强度较高时，材料的塑性和断裂韧性降低，裂纹易于形成和扩展。

三、疲劳断口

一般来说，典型疲劳断口由 3 个特征区组成，即疲劳裂纹产生区、疲劳裂纹扩展区和最后断裂区，如图 3-24 所示。

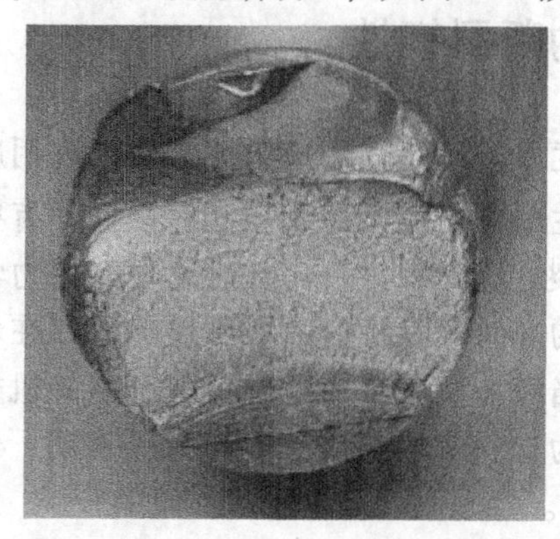

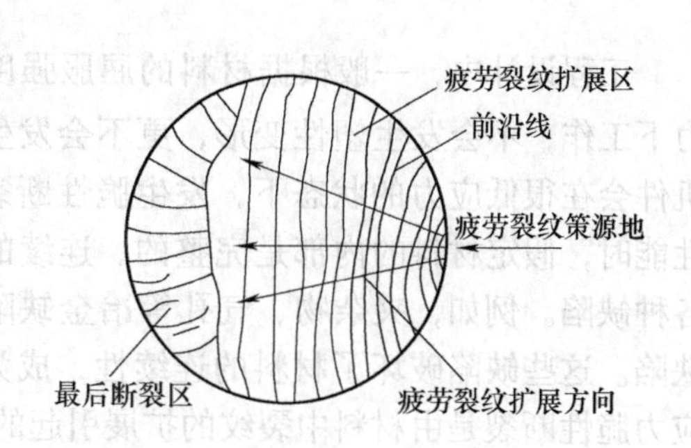

图 3-24 疲劳断口示意图

疲劳裂纹萌生的地方，多出现在机件表面，常和缺口、裂纹、刀痕、蚀坑等缺陷相连。若材料内部存在严重冶金缺陷（夹杂、缩孔、偏析、白点等），也会因局部材料强度降低而在机件内部引发出疲劳源。机件疲劳破坏的疲劳源可以是一个，也可以是多个，它与机件的应力状态及过载程度有关。

疲劳裂纹产生后，在交变应力作用下，继续扩展长大，这个区域称为疲劳裂纹扩展区。其宏观特征是：断口较光滑并分布有贝纹线（或海滩花样），有时还有裂纹扩展台阶。贝纹线是疲劳裂纹扩展区的典型特征，贝纹线是一簇以疲劳源为圆心的平行弧线，凹侧指向疲劳源，凸侧指向裂纹扩展方向。近疲劳源区贝纹线较细密，表明裂纹扩展较慢；远离疲劳源区贝纹线较稀疏、粗糙，表明此段裂纹扩展较快。贝纹线的形状则由裂纹前沿线各点的扩展速度、载荷类型、过载程度及应力集中等决定。

最后断裂区，随着疲劳裂纹的扩展，零件的有效截面不断减小，剩余断面上的应力不断增加。当应力超过材料的断裂强度时，发生断裂，形成最后断裂区。该区的断口比疲劳区粗糙，宏观特征如同静载，随材料性质而变。脆性材料断口呈结晶状；韧性材料断口为纤维状，暗灰色，在心部平面应变区呈放射状或人字纹状，边缘平面应力区则有剪切唇区存在。

疲劳裂纹扩展区与最后断裂区所占面积的相对比例，随应力大小和材料的断裂韧性而变化。所受应力小而无大的应力集中时，则疲劳裂纹扩展区大；反之，则小。因此，可以根据疲劳断口上两个区所占的比例，估计所受应力高低及应力集中程度的大小。

疲劳断口具有特殊的形貌特征，这些特征反映了材料质量、应力状态、应力大小及环境因素的影响，保留了整个断裂过程的所有痕迹，记载着很多断裂信息，因此对疲劳断口的分析是研究疲劳过程、分析疲劳失效原因的一种重要方法。

第四节 材料的断裂韧性

工程设计中，一般根据材料的屈服强度 $R_{p0.2}$ 确定许用应力。机件在许用应力下工作，不会发生塑性变形，更不会发生断裂，应该是安全的。然而，有些机件会在很低应力的状态下，发生脆性断裂。这是因为，一般讨论材料的力学性能时，假定材料的内部是完整的、连续的。而实际材料中不可避免地存在着各种缺陷。例如，夹杂物、气孔等冶金缺陷和在使用、加工过程中产生的机械缺陷。这些缺陷破坏了材料的连续性，成为材料中的裂纹。实验分析表明，低应力脆性断裂是由材料中裂纹的扩展引起的。

一、断裂韧性的概念

断裂力学运用连续介质力学的弹塑性理论，考虑了材料的不连续性，研究材料中裂纹扩展的规律，确定材料抵抗断裂的力学性能指标-断裂韧性。断裂韧性反映了材料抵抗裂纹失稳扩张的能力。

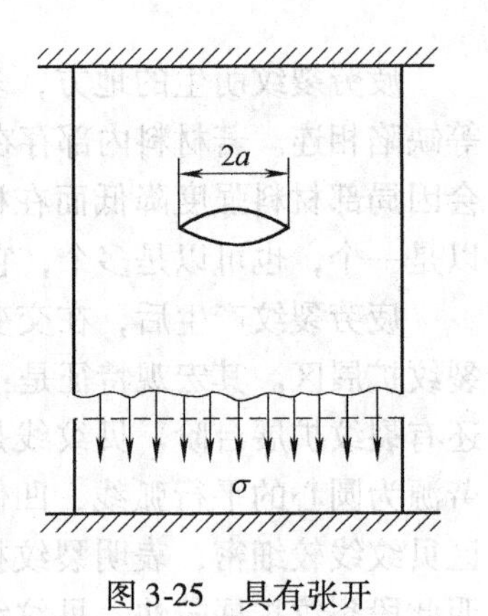

图 3-25 具有张开裂纹的试样

如图 3-25 所示，机件中存在一个长度为 $2a$ 的裂纹。由于裂纹的存在，材料中的应力分布不能看作是均匀的。在裂纹尖端前沿产生了应力集中，且具有特殊的分布，形成了一个裂纹尖端的应力场。按照断裂力学的观点分析，对于张开型裂纹（通常称之为Ⅰ型裂纹），其大小可以用应力强度因子 K_I MPa · $m^{\frac{1}{2}}$ 来描述。K_I 与加载方式、试样几何尺寸、材料特性、裂纹形状和大小等有关，可表达为：

$$K_I = Y\sigma\sqrt{a} \tag{3-12}$$

式中 Y——与裂纹形状、加载方式及试样几何尺寸有关的系数；

σ——外加的名义应力（MPa）；

a——裂纹长度的$\frac{1}{2}$（m）。

对一个存在裂纹的试样施加拉伸载荷时，其 Y 值是一定的。随应力 σ 逐渐增大，或者裂纹长度 $2a$ 逐渐扩展，裂纹尖端的应力强度因子 K_I 增大到某一数值时，可使裂纹前沿某一区域的内应力大到足以使裂纹产生失稳扩展，即发生脆断。这个强度因子的临界值，称为材料的断裂韧性，用 K_{IC} 表示。它反映了有裂纹存在时，材料抵抗脆性断裂的能力。比较 K_I 和 K_{IC} 这两个量的相对大小，可以判定带裂纹的材料是否会发生失稳脆断。当 $K_I > K_{IC}$ 时，裂纹失稳扩展，发生脆断；当 $K_{\mathrm{I}} < K_{\mathrm{IC}}$时，裂纹不扩展或扩展很慢，不发生快速脆断；当 $K_{\mathrm{I}} = K_{\mathrm{IC}}$时，裂纹处于临界状态。

必须强调指出，K_{I} 和 K_{IC}虽然有密切的联系，但两者的物理意义截然不同。K_{I} 是描述裂纹尖端应力场大小的力学参量，它与裂纹类型、物体的形状、大小以及外加应力等参数有关，与材料无关；而断裂韧性 K_{IC}是评定材料阻止裂纹失稳扩展能力的力学性能指标，它与裂纹本身的大小、形状无关，也和外加应力无关，是材料本身的特性，只和材料的成分、热处理及加工工艺等有关。材料的断裂韧性 K_{IC}可通过试验测定。

应力场强度因子和断裂韧性的提出，在工程上有重要的意义。例如，知道材料的断裂韧性 K_{IC}，再测出构件中的最大裂纹长度，就可以计算出裂纹失稳扩展的临界载荷，即构件所能承受的最大载荷。或者已知材料的断裂韧性 K_{IC}，根据构件实际所受的外加应力，确定构件中允许存在的最大裂纹长度。所以，断裂韧性为安全设计提供了一个重要的力学性能指标，尤其在疲劳、冲击、高低温强度、应力腐蚀、辐照损伤等强度领域得到了广泛的应用。同时也为发展新材料、新工艺及合理选材指出了方向。

二、影响材料断裂韧性的因素

1. 化学成分

对于金属材料，提高韧性的元素，均提高材料的断裂韧性。加入细化晶粒的元素，可使金属的断裂韧性提高；强烈固溶强化的合金元素使断裂韧性降低；形成脆性化合物的元素降低断裂韧性。

对于陶瓷材料，加入提高材料强度的组元，都提高断裂韧性；对于高分子材料，增强结合键的元素都将提高断裂韧性。

2. 晶粒尺寸

晶粒越细，材料的强度和韧性同时提高，另外，细化晶粒有助于减轻杂质在晶界上的偏析，减少沿晶断裂，从而提高材料的断裂韧性。

3. 杂质及第二相

钢中的夹杂物以及第二相，如硫化物、氧化物、碳化物等，都是脆性相，这些相的存在，降低钢的断裂韧性；脆性相以细小球状存在时，对断裂韧性的有害作用减小。

4. 温度和加载速度

大多数材料，温度降低，断裂韧性降低。对于存在韧脆转变温度的材料，在韧性温度区，材料发生韧性断裂，有较高的断裂韧性；而在韧脆转变温度以下，材料主要是解理性脆性断裂，断裂韧性较低。

增加形变速度，与降低温度有类似的效果，使断裂韧性下降。

第五节　材料的磨损性能

在摩擦作用下，机件表面发生尺寸变化和物质消耗的现象，称为磨损。机器运转时，机件之间总要发生相对运动，如轴与轴承、活塞与汽缸套、齿轮之间等，这种运动都会产生摩擦，摩擦必然导致磨损。

磨损将使机件精度下降、机器功率降低、严重时引起机件失效，产生巨大的经济损失。

一、磨损过程和磨损的分类

磨损是个复杂的过程，是力学、物理和化学共同作用的结果，并非单一的力学过程。

1. 磨损过程

机件正常的磨损过程一般分成三个阶段，如图 3-26 所示。

(1) 跑合阶段（磨合阶段）　图中 *OA* 阶段，在此阶段内，摩擦表面逐渐被磨平，实际接触面积不断增大，同时，接触表面因塑性变形产生形变强化以及表面形成牢固的氧化膜，使得磨损速率不断减小。

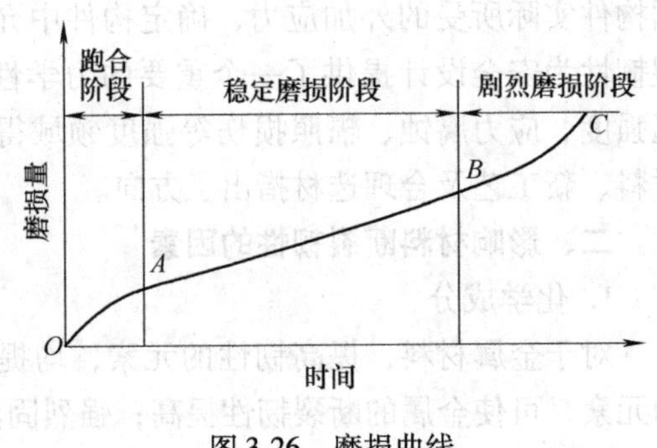

图 3-26　磨损曲线

(2) 稳定磨损阶段　图中 *AB* 阶段，这是磨损速率稳定的阶段，线段的斜率就是磨损速率。大多数机器零件都在此阶段内服役，磨损实验就是根据工件在该段经历的时间、磨损速率或磨损量，来评定材料耐磨性能的。跑合阶段磨合的越好，工件在该段磨损的速率就越低。

(3) 剧烈磨损阶段　图中 *BC* 段，随磨损过程的增长，磨耗增加，摩擦副接触表面之间的间隙增大，机件表面质量下降，润滑膜被破坏，磨损加剧，机件很快失效。

工作条件不同，磨损曲线会有很大差异。如摩擦条件恶劣、跑合不良等情况下，工件只有剧烈磨损阶段；反之，工件磨合良好，则稳定磨损期很长。

2. 磨损的分类

根据摩擦面损伤和破坏的形式，磨损分为以下四种类别。

(1) 粘着磨损　粘着磨损又称咬合磨损，因工件表面某些接触点局部压力超过该处材料屈服强度发生粘合，随后又撕裂而产生的一种表面损伤。当滑动摩擦副相对滑动速度较小、接触面氧化膜被破坏、润滑条件差、接触应力大时，容易发生。

(2) 磨粒磨损　磨粒磨损又称为磨料磨损。当摩擦副一方表面存在坚硬的细微突起，或者在接触面之间存在着硬质粒子时产生磨粒磨损。前者称为两体磨粒磨损，如锉削过程；后者称为三体磨粒磨损，如金相试样抛光过程。

(3) 腐蚀磨损　在摩擦过程中，摩擦副之间或摩擦副表面与环境介质发生化学反应形成腐蚀产物，腐蚀产物的形成和脱落引起机件表面的损伤，称为腐蚀磨损。腐蚀磨损常与摩擦面之间的机械磨损共存，故又称腐蚀机械磨损。

腐蚀磨损包括氧化磨损、微动磨损、侵蚀磨损和介质腐蚀磨损。

(4) 接触疲劳　又称为表面疲劳磨损或麻点磨损。它是两接触材料作滚动或滚动加滑动摩擦时，交变接触应力长期作用使材料表面疲劳损伤，局部区域出现小片或大块状剥落，而使材料磨损的现象。

接触疲劳是齿轮、滚动轴承等工件常见的磨损失效形式。其特征是，接触表面出现许多痘状、贝壳状或不规则形状的凹坑。

二、提高材料耐磨性的途径

一般采用磨损量或耐磨性（磨损量的倒数），表示材料的磨损特性，也可采用相对耐磨性 ε 来表示。

$$\varepsilon = \frac{\text{被测试样磨损量}}{\text{标准试样磨损量}}$$

磨损量用失质法或尺寸法表示。失质法就是用质量减少表示磨损量。如 $mg/(cm^2 \cdot 1000m)$，表示在1000m摩擦行程上，每 $1cm^2$ 面积上损失的质量是多少mg。尺寸法是用长度或体积的变化表示磨损量，其中最方便的是用沿法线方向的尺寸减少（线磨损量）来表示。

1. 提高耐粘着磨损的途径

合理选择摩擦副材料，尽量选择互溶性小，粘着倾向小的材料配对组成摩擦副。

改善润滑条件，提高氧化膜与基体金属的结合能力，增强氧化膜的稳定性，阻止金属之间直接接触，以及降低工件表面粗糙度值等都可以减轻粘着磨损。

表面热处理可以有效的改善工件的粘着磨损，如渗硫、磷化及软氮化等，在工件表面形成一层化合物或非金属层，既降低摩擦因数，又避免金属直接接触，可防止粘着。

2. 提高耐磨粒磨损的途径

对于低应力磨粒磨损，应设法提高工件的表面硬度。如选用含碳较高的钢，并经淬火处理后获得马氏体组织；工件经渗碳、碳氮共渗处理能有效的提高耐磨粒磨损性能。

对于高应力下的磨粒磨损，特别是较大冲击载荷下的磨损，工件的基体组织要有高的强韧性，如采用等温淬火得到下贝氏体组织；改善钢中碳化物的数量、分布、形态是提高钢的强韧性的重要方法，从而可显著改善高应力磨粒磨损性能。钢中含有适量的残余奥氏体对提高抗磨粒磨损性能有益。

第六节　材料的蠕变性能

一、材料的蠕变现象

蠕变是在一定外力作用下，随着时间的延长，材料缓慢地产生塑性变形的现象，如图 3-27 所示。由蠕变变形而最终导致的断裂称为蠕变断裂。

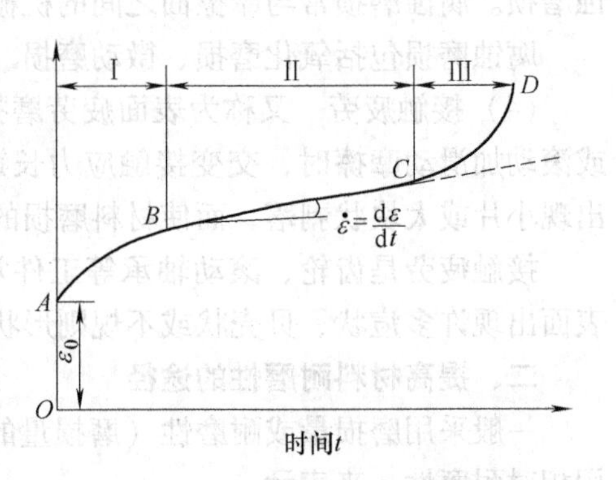

图 3-27　金属、陶瓷的蠕变曲线

材料蠕变现象在工程上可经常遇到。如用环氧树脂粘结的管道，长时间工作后，管道接口处的破断；聚合物轴承长时间工作后产生过大的间隙；一些高温高压蒸汽管道，虽然承受的应力小于材料的屈服强度，但在长期使用过程中，会产生缓慢的塑性变形使管径逐渐增大等。这些问题不是载荷过大造成的，而是温度和时间对塑性变形的影响，是材料发生了蠕变。因此，高温下工作的金属材料及常温下工作的聚合物，对其蠕变应予高度重视。

各类材料产生蠕变的条件不同。对于金属材料，当其温度高于（0.3～0.4）T_m（材料熔点的热力学温度）时，可产生明显的蠕变；陶瓷材料则在高于（0.4～0.5）T_m 时产生蠕变；高分子材料发生蠕变的温度与其玻璃化温度 T_g 有关，许多高聚物在室温下就有明显的蠕变现象。

二、蠕变性能指标

描述材料蠕变性能的力学性能指标包括：蠕变极限、持久强度、松弛稳定性等。

1. 蠕变极限

蠕变极限的定义是：在给定温度和时间的条件下，使试样产生规定蠕变应变的最大应力。记作 $\sigma_{\varepsilon/t}^{T}$（MPa），其中 T 表示测试温度（℃），ε/t 表示在给定的时间 t（h）内产生的蠕变应变为 ε（%）。

例 3-3　$\sigma_{1/10000}^{500}=100\text{MPa}$

表示材料在 500℃时，10000h 产生 1% 的蠕变应变的蠕变极限为 100MPa。

蠕变极限表示材料抵抗高温蠕变变形的能力，是选用高温材料、设计高温下服役机件的主要依据之一。

2. 持久强度

持久强度是材料在一定的温度下和规定的时间内，不发生蠕变断裂的最大应力（MPa），记作σ_t^T。

例 3-4 $\sigma_{10^3}^{600}=200\text{MPa}$

表示材料在600℃下工作1000h 的持久强度为200MPa。若$\sigma<200\text{MPa}$或$t<1000\text{h}$，试件不发生蠕变断裂。

一些高温下工作，但蠕变变形很小或对变形要求不严格的机件，只要求在使用期内不发生断裂。可用持久强度作为设计的主要依据。有些重要的零件，例如航空发动机的涡轮盘、叶片等，不仅要求材料具有一定的蠕变极限，同时也要求材料具有一定的持久强度，两者都是设计的重要依据。

3. 松弛稳定性

材料在恒变形的条件下，随着时间的延长，弹性应力逐渐降低的现象称为应力松弛。材料抵抗应力松弛的能力称为松弛稳定性。

松弛稳定性可以通过材料的应力松弛曲线来评定，松弛曲线是在给定温度T和总变形量不变条件下，应力随时间而降低的曲线，如图 3-28 所示，图中σ_0为初始应力，随着时间的延长，试样中的应力不断减小。

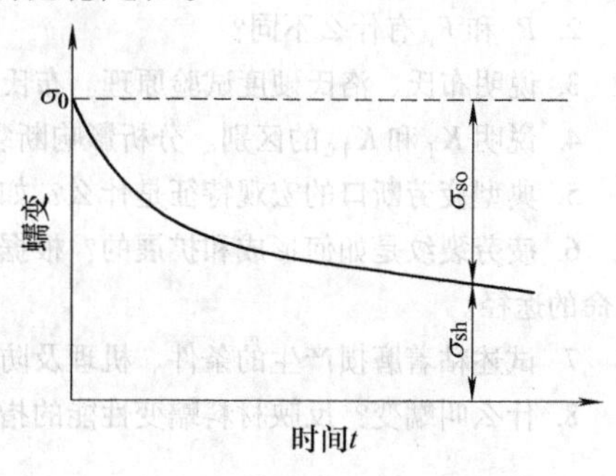

图 3-28　应力松弛曲线

任一时间试样上所保持的应力称为剩余应力σ_{sh}，剩余应力σ_{sh}是评价材料应力松弛稳定性的一个指标。剩余应力愈高，其松弛稳定性愈好。松弛稳定性可以用来评价材料在高温下的预警能力。高温状态下工作的紧固件，在选材和设计时，应考虑材料的松弛稳定性。如汽轮机、燃气轮机的紧固件。

本章主要名词

伸长率（percentage elongation）

断后伸长率（percentage elongation after fracture）

断裂总伸长率（percentage total elongation at fracture）

最大力伸长率（percentage elongation at maximum force）

上屈服强度（upper yield strength）

下屈服强度（lower yield strength）

规定非比例延伸强度（proof strength non-proportional extension）

规定总延伸强度（proof strength total extension）

规定残余延伸强度（permanent set strength）

抗拉强度（tensile strength）

断面收缩率（percentage reduction of area）

冲击韧性（impact toughness）
脆性断裂（brittle fracture）
韧性断裂（plastic fracture）
解理断裂（cleavage fracture）
穿晶断裂（intracrystalline fracture）
断裂韧性（fracture toughness）
疲劳强度（fatigue strength）
疲劳断口（fatigue fracture）
磨损（wear）
耐磨性（wear resistance）
接触疲劳（contact fatigue）
蠕变（creep）
蠕变极限（creep limiting）
持久强度（creep rupture strength）

习　题

1. 解释下列名词：

抗拉强度；断后伸长率；断面收缩率；断裂总伸长率；最大力伸长率；上屈服强度；下屈服强度；规定非比例延伸强度；规定总延伸强度；规定残余延伸强度；超塑性；脆性断裂；韧性断裂；解理断裂；韧脆转变温度；断裂韧性；疲劳贝纹线；磨损；粘着磨损；磨粒磨损；耐磨性；接触疲劳；蠕变；蠕变极限；持久强度；松弛稳定性。

2. R_t 和 R_r 有什么不同？

3. 说明布氏、洛氏硬度试验原理。布氏硬度试验有什么局限性？为什么？

4. 说明 K_I 和 K_{IC}的区别。分析影响断裂韧性 K_{IC}的因素。

5. 典型疲劳断口的宏观特征是什么？如何从疲劳断口来判断疲劳源和裂纹扩展方向。

6. 疲劳裂纹是如何形成和扩展的？根据疲劳裂纹形成和扩展的机理，分析延长机件疲劳寿命的途径。

7. 试述粘着磨损产生的条件、机理及防止措施。

8. 什么叫蠕变？反映材料蠕变性能的指标有哪些？各表示什么物理意义。

第四章　二元合金相图

在实际工业中，广泛使用的金属材料不是单组元材料，而是由二组元及其以上组元组成的多元系材料。多组元的加入，使材料的凝固过程和凝固产物趋于复杂，这为材料性能的多变性及其选择提供了条件。在多元系中，二元系是最基本的，也是目前研究最充分的体系。二元系相图是研究二元体系在热力学平衡条件下，相与温度、成分之间关系的重要工具，它已在金属、陶瓷，以及高分子材料中得到广泛的应用。由于金属合金熔液粘度小，易流动，常可直接凝固成所需的零部件，或者把合金熔液浇注成锭子，然后开坯，再通过热加工或冷加工等工序制成产品。而陶瓷熔液粘度高，流动性差，所以陶瓷产品较少是由熔液直接凝固而成的，通常由粉末烧结制得。高分子合金可通过物理（机械）或化学共混制得，由熔融（液）状态直接成型或挤压成型。

本章将简单描述二元相图的表示和测定方法，对不同类型的相图特点及其相应的组织进行分析，并了解二元合金相图与合金性能之间的关系。

第一节　二元合金相图的建立

由两个组元组成的合金系称为二元合金系，它是最基本也是目前研究最充分的合金系，例如 Pb-Sb 系、Ni-Cu 系等。

相图就是表示合金系中合金的状态与温度、成分间关系的图解，即用图解的方式表示合金系在平衡条件下，不同温度和不同成分的合金所处的状态（相组成、相的成分及相对量……），因此相图又称之为状态图或平衡相图。所谓相平衡是指在合金系中，一定条件下，参与结晶或相变过程的各相之间的相对量和相的浓度不再改变时的一种动态平衡状态。

利用相图不仅可以了解合金系中不同成分的合金在不同温度的平衡条件下的状态，即存在相、相的成分及相的相对含量，而且还能了解合金在加热与冷却过程中所发生的转变并预测合金性能的变化规律，所以相图是进行材料研究、金相分析、制定热压力加工、铸造、热处理等工艺的重要依据和有效工具。

一、二元合金相图的表示方法

合金的状态通常是由合金的成分、温度和压力三个相互影响的因素确定的，但合金的熔炼、加工处理等都是在常压下进行，所以合金的状态可由合金的成分和温度两个因素确定。

对二元系合金来说，常用横坐标表示成分，纵坐标表示温度，如图 4-1 所示。横坐标上任一点表示一种成分的二元合金，如图中 A、B 两点表示组成合金的两个纯组元，C 点成分（质量分数）为 $(60\%A+40\%B)$，D 点成分（质量分数）为 $(40\%A+60\%B)$。坐标平面内的任意一点称为表象点，它表示相应成分合金在该点对应温度时的状态，如图 4-1 中的 E 点表示成分（质量分数）为 $(60\%A+40\%B)$ 的合金在对应温度 500℃时合金所处的状态。

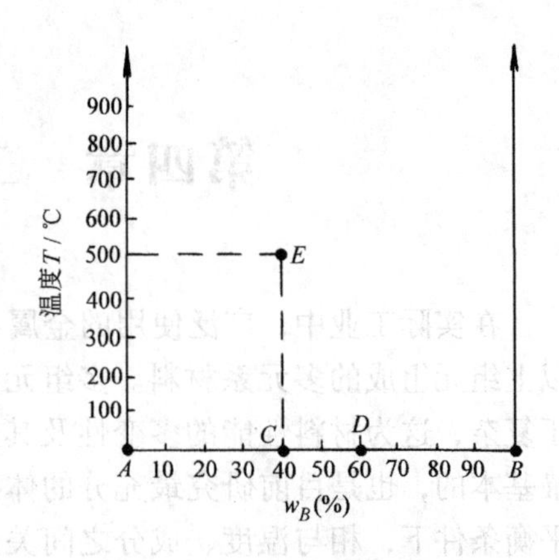

图 4-1 二元合金相图的成分及温度表示方法

二、二元合金相图的建立方法

建立相图的方法有实验测定和理论计算两种，计算机技术的迅猛发展，无疑有助于通过理论计算建立相图，但目前使用的相图大部分还是根据实验建立的。合金发生相的转变时，必然伴随有物理、化学性能的变化，根据这些变化便可实验测定相图。因此准确测定各种成分合金的相变临界点（即临界温度），确定不同相存在的温度和成分区间，是建立相图的关键。常用测定临界点的方法有热分析法、热膨胀法、磁性测定法、金相法、电阻法和 X 射线结构分析法等。为了保证相图的精确性，往往需要几种方法配合使用。下面以 Pb-Sb 合金为例说明用热分析法测定临界点及建立二元相图的过程（见图 4-2）。

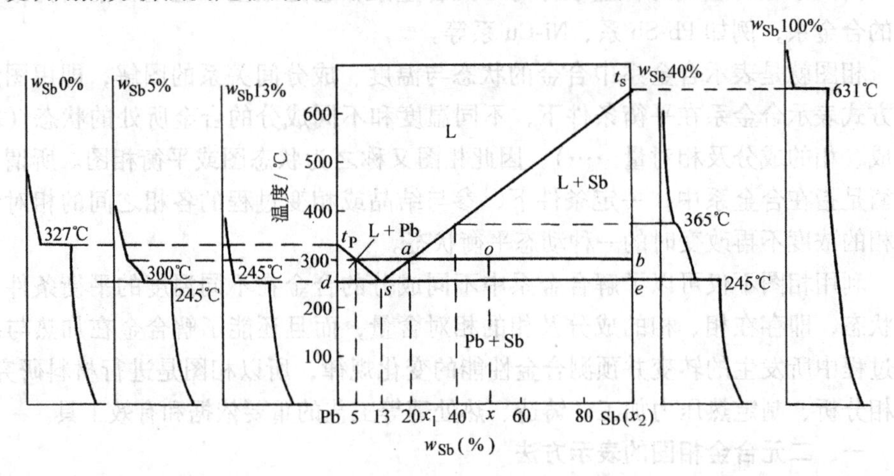

图 4-2 Pb-Sb 合金相图的建立

(1) 选用高纯度组元，配制几组成分（质量分数）不同的合金，如图 4-2 中的 0% Sb、5% Sb、13% Sb、40% Sb、100% Sb 五组合金。组元愈纯，配制的合金数目愈多，试验数据之间的间隔愈小，测得的合金相图愈精确。

（2）测出上述合金在无限缓慢冷却条件下的冷却曲线，并找出各冷却曲线的临界点（即平台和转折点）。

（3）将上述各临界点标注在温度—成分坐标平面内。

（4）把相同意义的临界点连成线，并根据已知条件和分析结果写上数字、字母和各相区所存在的相或组织的名称，就得到如图4-2所示的二元相图。

冷却曲线上的平台及转折点表示金属及合金在冷却到该温度时，发生了冷却速度的突变，这是由于金属及合金在结晶（即相变，包括固态相变）时有结晶潜热释放，抵消了冷却时部分（冷却曲线上的转折）或全部（冷却曲线上的平台）热量散失。

分析图4-2的冷却曲线可知，纯Pb、纯Sb及含13%Sb的Pb-Sb合金的冷却曲线出现了温度平台，对应的温度分别是327℃、631℃和245℃，这既是它们开始结晶的温度也是它们结晶终了的温度，说明这些合金的结晶是在恒温下进行的。而在5%Sb和40%Sb合金的冷却曲线上不仅出现了平台还出现了转折，出现转折就意味着结晶的开始，说明这两种合金分别于300℃和365℃时开始结晶，最终出现的平台温度均为245℃，则说明它们最终都要在245℃恒温结晶并结晶完毕。把所有合金开始结晶的温度连在一起，便构成了t_p-s-t_s线，此线以上所有合金都处于液相状态，故称它为Pb-Sb合金的液相线。同样，d-s-e线称为固相线，此线对应的温度以下，合金都处于固相状态。液相线与固相线均为相区界线，在液相线和固相线之间是液、固两相共存的两相区，两个相的成分可由过表象点的水平线与相区界线交点确定。如含50%Sb的Pb-Sb合金在300℃时，液相成分由a点确定，为22%Sb；固相成分由b点确定为100%Sb，即纯Sb，故此时合金是由含22%Sb的液相与含100%Sb的纯Sb固相两相组成，并处于两相平衡状态。

三、杠杆定律

利用相图不仅可以了解合金状态与温度、成分之间的关系，还可以计算某种状态下（如两相区平衡时）各相之间的相对重量。例如由Pb-Sb相图可知，含50%Sb的合金x缓慢冷却到300℃时，其表象点o处于L+Sb的两相区，表明在此温度下，合金处于液相和固相Sb共存状态，两个平衡相——液相L和固相Sb的成分可由图中的a、b两点确定，对应的成分分别为22%Sb（液相L）和100%Sb（固相Sb）。

此外，二元合金处于两相平衡时，两相的重量比可用杠杆定律求得。如图4-2所示，成分为x的合金在300℃处于两相平衡状态（表象点o），则液相成分由a点确定为x_1%Sb，固相成分由b点确定为x_2%Sb。设合金总重量为W，固相重量为W_S，液相重量为W_L，则：

$$W_L + W_S = W$$

$$W_L \cdot x_1 + W_S \cdot x_2 = W \cdot x$$

由上述两式可得：$W_L/W_S = (x_2 - x) / (x - x_1) = ob/oa$

或：$W_L/W = ob/ab \times 100\%$

$W_S/W = oa/ab \times 100\%$

上述关系就像把 aob 看作杠杆，W_L 和 W_S 看作两个重物，当杠杆平衡时杆长与物重之间的关系，这与力学中的杠杆定律完全类似，故也称之为杠杆定律。

需说明的是，杠杆定律是基于两相平衡的一般原理导出的，因此不管什么合金系，只要满足相平衡的条件，那么在两相共存时，都可用杠杆定律计算两相的相对重量，也就是说杠杆定律只适用于两相平衡区。使用杠杆定律时，要注意杠杆的两个端点是给定温度下两相的成分点，而支点是合金的成分点。

第二节　二元匀晶相图

二元匀晶相图是指两组元在液态和固态均无限互溶时的二元合金相图。具有这类相图的合金系主要有 Ni-Cu、Cu-Au、Au-Ag、Mg-Cd、Fe-Ni 及 W-Mo 等。这类合金结晶时，都是从液相结晶出单相的固溶体，这种结晶过程称为匀晶转变。二元匀晶相图是二元合金相图中最简单但却是最基础的相图，因为几乎所有的二元合金相图都包含有匀晶转变部分。下面以 Ni-Cu 合金相图为例对匀晶相图进行分析。

一、二元匀晶相图的分析

图 4-3 所示 Ni-Cu 合金相图是典型的匀晶相图。相图中有两条曲线把坐标平面分成三个区。上面是液相线，表示 Ni-Cu 合金在冷却过程中开始结晶或加热过程中熔化终了的温度；下面是固相线，表示 Ni-Cu 合金在冷却过程中结晶终了或加热过程中开始熔化的温度。液相线以上的区域是液相区，即合金在此区域所处的状态都是液态（L）；固相线以下的区域是固相区，是 Ni 和 Cu 组成的无限固溶体（α）；液相线和固相线之间的区域是两相区（L + α），即液相和固相两相并存区。

二、合金的平衡结晶过程

所谓平衡结晶过程是指合金从液态无限缓慢冷却、原子扩散非常充分，冷却过程中每一时刻都能达到相平衡条件的一种结晶过程。现以图 4-3 中含 Cu40%（质量分数）的 Ni-Cu 合金为例分析这类合金的平衡结晶过程及结晶后的显微组织。作该合金的成分垂线（即合金线）与液相线和固相线分别交于 1（t_1 温度）点、4（t_4 温度）点。在 1 点以上合金为液相 L，在 t_0 至 t_1 温度区间液态合金冷却，当缓慢冷至略低于 1 点即 t_1 温度时，开始从液态合金中结晶出

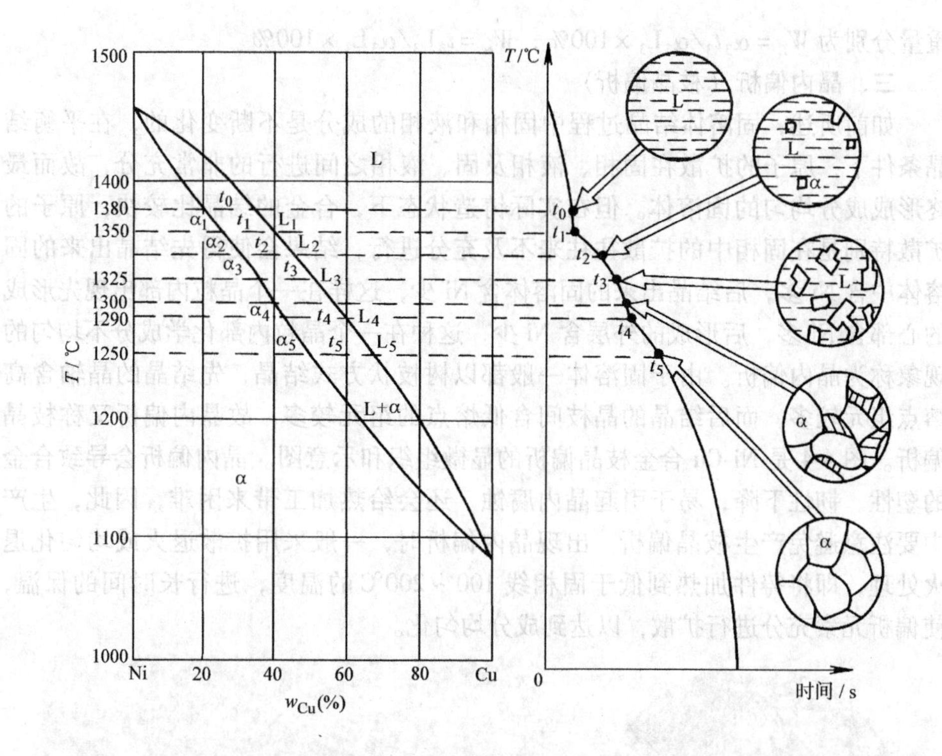

图 4-3　Ni-Cu 合金相图及其平衡结晶过程示意图

浓度为 α_1 的 α 固溶体。由图中可见 α_1 要比原液相中含有较多的 Ni，其周围液相中的含 Ni 量必然要低于稍远处液相的含 Ni 量，通过扩散后液相成分为 L_1，其成分要比原液相中含有较多的 Cu。继续冷却到 t_2 温度时，α 固溶体量不断增多，剩余液相不断减少，为达到相平衡，在 t_1 结晶出来的成分为 α_1 固溶体必须沿固相线改变至 α_2，同样，液相成分也将由 L_1 沿液相线改变至 L_2。当缓慢冷却到 4 点（t_4 温度）时，成分线与固相线相遇，结晶终了，此时 α 固溶体的成分 α_4 就是原合金的成分。其它成分合金的结晶过程也与此完全类似。固溶体合金平衡结晶后的显微组织与纯金属类似，是由多面体的固溶体晶粒所组成。

由上述分析，可以看出固溶体的结晶过程（匀晶转变）与纯金属结晶相比有如下特点：①异分结晶：就是指固溶体结晶时，结晶出来的固相与母相化学成分不同。②固溶体结晶是在一定的温度范围内完成的，其中每一温度下，只能结晶出一定数量的固相。

在匀晶相图的两相区，温度一定时，两相的成分是确定的，两相的重量比也是一定的，可以根据杠杆定律来计算。如图 4-3 所示，在 t_3 温度下，作 t_3 温度的水平线交固相线、合金线及液相线于 α_3、t_3、L_3 点，其中 α_3、L_3 点在成分轴上的投影点即为此温度下固相和液相的成分 α_3 和 L_3，此时液相与固相的相对

重量分别为 $W_L = \alpha_3 t_3/\alpha_3 L_3 \times 100\%$，$W_\alpha = t_3 L_3/\alpha_3 L_3 \times 100\%$。

三、晶内偏析（枝晶偏析）

如前所述，固溶体结晶过程中固相和液相的成分是不断变化的，在平衡结晶条件下，原子的扩散在固相、液相及固、液相之间进行的非常充分，故而最终形成成分均匀的固溶体。但在实际铸造状态下，合金的结晶比较快，原子的扩散特别是在固相中的扩散往往来不及充分进行，结果会使得先结晶出来的固溶体中含 Ni 多，后结晶出来的固溶体含 Ni 少，这样在一个晶粒内部出现先形成的心部含 Ni 多，后形成的外层含 Ni 少，这种在一个晶粒内部化学成分不均匀的现象称为晶内偏析。由于固溶体一般都以树枝状方式结晶，先结晶的晶轴含高熔点组元较多，而后结晶的晶枝间含低熔点的组元较多，故晶内偏析又称枝晶偏析。图 4-4 是 Ni-Cu 合金枝晶偏析的显微组织和示意图。晶内偏析会导致合金的塑性、韧性下降，易于引起晶内腐蚀，还会给热加工带来困难，因此，生产中要注意避免产生枝晶偏析。出现晶内偏析时，一般采用扩散退火或均匀化退火处理，即将铸件加热到低于固相线 100～200℃ 的温度，进行长时间的保温，使偏析元素充分进行扩散，以达到成分均匀化。

a)　　　　b)

图 4-4　Ni-Cu 合金枝晶偏析的显微组织和示意图

a）偏析示意图　b）偏析组织（50×）

第三节　二元共晶相图

两组元在液态无限互溶，在固态有限互溶，冷却时发生共晶转变的二元合金相图称为二元共晶相图，Pb-Sb、Pb-Sn、Ag-Cu、Al-Si、Zn-Sn 等合金相图都属于共晶相图，在 Mg-Al 及 Fe-Fe_3C 相图中也包含有共晶部分。合金在冷却至某一温度发生的共晶转变，是由一定成分的液相同时结晶出成分不同、结构不同的两个固相，也称共晶反应。共晶转变的产物是两个固相的混和物，称为共晶组织或共晶体。

一、二元共晶相图的分析

以 Pb-Sn 合金相图（图 4-5）为例，图中 L 是液相，α 为 Sn 溶于 Pb 中形成的固溶体，最大溶解度是 *M* 点（19% Sn）；β 为 Pb 溶于 Sn 中形成的固溶体，最大溶解度是 *N* 点（2.5% Pb）。*A*、*B* 分别是 Pb 和 Sn 的熔点，*F*、*G* 点分别是 α、β 固溶体室温下近似的溶解度点。*E* 点称为共晶点，具有 *E* 点成分（61.9% Sn）的合金在 t_E（183℃）温度发生共晶转变，同时结晶出具有 *M* 点成分（19% Sn）的固溶体 α 和具有 *N* 点成分（97.5% Sn）的固溶体 β，反应式记为：$L_E \xrightarrow{t_E} (\alpha_M + \beta_N)$，反应的产物即 α_M 和 β_N 的两相混合物称为共晶组织或共晶体。

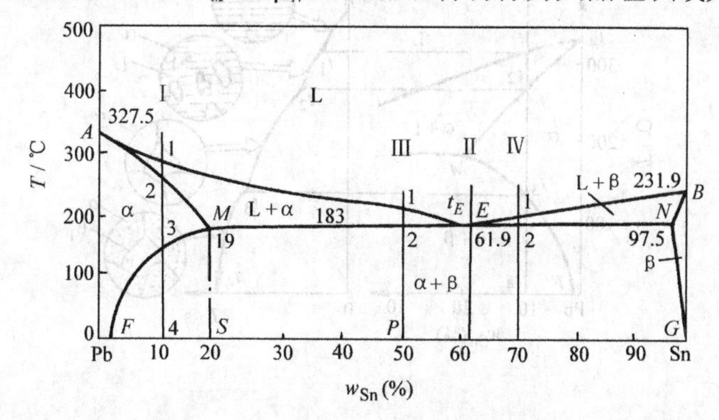

图 4-5　Pb-Sn 合金相图

相图中 *AEB* 线为液相线，*AMENB* 为固相线，*MF* 是 α 固溶体中 Sn 的溶解度曲线，*NG* 是 β 固溶体中 Pb 的溶解度曲线。*MEN* 线是共晶转变线，此线上 L、α、β 三相共存，凡成分线与此线有交点的合金都会发生共晶转变；共晶转变线是一条水平线，表明共晶转变是在恒定温度下（即 183℃）进行的。

相图中共有三个单相区：L、α、β；三个两相区：L + α，L + β，α + β；还有 L + α + β 三相共存的 *MEN* 共晶转变线。

共晶相图中的合金可这样分类：*M* 点以左和 *N* 点以右成分的合金，称为边际（端部）固溶体合金（即 α 固溶体和 β 固溶体合金）；*E* 点成分的合金称共晶合金；*ME* 之间成分的合金为亚共晶合金；*EN* 之间成分的合金则称过共晶合金。

二、典型合金的平衡结晶过程及室温平衡组织

（一）边际（端部）固溶体

合金 Ⅰ（即含 10% Sn 的 Pb-Sn 合金）的冷却曲线及结晶过程如图 4-6 所示。当合金从液相缓慢冷却至 t_1 温度时，从液相中开始结晶出 α 固溶体，温度继续下降，α 相数量不断增加，液相数量不断减少。冷至 t_2 温度时，液相消失，结晶完毕为单相固溶体 α，这一结晶过程与前述匀晶转变过程完全一样。在 t_2-t_3 温度区间，合金冷却过程中没有相变，所以也没有组织变化。从 t_3 温度开始，由于 Sn 在 α 中的溶解度下降（溶解度沿 *MF* 线变化），过剩的溶质 Sn 将以 β 固溶体的形式从 α 固溶体中析出，并且 β 固溶体的成分沿 *NG* 线变化。这种从 α 固溶体中析出 β 固溶体的过程也称为二次结晶，析出的 β 固溶体称为次生 β 固溶体，记作 β_{II}，以区别于从液相中直接析出的初生 β 固溶体。

合金的室温平衡组织为 $\alpha+\beta_{\mathrm{II}}$，其中 β_{II} 常分布在 α 晶粒的晶界上，有时也分布在晶内。次生相 β_{II} 是从固相中析出的，所以常呈细小颗粒状。

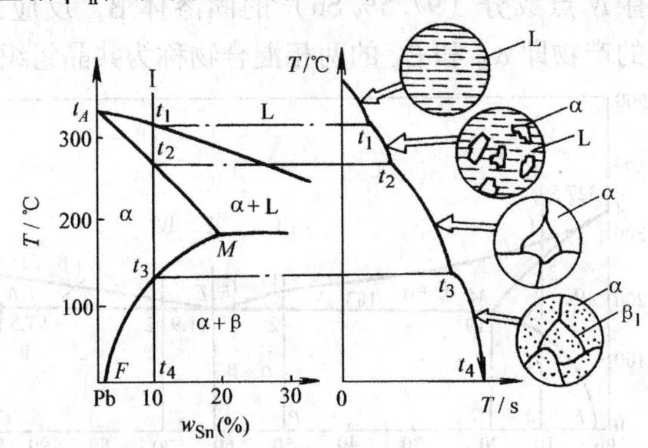

图 4-6　含 10% Sn 的 Pb-Sn 合金的冷却曲线及结晶过程

所有成分位于 *F*、*M* 之间的合金的平衡结晶过程都与上述合金类似，室温组织都是 $\alpha+\beta_{\mathrm{II}}$，只是两相的相对含量不同，合金成分越靠近 *M* 点，β_{II} 的含量越多。合金室温平衡组织中 α、β_{II} 的相对量可利用杠杆定律求出，如合金 Ⅰ 中（图 4-5），$w_{\beta_{\mathrm{II}}}=F4/FG\times100\%$，$w_{\alpha}=4G/FG\times100\%$。

同样，成分位于 N 点以右的合金平衡结晶过程与上述分析方法类似，只不过初生相是 β 固溶体，析出的次生相是 α_{II}，室温平衡组织为 $\beta+\alpha_{\mathrm{II}}$。

（二）共晶合金

含 w_{Sn}61.9% 的 Pb-Sn 合金（合金Ⅱ）属于共晶合金，其冷却曲线及结晶过程如图 4-7 所示。共晶点温度以上，合金处于液相状态。当冷至共晶温度时，合金发生共晶转变，即由液相同时结晶出 α 和 β 两种固相，$L_E \xrightarrow{t_E} (\alpha_M+\beta_N)$，共晶转变完成后，合金组织为 α_M 和 β_N 两相混合物，即共晶体，两相的相对量可由杠杆定律计算（图 4-5）：

$$w_{\alpha M}=EN/MN\times100\%=45.4\%$$

$$w_{\beta N}=1-w_{\alpha M}=54.6\%$$

共晶结晶完成后继续缓冷，共晶体中的 α、β 两相成分分别沿 *MF* 和 *NG* 变

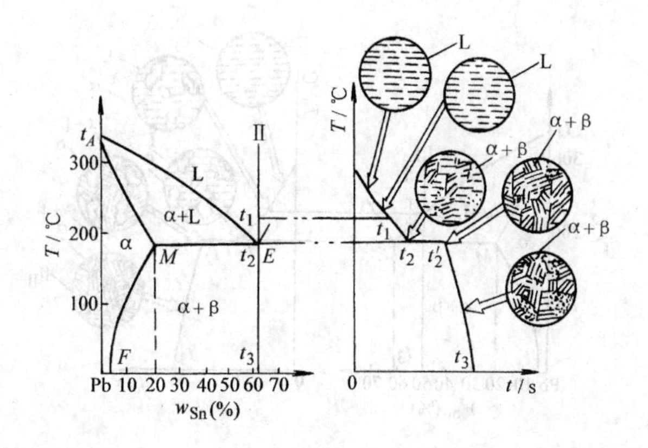

图 4-7　含 w_{Sn}61.9% 的 Pb-Sn 合金的冷却曲线及结晶过程

化，并从 α 相和 β 相中析出 $\beta_{Ⅱ}$ 和 $\alpha_{Ⅱ}$ 相。由于 $\alpha_{Ⅱ}$ 和 $\beta_{Ⅱ}$ 相常常与共晶转变时形成的 α 和 β 相毗连在一起，显微镜下很难分辨，故可记作：$(\alpha+\beta)_{共}$。共晶合金室温组织见图 4-8，图中黑色为 α 相，白色为 β 相，两相呈片层状交替分布。

共晶组织的基本特征是两相均匀并交替分布，根据合金组元的不同，共晶组织的形态各异，有层片状、棒状、球状、针状、螺旋状等。

图 4-8　含 w_{Sn}61.9% 的 Pb-Sn 共晶合金的显微组织（150×）

（三）亚共晶合金和过共晶合金

成分在 M、E 之间的 Pb-Sn 合金都属于亚共晶合金，它们的结晶过程及室温组织类似，现以含 50% Sn 的 Pb-Sn 合金（合金Ⅲ）为例分析。由图 4-9 可以看出，合金缓冷至 t_1 后，开始结晶出 α 相，记为 $\alpha_{初}$，在 t_1-t_2 温度区间发生匀晶转变，根据杠杆定律，$\alpha_{初}$ 的成分沿 t_A-M 线变化，且相对量不断增多；液相成分沿 t_1-E 线变化，且相对量不断减少。冷却至 t_2 温度（即共晶温度）时，合金是由具有 M 点成分的 $\alpha_{初}$ 和具有 E 点成分的液相组成，此时的液相将发生共晶转变直到结晶完毕，生成共晶体（$\alpha_M+\beta_N$），所以结晶刚完毕后的组织为 $\alpha_{初}+(\alpha+\beta)$，或写作 $\alpha_M+(\alpha_M+\beta_N)$。

从共晶温度继续冷却，α 相和 β 相都要发生二次结晶，其中从 $\alpha_{初}$ 中不断析出 $\beta_{Ⅱ}$，成分由 α_M 逐步变为 α_F。共晶体如前所述，其组织形态、成分和总量保持不变。合金室温下的组织应为 $\alpha_{初}+\beta_{Ⅱ}+(\alpha+\beta)_{共}$，如图 4-10 所示，图中暗

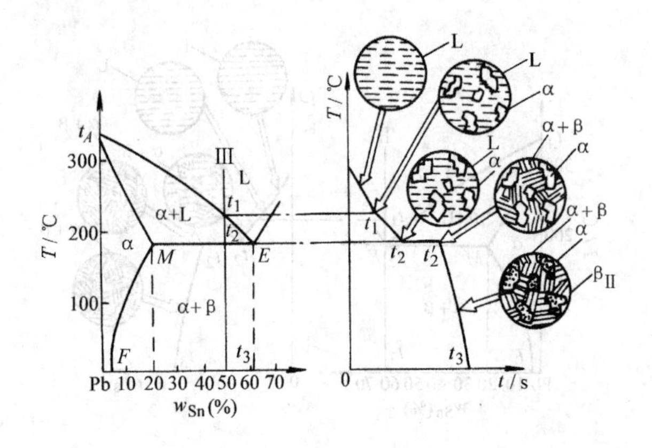

图 4-9　含 w_{Sn}50% 的 Pb-Sn 合金的冷却曲线及结晶过程

黑色树枝状是 $\alpha_{初}$，黑白相间分布的是 $(\alpha+\beta)_{共}$，而在 $\alpha_{初}$ 晶内隐约可见的白色颗粒是 $\beta_{Ⅱ}$。

过共晶合金（合金Ⅳ）冷却曲线及结晶过程如图 4-11 所示，其分析方法和步骤与上述亚共晶合金基本相同，只是从液体中先结晶出的是 β 固溶体，即 $\beta_{初}$，次生相为 $\alpha_{Ⅱ}$，合金Ⅳ的室温平衡组织为 $\beta_{初}+\alpha_{Ⅱ}+(\alpha+\beta)_{共}$，见图 4-12。

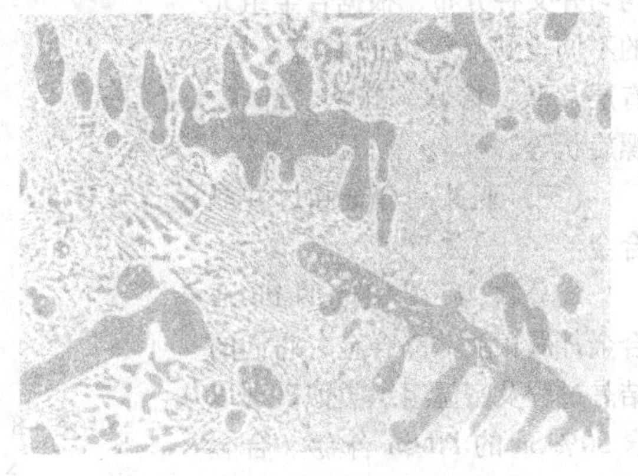

图 4-10　含 w_{Sn}50% 的 Pb-Sn 亚共晶合金的显微组织（75×）

三、相组成物与组织组成物

在分析合金的显微组织时，应注意区别相组成物和组织组成物。组织组成物是指在结晶过程中形成的，有清晰轮廓，在显微镜下能清楚区别开来的组成部分，如共晶及亚、过共晶合金组织中的 $\alpha_{初}$、$\beta_{初}$，$\alpha_{Ⅱ}$，$\beta_{Ⅱ}$，$(\alpha+\beta)_{共}$ 等都是组织组成物。而相组成物是指构成显微组织的基本相，它有确定的成分与结构，但没有形态的概念。如 Pb-Sn 合金的 α 相、β 相即为该合金室温组织中的相组成物。

二元共晶相图既可用相组成物标注（图 4-5），也可用组织组成物来标注（图 4-13），用组织组成物来标注相图虽然较复杂，但与在金相显微镜下观察到的组织相一致。例如初生相 $\alpha_{初}$、$\beta_{初}$ 与次生相 $\alpha_{Ⅱ}$、$\beta_{Ⅱ}$ 的成分和结构分别完全相同，是同一种相，但由于其形貌特征不同，在显微镜下能明显区别，所以它们又分属于不同的组织组成物。

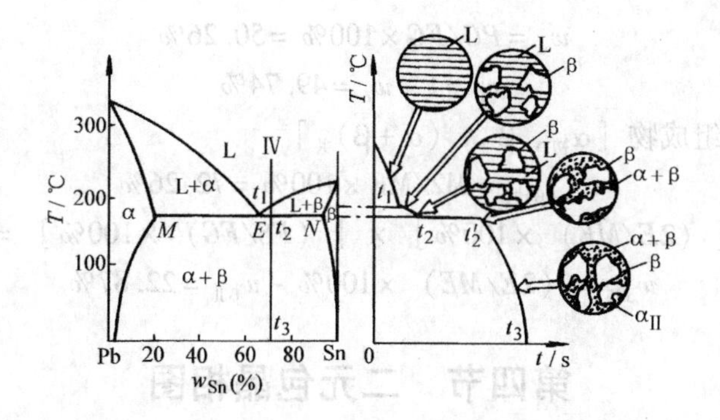

图 4-11 含 w_{Sn}70% 的 Pb-Sn 合金的冷却曲线及结晶过程

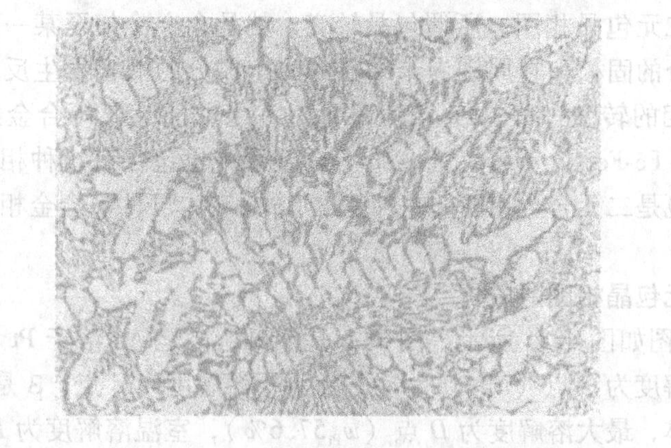

图 4-12 含 w_{Sn}70% 的 Pb-Sn 过共晶合金的显微组织（50×）

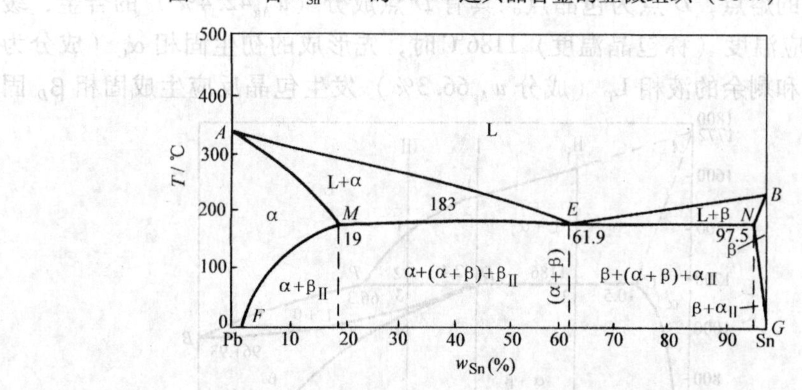

图 4-13 标明组织组成物的 Pb-Sn 合金相图

合金中的相组成物和组织组成物可以根据杠杆定律直接或间接计算出来。例如 w_{Sn}50% 的 Pb-Sn 合金（见图 4-5）的室温相组成物为 α、β，而组织组成物为 $\alpha_{初}+\beta_{\mathrm{II}}+(\alpha+\beta)_{共}$，根据杠杆定律，它们的相对重量分别为：

（1）相组成物（α、β）

$$w_{\alpha} = PG/FG \times 100\% = 50.26\%$$

$$w_{\beta} = 1 - w_{\alpha} = 49.74\%$$

（2）组织组成物［$\alpha_{初}$、$\beta_{Ⅱ}$，$(\alpha+\beta)_{共}$］

$$w_{(\alpha+\beta)共} = \mathrm{M2/ME} \times 100\% = 72.26\%$$

$$w_{\beta Ⅱ} = [(2E/ME) \times 100\%] \times [(FS/FG) \times 100\%] = 4.87\%$$

$$w_{\alpha 初} = (2E/ME) \times 100\% - w_{\beta Ⅱ} = 22.87\%$$

第四节　二元包晶相图

两组元在液态无限互溶，在固态有限互溶，冷却时发生包晶转变的二元合金相图称为二元包晶相图。所谓包晶转变，就是合金冷却至某一温度，已结晶出的一定成分的固相和它周围尚未结晶的一定成分的液相发生反应生成另一种一定成分固相的转变过程。Pt-Ag、Cd-Hg、Ag-Sn、Sn-Sb 等合金系的相图就属于包晶相图，$Fe\text{-}Fe_3C$、Fe-Ni、Cu-Zn 等合金系中也包含有这种相图。因此，二元包晶相图也是二元合金相图的一种基本形式。现以 Pt-Ag 合金相图为例来进行分析。

一、二元包晶相图的分析

Pt-Ag 相图如图 4-14 所示。图中 L 是液相，α 是 Ag 溶于 Pt 中形成的固溶体，最大溶解度为 C 点（w_{Ag}10.5%），室温下溶解度为 E 点；β 是 Pt 溶于 Ag 中形成的固溶体，最大溶解度为 D 点（w_{Pt}57.6%），室温溶解度为 F 点。A、B 分别是 Pt、Ag 的熔点，D 点为包晶点。具有 D 点成分（w_{Ag}42.4%）的合金，缓冷至 D 点对应温度（称包晶温度）1186℃时，先形成的初生固相 α_C（成分为 w_{Ag}10.5%）和剩余的液相 L_P（成分 w_{Ag}66.3%）发生包晶反应生成固相 β_D 固

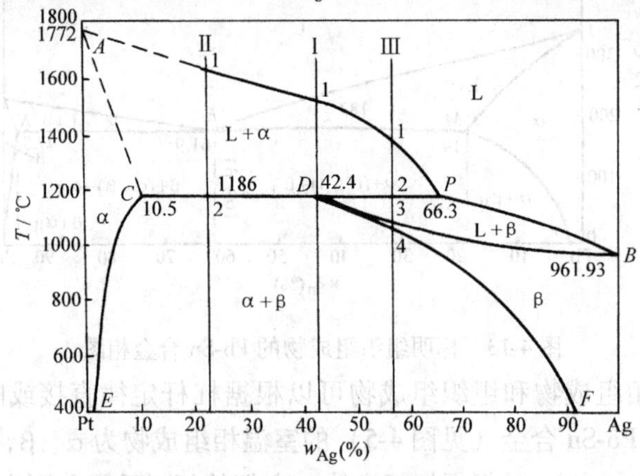

图 4-14　Pt-Ag 合金相图

溶体（成分为 w_{Ag}42.4%），反应式为：$L_P + \alpha_C \xrightarrow{1186℃} \beta_D$。

相图中 *APB* 线为液相线，*ACDB* 线为固相线，*CE* 线是组元 Ag 在 α 固溶体溶解度曲线，*DF* 是组元 Pt 在 β 固溶体中的溶解度曲线，*CDP* 是包晶线，这条线上 L、α、β 三相共存，凡合金线与此线相交的合金都会发生包晶反应。由于包晶线是水平线，故包晶反应是在恒温下进行的。包晶线与共晶线的不同处在于：共晶线为固相线，成分位于共晶线内合金在共晶温度全部结晶完毕，其组织为两固相混和物；而包晶线仅有 *CD* 线为固相线，成分位于 *CD* 线内的合金包晶转变结束后，其组织为两固相混和物（$\alpha_{初} + \beta_{包}$），而成分位于 *DP* 线内的合金包晶转变完毕，还有过剩液相存在，即此时还有固液两相（$L + \beta_{包}$），剩余的液相在随后的冷却过程中结晶为 β 固溶体。

该相图分为三个单相区：L、α、β；三个两相区：L + α、L + β、α + β；还有 L + α + β 三相共存的 *CDP* 包晶转变线。

二、典型合金的平衡结晶过程

相图中，成分在 *C* 点以左及 *P* 点以右的合金都属于边际（端部）固溶体合金，其结晶过程与共晶相图的边际（端部）固溶体合金结晶一样，不再赘述，这里重点分析具有包晶转变的合金结晶特点。

（一）包晶合金

含 w_{Ag}42.4% 的 Pt-Ag 合金（合金Ⅰ）属于包晶合金，由图 4-14 可以看出，当合金Ⅰ自液态缓慢冷却到与液相线相交的 1 点温度时，开始从液相中结晶出 α 相，在继续冷却的过程中，α 相数量不断增多，液相的数量不断减少，它们的成分分别沿固相线 *AC* 和液相线 *AP* 线变化。

当温度降低到包晶温度 t_D（1186℃）时，合金中 α 相的成分达到 *C* 点，液相的成分达到 *P* 点，两相的相对重量根据杠杆定律计算为：$w_\alpha = DP/CP \times 100\% = 42.83\%$，$w_L = 1 - w_\alpha = 57.17\%$。此时液相 L 和固相 α 发生包晶转变：$L_P + \alpha_C \xrightarrow{1186℃} \beta_D$，转变完毕，液相 L 和固相 α 刚好同时消耗完，生成具有 *D* 点成分的 β 固溶体。

合金继续在 t_D 以下温度冷却时，由于 Pt 在 β 固溶体中的溶解度随温度的下降而沿 *DF* 线不断降低，故而 β 固溶体中不断析出次生相 $\alpha_{Ⅱ}$，合金室温组织为 $\beta + \alpha_{Ⅱ}$，其平衡结晶过程示意图如图 4-15 所示。

进行包晶转变时，新相 β_D 是依附于旧相 α 的表面形核并逐渐长大的，如图 4-16 所示。随着 β_D 的形成和逐渐长大，一旦 β_D 包围了 α_C，则两个反应相 L_P 和 α_C 的接触将被隔离，在这种情况下，要使包晶转变得以继续进行，α_C 相中的 Pt 原子需通过 β_D 相向液相中扩散，而液相 L_P 中的 Ag 原子需通过 β_D 相向 α_C 中扩散，这样新相 β_D 才能向两边（旧相 α_C 和液相 L_P）逐渐长大。原子在固相中

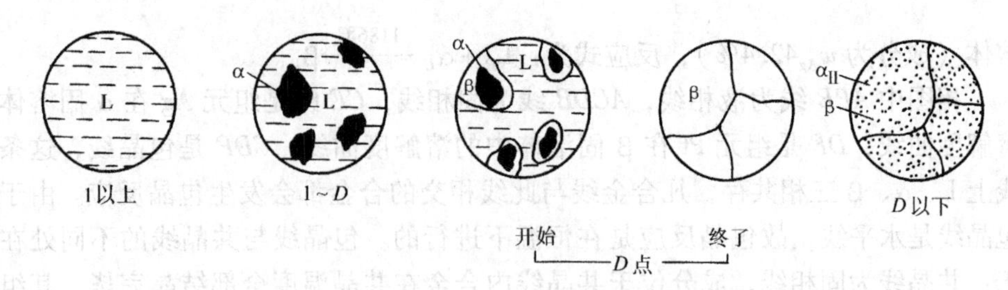

图4-15　合金Ⅰ的平衡结晶过程示意图

的扩散一般都很慢，尤其随着 β_D 相越来越厚，原子需要扩散的距离也越来越远，包晶转变将越加困难。因此，包晶转变过程非常缓慢，需要很长的时间，才能把液相和固相完全消耗完。

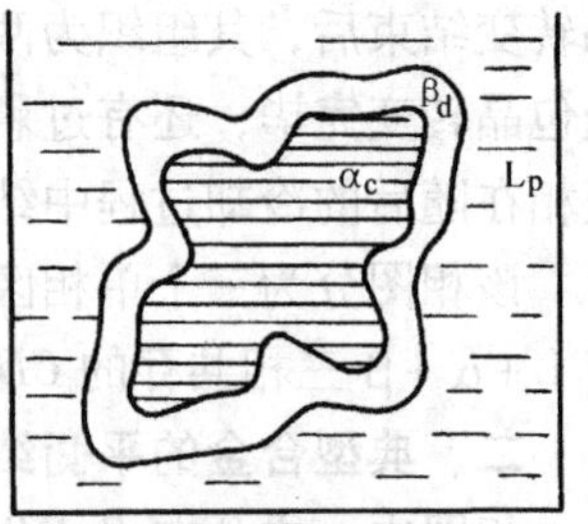

图4-16　包晶转变示意图

（二）其它包晶合金的平衡结晶

包晶线上的合金除 *D* 点成分，其它成分合金的平衡结晶过程与包晶合金的平衡结晶过程相类似，所不同之处在于：成分位于 *CD* 段内的合金（如合金Ⅱ），包晶转变完毕后，尚有固相 α_C 剩余，随后冷却过程中 α_C 和包晶反应形成的新相 β_D 都发生二次结晶分别析出次生相 $\beta_{\text{Ⅱ}}$ 和 $\alpha_{\text{Ⅱ}}$，所以其室温组织为 $\alpha+\beta+\beta_{\text{Ⅱ}}+\alpha_{\text{Ⅱ}}$（见图4-17）；成分位于 *DP* 段的合金（如合金Ⅲ），包晶转变完毕后，尚有液相 L_P 剩余，随后的冷却过程中，液相 L_P 进行匀晶转变形成 β 相，随后 β 相还会发生二次结晶析出 $\alpha_{\text{Ⅱ}}$ 次生相，所以室温组织为 $\beta+\alpha_{\text{Ⅱ}}$（见图4-18）。

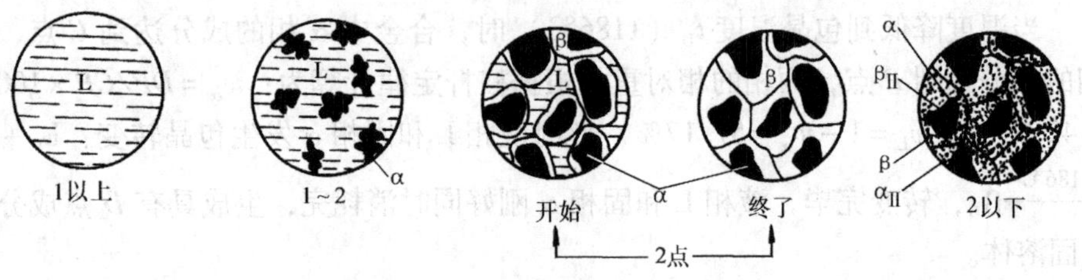

图4-17　合金Ⅱ的平衡结晶过程示意图

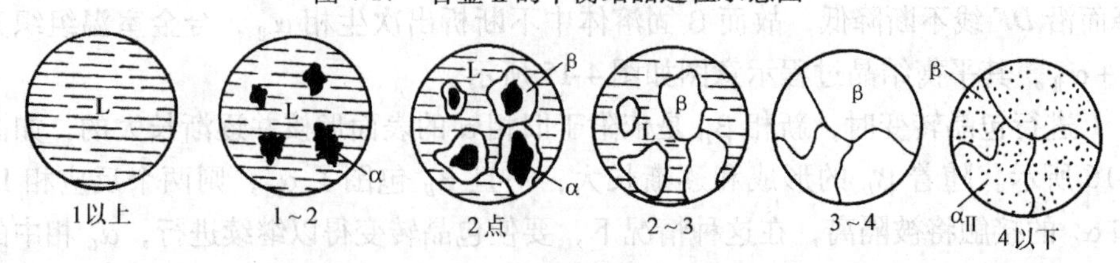

图4-18　合金Ⅲ的平衡结晶过程示意图

三、包晶偏析

如前所述，包晶转变时，一旦新相将旧的固相包围，转变就受控于原子在新相中的扩散，而固相中原子扩散要比液相中更加困难，所以包晶转变速度非常缓慢。合金在实际冷却过程中冷却速度较快，这就使得上述扩散过程不能够充分进行，使本应完全消失的初生 α 相部分地被保留下来，剩余的液相则在随后的冷却过程中发生匀晶转变结晶出 β 相，最终形成的 β 相的成分极不均匀。这种由于包晶转变不能充分进行而产生的化学成分不均匀现象称为包晶偏析。包晶偏析在一些包晶转变温度较低的合金中最易出现，而在转变温度很高时（如 $Fe\text{-}Fe_3C$ 合金中的包晶转变），由于原子扩散较快，包晶转变则有可能充分进行。当金属结晶后出现包晶偏析时，可通过长时间的扩散退火来减少或消除。

第五节　其它常用的二元合金相图类型

一、二元共析相图

有些二元合金结晶后继续冷却时，会发生共析转变。所谓共析转变就是在一定温度下一定成分的固相会同时转变为两种成分和晶体结构完全不同的新固相的转变过程。在相图上，这种转变与共晶转变类似，都是由一个相同时形成两个相的三相恒温转变，所不同的只是共析转变的母相是固相，而不是液相。最常见的共析转变是 $Fe\text{-}Fe_3C$ 合金相图（参见图 5-2）中的共析转变，该相图中的 *PSK* 线即为共析线，*S* 点为共析点，对应共析温度为 727℃，成分为 *S* 点的固相 γ 固溶体（奥氏体）于 727℃ 分解为 *P* 点成分的 α 固溶体（铁素体）和 Fe_3C，形成两相混合的共析组织（称珠光体），其反应式为：$\gamma_S \xrightarrow{727℃} (\alpha_P + Fe_3C)$。由于共析反应是在固态合金中进行，转变温度也较低，原子扩散非常困难，容易产生较大的过冷，所以共析组织要比共晶体细密均匀的多。共析转变对合金的热处理有重大意义，钢铁和钛合金的热处理就与共析转变密切相关。

二、具有稳定金属间化合物的二元相图

所谓稳定化合物是指熔化前既不分解，也不发生任何化学反应的化合物。如 Mg-Si 二元合金相图中（图 4-19），当硅含量为 36. 6% 时，Mg 与 Si 形成稳定的化合物 Mg_2Si，它具有固定的熔点（1087℃），熔点以下能保持其固有的结构。这类相图的主要特点是有一条代表稳定化合物的垂直线，如 Mg-Si 二元合金相图中的 Mg_2Si 线，通常可以把 Mg_2Si 看作一个独立的组元，把 Mg-Si 相图分成两个独立的部分，即 $Mg\text{-}Mg_2Si$ 和 $Mg_2Si\text{-}Si$ 两个共晶相图，从而可以分别对它们进行分析研究，使问题大大简化。形成稳定化合物的合金系很多，除了 Mg-Si 外，还有 Mg-Cu、Cu-Ti、Fe-B、Fe-P、Mg-Sn 等，对这些合金相图同样可采用这种分析方法。

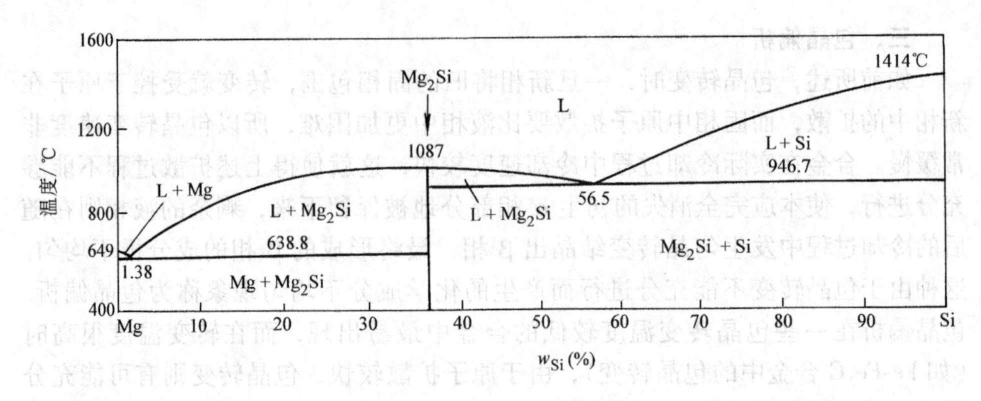

图 4-19　Mg-Si 合金相图

第六节　二元合金相图与合金性能间的关系

合金的性能在很大程度上取决于组元的特性及其成分和组织，而合金相图是表示平衡条件下合金的成分、温度与组成相或组织状态关系的图解，因此，合金相图与合金性能之间必然存在一定的关系，可以借助于相图所反映出的上述关系和参量来预测合金的使用性能（如力学和物理性能等）和工艺性能（如铸造性能、压力加工性能，热处理性能等），从而为科研或实际生产提供参考。

一、合金的使用性能与相图的关系

由相图可大致推断合金在平衡状态下的力学性能和物理性能。图 4-20 反映了几种基本类型的二元合金相图与使用性能之间的关系。当合金形成单相固溶体时，合金的性能与组元及溶质元素的溶入量有关。对于一定的溶质和溶剂，溶质的溶入量越多，则合金的强度、硬度提高越多（即产生固溶强化），同时电阻增大，电导率越低。

当合金通过包晶、共晶或共析转变形成两相混和物，特别是两相机械混和物时，合金的性能往往是两组成相性能的平均值，即性能与成分呈线性关系。这种情况下，各相的分散度对于对组织敏感的性能有较大的影响。例如共晶成分及接近共晶成分的合金，通常组成相细小分散均匀混合，则其强度、硬度可提高，如图 4-20 中虚线所示。

在有稳定化合物（中间相）的相图中，合金的性能在成分线上会出现奇异点。

由合金中的固溶体析出的次生相，一般都能提高合金的强度和硬度，使合金强化，但它们若呈针状或带尖角的块状、或沿晶界以连续或断续的网状析出，将使合金的塑韧性及综合力学性能降低。由过饱和固溶体析出弥散的强化相来强化合金的方法叫弥散强化（或沉淀强化、时效强化）。显然，弥散强化的效果

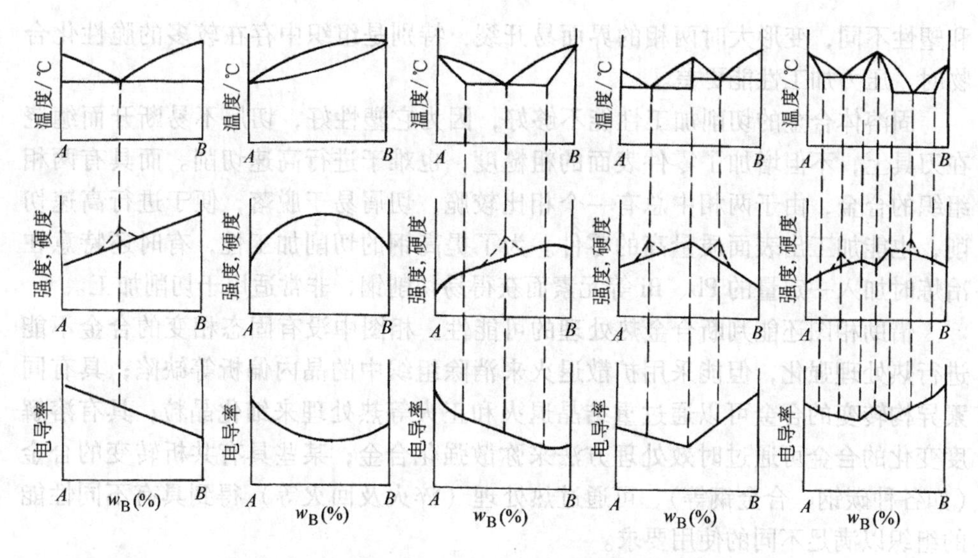

图 4-20　相图与合金硬度、强度及电导率之间的关系

与次生相的弥散度有关，弥散度愈高，强化效果越好。工业生产中常采用不同方法来获得弥散分布的次生相。如用热处理得到过饱和固溶体，在随后的加热过程中，使强化相弥散析出；或是向合金中加入（如由粉末冶金方法加入等）强化相质点。

二、合金的工艺性能与相图的关系

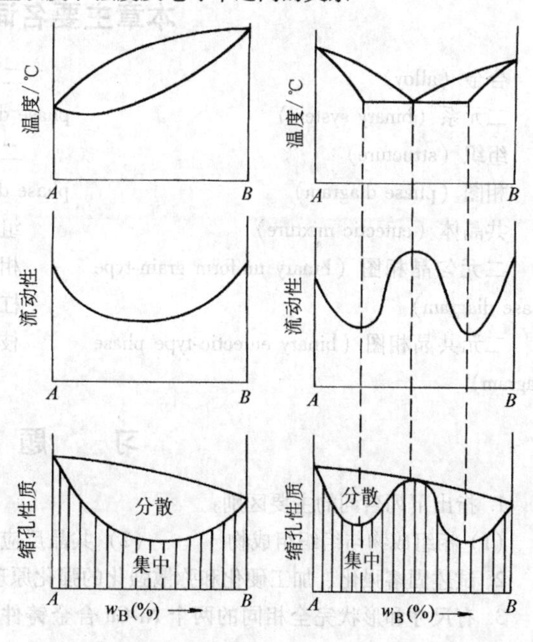

图 4-21　合金的流动性、缩孔性质与相图之间的关系

图 4-21 表示合金的铸造性能与相图的关系。合金的铸造性能表现为流动性（即液体充填铸型的能力）、缩孔及热裂倾向等，这些性能主要取决于相图中的液相线与固相线之间的水平与垂直距离，即结晶的成分间隔与温度间隔，间隔越大，合金的铸造性能越差。

压力加工（如锻造等）性能好的合金通常是单相固溶体，因为它强度较低，塑性好，变形均匀且不易开裂。而由两相混和物组成的合金，由于两相的强度和塑性不同，变形大时两相的界面易开裂，特别是组织中存在较多的脆性化合物时，压力加工性能更差。

固溶体合金的切削加工性能不够好，因为它塑性好，切屑不易断开而缠绕在刀具上，不但增加了零件表面的粗糙度，也难于进行高速切削。而具有两相组织的合金，由于两相中总有一个相比较脆，切屑易于脱落，便于进行高速切削，也能加工出表面质量高的零件。为了提高钢的切削加工性，有时还特意在冶炼时加入一定量的 Pb、Bi 等元素而获得易切削钢，非常适用于切削加工。

借助相图还能判断合金热处理的可能性。相图中没有固态相变的合金不能进行热处理强化，但能采用扩散退火来消除组织中的晶内偏析等缺陷；具有同素异构转变的合金可以通过重结晶退火和正火等热处理来细化晶粒；具有溶解度变化的合金可通过时效处理方法来弥散强化合金；某些具有共析转变的合金（如各种碳钢、合金钢等），可通过热处理（淬火及回火等）得到具有不同性能的组织以满足不同的使用要求。

本章主要名词

合金（alloy）

二元系（binary system）

组织（structure）

相图（phase diagram）

共晶体（eutectic mixture）

二元匀晶相图（binary uniform grain-type phase diagram）

二元共晶相图（binary eutectic-type phase diagram）

二元包晶相图（binary peritectic type phase diagram）

二元共析相图（binary eutectoid-type phase diagram）

组元（constituent）

相（phase）

杠杆定律（lever rule）

枝晶偏析（dendrite segregation）

习　题

1. 指出下列名词的主要区别：

(1) 相组成物与组织组成物　　(2) 共晶反应与共析反应

2. 试述固溶强化、加工硬化和弥散强化的强化原理，并说明三者的区别。

3. 有尺寸和形状完全相同的两个 Ni-Cu 合金铸件，一个含 $w_{Ni}10\%$，另一个含 $w_{Ni}50\%$，铸后缓冷，问固态铸件中哪个偏析严重，为什么？怎样消除偏析？

4. 共晶点与共晶线有何关系？共晶组织一般是什么形态，如何形成？

5. 为什么铸造合金常选用具有共晶成分或接近共晶成分的合金？用于压力加工的合金选用何种成分的合金为好？

6. 在 Pb-Sn 相图中（见图 4-5），指出合金组织中：①含 β_{II} 最多和最少的成分；②共晶体最多和最少的成分；③最容易和最不容易偏析的成分。

7. 利用 Pb-Sn 相图（见图 4-5），分析含 $w_{Sn}30\%$ 的合金在下列各温度时组织中有哪些相和组织组成物，并求出相和组织组成物的相对含量。

①高于300℃；②刚冷到183℃，共晶转变尚未开始；③在183℃，共晶转变完毕；④冷至室温。

8. 已知A组元的熔点为1000℃，B组元的熔点为700℃，$w_B=25\%$的合金在500℃结晶完毕，并由73.33%的先共晶相α相与26.67%的（α+β）共晶体所组成；$w_B=50\%$的合金也在500℃结晶完毕，但它是由40%的先共晶相α相与60%的（α+β）共晶体组成，而此时合金中的α相总量为50%。试根据上述条件作出A-B合金概略的二元共晶相图。

第五章　铁碳合金

现代机械制造工业中应用最为广泛的是金属材料，尤其是钢铁材料。工业生产中的普通碳钢和铸铁属于铁碳合金，合金钢和合金铸铁是加入合金元素的铁碳合金，因此，铁和碳是钢铁材料两个最基本的组元。为了熟悉并合理利用钢铁材料，必须首先了解铁及其与碳的相互作用，认识铁碳合金的本质及铁碳合金的成分、组织结构与性能之间的关系。

第一节　铁碳合金基本组元、组织及其性能

一、铁碳合金基本组元

(1) 纯铁　铁属过渡族元素，在常压下的熔点为1538℃，在20℃时的密度是7.87g/cm^3。固态铁的一个重要特性是具有同素异构转变，即在不同温度范围具有不同的晶体结构。图5-1为固态下铁的冷却曲线和同素异构转变：

$$\delta-\mathrm{Fe} \xrightleftharpoons{1394℃} \gamma\text{-Fe} \xrightleftharpoons{912℃} \alpha\text{-Fe}$$

（体心立方）　（面心立方）　（体心立方）

铁的这一特性是钢铁材料通过热处理获得多种组织结构与性能的理论依据。

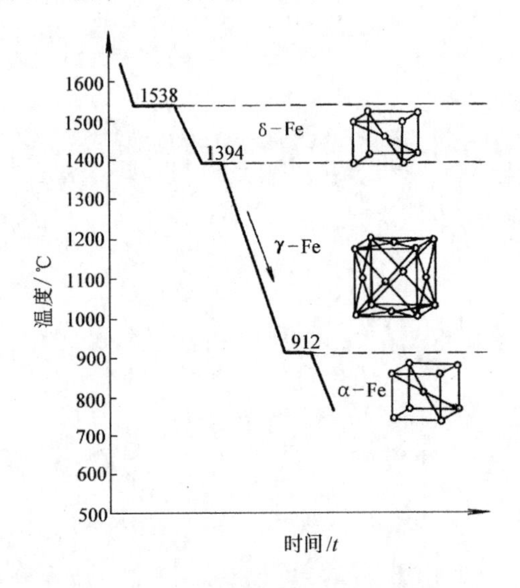

图5-1　纯铁的冷却曲线及晶体结构变化

α-Fe在常温下是铁磁性物质，770℃发生磁性转变，超过770℃铁磁性消失。磁性转变是无晶格类型的变化，属于一种特殊的固态相变。

真正的纯铁几乎是不存在的，其中总含有杂质。工业上应用的纯铁通常含有小于0.0218%的碳及其它杂质，称为工业纯铁，显微组织如图1-23所示。工业纯铁的力学性能与其晶粒大小有密切关系，在其它条件不变时晶粒越细，强度越高。工业纯铁的力学性能大致为：$R_{eH}=100\sim170\mathrm{MPa}$；$R_m=180\sim230\mathrm{MPa}$；硬度约为50～

80HBW；$A=30\%\sim50\%$；$Z=70\%\sim80\%$；$KV_2=128\sim160$J。

工业纯铁虽然塑性较好，但强度低，很少用于制造机械零件，工业上应用的都是铁的合金，其中应用最广泛的是铁碳合金。

（2）渗碳体　渗碳体是铁与碳形成的间隙化合物，属于正交晶系，其碳含量为 w_C6.69%，其晶胞内铁原子数与碳原子数之比为3∶1，故通常以 Fe_3C 表示。

渗碳体的硬度很高（≈800HBW），可以轻易地刻划玻璃；但强度很低（R_m≈40MPa），塑性、韧性很差（$A\approx0$，$Z\approx0$，$\alpha_K\approx0$）。但在特殊条件下，例如当它被塑性良好的基体包围时，在三向压应力作用下，仍可表现出一定的塑性。渗碳体在低温时略有铁磁性，在230℃以上消失。根据理论计算结果，渗碳体的熔点为1227℃。

渗碳体是介稳定化合物，当条件适当时，它将按下式分解：$Fe_3C\rightarrow3Fe+C$，这种分解出来的单质状态的碳称为石墨碳。

（3）石墨　碳在固态下有晶态、非晶态两种存在形式，晶态又以石墨、金刚石两种存在形式为主。在铁碳合金中以石墨形态存在。石墨具有成层状的六方晶格，六方层中的点阵常数为0.142nm，而层间距为0.340nm。碳原子在六方层中彼此间以很强的共价键结合在一起，层与层之间结合较弱，因此石墨很容易沿六方层发生滑移。石墨的硬度很低，只有3～5HBW，而塑性几乎为零。

二、铁碳合金中的基本组织及其性能

（1）铁素体　碳溶于体心立方晶格的α-Fe所形成的间隙固溶体称为α相。α相具有体心立方晶格结构，这种晶格的间隙分布较分散，因而间隙尺寸很小，溶碳能力较差，室温溶解度仅0.0008%，在727℃时，碳在α-Fe中的溶解度最大，但也仅0.0218%。铁素体是由α相构成，常用F表示。它的塑性好，强度和硬度较低。工业纯铁中实际上含有微量的碳（<0.0218%），因此室温组织有极其微量的 Fe_3C，可忽略不计，可视其组织为≈100%铁素体。

（2）奥氏体　碳溶于面心立方晶格的γ-Fe所形成的间隙固溶体称为γ相。γ相具有面心立方晶格结构，其致密度较大（为0.74），间隙的总体积虽较铁素体少，但分布相对集中，具有尺寸较大的间隙，故碳在γ-Fe中的溶解度较大，最大溶解度为2.11%（1148℃）。奥氏体是由γ相构成，常用A表示。奥氏体的强度、硬度不高，但塑性很好，因此，钢材的热压力加工一般都是加热到奥氏体状态进行。

（3）高温铁素体　碳溶于体心立方晶格的δ-Fe所形成的间隙固溶体称为δ相。δ相具有体心立方结构，高温铁素体是由δ相构成，常用δ表示。高温铁素体与铁素体的本质相同，两者的区别仅在于高温铁素体存在的温度范围较铁素体为高。

(4) 渗碳体　当铁碳合金的碳含量超过碳在铁中的溶解度时，多余的碳在 $Fe\text{-}Fe_3C$ 二元合金系中以 Fe_3C 形式存在。因此它既是铁碳合金中的组元，又是基本相及基本组织。

(5) 珠光体　珠光体为α相和渗碳体的机械混合物，用P表示。在金相显微镜下，当放大倍数较高时，能清楚地看到珠光体中渗碳体呈片状分布于铁素体基体上，在低倍下，珠光体呈现层片状特征。

铁素体、渗碳体和珠光体都是铁碳合金室温平衡组织中基本组成物，表5-1列出了它们的力学性能，可以看出，铁素体的塑性和韧性最好，硬度最低；珠光体的强度最高，塑性、韧性和硬度介于渗碳体和铁素体之间，综合力学性能最好。

表5-1　铁碳合金室温平衡组织中基本组成物的力学性能

名称	符号	结构特征	R_m/MPa	HBW	A（%）	KV_2/J
铁素体	F	碳在 α-Fe 中的固溶体（体心立方晶格）	230	80	50	160
渗碳体	Fe_3C	铁和碳的化合物（复杂晶格）	30	800	≈0	≈0
珠光体	P	铁素体和渗碳体两相机械混合物	750	180	20~50	24~32

第二节　$Fe\text{-}Fe_3C$ 相图分析

铁碳合金相图是表示平衡条件下铁碳合金的成分、温度和状态之间关系及其变化规律的图解。利用它不仅可以了解不同成分铁碳合金的组织状态和性能，而且还是人们制定铁碳合金热加工工艺的主要依据。

铁与碳可形成 Fe_3C、Fe_2C、FeC 等一系列化合物。虽然从理论上可以把整个铁碳合金相图分成 $Fe\text{-}Fe_3C$、$Fe_3C\text{-}Fe_2C$、$Fe_2C\text{-}FeC$ 等若干部分逐段加以研究，但具有使用价值的只有 $Fe\text{-}Fe_3C$ 这一部分。本节讨论的铁碳合金相图实际上就是 $Fe\text{-}Fe_3C$ 相图，如图5-2所示。

一、相图中的点、线、区

相图中各主要点的含义、温度及碳含量见表5-2所示。

相图中主要的线及其含义如下：

ABCD 线为液相线，是铁碳合金开始结晶或完全熔化温度的连线，此线以上为液相。*AHJECF* 线为固相线，是铁碳合金开始熔化或完全结晶温度的连线。此线以下为固相。

三条水平线（*HJB*、*ECF*、*PSK*）为三条恒温转变线，它们是构成 $Fe\text{-}Fe_3C$ 相图的三个重要组成部分。

1) *HJB* 线是包晶线，所对应的温度为1495℃，凡碳含量在此线范围即

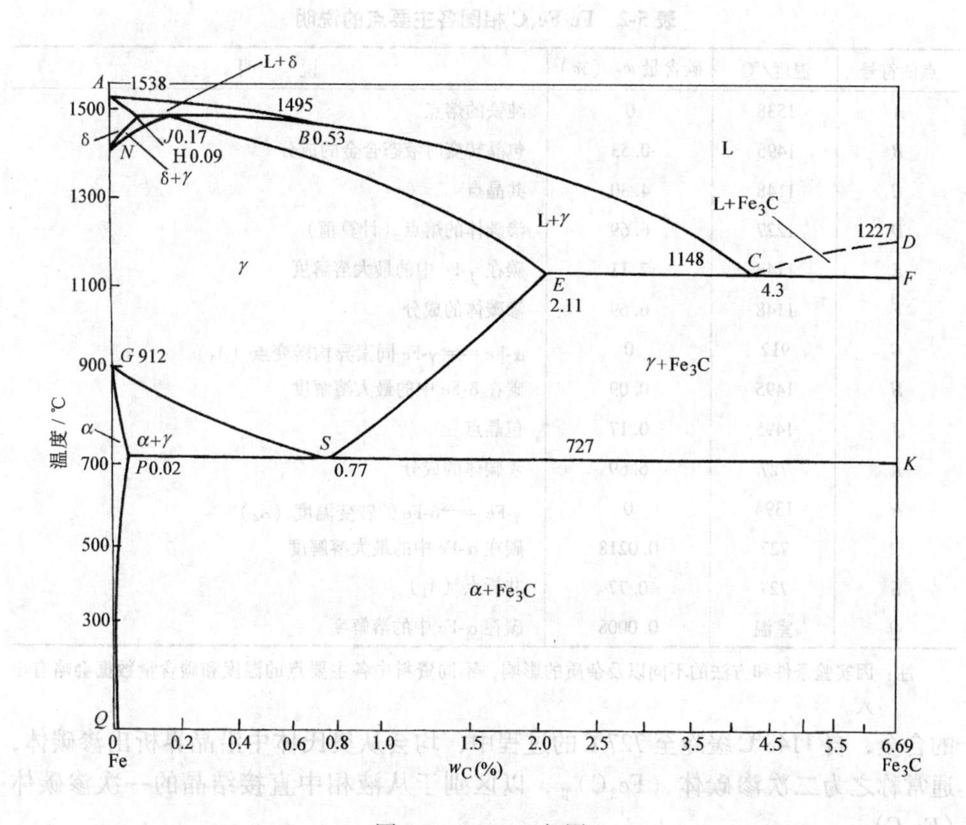

图 5-2 Fe-Fe$_3$C 相图

w_C0.09% ~0.53%之间的铁碳合金，缓冷到 1495℃时均会发生包晶转变，$L_B + \delta_H \xrightleftharpoons{1495℃} \gamma_J$，包晶转变的产物是 γ 相。

2）*ECF* 线是共晶线，所对应的温度为 1148℃，凡碳含量在此线范围即 w_C2.11% ~6.69%之间的铁碳合金，缓冷到 1148℃时均会发生共晶转变，$L_C \xrightleftharpoons{1148℃} (\gamma_E + Fe_3C)$。共晶转变的产物是 γ 相与渗碳体组成的共晶体，称为莱氏体，常用 L_d 表示；冷却至室温时成为变态莱氏体，用 L'_d表示。

3）*PSK* 线是共析线，所对应的温度为 727℃。所有碳含量超过 w_C0.0218% 的铁碳合金，缓冷到727℃时均会发生共析转变 $\gamma_S \xrightleftharpoons{727℃} (\alpha_p + Fe_3C)$。共析转变的产物是由 α 相与渗碳体组成的共析体，称为珠光体，常以 P 表示。

以上三条水平线均处于三相平衡状态，反应过程均为恒温转变过程。

在 Fe-Fe$_3$C 相图中还有以下三条比较重要的特性线：

1）*ES* 线——碳在 γ 相中的溶解度曲线。碳在 γ 相中的最大溶解度是 E（1148℃，w_C2.11%）；在727℃的S点为w_C0.77%。所以凡是碳含量大于w_C0.77%

表 5-2　Fe-Fe_3C 相图各主要点的说明

点的符号	温度/℃	碳含量 w_C（%）	说　明
A	1538	0	纯铁的熔点
B	1495	0.53	包晶转变时液态合金的成分
C	1148	4.30	共晶点
D	1227	6.69	渗碳体的熔点（计算值）
E	1148	2.11	碳在 γ-Fe 中的最大溶解度
F	1148	6.69	渗碳体的成分
G	912	0	α-Fe $\rightleftharpoons$ γ-Fe 同素异构转变点（A_3）
H	1495	0.09	碳在 δ-Fe 中的最大溶解度
J	1495	0.17	包晶点
K	727	6.69	渗碳体的成分
N	1394	0	γ-Fe $\rightleftharpoons$ δ-Fe 的转变温度（A_4）
P	727	0.0218	碳在 α-Fe 中的最大溶解度
S	727	0.77	共析点（A_1）
Q	室温	0.0008	碳在 α-Fe 中的溶解度

注：因实验条件和方法的不同以及杂质的影响，不同资料中各主要点的温度和碳含量数据会略有出入。

的合金，自1148℃缓冷至727℃的过程中，均会从奥氏体中沿晶界析出渗碳体，通常称之为二次渗碳体（Fe_3C）$_{\text{II}}$，以区别于从液相中直接结晶的一次渗碳体（Fe_3C）$_{\text{I}}$。

2）*PQ* 线——碳在 α 相中的溶解度曲线。碳在 α 相中的最大溶解度是在 P（727℃，w_C0.0218%），而室温溶解度几乎趋于零，故一般铁碳合金，从727℃缓冷至室温过程中，均会从铁素体中析出渗碳体，通常称之为三次渗碳体（Fe_3C）$_{\text{III}}$。铁碳合金中的（Fe_3C）$_{\text{III}}$数量极少，除了工业纯铁及低碳钢外，常予以忽略。

3）*GS* 线——γ 相与 α 相之间的转变曲线，它是在冷却过程中 γ 相转变为 α 相的开始线，或者是在加热过程中 α 相向 γ 相转变的终了线。

（Fe_3C）$_{\text{I}}$、（Fe_3C）$_{\text{II}}$、（Fe_3C）$_{\text{III}}$的来源、形态和分布虽有所不同，但三者没有本质区别，其碳含量、晶体结构和性质均相同。

相图中 *AHN* 线和 *GPQ* 线的左方分别为 δ 和 α 相区；*NJESG* 包围的区域为 γ 相区；*ABCD* 线以上的区域为液相（单相）区域。两个单相区之间的区域为两相区，该两相区是由相邻的两个单相所组成。在 Fe-Fe_3C 相图中三相区为一水平线，在水平线上将发生恒温平衡转变。该三相区的相组成是由参与三相平衡反应的三个单相所组成。

图 5-3 为用组织组成物标注的 Fe-Fe_3C 相图。

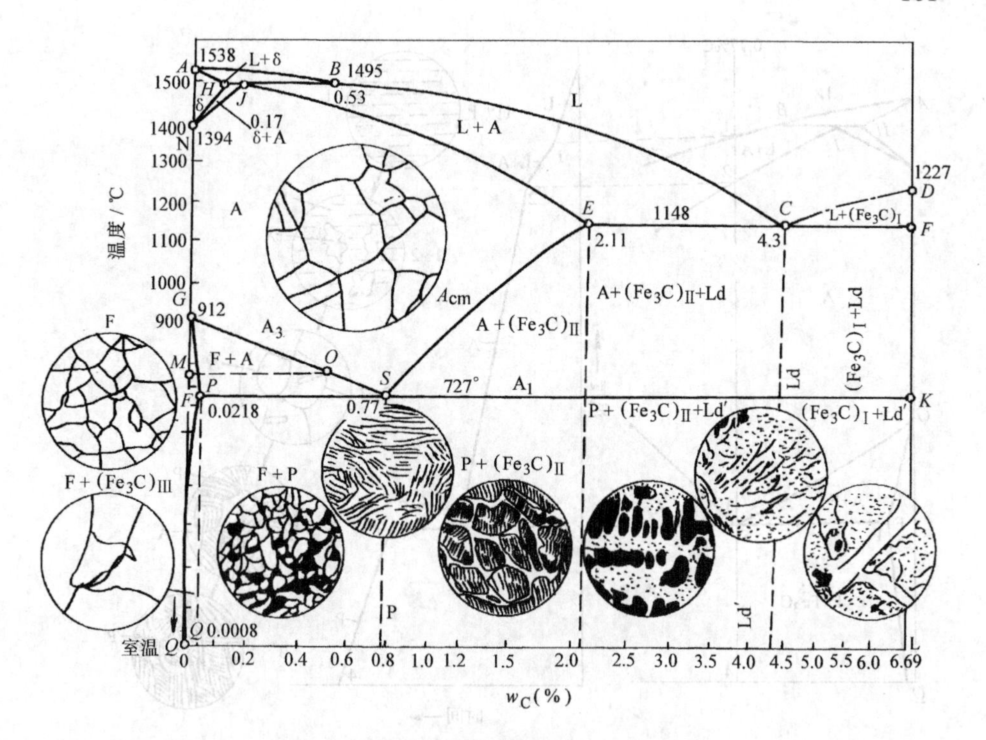

图 5-3　以组织组成物表示的 $Fe-Fe_3C$ 相图

二、典型合金的平衡结晶过程及室温平衡组织

铁碳合金通常可按其碳含量和在相图上的位置分为如下三类：

1）工业纯铁——w_C < 0.0218%。

2）碳钢——w_C0.0218% ~ 2.11%。碳钢又可分为三类：亚共析钢——w_C0.0218% ~0.77%，共析钢——w_C0.77%，过共析钢——w_C0.77% ~2.11%。

3）白口铸铁——w_C2.11% ~6.69%。白口铸铁（简称白口铁）又可分为三类：亚共晶白口铁——w_C2.11% ~ 4.3%，共晶白口铁——w_C4.3%，过共晶白口铁——w_C4.3% ~ 6.69%。

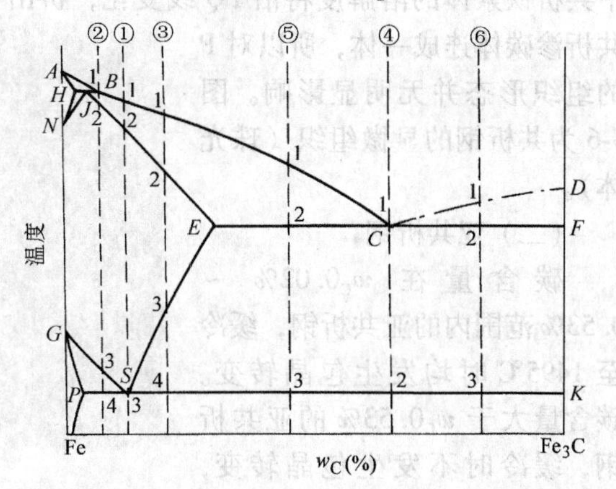

图 5-4　六种典型铁碳合金在相图上的位置

下面以图 5-4 中的典型合金为例讨论其平衡结晶过程。

（一）共析钢

共析钢（合金①w_C0.77%）的平衡结晶过程如图 5-5 所示。

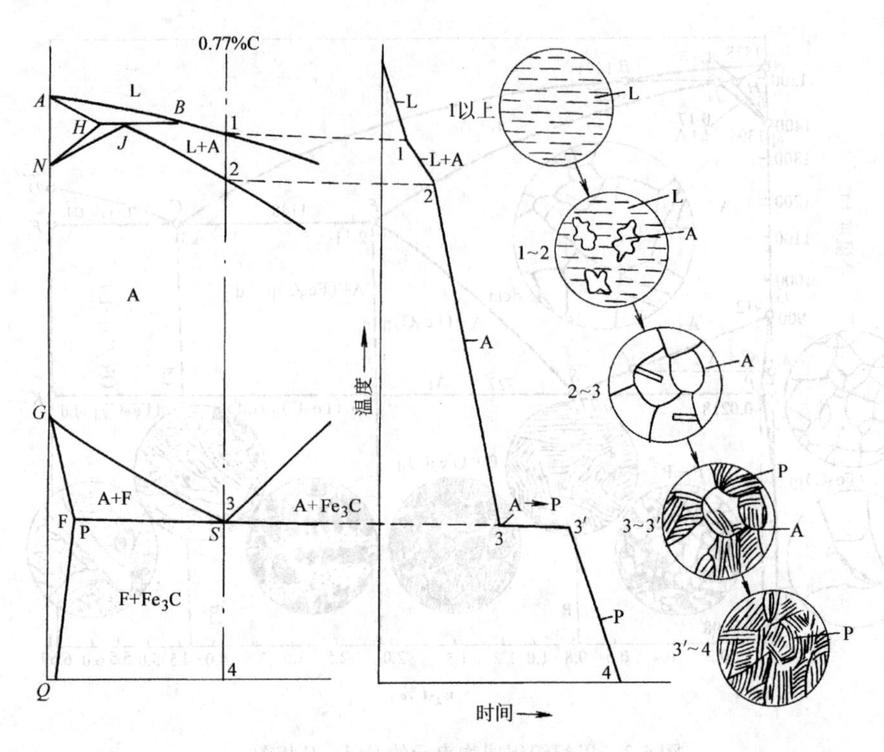

图 5-5　共析钢的结晶过程示意图

点 1 以上为液相（L）。点 1 ~ 2 温度区间进行匀晶转变，从 L 中不断结晶出奥氏体(A)，至点 2，L 全部结晶为碳含量 w_C0.77% 的 A。点 2 ~ 3 的缓慢降温过程中 A 不发生变化。当缓冷至点 3(727℃)时，共析成分的 A(w_C0.77%)发生共析转变形成珠光体(P)(如图 5-5 中的 3-3′)。点 3 ~ 4（室温）的降温过程中，珠光体中共析铁素体的溶解度将沿 PQ 线变化，析出（Fe_3C）$_Ⅲ$，但因数量极少，且与共析渗碳体连成一体，所以对 P 的组织形态并无明显影响。图 5-6 为共析钢的显微组织（珠光体）。

图 5-6　共析钢的（室温平衡状态）的显微组织（500×）

（二）亚共析钢

碳含量在 w_C0.02% ~ 0.53% 范围内的亚共析钢，缓冷至 1495℃ 时均发生包晶转变。碳含量大于 w_C0.53% 的亚共析钢，缓冷时不发生包晶转变，而是直接从 L 中结晶出 A。合金②（w_C0.4%）的结晶过程如图

5-7所示。合金在1~2之间按匀晶转变析出δ固溶体。缓冷至2时（1495℃），δ固溶体的碳含量为w_C0.09%，L的碳含量为w_C0.53%，此时发生包晶转变$L_{0.53}+\delta_{0.09} \rightleftharpoons A_{0.17}$。由于合金的$w_C$（0.4%）大于0.17%，所以包晶转变终了后，还有剩余的液相存在。点2~3之间，液相不断结晶出奥氏体（A）。冷至点3温度时，合金全部为奥氏体。当奥氏体缓冷至GS线时，开始发生A→F转变，同时引起尚未转变的A中碳浓度增加。点4~5的降温过程中，A逐渐减少且其碳含量沿*GS*线增加而趋近于*S*点，F的逐渐增多且其碳量沿*GP*线增加而趋近于*P*点。当缓冷至点*S*（727℃）时，剩余的A的成分达到*S*点，发生共析转变形成珠光体（如图5-7中的5-5′）。缓冷至室温其平衡组织为先共析铁素体和珠光体（F+P）[（Fe_3C）$_{Ⅲ}$忽略不计]。所有亚共析钢室温下的平衡组织都是F+P，但F、P的相对量不同，随着碳含量的增加，P的相对量增加，F的相对量减少，且F的形态也有变化。

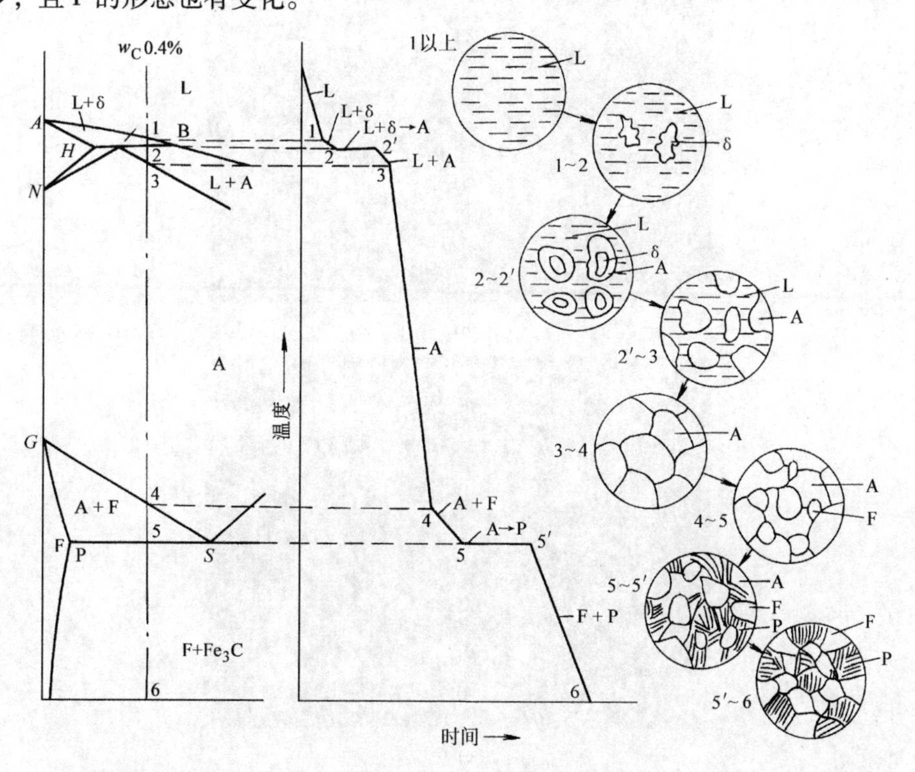

图5-7 亚共析钢的结晶过程示意图

图5-8为w_C0.15%、w_C0.45%、w_C0.65%的亚共析钢经4%硝酸酒精溶液腐蚀后的显微组织，图中白色部分为F，黑色部分为P。因放大倍数较低，珠光体中层片无法分辨，但可以看出碳含量越高，P所占的面积越大，F的面积越小，且由块状变为断续网状甚至网状。

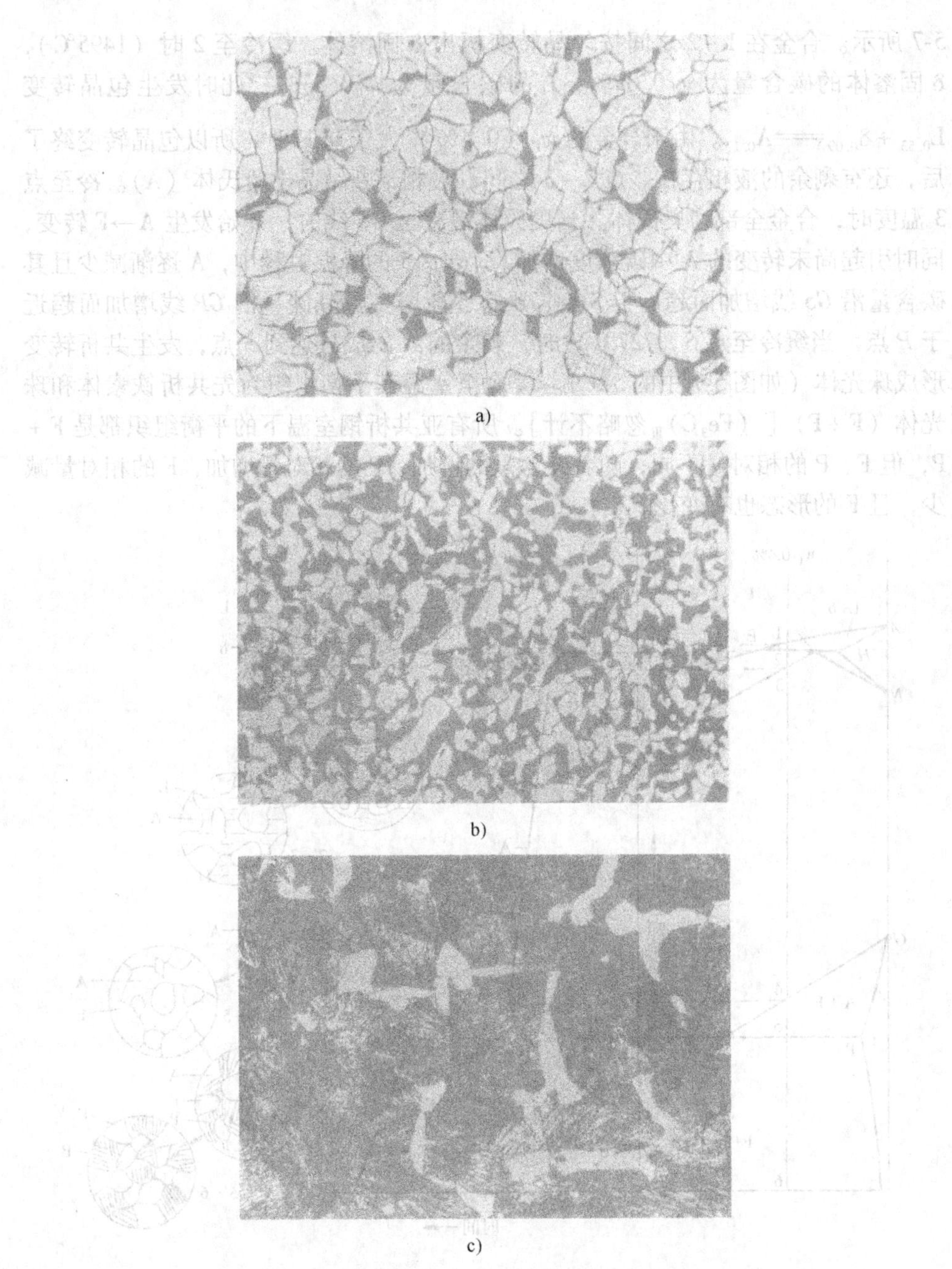

图 5-8　亚共析钢的（室温平衡状态）的显微组织

a）w_C0.15%（150×）　b）w_C0.45%（200×）　c）w_C0.65%（500×）

（三）过共析钢

合金③（w_C1.2%）的结晶过程如图 5-9 所示。点 3 温度以上的结晶过程与共析钢相似。当奥氏体缓冷至*ES*线（点3温度）时，开始从A中沿着晶界析出$(Fe_3C)_{II}$，同时引起尚未转变的A中碳浓度减小。点3~4的降温过程中，随着$(Fe_3C)_{II}$不断析出，A的碳含量沿*ES*线逐渐减小而趋近于*S*点，当缓冷至点4

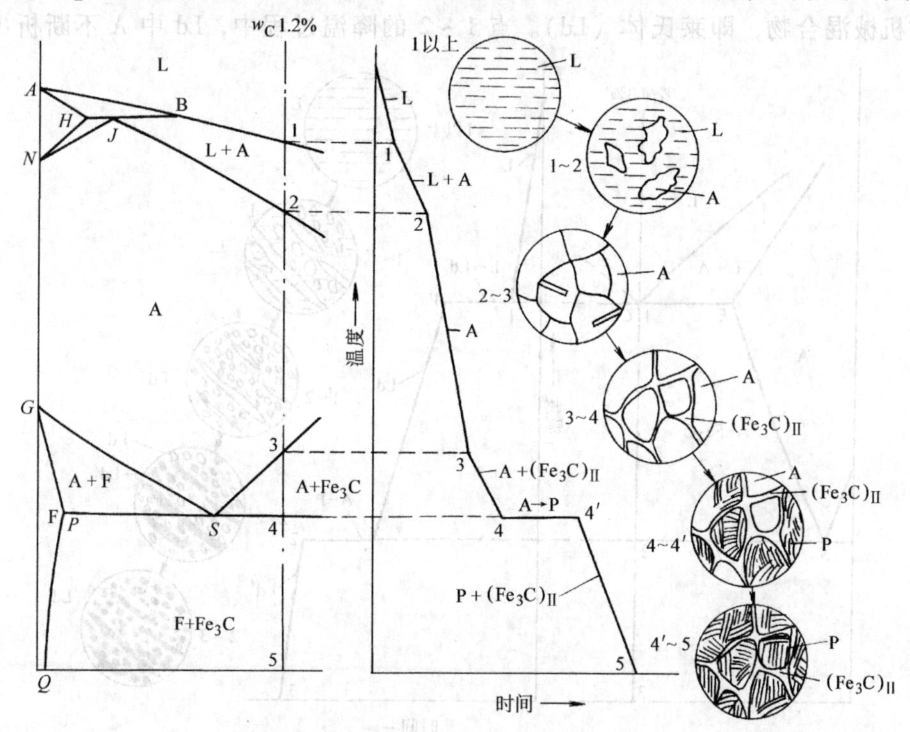

图5-9　过共析钢的结晶过程示意图

(727℃)时，剩余A的成分达到0.77%，于是发生共析转变，形成珠光体（如图5-9中的4-4′）。缓冷至室温其平衡组织为P+$(Fe_3C)_{II}$。所有过共析钢的室温平衡组织都是P+$(Fe_3C)_{II}$，但随着碳含量的增加，组织中$(Fe_3C)_{II}$的相对量增加，P的相对量减少。

图5-10是含w_C1.2%的过共析钢经4%硝酸酒精溶液腐蚀后的显微组织，图中白亮色的是$(Fe_3C)_{II}$，一般是沿原奥氏体晶界析出，呈网状分布。

图5-10　过共析钢（w_C1.2%）的（室温平衡状态）的显微组织（400×）

（四）共晶白口铸铁

合金④为共晶白口铁（w_C4.3%），其结晶过程如图 5-11 所示。在点 1（1148℃）的温度 L 相发生共晶转变（图 5-11 中的 1-1′），形成奥氏体与渗碳体的机械混合物，即莱氏体（Ld）。点 1～2 的降温过程中，Ld 中 A 不断析出

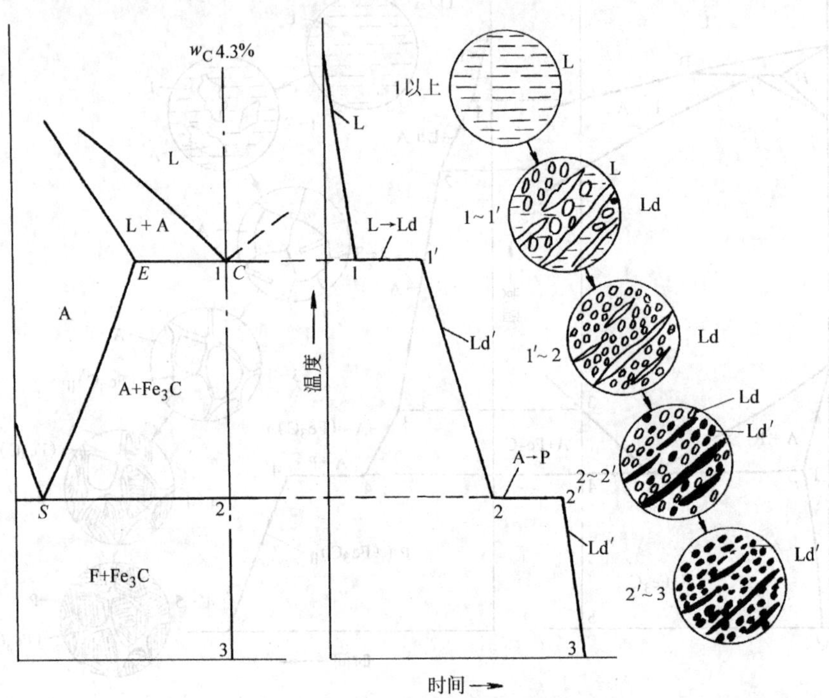

图 5-11　共晶白口铁的结晶过程示意图

$(Fe_3C)_{II}$，同时 A 的碳含量沿 *ES* 线逐渐减少。当冷却至点 2（727℃）时，A 的碳含量达到 w_C0.77%（*S* 点），便会发生共析转变（图 5-11 中的 2-2′），形成 P。此后的莱氏体组织由珠光体、二次渗碳体和共晶渗碳体组成，即（P + $(Fe_3C)_{II}$ + Fe_3C），称为低温莱氏体或变态莱氏体 Ld′，以便与 727℃以上的高温莱氏体 Ld 区别。图 5-12 为共晶白口铁在室温下的显微组织，即 Ld′，其中黑色的部分为珠光体，白色的基体是渗碳体。二次渗碳体在珠光

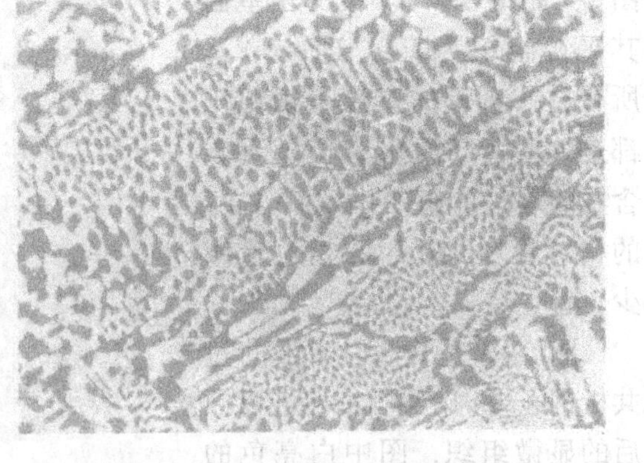

图 5-12　共晶白口铁（室温平衡状态）的显微组织（200×）

体周围，并与共晶渗碳体连成一体，难于分辨。

（五）亚共晶白口铸铁

合金⑤为亚共晶白口铁，其结晶过程如图 5-13 所示。点 1 ~2 温度区间为匀晶转变，自 L 相中不断结晶出初生 A，并且初生 A 的成分沿 JE 线变化，逐渐趋于 E 点，L 的成分则沿 *BC* 线变化，逐渐趋于 *C* 点。当冷却至点 2（1148℃）

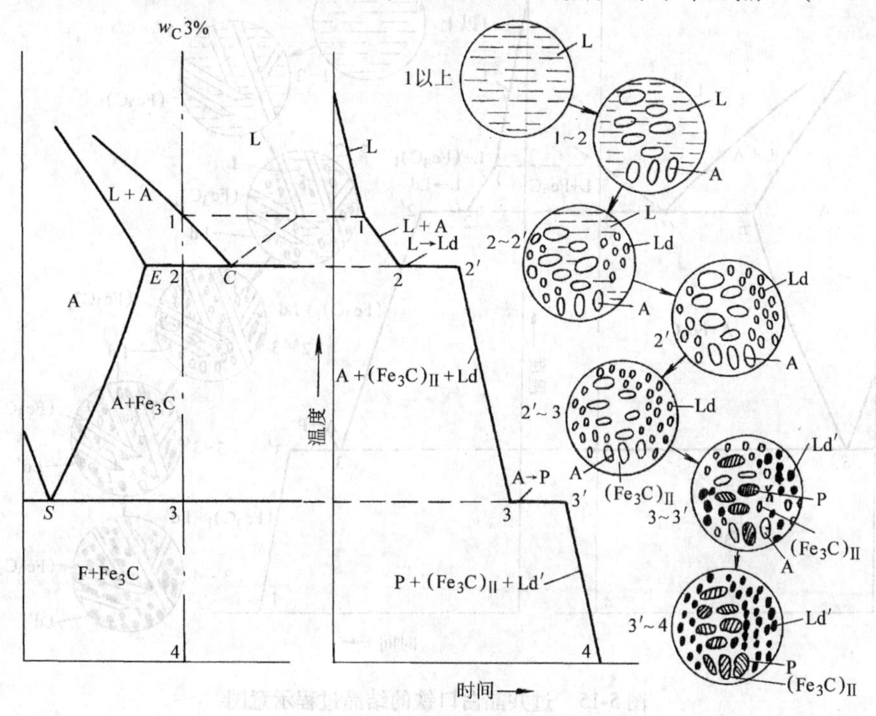

图 5-13 亚共晶白口铁的结晶过程示意图

时，A 的碳含量为 w_C2.11%（E 点），剩余 L 的成分为 w_C4.3%（*C* 点），便发生共晶转变（图 5-13 中的 2-2′）形成 Ld。在继续缓冷至室温的过程中，初生 A 的变化与过共析钢的结晶过程相同，而 Ld 的变化则与共晶白口铁的结晶过程相同，所以亚共晶白口铁室温平衡组织为 P + $(Fe_3C)_{II}$ + Ld′［P + $(Fe_3C)_{II}$ + Fe_3C］，如图 5-14 所示。

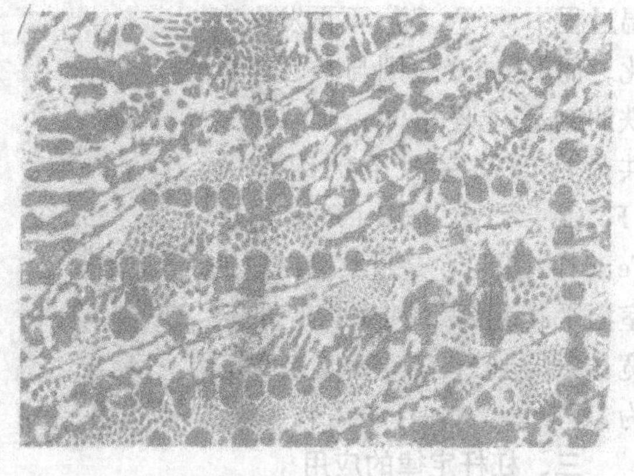

图 5-14 含 w_C3.0% 的亚共晶白口铁（室温平衡状态）的显微组织（125×）

（六）过共晶白口铸铁

合金⑥为过共晶白口铁，其结晶过程如图5-15所示。点1～2温度区间从L中结晶出一次渗碳体（Fe_3C）$_{Ⅰ}$。随着（Fe_3C）$_{Ⅰ}$的不断析出，剩余L相的碳浓度沿 *DC* 线变化，逐渐趋于 *C* 点。当冷却至点2（1148℃）时，剩余液相的碳含量

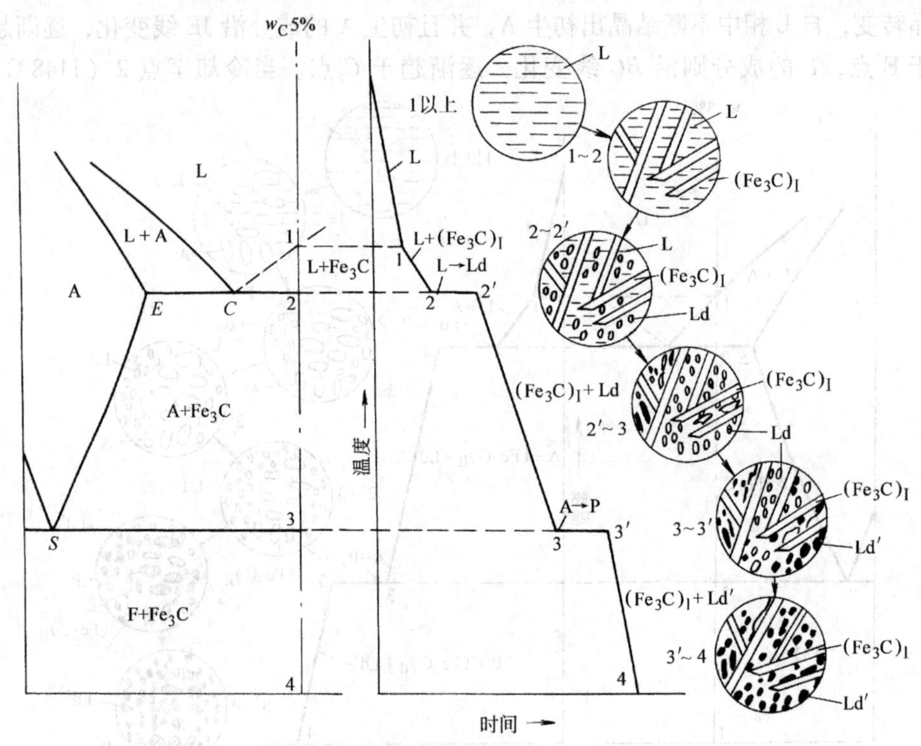

图5-15 过共晶白口铁的结晶过程示意图

达到 *C* 点，于是发生共晶转变形成莱氏体Ld（图5-15中的2-2′）。在以后的降温过程中，（Fe_3C）$_{Ⅰ}$不再发生变化，而Ld的变化则与共晶白口铁的结晶过程相同。所以，过共晶白口铁室温下的组织为（Fe_3C）$_{Ⅰ}$ + Ld′［（P + Fe_3C）$_{Ⅱ}$ + Fe_3C］。图5-16是过共晶白口铁室温平衡组织，其中白亮的较宽长条即（Fe_3C）$_{Ⅰ}$，其余部分为Ld′。

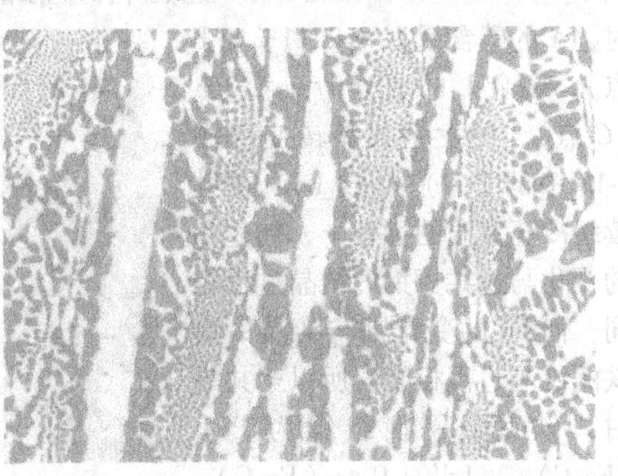

图5-16 含 w_C5.0%的过共晶白口铁（室温平衡状态）的显微组织（200×）

三、杠杆定律的应用

钢和白口铸铁的组织组成物和相组成物的相对量都可运

用杠杆定律计算确定。例如：

1）共析钢珠光体组织中铁素体与渗碳体的相对量：

$$F\% = \frac{6.69 - 0.77}{6.69 - 0.0008} \times 100\% \approx 88.5\%$$

$$Fe_3C\% = 1 - F \approx 11.5\%$$

2）碳含量为 $w_C 0.40\%$ 的亚共析钢室温平衡组织中 P 和 F 的相对量为：

$$F\% = \frac{0.77 - 0.40}{0.77 - 0.0218} \times 100\% \approx 49.5\%$$

$$P\% = 1 - 49.5\% \approx 50.5\%。$$

同样，也可以计算出相组成物的含量：

$$\alpha\% = \frac{6.69 - 0.40}{6.69 - 0.0008} \times 100\% \approx 94\%$$

$$Fe_3C\% = 1 - 94\% \approx 6\%。$$

根据亚共析钢的平衡组织，也可以近似地估计其含碳量：

$$C\% \approx P\% \times 0.8\%$$

其中 P 为珠光体在显微组织中所占面积或体积的百分比，0.8% 是珠光体含碳量 0.77% 的近似值。

四、铁碳合金的碳含量与平衡组织、力学性能之间的关系

（一）碳含量与平衡组织的关系

通过对铁碳合金平衡结晶过程的分析可知，碳含量不同，合金所经历的结晶过程也不同，因而会获得不同类型的室温平衡组织，如表 5-3 所示。

表 5-3　不同含碳量铁碳合金室温下的平衡组织

类别	合金	碳含量 w_C（%）	室温平衡组织
工业纯铁		<0.0218	F +（Fe_3C）$_{Ⅲ}$
钢	亚共析钢	0.0218 ~ 0.77	F + P
	共析钢	0.77	P
	过共析钢	0.77 ~ 2.11	P +（Fe_3C）$_{Ⅱ}$
白口铸铁	亚共晶白口铁	2.11 ~ 4.3	P +（Fe_3C）$_{Ⅱ}$ + Ld′
	共晶白口铁	4.3	Ld′
	过共晶白口铁	4.3 ~ 6.69	（Fe_3C）$_{Ⅰ}$ + Ld′

在 $Fe\text{-}Fe_3C$ 相图中，应用杠杆定律可以计算出不同碳含量铁碳合金在室温下的相组成物及组织组成物的相对量，也可采用作图法加以确定，如图 5-17 所示。

对铁碳合金室温显微组织观察表明，随着碳含量增加，不仅组织中渗碳体相对数量增加，而且渗碳体的形态和分布情况也有变化。由在铁素体晶界的点状分布（Fe_3C）$_{Ⅲ}$变为与铁素体成层片状分布（如 P），过共析钢则增加了在原奥

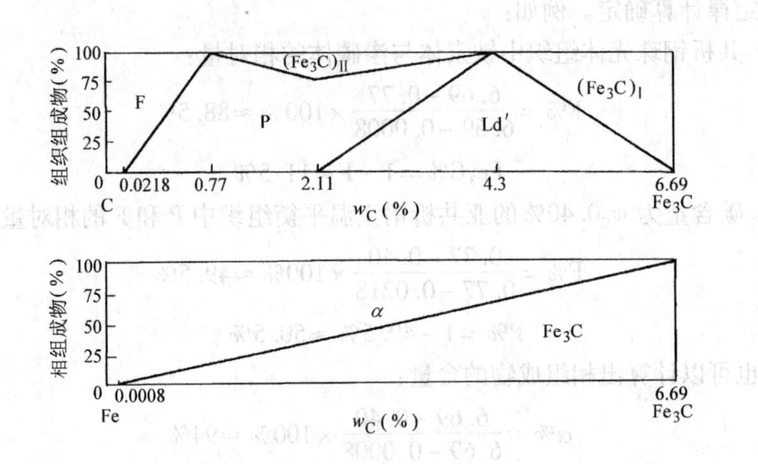

图 5-17　铁碳合金组织组成物和相组成物的相对量与碳含量的关系

氏体的晶界的网状分布$(Fe_3C)_{II}$，当形成莱氏体时，渗碳体已作为基体出现，过共晶白口铸铁中渗碳体还会以粗大板片状分布$(Fe_3C)_I$。正是由于渗碳体相对量及其分布形态的变化，使得不同碳含量的铁碳合金具有不同的性能。

（二）碳含量与力学性能的关系

一般认为在铁碳合金中，渗碳体是一个强化相，当它与铁素体构成层片状珠光体时，合金的硬度和强度得到提高，珠光体量愈多，则其硬度和强度愈高。但当渗碳体呈网状分布在珠光体边界上，尤其是作为基体或以长条状分布在莱氏体基体上时，将使铁碳合金的塑性和韧性大幅度下降，以致合金强度随之降低，这是高碳钢和白口铁脆性大的原因。图 5-18 所示为碳含量对钢（正火状态）的力学性能影响，由图可见，当碳含量$\leqslant w_C 1.0\%$时，随着钢中碳含量增加，钢的硬度和强度不断增加，而塑性、韧性不断下降；当钢的碳含量$w_C > 1.0\%$时，因出现网状渗碳体而导致钢的强度下降，但硬度仍会增加。

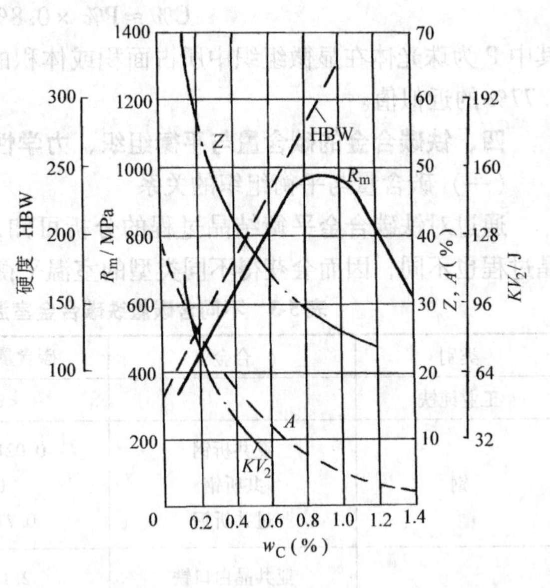

图 5-18　碳含量对钢力学性能的影响（正火状态）

为了保证工业上使用的铁碳合金（钢）具有足够的强度并具有一定的塑性和韧性，其碳含量一般都不超过 w_C1.3%～1.4%。碳含量大于 w_C2.11% 的铁碳合金（白口铸铁）具有莱氏体组织，其性能硬而脆，难以切削加工，故极少直接使用。

五、$Fe\text{-}Fe_3C$ 相图的应用

$Fe\text{-}Fe_3C$ 相图在工业上除可作为选用材料的重要依据外，还可作为制定铸、锻、热处理等热加工工艺的依据。

（一）在铸造生产方面的应用

根据 $Fe\text{-}Fe_3C$ 相图可以确定铁碳合金的浇注温度，如图 5-19 所示。从 $Fe\text{-}Fe_3C$ 相图还可知道纯铁和共晶成分的铁碳合金其凝固区间最小（为零），故它们的流动性好，分散缩孔少，可使缩孔集中在冒口内，有可能得到致密的铸件。另外，共晶成分合金结晶温度较低，流动性也较好，因此，在铸造生产中接近于共晶成分的铸铁得到较广泛的应用。

铸钢也是常用的铸造合金，碳含量一般在 w_C0.15%～0.60% 之间。从 $Fe\text{-}Fe_3C$ 相图可看出，铸钢的铸造性能并非很好。铸钢的凝固区间较大，因此缩孔就较大，且容易形成分散缩孔，流动性也较差，化学成分不均匀性（又称偏析）严重。其次，铸钢的熔化温度比铸铁高得多。铸钢在铸态时晶粒粗大，常出现魏氏组织，该组织的特点是铁素体沿晶界分布并呈针状插入珠光体，使钢的塑性和韧性显著下降。另外，由于铸钢件冷却迅速，内应力较大。

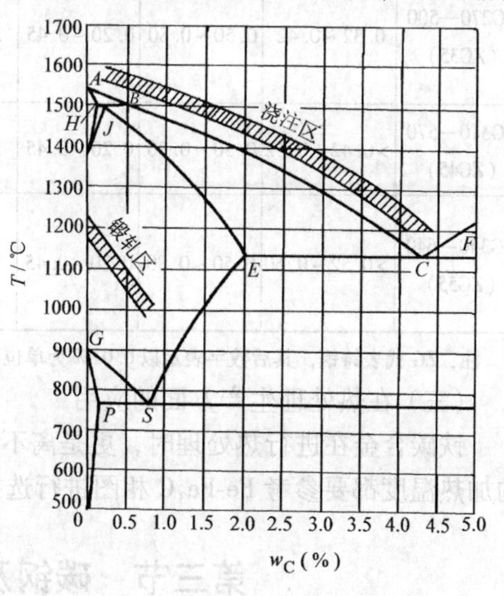

图 5-19　$Fe\text{-}Fe_3C$ 相图与铸锻工艺的关系

铸钢的上述组织缺陷可以通过热处理（退火或正火）方法消除，因此铸钢在铸造后必须进行热处理。

铸钢在机器制造业中，主要用于一些形状复杂、难以进行锻造或切削加工、而又要求较高强度和塑性零件铸造。由于铸钢的铸造性能较差，又需价格昂贵的炼钢设备，故近年来在铸造生产中有以球墨铸铁部分代替铸钢的趋势。

碳素铸钢的牌号、成分、力学性能及应用举例见表 5-4。

（二）在锻造生产方面的应用

钢处于奥氏体状态时，强度较低，塑性较好，便于塑性变形。因此钢材的轧制或锻造必须选择在 $Fe-Fe_3C$ 相图奥氏体单相区中的适当温度范围内进行。其选择原则是开始轧制或锻造温度不得过高，以免钢材氧化严重，而终止轧制或锻造温度也不能过低，以免钢材塑性变差，导致裂纹产生，因此图 5-19 所示锻轧区阴影范围内是较合适的锻轧加热温度。

表 5-4　碳素铸钢的成分、力学性能及应用

钢号	化学成分（质量分数）（%）			力学性能					应用举例
	C	Mn	Si	R_{eH}/MPa	R_m/MPa	A（%）	Z（%）	KV_2/J	
ZG200—400（ZG15）	0.12～0.22	0.35～0.65	0.20～0.45	200	400	25	40	48	各种形状的机械零件如机座、变速箱等
ZG230—400（ZG25）	0.22～0.32	0.50～0.80	0.20～0.45	240	450	20	32	36	机座、锤轮、箱体
ZG270—500（ZG35）	0.32～0.42	0.50～0.80	0.20～0.45	280	500	16	25	28	飞轮、机架、蒸汽锤、水压机工作缸、横梁
ZG310—570（ZG45）	>0.42～0.52	0.50～0.80	0.20～0.45	320	580	12	20	24	联轴器、汽缸、齿轮、齿轮圈
ZG340—640（ZG55）	>0.52～0.60	0.50～0.80	0.20～0.45	350	650	10	18	16	起重运输机中齿轮、联轴器及重要机件

注：ZG 代表铸钢，其后数字表示以 0.01% 为单位的平均碳含量。

（三）在热处理生产方面的应用

铁碳合金在进行热处理时，更是离不开 $Fe-Fe_3C$ 相图，如退火、正火、淬火的加热温度都要参考 $Fe-Fe_3C$ 相图进行选择，这将在第五章加以讨论。

第三节　碳钢及合金钢概述

碳钢的价格低廉，便于获得，容易加工，因而在机械制造中得到广泛应用。但是，随着现代工业的发展，对钢材的性能提出了越来越高的要求，即使采用各种强化途径，如热处理、塑性变形等，碳钢的性能在很多方面仍然很难满足性能要求，因此需要在碳钢的基础上有意加入合金元素形成合金钢以满足使用性能的更高要求。为了在生产上合理选择、正确使用各种钢，必须了解我国钢的分类、编号和用途，以及钢中常存杂质对钢的影响以及合金元素在钢中的主要作用。

一、钢中常存杂质元素的影响

实际使用的钢并不是单纯的铁碳合金，其中或多或少都含一些杂质元素，其中最主要的是 Si、Mn、S、P 四种。

（一）锰的影响

锰是炼钢时用锰铁脱氧而残留在钢中的。在碳钢中作为杂质的锰含量通常 $<w_{Mn}0.80\%$，在含锰合金钢中，一般控制在 $w_{Mn}1.0\% \sim 1.2\%$ 范围。锰具有较强的脱氧能力，能够把钢水中的 FeO 还原为铁；锰与硫化合成 MnS，能减轻硫的有害作用。剩余的锰大部分溶于铁素体中，形成置换固溶体，并使其强化；少部分则溶于 Fe_3C，形成合金渗碳体（Fe、Mn）$_3$C。锰还能增加珠光体的相对量，并使它变细。上述作用都使钢的强度提高，故一般认为锰在钢中是有益元素。

（二）硅的影响

硅在钢中也是一种有益的元素。在镇静钢（用铝、硅铁和锰铁脱氧的钢）中硅含量通常在 $w_{Si}0.10\% \sim 0.40\%$ 之间，沸腾钢（只用锰铁脱氧的钢）中只含有 $w_{Si}0.03\% \sim 0.07\%$。硅与锰一样能溶入铁素体，使铁素体强化，从而使钢的强度、硬度、弹性均提高，塑性、韧性均降低。硅也有一部分存在于硅酸盐夹杂中。当硅含量不多，在碳钢中仅作为少量杂质存在时，对钢的性能影响亦不显著。

（三）硫的影响

硫在钢中是有害杂质。硫不溶于铁，而以 FeS 形式存在。FeS 与 γ-Fe 能形成熔点为989℃的共晶体，并分布于奥氏体晶界上。当钢材在 800 ~ 1000℃进行锻造时，由于晶界处 FeS 塑性不好而使钢有脆性；而当钢在 1000 ~ 1200℃压力加工时，由于 FeS-Fe 共晶已经熔化，会使钢沿着奥氏体晶界开裂而变脆，这种现象称为“热脆”。为了避免热脆，钢中硫含量必须严格控制，普通钢硫含量应 $\leqslant w_S 0.055\%$；优质钢硫含量应 $w_S \leqslant 0.040\%$；高级优质钢硫含量应 $w_S \leqslant 0.030\%$。

在钢中增加锰含量，可消除硫的有害作用，因为 Mn 与 S 可以形成熔点为1620℃的 MnS，MnS 高温时又有塑性，因此可避免热脆现象。

（四）磷的影响

磷也是一种有害杂质。磷在钢中全部溶入铁素体中，它虽可使铁素体的强度、硬度有所提高，但却使室温下钢的塑性、韧性急剧降低，并使脆性转化温度有所升高，使钢变脆，这种现象称为冷脆。磷的存在还使钢的焊接性能变坏，因此钢中磷含量要严格控制，普通钢含磷量应 $w_P \leqslant 0.045\%$；优质钢磷含量应 $w_P \leqslant 0.040\%$；高级优质钢磷含量应 $w_P \leqslant 0.035\%$。

二、钢的分类、编号及应用

（一）钢的分类

钢的分类方法很多，以下主要介绍三种，即按钢的化学成分、质量和用途来分类。

1. 按钢的化学成分分类

按钢的化学成分可分为碳钢和合金钢两大类。

碳钢根据钢的碳含量又分为：

1）低碳钢——碳含量 $w_C \leqslant 0.25\%$。

2）中碳钢——碳含量 $w_C = 0.25\% \sim 0.6\%$。

3）高碳钢——碳含量 $w_C > 0.6\%$。

合金钢也可根据合金元素的含量分为：

1）低合金钢——合金元素总含量 $w_{Me} \leqslant 5\%$。

2）中合金钢——合金元素总含量 $w_{Me} = 5\% \sim 10\%$。

3）高合金钢——合金元素总含量 $w_{Me} > 10\%$。

另外，根据钢中所含主要合金元素种类的不同，也可分为锰钢、铬钢、铬镍钢、硼钢等。

2. 按钢的质量分类

主要是根据钢中所含有害杂质 S、P 元素的多少来分类，可分为：

1）普通钢——S、P 含量分别为 $w_S \leqslant 0.055\%$ 和 $w_P \leqslant 0.045\%$。

2）优质钢——S、P 含量分别为 $w_S \leqslant 0.040\%$ 和 $w_P \leqslant 0.040\%$。

3）高级优质钢——S、P 含量分别为 $w_S \leqslant 0.030\%$ 和 $w_P \leqslant 0.035\%$。

3. 按钢的用途分类

这是主要的分类方法，我国钢的标准一般都是按用途分类编制的。根据钢材的用途可以分为两类。

（1）结构钢　这类钢主要用于制造各种工程构件（如桥梁、船舶、车辆、压力容器、建筑等）和各种机器零件（如齿轮、轴、螺钉、螺母、曲轴、连杆等）。其中用于制造工程结构的钢又称为工程用钢或构件用钢，它包括碳钢中的普通碳素结构钢和合金钢中的普通低合金结构钢；机器零件用钢则包括易切削钢、渗碳钢、调质钢、弹簧钢、滚动轴承钢等。

（2）工具钢　这类钢主要用于制造各种刀具、模具、量具。根据工具的不同用途，又可分为刃具钢、模具钢、量具钢。

（3）特殊性能钢　这类钢是指具有某种特殊物理或化学性能的钢种，包括不锈钢、耐热钢、耐磨钢等。

（二）碳钢的编号和用途

钢的品种很多，为了便于生产、研究、管理和使用，必须对各种钢进行命名和编号。

1. 碳素结构钢

原称普通碳素钢，过去其钢号按 GB 221—1979 标准分为甲、乙、特三类钢。现在改为以钢材屈服点命名，在 GB/T 700—2006 标准中的钢号表示如下：

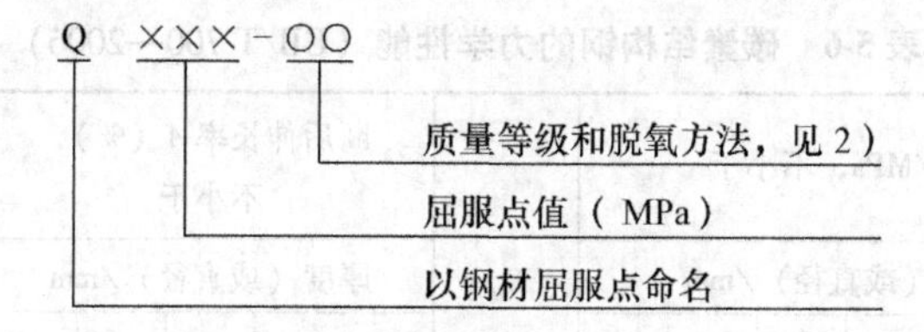

1）钢号冠以“Q”，后面的数字表示屈服点值（MPa）。例如：Q235，其 R_{eH} 为 235MPa。

2）必要时钢号后面可标出表示质量等级和脱氧方法的符号。质量等级符号分为：A，B，C，D。脱氧方法符号：F—沸腾钢；Z—镇静钢；TZ—特殊镇静钢。例如：Q235AF，表示 A 级沸腾钢；又如：Q235CZ 和 Q235DTZ，分别表示 C 级镇静钢和 D 级特殊镇静钢，在实际使用时可省略为 Q235C 和 Q235D。

3）专门用途的碳素钢，例如桥梁钢等，基本上采用碳素结构钢的表示方法，但在钢号最后附加表示用途的字母（见表 1-6）。例如桥梁用钢的钢号表示为 Q235q；q—桥梁用钢。

GB/T 700—2006 所规定的碳素结构钢牌号和化学成分见表 5-5，碳素结构钢的力学性能见表 5-6。

表 5-5　碳素结构钢牌号和化学成分（GB/T 700—2006）

牌号	统一数字代号①	等级	脱氧方法	化学成分（质量分数）（%），不大于				
				C	Si	Mn	P	S
Q195	U11952	—	F、Z	0.12	0.30	0.50	0.035	0.040
Q215	U12152	A	F、Z	0.15	0.35	1.20	0.045	0.050
	U12155	B						0.045
Q235	U12352	A	F、Z	0.22	0.35	1.40	0.045	0.050
	U12355	B		0.20				0.045
	U12358	C	Z	0.17			0.040	0.040
	U12359	D	TZ				0.035	0.035
Q275	U12752	A	F、Z	0.24	0.35	1.50	0.045	0.050
	U12755	B	Z	0.22			0.045	0.045
	U12758	C	Z	0.20			0.040	0.040
	U12759	D	TZ				0.035	0.035

① 为镇静钢、特殊镇静钢牌号的统一数字。

2. 优质碳素结构钢

优质碳素结构钢与普通碳素钢不同，必须同时保证钢的化学成分和力学性能。这类钢所含 S、P 量较少，纯洁度、均匀性及表面质量都比较好，因此，优质碳素结构钢的塑性和韧性都比较好。

表 5-6 碳素结构钢的力学性能（GB/T 700—2006）

牌号	等级	R_{eH}/MPa，不小于						R_m/MPa	断后伸长率 A（%），不小于					冲击试验（V 缺口）	
		厚度（或直径）/mm							厚度（或直径）/mm					温度/℃	冲击功（纵向）/J，不小于
		≤16	>16~40	>40~60	>60~100	>100~150	>150~200		≤40	>40~60	>60~100	>100~150	>150~200		
Q195	—	195	185	—	—	—	—	315~430	33	—	—	—	—	—	—
Q215	A	215	205	195	185	175	165	335~450	31	30	29	27	26	—	—
	B													+20	27
Q235	A	235	225	215	215	195	185	370~500	26	25	24	22	21	—	—
	B													+20	27
	C													0	
	D													−20	
Q275	A	275	265	255	245	225	215	410~540	22	21	20	18	17	—	—
	B													+20	27
	C													0	
	D													−20	

根据化学成分不同，优质碳素结构钢又分为普通锰含量钢和较高锰含量钢两类：

（1）正常锰含量的优质碳素结构钢　所谓正常锰含量，对碳含量小于 w_C0.25% 的碳素结构钢，其锰含量在 w_{Mn}0.35%～0.65% 之间；而对于碳含量大于 w_C0.25% 的碳素结构钢，其锰含量在 w_{Mn}0.50%～0.80% 之间。

这类钢的平均碳含量用两位数字来表示，以 0.01% 为单位。例如钢号 20，表示平均碳含量为 w_C0.20% 的钢；钢号 45，表示平均碳含量为 w_C0.45% 的钢。

（2）较高锰含量的优质碳素结构钢　所谓较高锰含量，对于碳含量为 w_C0.15%～0.60% 的碳素结构钢，其锰含量在 w_{Mn}0.7%～1.0% 之间；而对于碳含量大于 w_C0.60% 的碳素结构钢，其锰含量在 w_{Mn}0.9%～1.2% 之间。

这类钢的表示方法是在表示碳含量两位数字后面附以汉字“锰”或化学符

号“Mn”。例如钢号20锰或20Mn，表示平均碳含量为w_C0.2%，锰含量为w_{Mn}0.7%～1.0%的钢；钢号40锰或40Mn，表示平均碳含量为w_C0.4%，锰含量为w_{Mn}0.7%～1.0%的钢。

优质碳素结构钢主要用于制造机器零件。它的产量极大，价格便宜，用途广泛，机械产品中各种大小结构部件都普遍采用。

3. 碳素工具钢

这类钢的编号原则是在“碳”或“T”字的后面附以数字，数字表示钢中平均碳含量的千分数，即以0.10%为单位。例如钢号T8、T12分别表示平均碳含量为w_C0.80%和w_C1.20%的碳素工具钢。若为高级优质碳素钢，则在钢号末端附以“高”或“A”字，如T12A等。

碳素工具钢用于制造各种刃具、模具、量具等。

（三）合金钢的编号

我国合金钢的编号方法是以钢的碳含量及所含合金元素的种类和数量来表示的。从牌号上可以直接看出钢的化学成分、钢种及用途，选择和使用比较方便。合金钢的编号规则如下：

(1) 合金结构钢的编号　合金结构钢的编号原则是采用“数字+化学元素符号+数字”的方法。前面的数字表示钢的平均碳含量，以万分之几表示，例如平均碳含量为w_C0.25%则以25表示。合金元素直接用化学元素符号（或汉字）表示，后面的数字表示合金元素的含量，以平均含量的百分之几表示，合金元素的含量少于1.5%时，编号中只标明元素符号，不标明含量，如果合金元素含量等于或大于1.5%、2.5%、3.5%…，则相应地以2、3、4…等表示。例如含有w_C0.37%～0.44%、w_{Cr}0.8%～1.1%的铬钢，以40Cr（或40铬）表示，含有w_C0.56%～0.64%、w_{Si}1.5%～2.0%、w_{Mn}0.6%～0.9%的硅锰钢以$60Si_2Mn$（或60硅2锰）表示。

若为含硫、磷量较低（$w_{(S、P)}$≤0.025%）的高级优质钢，则在钢号后面加以符号“A”（或“高”字），如12CrNi3A（12铬镍3高）等。

另外，对有些合金结构钢，为表示其用途，在钢号前面再附以字母。如滚动轴承钢在钢号前面加以“滚”字的汉语拼音字首“G”字，后面的数字表示铬的含量，以平均含量的千分之几表示，如GCr9（滚铬9）、GCr15（滚铬15）等。

1999年国家标准（GB/T3077—1999）对合金结构钢进行了分组，并规定了“统一数字代号”。例如Cr合金钢，规定为“Cr钢组”，包括15Cr、15CrA、20Cr、30Cr、35Cr、40Cr、45Cr、50Cr，它们的统一数字代号分别为：A20152、A20153、A20202、A20302、A20352、A20402、A20452、A20502。又如“CrMnTi”钢组包括20CrMnTi、30CrMnTi，统一数字代号分别为A26202、A26302。统

一数字代号系根据 GB/T17616 规定列入，优质钢尾部数字为“2”，高级优质钢（带“A 钢”）尾部数字为“3”，特级优质钢（带“E”钢）尾部数字为 6。

（2）合金工具钢的编号　平均碳含量≥w_C1.0% 时不标出；w_C <1.0% 时以千分之几表示，但高速钢平均碳含量 w_C <1.0% 也不标出。合金元素含量的表示方法与合金结构钢相同。例如 9SiCr 表示平均碳含量为 w_C0.9%，Si、Cr 平均含量 $w_{Si、Cr}$ <1.5% 的低合金工具钢；高速钢 W18Cr4V 表示平均碳含量为 w_C0.7% ~ 0.8%，钨含量 w_W18%，铬含量 w_{Cr}4%，钒含量 w_V1%。

（3）特殊性能合金钢的编号　特殊性能合金钢的编号方法，基本上与合金工具钢相同，如 1Cr13 表示其平均碳含量为 w_C0.1%，铬含量为 w_{Cr}13% 左右。但有些特殊性能合金钢，只表示其合金含量，碳含量不标出，如 Mn13 只表示其锰含量为 w_{Mn}13% 左右，碳含量不予表示。

（四）合金元素在钢中的主要作用

合金元素能改善钢的力学性能，并赋予钢某些特殊性能的根本原因在于它能够改变钢的组织结构，并影响钢在加热、冷却过程中组织转变的规律。合金元素与铁或碳之间以及合金元素相互之间的作用是合金内部组织结构变化的基础，而各种元素在原子结构、原子尺寸及晶体结构之间的差别是产生这种变化的根源。合金元素在钢中的作用十分复杂，特别是多种元素同时加入钢中时，很难做出精确的预测，但是人们在长期的科学实践和生产实践中，总结了许多重要的规律。

1. 合金元素的分类

把除铁、碳以外有意加入到钢中的元素叫做合金元素。根据合金元素与碳亲和力的大小，将合金元素分成非碳化物形成元素、弱碳化物形成元素和强碳化物形成元素三类。

（1）非碳化物形成元素　这类合金元素包括 Ni、Si、B、Al、Cu 和 Co 等，它们与碳的亲和力非常弱，不与碳形成碳化物，在钢中主要溶入 α-Fe 和 γ-Fe 中，以置换固溶体的溶质形式存在。

（2）弱碳化物形成元素　主要是 Mn 元素，它与碳的亲和力较弱。Mn 加入钢中，除少量可溶于渗碳体中形成含锰的合金渗碳体（Fe，Mn)$_3$C 外，几乎都溶解于 α-Fe 和 γ-Fe 中。

（3）强碳化物形成元素　这类合金元素主要包括 Cr、W、Mo、V、Nb、Ti 等。它们与碳的亲和力强，当其含量较低时，置换渗碳体中的 Fe 原子形成合金渗碳体（Fe，Me)$_3$C（Me 代表合金元素）。当其含量较高时，除形成合金渗碳体外还形成合金碳化物，如 Cr_7C_3、$Cr_{23}C_6$、WC、W_2C、VC、MoC 等，它们的热稳定性和耐磨性比渗碳体高。

2. 合金元素的作用

合金元素加入到钢中可能起到多方面的作用，但是，对一种钢来说，加入合金元素的目的可能只利用其中的一个或几个作用。下面对合金元素在钢中的作用做概括性归纳总结。

合金元素对淬火钢力学性能的不利方面是回火脆性问题。回火脆性一般是在250～350°C与550～650°C两个温度范围内回火时出现的，它使钢的韧性显著降低。前者称为低温回火脆性或第一类回火脆性；后者称为高温回火脆性或第二类回火脆性。

（1）固溶强化和韧化　凡溶于铁素体的合金元素都使其性能如强度、硬度、韧性等发生变化，但各元素的影响程度是不相同的。一般来说，凡合金元素的原子半径与铁的原子半径相差愈大、合金元素的晶格与铁素体的晶格差别愈大时，该元素对铁素体的强化效果也愈显著，由图5-20a可见，Mn、Si、Ni等强化铁素体的作用比Cr、W、Mo等要大，其原因即在于此。合金元素对铁素体冲击吸收能KV_2的影响如图5-20b所示。由图可见，Si的含量在w_{Si}0.6%以下、Mn的含量在w_{Mn}1.5%以下时，冲击吸收能KV_2不降低，当超过此值时则有下降趋势；Cr、Ni含量在适当范围内（$w_{Cr} \leqslant 2\%$，$w_{Ni} \leqslant 5\%$）还能提高铁素体的韧性。据此，通常使用的结构钢中合金元素的含量范围都有一定的限度。

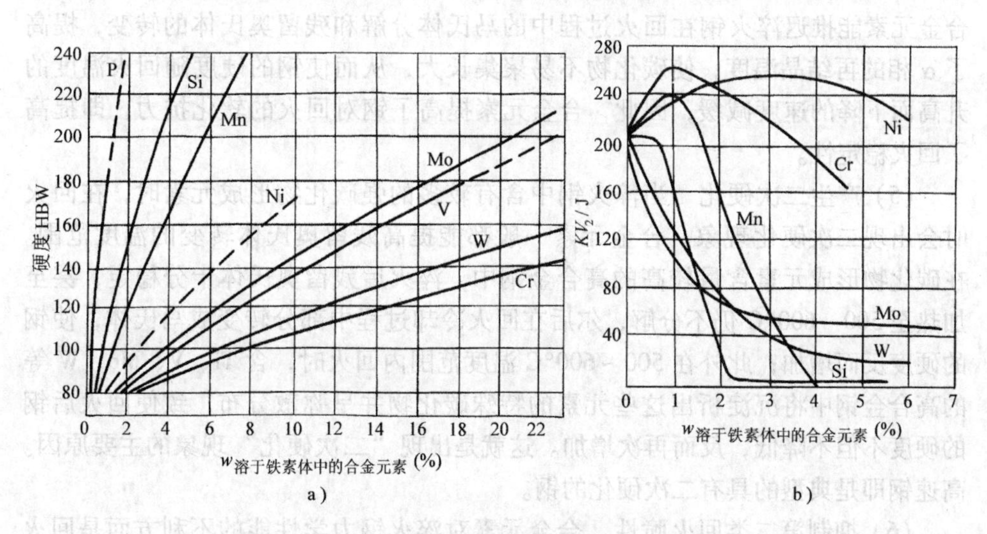

图5-20　合金元素对铁素体性能的影响（退火状态）

a）对硬度的影响　b）对韧性的影响

图5-20所列数据是退火状态的。而在正火、调质状态下，含有Mn、Cr、Ni等合金元素的铁素体其硬度一般较退火状态为高。

（2）弥散强化和细晶强化　某些强碳化物形成元素如W、Mo、V、Ti、Nb等能与C形成稳定性高的合金碳化物，它们的熔点高、硬度高。稳定性愈高的碳化物愈难溶于奥氏体中，愈难聚集长大，在钢中呈细小、弥散状分布，从而起到弥散强化的作用。随着这些碳化物数量的增多，将使钢的强度、硬度增大，耐磨性增加，但塑性和韧性会下降。此外，这些细小的碳化物颗粒对奥氏体晶界起钉扎作用，强烈阻碍奥氏体晶粒长大，从而细化奥氏体晶粒。奥氏体晶粒越细小，则冷却转变后得到的铁素体、马氏体等的尺寸越小，这样不但可以提高钢的强度，而且可以提高钢的塑性和韧性。

(3) 提高钢的淬透性　钢的淬透性指钢淬火时获得马氏体的能力。钢经加热形成奥氏体后以大于某一临界冷却速度进行冷却可以获得马氏体组织，通过回火再调整其力学性能满足使用要求。而工件的冷却速度由工件尺寸和冷却介质决定，如果工件尺寸大，冷却速度慢，达不到临界冷却速度，结果得不到马氏体。如何办？当在钢中加入合金元素后，可以减小钢的临界冷却速度。这样，即使工件冷却速度慢，也超过了临界冷却速度，就能得到马氏体。除 Co 以外的合金元素都能提高钢的淬透性，并且合金元素含量越高，淬透性越好。当然，合金元素必须溶入奥氏体中才能提高淬透性。如果以未溶碳化物形式存在，不仅不能提高淬透性，还可能降低淬透性。

(4) 提高回火稳定性　回火稳定性指淬火钢在回火时抵抗回火软化的能力。合金元素能推迟淬火钢在回火过程中的马氏体分解和残留奥氏体的转变，提高了 α 相的再结晶温度，使碳化物不易聚集长大，从而使钢的硬度随回火温度的升高而下降的速度减缓，因此，合金元素提高了钢对回火的软化抗力，即提高了回火稳定性。

(5) 产生二次硬化　当淬火钢中含有较多的强碳化物形成元素时，在回火时会出现二次硬化现象。合金元素一般都能提高残留奥氏体转变的温度范围。在碳化物形成元素含量较高的高合金钢中，淬火后残留奥氏体十分稳定，甚至加热至 500～600°C 仍不分解，尔后在回火冷却过程中部分转变成马氏体，使钢的硬度反而增加；此外在 500～600°C 温度范围内回火时，含 Ti、V、Mo、W 等的高合金钢中将沉淀析出这些元素的特殊碳化物并呈弥散分布，致使回火后钢的硬度不但不降低，反而再次增加。这就是出现“二次硬化”现象的主要原因。高速钢即是典型的具有二次硬化的钢。

(6) 抑制第二类回火脆性　合金元素对淬火钢力学性能的不利方面是回火脆性问题。回火脆性一般是在 250～350°C 与 550～650°C 两个温度范围内回火时出现的，它使钢的韧性显著降低。前者称为低温回火脆性或第一类回火脆性；后者称为高温回火脆性或第二类回火脆性。

第一类回火脆性在各种钢中都不同程度的存在。电子显微镜观察表明，第一类回火脆性与沿马氏体析出断续的碳化物薄片有关，这种回火脆性产生以后无法消除，因此又称不可逆回火脆性。为了避免这类回火脆性，一般不在这一温度范围内回火。

第二类回火脆性主要出现在某些合金结构钢中（如铬钢、锰钢等），产生这类回火脆性的原因是由于回火慢冷时铬、锰等合金元素以及磷、锑、锡等杂质向奥氏体晶界偏聚。偏聚程度愈严重，回火脆性愈大。防止这类回火脆性的方法，对于截面较小的零件，可自回火温度快速冷却（水或油冷却）；对于大截面零件，由于中心部分很难快冷，可在钢中加入适量的钼、钨等合金元素。

本章主要名词

同素异构性（allotropy）
γ-铁（γ-iron）
石墨（graphite）
铁-碳相图（iron-carbon equilibrium diagram）
奥氏体（austenite）
亚共析钢（hypoeutectoid steel）
过共析钢（hypereutectoid steel）
二次渗碳体（secondary cementite）
共析渗碳体（eutectoid cementite）
共晶渗碳体（eutectic cementite）
亚共晶铸铁（hypoeutectic cast iron）
低碳钢（low-carbon steel）
高碳钢（high-carbon steel）
冷脆（cold brittleness）
α-铁（α-iron）
δ-铁（δ-iron）
渗碳体（cementite）
铁素体（ferrite）
珠光体（pearlite）
共析钢（eutectoid steel）
先共晶渗碳体（pro-eutectic cementite）
三次渗碳体（tertiary cementite）
莱氏体（ledeburite）
白口铸铁（white cast iron）
过共晶铸铁（hypereutectic cast iron）
中碳钢（middle-carbon steel）
热脆（hot brittleness）

习　　题

1. 何谓铁素体、奥氏体、渗碳体、珠光体、莱氏体和变态莱氏体？分别写出它们的符号和性能特点。

2. 默画 $Fe\text{-}Fe_3C$ 相图，并用相组成和组织组成物填写相图各区。

3. 分析碳含量为 $w_C0.20\%$，$w_C0.77\%$ 和 $w_C1.20\%$ 的碳钢的平衡结晶过程及室温平衡组织，并根据组织分析它们 R_m、HBW 和 A 的高低。

4. 计算碳含量为 $w_C0.20\%$ 的碳钢在室温时珠光体和铁素体的相对量。

5. 某工厂仓库积压了许多碳钢（退火态），由于管理不善，钢材混杂，经金相分析后发现其中铁素体占（体积）60%，珠光体占（体积）40%，试计算确定该钢材的碳含量为多少？并写出其钢号。

6. 已知珠光体的硬度 = 180HBW，$A = 20\%$，铁素体的硬度 = 80HBW，$A = 50\%$，试计算碳含量为 $w_C0.45\%$ 碳钢的硬度和伸长率。

7. 一块低碳钢，一块白口铁，它们的形状、大小一样，请说出有哪些简便的方法把它们区分开来。

8. 根据 $Fe\text{-}Fe_3C$ 相图，说明下列现象的原因：

(1) 低碳钢具有较好的塑性，而高碳钢具有较好的耐磨性；

(2) 钢中碳含量一般不超过 $w_C 1.35\%$；

(3) 钢适宜锻压成型，而铸铁不能锻压，只能铸造成型；

(4) 碳含量为 $w_C 0.45\%$ 的碳钢要加热到1200℃开始锻造，冷却到800℃停止锻造。

9. 从流动性、收缩性和偏析倾向考虑，哪种成分的铁碳合金铸造性能最好？试分析碳含量为 $w_C 0.45\%$ 的碳钢铸造性能如何。

10. “高碳钢的质量比低碳钢好”，这种说法对吗？碳钢的质量好坏主要按照什么标准确定？为什么？

11. 说明下列材料牌号的含义：Q235A、Q275、20、45Mn、T8A、ZG200—400。

第六章　钢的热处理

钢的热处理是指把钢在固态下加热、保温、冷却，通过以改变钢的内部组织结构从而获得所需性能的热加工工艺。

通过恰当的热处理，不仅可以提高钢的使用性能、改善钢的工艺性能，而且能充分发挥材料的性能潜力，提高产品的产量和质量，提高经济效益。据统计，在机床制造中有60% ~70%的零部件要经过热处理，在汽车、拖拉机制造中有70% ~80%的零部件要经过热处理，各种工具及滚动轴承则要100%的进行热处理。总之，凡重要零部件都必须进行恰当的热处理。

本章是在$Fe\text{-}Fe_3C$相图的基础上，介绍钢的热处理基本原理和工艺。在$Fe\text{-}Fe_3C$相图中，通常把$P \rightleftharpoons A$的平衡转变温度（727℃，或*PSK*线）称为A_1，把$F \rightleftharpoons A$平衡转变温度（*GS*线）称为A_3，把$(Fe_3C)_{II} \rightleftharpoons A$平衡转变温度（*ES*线）称为*Acm*。$A_1$、$A_3$、*Acm*是钢在平衡条件下上述转变的临界点；但是在实际热处理生产过程中，加热和冷却不可能极其缓慢，因此上述转变往往会产生滞后现象，钢在实际加热、冷却过程中上述转变的临界温度分别用Ac_1、Ac_3和Ac_{cm}以及Ar_1、Ar_3和Ar_{cm}表示（见图6-1）。各种钢的临界点，均可在有关手册中查到，供制定热处理工艺时使用。

根据加热、冷却方式的不同及钢的组织、性能变化特点的不同，热处理工艺分类如下：

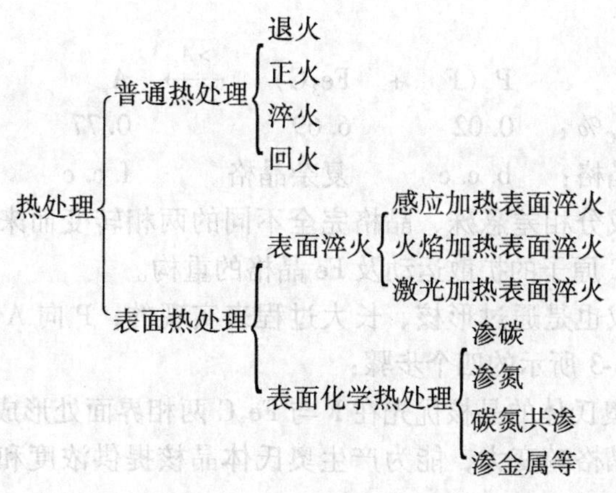

热处理工艺通常是用在温度—时间坐标内绘出的热处理工艺曲线表示，如图6-2。

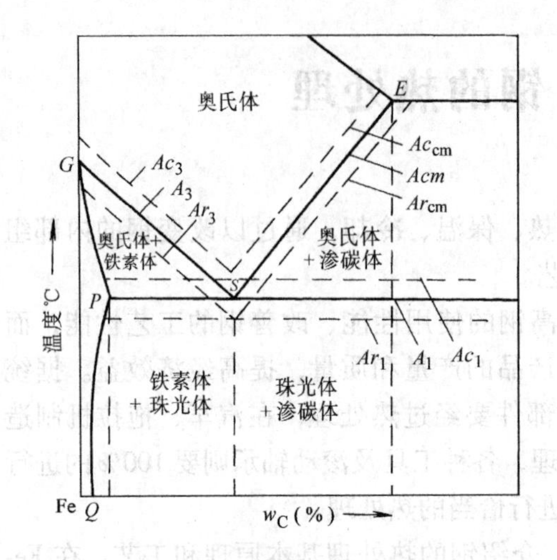

图6-1　加热和冷却对钢临界转变温度的影响

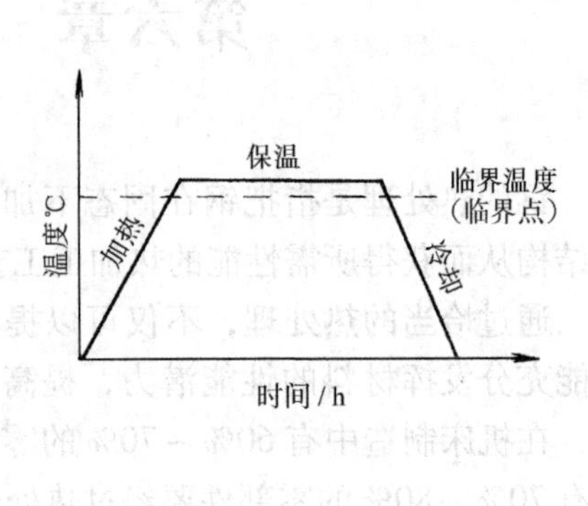

图6-2　热处理工艺曲线示意图

第一节　钢在加热时的转变

钢的热处理，一般都要先把钢加热获得奥氏体，再以不同的冷却方式冷却。把钢加热获得均匀奥氏体组织的过程称作奥氏体化过程。

一、共析钢加热时奥氏体的形成

共析钢在加热至 Ac_1 以上温度时，珠光体（P）组织要向奥氏体（A）转变：

	P（F	+	Fe_3C）	$\xrightarrow{>A_1}$	A_s
$w_C\%$：	0.02		6.69		0.77
晶格：	b.c.c		复杂晶格		f.c.c

奥氏体是由成分相差悬殊、晶格完全不同的两相转变而来的，因此这种转变必须要有Fe、C原子的扩散运动及Fe晶格的重构。

奥氏体的形成也是通过形核、长大过程来实现的，P向A转变的具体转变过程可分为如图6-3所示的四个步骤：

（1）形核　奥氏体的晶核优先在F与 Fe_3C 两相界面处形成，这是因为相界处成分不均匀，晶格畸变大，能为产生奥氏体晶核提供浓度和结构两方面的有利条件。

（2）晶核的长大　奥氏体晶核形成后，晶核与铁素体相邻处A的碳浓度较低，与渗碳体相邻处A的碳浓度较高，从而使奥氏体中的碳原子发生扩散，为

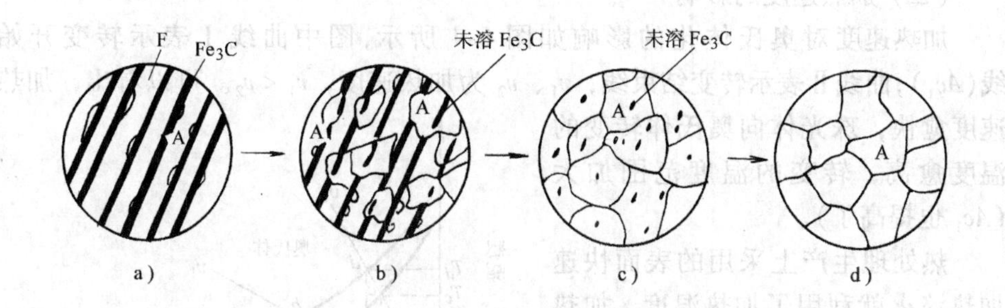

图 6-3　共析碳钢奥氏体形成过程示意图

a）A 形核　b）A 长大　c）残留 Fe_3C 溶解　d）A 均匀化

铁素体逐渐转变成为奥氏体和渗碳体不断溶解创造了条件。通过原子扩散，奥氏体向铁素体和渗碳体两侧逐渐推进长大。

（3）残留 Fe_3C 的溶解　铁素体、渗碳体、奥氏体三相比较而言，F 的碳浓度和晶体结构与 A 相近，所以 F 先于 Fe_3C 消失。因此，A 形成后，仍有未溶解的 Fe_3C 存在,随着保温时间的延长，未溶 Fe_3C 将继续溶解，直至全部消失。

（4）奥氏体成分均匀化　当残留 Fe_3C 全部溶解完时，原 Fe_3C 存在的地方碳含量比原 F 存在的地方碳含量要高，所以需要继续延长保温时间，让碳原子充分扩散，才能使奥氏体的碳含量处处均匀。

二、亚、过共析钢的奥氏体化过程

与共析钢不同，亚共析钢平衡组织中除了珠光体外还有先共析铁素体，过共析钢组织中除了珠光体外还有先共析渗碳体。因此亚（过）共析钢的奥氏体化过程分两步完成：首先完成 P→A 的转变（具体过程和共析钢的相同），其次，是先共析相向奥氏体转变。要获得完全的奥氏体组织，必须把亚（过）共析钢加热到 Ac_3（Ac_{cm}）以上。

一般把亚共析钢加热到 Ac_3 以上、把过共析钢加热到 Ac_{cm}以上以获得全奥氏体组织，这种加热叫完全奥氏体化加热。

若把亚共析钢加热到 $Ac_1 \sim Ac_3$ 之间，其组织为铁素体和奥氏体；把过共析钢加热到 $Ac_1 \sim Ac_{cm}$之间，其组织为二次渗碳体和奥氏体，这种加热叫不完全奥氏体化加热。

三、影响奥氏体化的因素

（一）加热温度的影响（ >727℃）

实验研究表明，加热温度越高则奥氏体形成的速度就越快。这是因为加热温度高（即过热度大），则 A 形核率及长大速率都迅速增大，原子扩散能力也在增强，促进了渗碳体的溶解和铁素体的转变。

（二）加热速度的影响

加热速度对奥氏体化的影响如图 6-4 所示，图中曲线Ⅰ表示转变开始线（Ac_1），曲线Ⅱ表示转变结束线，v_1、v_2 为加热速度，$v_1 < v_2$。可以看出，加热速度愈快，珠光体向奥氏体转变的温度愈高，转变的温度范围加大（Ac_1 也提高了）。

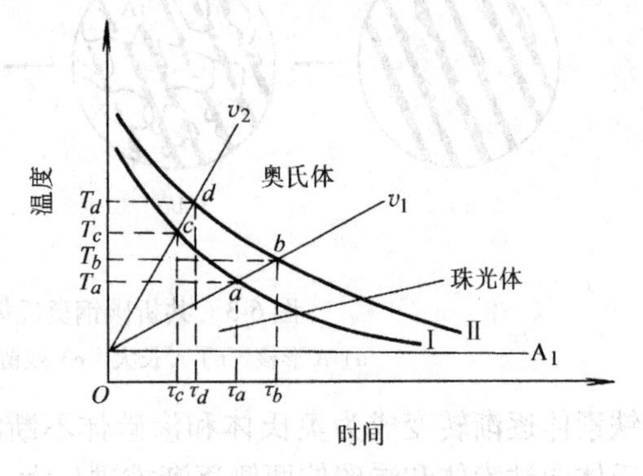

图 6-4　加热速度对奥氏体转变的影响示意图

热处理生产上采用的表面快速加热淬火就利用了加热温度、加热速度对奥氏体化过程的影响的这些特点，可以使钢在快速、很高的温度进行奥氏体化，获得很细小的奥氏体晶粒。

当加热速度极其缓慢时，则 Ac_1 趋近于 A_1，即接近于平衡加热。

（三）合金元素的影响

1. 合金元素改变钢的临界点（奥氏体的形成温度）

合金元素加入铁碳合金后，将使 $Fe\text{-}Fe_3C$ 相图发生变化，其变化主要表现在使 γ 相区的大小、形状和位置发生明显改变，如图 6-5 所示。这些变化将对钢的加工工艺和钢的使用性能产生重要的影响。根据合金元素对 $Fe\text{-}Fe_3C$ 相图的影响可将其分为两类，即扩大 γ 相区元素和缩小 γ 相区元素。

具有面心立方晶格的 Ni、Mn、Cu 等元素以及 N 和 C 是扩大 γ 相区元素，而具有体心立方晶格的 Cr、Mo、W、Ti 等其它合金元素均为缩小 γ 相区元素。钢中加入扩大 γ 相区元素 Ni 或 Mn 可使 γ 相区扩大，甚至使钢在室温下得到稳定的奥氏体组织；相反，当钢中含有大量缩小 γ 相区元素 Cr 时，将使钢的 γ 相区缩小，甚至使 γ 相区消失，得到加热和冷却时都无相变发生的单相铁素体组织。

几乎所有的合金元素都使 S 点和 E 点向左移，即移向低碳方向，如图 6-6 所示。S 点左移意味着碳含量 $w_C < 0.77\%$ 的合金钢中珠光体的含量增多，并有可能成为共析钢或过共析钢。例如含 $w_{Cr}13\%$ 的钢，其共析组织的碳含量仅为 $w_C0.3\%$；E 点左移意味着莱氏体有可能在碳含量远低于 $w_C2.11\%$ 的合金钢中出现。例如在含 $w_W18\%$ 的钢中，碳含量仅 $w_C0.8\%$ 时，其铸态组织中就出现了大量的莱氏体。

一般来说，Ni、Mn 等合金元素降低临界点，使奥氏体的形成温度下降，而 Cr、W、Mo、V、Ti 等提高临界点，使奥氏体形成的温度升高。并且加入合金元素后，钢的共析转变一般不在恒温进行，而是在一定的温度范围内进行。

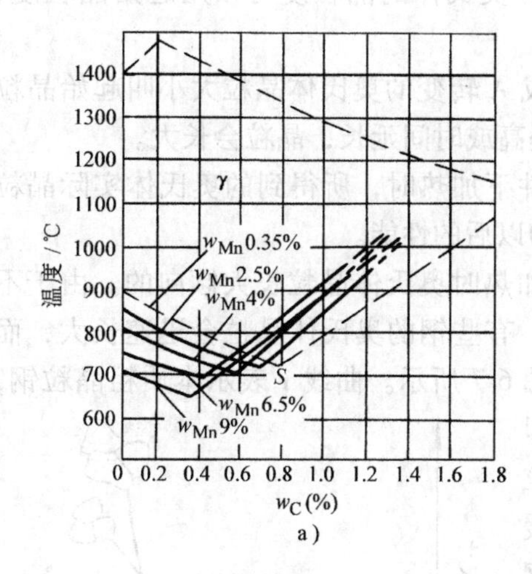

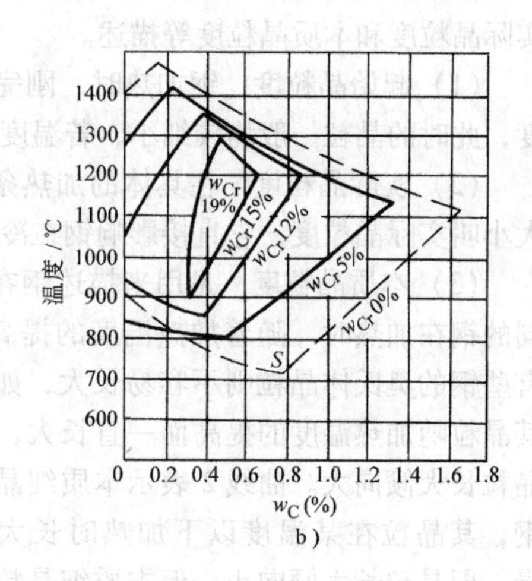

图6-5　合金元素对 $Fe-Fe_3C$ 相图 γ 相区的影响

a）Mn 对 $Fe-Fe_3C$ 相图的影响　b）Cr 对 $Fe-Fe_3C$ 相图的影响

2. 合金元素影响碳在奥氏体中的扩散速度

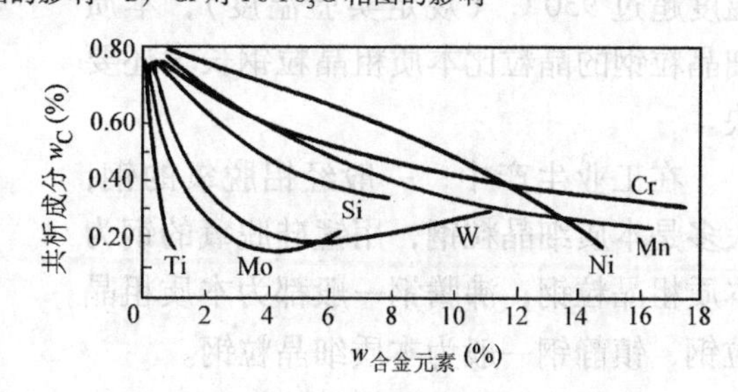

图6-6　合金元素对共析成分（S点）的影响

合金钢的奥氏体形成过程基本上与碳钢相同，但合金元素影响奥氏体的形成速度，这主要是由于合金元素的加入改变了碳在钢中的扩散速度。Co 和 Ni 提高碳在奥氏体中的扩散速度，因而增大奥氏体的形成速度；碳化物形成元素 Cr、Mo、W、Ti、V 等与碳有较强的亲和力，显著减慢了碳在奥氏体中的扩散速度，故奥氏体的形成速度大大减慢；其它元素如 Si、Al 对碳在奥氏体中的扩散速度影响不大，对奥氏体的形成速度几乎没有影响。这就是在热处理生产中，合金钢加热温度比等碳含量的碳钢要高、保温时间要长的原因。

（四）钢的原始组织的影响

1）单位体积内片层状的 Fe_3C 比球状 Fe_3C 的表面面积大，因此界面处的形核率就大，有利于奥氏体的形成。

2）Fe_3C 愈弥细，则相界面就愈多，形核率也就愈高，也有利于奥氏体的形成。

四、奥氏体的晶粒度及其长大

（一）奥氏体晶粒度的概念

根据奥氏体的形成过程及长大倾向，奥氏体的晶粒度可以用起始晶粒度、实际晶粒度和本质晶粒度等描述。

（1）起始晶粒度　钢加热时，刚完成 A 转变的奥氏体晶粒大小叫起始晶粒度，此时的晶粒一般均较细小，若温度提高或时间延长，晶粒会长大。

（2）实际晶粒度　在具体的加热条件下加热时，所得到的奥氏体实际晶粒大小叫实际晶粒度，它直接影响钢在冷却以后的性能。

（3）本质晶粒度　是用来描述钢在加热时奥氏体晶粒长大倾向的。由于不同的钢在加热时，随着加热温度的提高，有些钢的奥氏体晶粒会迅速长大，而有些钢的奥氏体晶粒则不容易长大，如图 6-7 所示。曲线 1 表示本质粗晶粒钢，其晶粒随加热温度的提高而一直长大，即晶粒长大倾向大。曲线 2 表示本质细晶粒钢，其晶粒在某温度以下加热时长大缓慢，即晶粒长大倾向小，但本质细晶粒钢并非在任何加热温度下晶粒都不粗化，若温度超过 930℃（规定实验温度），本质细晶粒钢的晶粒比本质粗晶粒钢长大还要快。

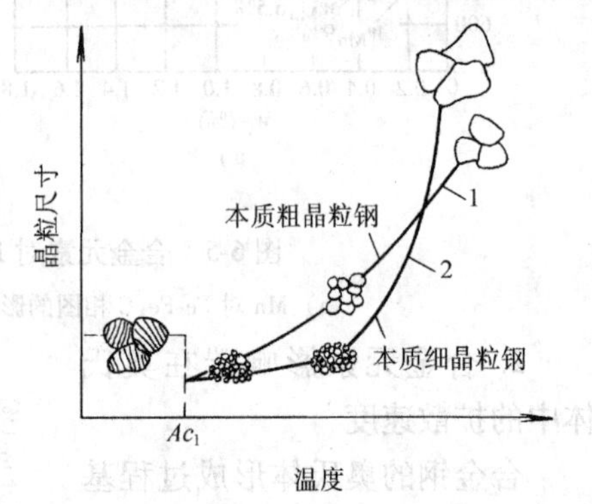

图 6-7　钢的本质晶粒度示意图

在工业生产中，一般经铝脱氧的钢，大多是本质细晶粒钢，用锰硅脱氧的钢为本质粗晶粒钢；沸腾钢一般都为本质粗晶粒钢，镇静钢一般为本质细晶粒钢。

一般结构钢的奥氏体晶粒度分 8 级。1 级最粗，8 级最细。在规定实验规范下，晶粒度在 1 ~ 4 级的钢为本质粗晶粒钢，5 ~ 8 级的钢为本质细晶粒钢。

（二）奥氏体晶粒长大及影响因素

1. 长大机理

晶粒长大会减少晶界总面积，降低界面能，使体系能量降低，所以晶粒长大是一个自发过程。此过程是通过大晶粒吞并小晶粒实现的，亦即靠晶界的迁移、原子的重新排列而实现的。

2. 影响奥氏体晶粒长大的因素

（1）加热温度　奥氏体化温度越高，晶粒长大越明显。

（2）钢的碳含量的影响　在碳钢中，共析钢的奥氏体晶粒最容易长大粗化。这是因为在亚共析钢中有先共析 F，在过共析钢中有先共析 Fe_3C，它们对奥氏体化过程及奥氏体晶粒的长大都有阻碍作用。

（3）合金元素的影响　除了 Mn、P 外，多数合金元素在钢中或者形成碳化物、氧化物、氮化物，或者呈游离态单独存在（如铜），都会阻碍奥氏体晶粒长大。

3. 奥氏体实际晶粒度对冷却后钢性能的影响

粗大的奥氏体晶粒在冷却后使钢的强度下降，韧性显著降低，并会导致钢件淬火时变形较大甚至开裂而报废。例如T10钢950℃加热时A晶粒粗大，随后淬水时就极易产生裂纹。

第二节　奥氏体在冷却时的转变

加热的目的是为了获得晶粒细小、化学成分均匀的奥氏体，冷却的目的是为了获得一定的组织以满足所需的性能要求，因此，冷却往往是钢热处理的关键。

一、奥氏体在不同冷却方式下的转变

（一）极其缓慢冷却转变

奥氏体在极其缓慢的冷却过程中将按照$Fe\text{-}Fe_3C$相图进行平衡结晶转变，其室温平衡组织是：共析钢为珠光体，亚共析钢为铁素体+珠光体，过共析钢为二次渗碳体+珠光体。

（二）连续冷却转变

奥氏体在一定冷速下完成的转变，冷速不同，得到的组织也不同。以这种方式研究过冷奥氏体的转变及所得组织较为困难。

（三）等温冷却转变

把加热得到的奥氏体迅速冷却到临界点A_1以下某一温度（此时尚未来得及转变的奥氏体被称作过冷奥氏体），并在此温度停留足够时间使过冷奥氏体完成转变，这叫等温冷却转变。这种冷却方式研究过冷奥氏体等温冷却转变比较方便，故予以重点介绍。

二、过冷奥氏体等温转变图（等温转变C曲线）

因为共析钢的组织相对比较简单，下面以共析钢的等温转变图为例加以分析。

（一）C曲线的测定

奥氏体在向其它组织转变的时候同样会伴随有各种物理变化，如热效应、体积变化、磁性变化等等，所以测量奥氏体转变的方法相应有热分析法、膨胀法、磁性法等，而采用金相观测法最为直观，因此等温转变图用金相法并辅以其它方法测定的。

把$\phi10\times1.5$mm的共析钢试样分组，每组若干个试样。取一组试样加热奥氏体化后，迅速冷却到A_1以下某一温度（如700℃）的等温槽中等温停留并开始计时，每间隔一定时间取出一块试样观察其组织，记下过冷奥氏体开始向其

它组织转变的时间和转变终了的时间；如此在不同温度分别对第二组、第三组……试样进行同样实验操作，然后将实验数据描绘到温度—时间坐标上就会得到如图6-8所示等温转变图，因为图中曲线形状像英文字母“C”，故称为C曲线。

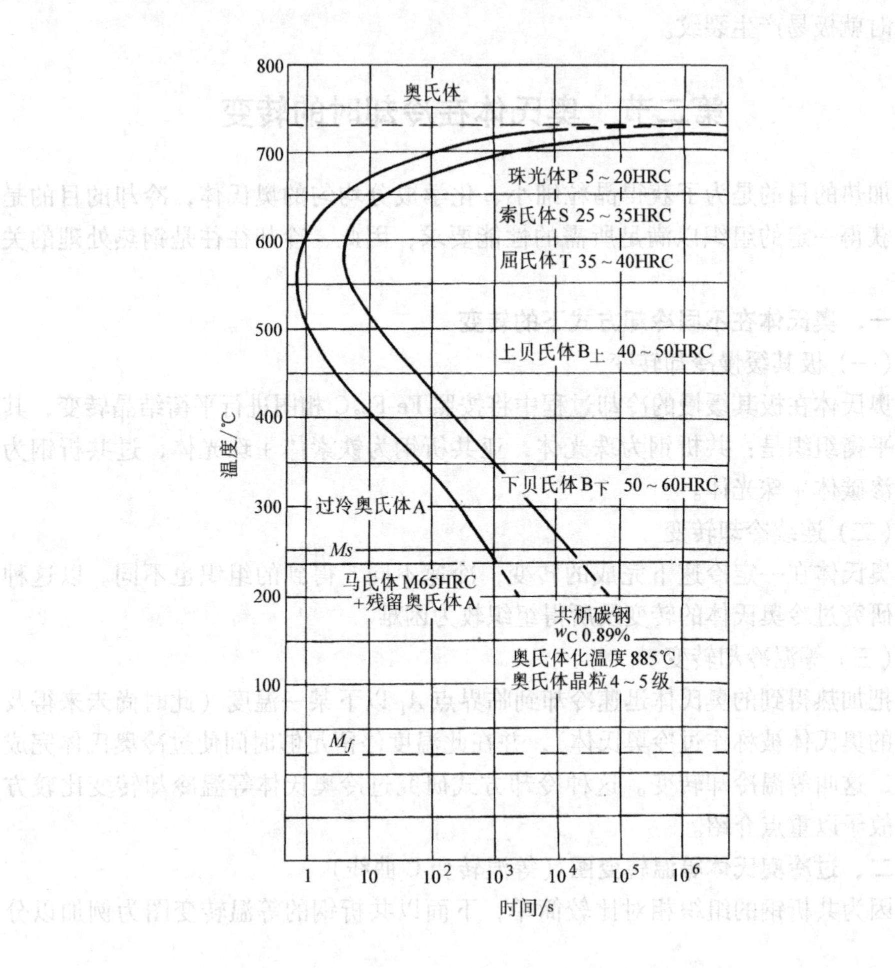

图6-8　共析碳钢的过冷奥氏体等温转变曲线图

（二）等温转变图的分析

（1）线区说明　A_1 线——即 P⇌A 平衡转变临界温度，等温转变图的左半支——过冷奥氏体开始转变时间的连线；等温转变图的右半支——过冷奥氏体转变终了时间的连线；*Ms*——奥氏体向马氏体转变的开始温度（共析碳钢的 *Ms* 为230℃）；M_f——奥氏体向马氏体转变的终了温度（共析碳钢为-50℃）；A_1 温度以上为稳定奥氏体区；A_1 到 *Ms* 之间以及开始转变线以左为过冷奥氏体区；

转变终了线右边为过冷奥氏体的转变产物区，在不同的过冷度下转变产物是不同的。在 $Ms—M_f$ 之间是奥氏体向马氏体转变区；等温转变图左、右半支之间是过冷奥氏体转变区。

（2）“孕育期” 转变开始线与纵坐标轴之间的距离称为“孕育期”，孕育期最短处过冷奥氏体最不稳定，即过冷奥氏体最易发生转变，这里被称为 C 曲线的“鼻尖”。

过冷奥氏体的稳定性取决于相变驱动力（ΔF）和原子扩散能力两个因素。在鼻尖以上，温度越高，过冷度越小，A 转变的驱动力就越小；在鼻尖以下，温度越低，原子扩散越困难。上述两种情况下都使过冷奥氏体稳定性增加，即孕育期增长。

（3）转变产物 将奥氏体迅速冷却到 A_1 以下不同温度，即在不同过冷度下，过冷奥氏体的转变产物是不同的。

三、过冷奥氏体转变产物的组织形态及其性能

奥氏体过冷到临界温度 A_1 以下时，就变成不稳定状态的过冷奥氏体，随过冷度不同，过冷奥氏体将发生三种类型转变，即珠光体转变、贝氏体转变、马氏体转变。以下仍以共析钢为例，对三种类型转变进行说明。

(一) 珠光体转变

（1）珠光体的组织形态及性能 过冷奥氏体在 A_1 至 550℃温度范围内，将转变为珠光体类型组织，其本质仍是铁素体与渗碳体片层相间的机械混合物。根据片层厚度不同，这类组织又分为：

1）珠光体在 A_1 ~650℃等温转变的产物，片层较厚，一般在 500 倍以下的光学显微镜下即可分辨，用符号“P”表示，硬度为 10 ~20HRC。

2）索氏体（细珠光体），形成温度为 650 ~600℃，片层较薄，一般在 800 ~1000 倍光学显微镜下才可分辨，用符号“S”表示，硬度为 20 ~30HRC。

3）屈氏体（极细珠光体），形成温度为 600 ~550℃，片层极薄，只有在电子显微镜下（放大 5000 倍）才能分辨，用符号“T”表示，硬度为 30 ~40HRC。

片层状珠光体的性能取决于片间距（相邻二片 Fe_3C 的平均距离），片间距越小，则强度硬度越高，塑性韧性越好。

（2）珠光体转变过程 奥氏体向珠光体转变过程也是形核、长大过程，如图 6-9 所示。当奥氏体过冷到 A_1 以下时，首先在奥氏体晶界上产生渗碳体晶核，通过原子扩散，渗碳体依靠周围奥氏体供应碳原子长大，同时由于渗碳体两边奥氏体碳含量降低，从而为铁素体的形核创造了条件，使两边的奥氏体转变成为铁素体。铁素体碳含量甚微（$w_C < 0.0218\%$），所以 F 长大过程中又将过剩的碳排挤到相邻的奥氏体中去，使相邻奥氏体碳含量增高，又为产生新的渗碳体

创造了条件。如此交替进行下去，奥氏体最终全部转变为铁素体和渗碳体片层相间的珠光体组织。

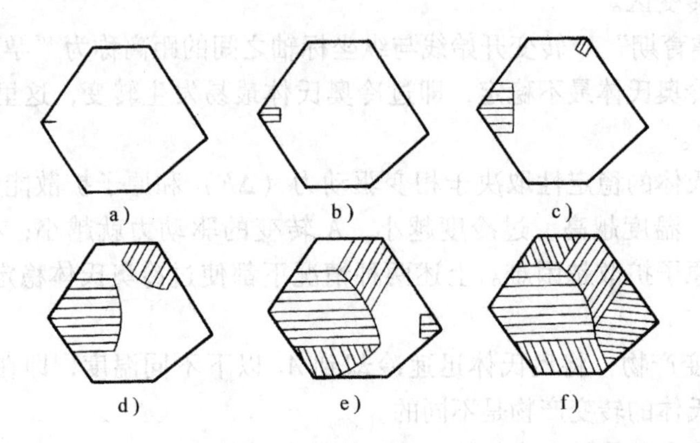

图 6-9 片状珠光体形成示意图

珠光体转变是全扩散型转变，即铁原子和碳原子均进行扩散运动。

（二）贝氏体转变

（1）贝氏体的组织形态和性能　过冷奥氏体在 550℃ ~ *Ms*（230℃）温度范围内等温转变成贝氏体类型组织。贝氏体用符号“B”表示，它又分为上贝氏体（$B_{上}$）和下贝氏体（$B_{下}$）。

1）上贝氏体，形成温度为 550 ~ 350℃，在光学显微镜下呈羽毛状，如图 6-10。在电子显微镜下为不连续的、短杆状的渗碳体分布于自奥氏体晶界向晶内生长的平行的铁素体条之间。

2）下贝氏体，形成温度为 350℃ ~ *Ms*，在光学显微镜下呈黑色针状，如图 6-11。在电子显微镜下可以看到细小的碳化物分布于铁素体针内，并与铁素体的长轴方向呈约 55 ~ 60°的角。

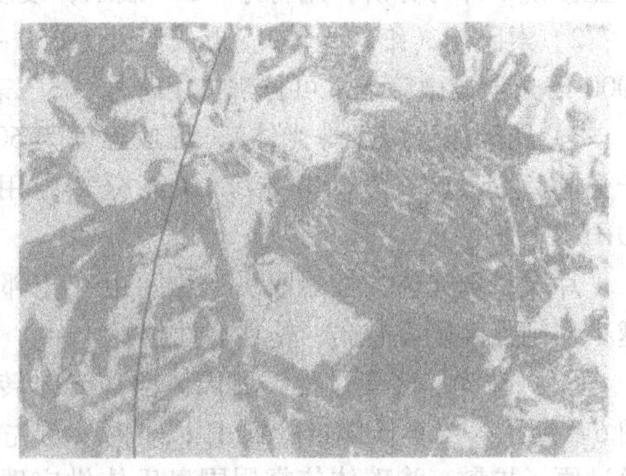

图 6-10　上贝氏体光镜照片（400 ×）

贝氏体的力学性能主要取决于其组织形态，上贝氏体中铁素体条较宽，塑变抗力较低，加上较粗大的碳化物分布于铁素体条间，易引起脆断，因此与 $B_{下}$ 相比，上贝氏体的强度低，塑韧性差。在热处理生产中，应尽量避免出现上贝氏体组织。

图 6-11　下贝氏体光镜照片（400×）

下贝氏体由于细小碳化物弥散分布于铁素体针内，针状铁素体又有一定过饱和度，因此弥散强化和固溶强化使下贝氏体具有较高的强度、硬度和良好的塑韧性，即具有较优良的综合力学性能。因此在热处理生产中，通常采用等温淬火的方法，以期得到下贝氏体组织。下贝氏体是生产上常希望得到的一种组织。

（2）贝氏体转变过程　由于贝氏体是有一定过饱和度的铁素体和碳化物两相组成的混合物。所以在转变成贝氏体之前，碳原子要在奥氏体中重新分布形成贫碳区，为形成铁素体创造条件，随后经过铁晶格重构及碳原子扩散运动形成了贝氏体。

当温度较高（550～350℃）时，铁素体从奥氏体晶界开始向晶内以相同方向平行生长，随着铁素体伸长、变宽，其中的碳原子向 F 条间的奥氏体中富集，最后在铁素体条之间析出短棒状渗碳体，奥氏体消失，形成上贝氏体。

当温度较低（350℃～*Ms*）时，碳原子扩散能力弱，铁素体在奥氏体的晶界或晶内某些晶面上长成针状并固溶较多的碳原子，但碳原子扩散运动难以逾越铁素体针的范围，只能在铁素体内一定晶面上以细小弥散的碳化物形式析出，形成下贝氏体。

由此可见，贝氏体形成也是形核、长大过程，但只有碳原子扩散运动，而铁原子仅发生重排使晶格改组，所以属于半扩散型转变。

（三）马氏体转变

当以很快的冷速把奥氏体过冷到 *Ms* 以下时，将转变成为马氏体类型组织。马氏体转变是强化金属材料的重要途径之一。

1. 马氏体的晶体结构

马氏体是碳在 α-Fe 中的过饱和固溶体，用符号“M”表示。马氏体是体心正方晶格（$a=b\neq c$），如图 6-12 所示，c/a 称为马氏体的正方度，$c/a\geqslant 1$，马氏体碳含量越高，其正方度越大，正方度越大，正方畸变越严重。当 $c/a=1$

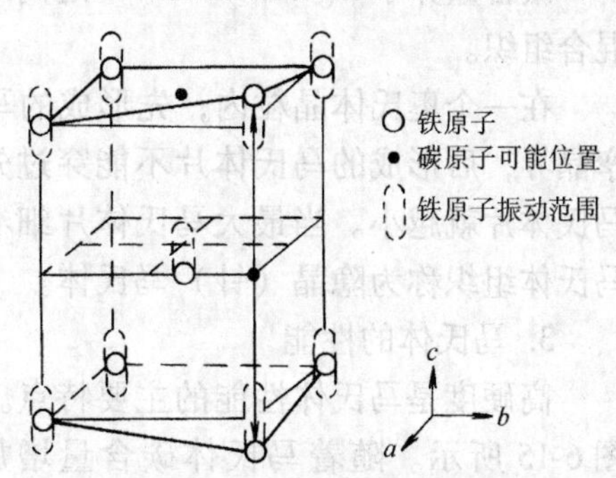

图 6-12　马氏体晶格示意图

时，则为体心立方晶格了。

2. 马氏体的组织形态

钢中马氏体的组织形态分为板条马氏体和片状马氏体，如图6-13和图6-14。

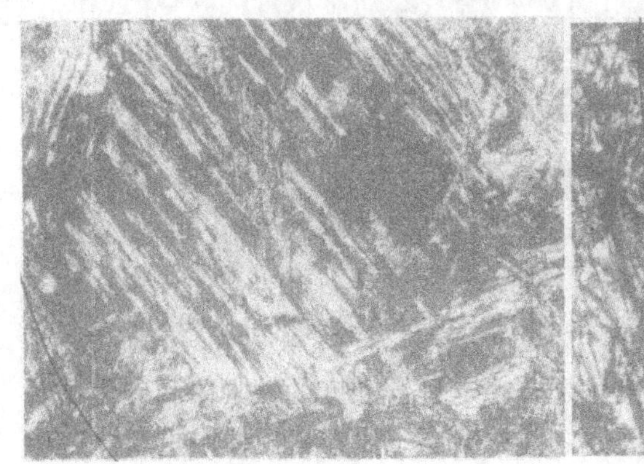

图6-13　板条状马氏体（250×）

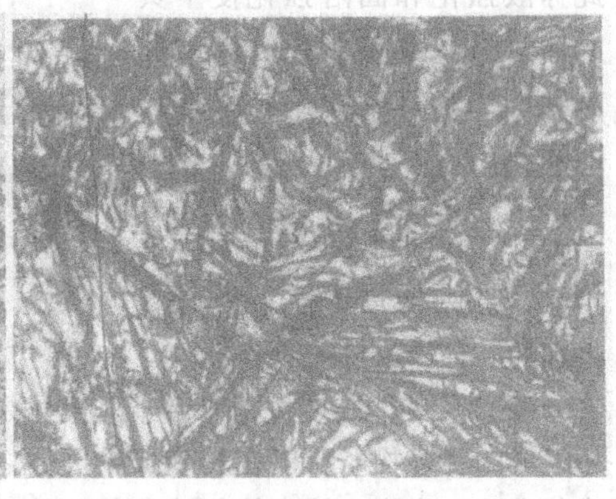

图6-14　片状马氏体（500×）

板条马氏体的显微组织表现为一束束的细条状组织，其立体形态呈椭圆柱状，平行成束排列。一个奥氏体晶粒内可形成几个取向不同的板条马氏体束。在透射电子显微镜下观察表明，马氏体板条内的亚结构主要是高密度的位错，故又称为位错马氏体。当钢的碳含量小于0.2%时，马氏体转变后的组织中几乎完全是板条马氏体，因此又称为低碳马氏体。

片状马氏体的显微组织为竹叶状，因为在显微镜下经常观察到的是“竹叶”的横截面而呈现针状，所以又叫针状马氏体。其立体形态呈双凸透镜的片状，在透射电镜下观察表明，其亚结构主要是孪晶，因而又称为孪晶马氏体。当钢的碳含量≥w_C1%时，马氏体转变后的组织中几乎全是片状马氏体，所以又称为高碳马氏体。

碳含量介于w_C0.2%～1.0%之间时，马氏体为板条马氏体和片状马氏体的混合组织。

在一个奥氏体晶粒内，先形成的马氏体片横贯整个晶粒，但不穿过晶界和孪晶界，后形成的马氏体片不能穿过先形成的马氏体片，所以越是后面形成的马氏体片就越小。当最大马氏体片细小到在光学显微镜下都无法分辨时，这种马氏体组织称为隐晶（针）马氏体。

3. 马氏体的性能

高硬度是马氏体性能的主要特点。马氏体的硬度主要受碳含量的影响，如图6-15所示。随着马氏体碳含量增加，其硬度随之升高，当碳含量达到w_C0.6%以后其硬度的上升趋于平缓。合金元素对钢中马氏体的硬度影响不大。马氏体强化是钢的主要强化手段之一，广泛应用在工业生产中。马氏体强化的主要原因是过饱和碳引起的晶格畸变，即固溶强化。此外，马氏体转变过程中产生大量晶体缺陷（如位错、孪晶等）、所引起的组织细化以及过饱和碳以弥散碳化物形式的析出等都对马氏体的强化有不同程度的贡献。

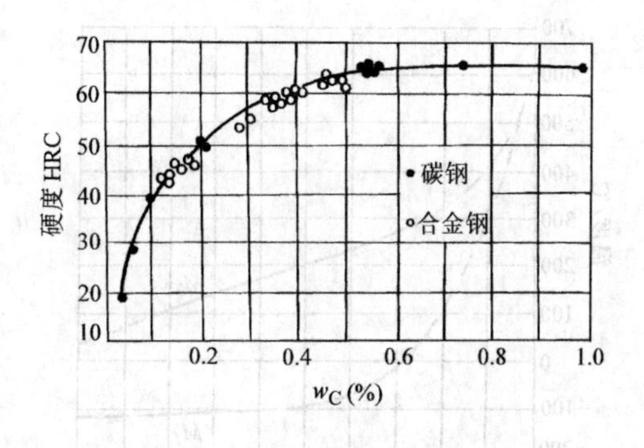

图 6-15　马氏体硬度与含碳量的关系

马氏体的塑性和韧性主要取决于其亚结构的形式和碳在马氏体中的过饱和度。高碳片状马氏体的塑性和韧性很差，而低碳板条马氏体的塑性和韧性却相当好。

4. 马氏体转变的特点

马氏体转变也是形核、长大过程，其主要特点是：

（1）无扩散性　马氏体转变是非扩散性转变。这是由于这种相变的过冷度极大，铁原子和碳原子的扩散都极其困难，仅发生铁的晶格改组，因而奥氏体转变成马氏体过程中没有成分变化，马氏体的碳含量与转变成它的奥氏体的碳含量相同。

（2）在不断降温的条件下形成　马氏体的转变量随温度下降而不断增加，降温中断，马氏体转变很快停止。发生马氏体转变的开始温度和转变的终了温度分别称为 Ms 和 M_f，马氏体转变没有孕育期，降温到 Ms 点，立即发生马氏体转变。

（3）高速度　马氏体形成速度极快，瞬间形核，瞬间长大。片状马氏体长大速度可达（1～2）$\times 10^5$cm/s，一片马氏体形成时会因高速撞击作用而使已形成的马氏体产生微裂纹，这也是片状马氏体硬度高而脆性大的原因之一。

（4）马氏体转变的不完全性　即使冷到 M_f 点，也不可能获得 100% 的马氏体，总会有部分奥氏体未能转变而残留下来，称为残留奥氏体，用“A′”表示。产生 A′的原因是因为马氏体的比容大于奥氏体的比容，即奥氏体转变成马氏体时体积会膨胀，最终总会有一些奥氏体受压而不能转变被迫保留下来。

另外，A′的数量还与马氏体转变温度范围（$Ms \sim M_f$）有关，当奥氏体碳含量增加时，Ms 和 M_f 随之降低，如图 6-16a 所示。当碳含量超过 w_C0.5% 时，M_f 降到 0℃以下，这对淬火到室温（20℃）来说，钢中的 A′数量增加了，因此淬火钢中的残留奥氏体的数量与钢的碳含量有关。如图 6-16b 所示。

此外，除 Co、Al 外，钢中的所有合金元素均使 Ms、M_f 温度降低，使 A′量增加，如图 6-17 和图 6-18 所示。

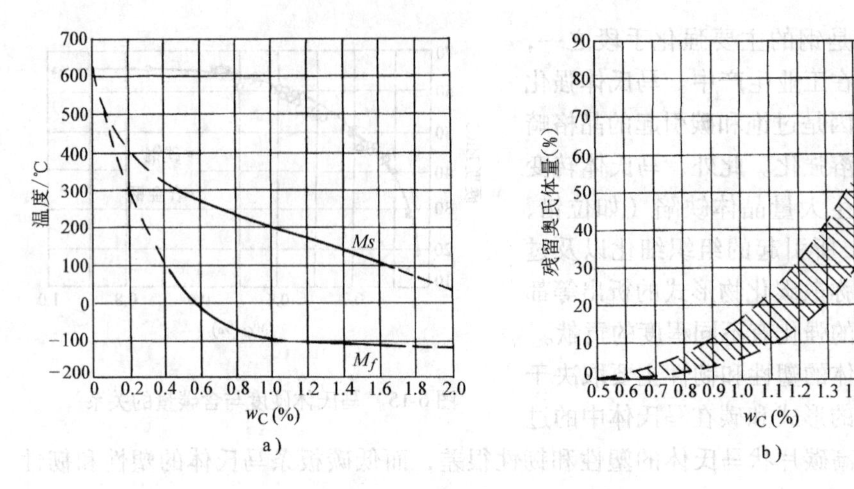

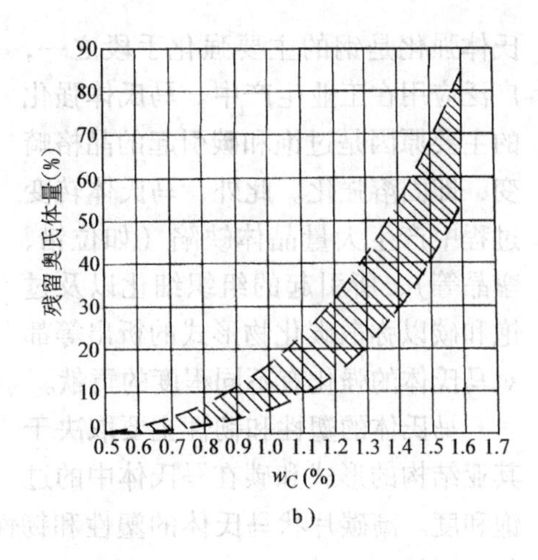

图 6-16 奥氏体的碳含量对马氏体转变温度 a) 及残余奥氏体量 b) 的影响

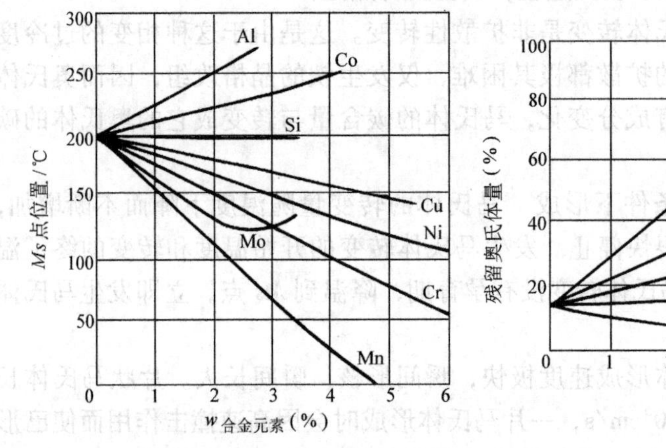

图 6-17 合金元素对马氏体点（*Ms*）的影响

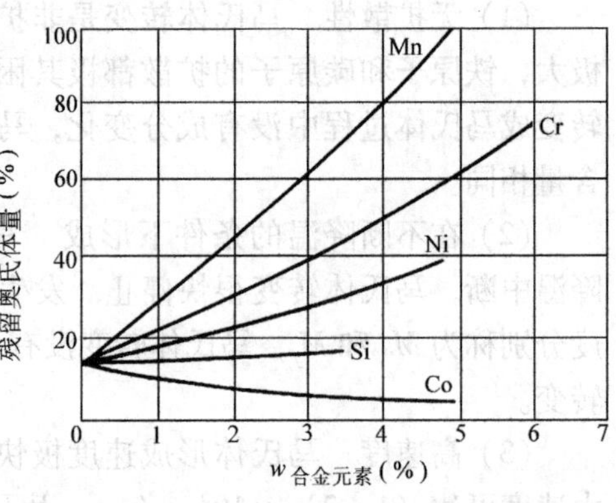

图 6-18 合金元素对残留奥氏体量的影响

5. 冷处理

A′会降低淬火钢的硬度、耐磨性，而且在使用过程中或长期存放时，A′往往会发生转变而引起钢件尺寸精度的变化。因此，为了提高钢件的硬度、耐磨性，提高使用寿命，稳定钢件的尺寸精度，必须对要求较高的钢件进行冷处理。冷处理在淬火后要立即进行，它是淬火的继续。冷处理的温度依据钢的 M_f 温度决定，通常选定在 −50 ~ −80℃。

四、影响等温转变图（C 曲线）位置和形状的因素

影响 C 曲线的主要因素是奥氏体的成分和奥氏体化条件。

（一）碳含量的影响

在正常加热条件下，亚共析钢等温转变图随碳含量增加而向右移，过共析钢C曲线随碳含量降低而向右移，故在碳钢中以共析碳钢等温转变图最靠右。也就是说，共析碳钢的过冷奥氏体最为稳定。

与共析钢等温转变图相比，亚共析钢和过共析钢的等温转变图左上方，还各多出一条先共析相的析出线。如图6-19所示。这是因为在过冷奥氏体转变为珠光体之前，亚共析钢要先析出铁素体，过共析钢要先析出渗碳体。

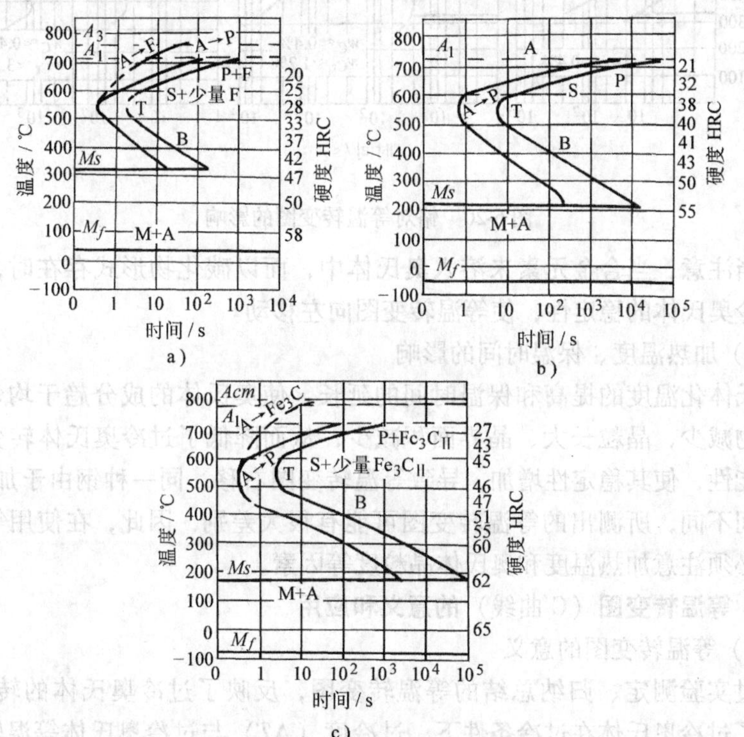

图6-19 碳钢的等温转变图的比较

a）亚共析钢 b）共析钢 c）过共析钢

（二）合金元素的影响

除Co外，所有溶入奥氏体的合金元素都使等温转变图右移，这是由于它们溶入奥氏体后，增大其稳定性，从而不同程度地延缓珠光体和贝氏体相变，其中尤以碳化物形成元素的影响较为显著，等温转变图的右移将使钢的淬透性增大。应当注意，当合金元素未溶入奥氏体中，而以碳化物形式存在时，它们将降低过冷奥氏体的稳定性，使等温转变图向左移动。

当碳化物形成元素（如Cr、W、Mo、V等）含量较多时，除了使等温转变图向右移动外，还会使等温转变图的形状发生变化，甚至整个等温转变图在鼻尖处分开，形成上下两个等温转变图，即过冷奥氏体向珠光体转变和过冷奥氏体向贝氏体转变分别有各自的等温转变图，如图 6-20 所示。

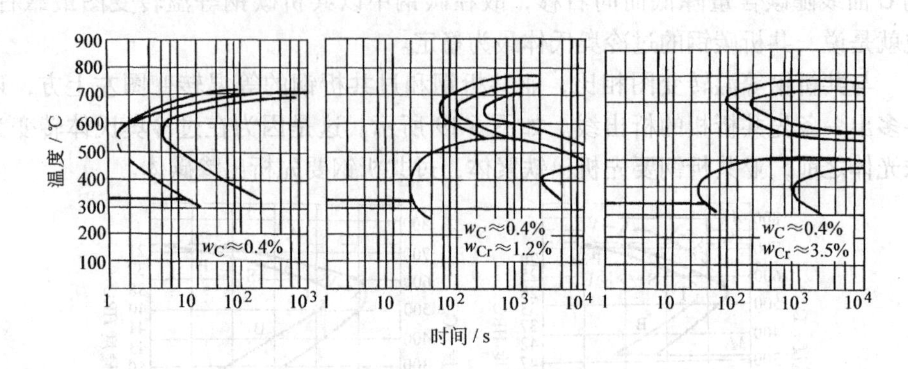

图 6-20　铬对等温转变图的影响

应当注意，当合金元素未溶入奥氏体中，而以碳化物形式存在时，它们将降低过冷奥氏体的稳定性，使等温转变图向左移动。

（三）加热温度、保温时间的影响

奥氏体化温度的提高和保温时间的延长，使奥氏体的成分趋于均匀化、未溶碳化物减少，晶粒长大、晶界面积减少，从而降低了过冷奥氏体转变的形核率和可能性，使其稳定性增加，导致等温转变图右移。同一种钢由于加热温度、保温时间不同，所测出的等温转变图可能有很大差别，因此，在使用等温转变图时，必须注意加热温度和奥氏体晶粒度等因素。

五、等温转变图（C 曲线）的意义和应用

（一）等温转变图的意义

通过实验测定、归纳总结的等温转变图，反映了过冷奥氏体的转变规律，即反映了过冷奥氏体在过冷条件下，过冷度（ΔT）与过冷奥氏体等温转变速度的关系，以及过冷度与过冷奥氏体等温转变产物的关系，这给理论研究带来了方便，也为制定热处理工艺提供了科学的依据。

（二）等温转变图的应用

等温转变图也叫奥氏体等温转变图［TTT 图（Time-Temperature-Transformation）或叫 IT 曲线（Isothermal-Transformation）］，在科研和工业生产中常用于：

（1）用奥氏体等温转变图判断连续冷却过程所得到的组织　把连续冷却速度曲线叠画到奥氏体等温转变图上，就能大致判断所得到的组织，如图 6-21 所示。

因为 v_1 冷却速度曲线与等温转变图左半支、右半支有二交点，二交点的温度范围在 A_1 ~650℃范围，故可以判断在 v_1 冷却速度下 A 转变的组织为 P，因为在此温度范围等温转变的组织就是 P。事实上，v_1 冷速就相当于热处理生产上的

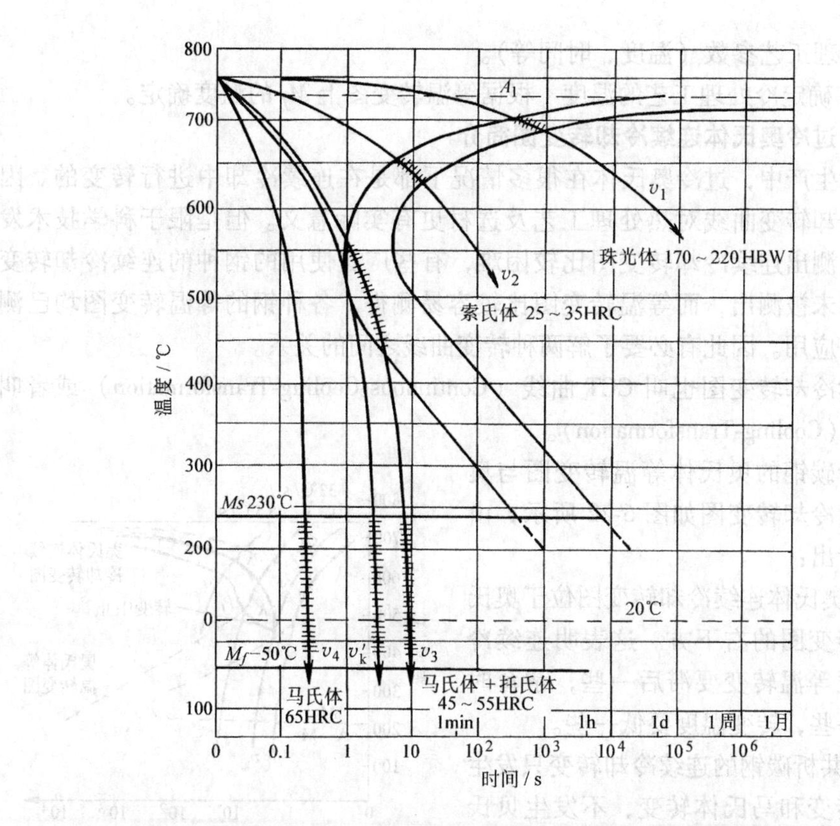

图 6-21　应用共析碳钢等温冷却曲线估计连续冷却所得到的组织

退火冷速（随炉缓冷）。

同理，以 v_2 冷速冷却下来可获得 S，相当于热处理生产上的正火。

v_3 相当于油中淬火，获得 T + M。

v_4 相当于水中淬火，获得 M + A′。

与等温转变图鼻尖相切的冷却速度 v_k' 叫临界冷却速度，它是淬火获得全部马氏体（当然会有 A′）的最小冷却速度，可通过下式计算：

$$v_k' = (A_1 - t_m) / 1.5\tau_m$$

式中 t_m——等温转变图鼻尖处的温度；

τ_m——等温转变图鼻尖处的时间。

修正系数 1.5 是因为用等温转变图解决连续冷却转变问题，需要做的适当调整，使结果更加符合实际情况。

现在，可以更加明确了等温转变图右移的意义：等温转变图越靠右，则 v_k' 值越小，即在较小的冷却速度条件下也能淬火获得马氏体，又能降低淬火内应力，避免钢件变形、开裂，同时也意味着可使大尺寸钢件的更深处获得马氏体。

（2）确定工艺参数　利用等温转变图来确定等温退火、等温淬火、分级淬火等热处理工艺参数（温度、时间等）。

（3）确定冷处理工艺的温度　根据等温转变图上 M_f 的温度确定。

六、过冷奥氏体连续冷却转变图简介

实际生产中，过冷奥氏体在很多情况下都是在连续冷却中进行转变的。因此连续冷却转变曲线对热处理工艺及选材更有实际意义。但是限于科学技术发展水平，测出连续冷却转变图比较困难，有些广泛使用的钢种的连续冷却转变图至今尚未被测出，而等温转变图比较容易测得，各种钢的等温转变图均已测出，以备应用。因此有必要了解两种转变曲线之间的关系。

连续冷却转变图也叫 CCT 曲线（Continuous-Cooling-Transformation）或者叫 CT 曲线（Cooling-Transformation）。

共析碳钢的奥氏体等温转变图与奥氏体连续冷却转变图如图 6-22 所示，由图可以看出：

1）奥氏体连续冷却转变图位于奥氏体等温转变图的右下方。这表明连续冷却转变比等温转变要滞后一些，孕育时间要长一些，转变温度要低一些。

2）共析碳钢的连续冷却转变只发生珠光体转变和马氏体转变，不发生贝氏体转变，也就是说，共析碳钢在连续冷却时得不到贝氏体组织。但有些钢在连续冷却时会发生贝氏体转变，得到贝氏体组织，例如某些亚共析钢、合金钢。

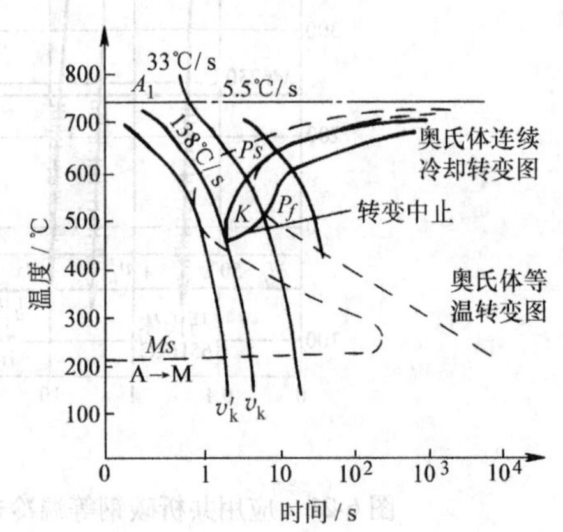

图 6-22　共析碳钢奥氏体连续冷却转变图与奥氏体等温转变图曲线比较

3）连续冷却转变也只能获得等温转变的各种组织。在共析碳钢的奥氏体连续冷却转变图中，*Ps* 和 P_f 分别表示奥氏体转变为珠光体的开始线和终了线，*K* 线表示 A→P 转变中止线，即冷却曲线碰到 K 线，则过冷奥氏体就不再继续向珠光体转变，而一直保持到 *Ms* 点以后转变成为马氏体。v_k 为奥氏体连续冷却转变图的临界冷却速度，它是获得全部马氏体的最小冷却速度，v_k' 为奥氏体等温转变图的临界冷却速度，显然，$v_k' > v_k$。这就是利用奥氏体等温转变图计算 v_k' 时采用修正系数 1.5 的原因。

在热处理生产中，应尽量查找奥氏体连续冷却转变图解决连续冷却问题，但在只有奥氏体等温转变图时，可将连续冷却曲线叠画在奥氏体等温转变图上近似判断能得到的组织，这是一种科学而实用的方法。

第三节　钢的退火与正火

钢的退火和正火的热处理工艺，主要用于铸、锻、焊毛坯的预备热处理，以改善毛坯机械加工性能，去除内应力，并可为最终热处理作组织准备，也可用于性能要求不高的机械零件的最终热处理。

一、退火

把钢加热到一定温度、保温一定时间，然后缓冷（随炉冷、坑冷、砂冷、灰冷）的热处理工艺叫退火。工业上常用的退火工艺及其适用范围如下：

（1）完全退火（简称退火）　把钢件加热到$Ac_3+30\sim50$℃，保温一定时间后随炉缓冷，其目的是获得近似平衡组织，这样可以改善钢件的组织，降低钢的硬度，消除内应力，有利于切削加工。

完全退火主要用于亚共析钢的铸、锻、焊件或型材毛坯料。

（2）等温退火　等温退火是将亚共析钢加热到$Ac_3+30\sim50$℃，过共析钢加热到$Ac_1+30\sim50$℃，保温后快冷到Ar_1以下某一温度，并在此温度停留，待相变完成后出炉空冷。等温退火的目的和完全退火一致，但等温退火比完全退火可大大缩短时间，提高生产率，而且在等温条件下完成转变，转变后的组织也比较均匀。例如高速钢的等温退火与普通退火工艺对比见图6-23。

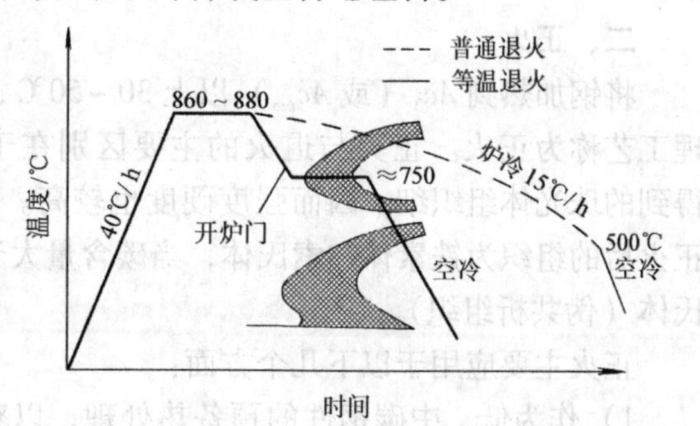

图6-23　高速钢等温退火与普通退火

（3）球化退火（不完全退火）　球化退火主要用于共析钢和过共析钢，其目的是使钢中的渗碳体（碳化物）球状化。其工艺是把钢加热到稍高于Ac_1的温度，充分保温，使二次渗碳体球化，然后再随炉缓冷，使钢在Ar_1温度珠光体转变中形成的渗碳体球，或在略低于Ar_1的温度下充分保温，使已形成的珠光体中的渗碳体球化，然后出炉空冷。

球化退火可以降低钢的硬度，改善切削加工性能，并为随后的淬火作好组织准备。

球化退火所得到的组织是在铁素体基体上弥散分布着颗粒（球）状的渗碳体，称为球状珠光体，如图6-24所示。

对于有网状二次渗碳体的过共析钢，在球化退火之前，应先进行正火，以破坏二次渗碳体网，利于球化。

(4) 去应力退火　去应力退火是将钢件加热到 A_1 温度以下某一温度（碳钢一般为 500 ~ 600℃），保温一定时间，然后随炉缓冷到 200 ~ 300℃ 出炉。其主要目的是消除铸、锻、焊件的内应力，稳定尺寸，减少变形。

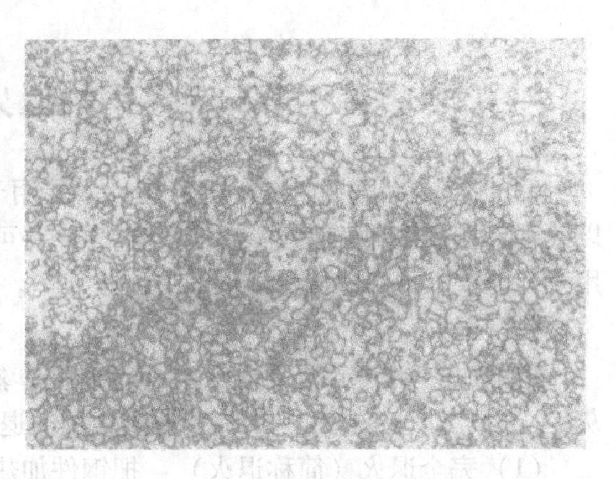

图 6-24　T12A 钢球化退火显微组织（500×）

(5) 扩散退火（成分均匀化退火）　扩散退火是将工件加热到低于固相线的高温，长时间保温，促使原子扩散，随后缓冷，以消除晶内偏析等成分不均匀现象。

二、正火

将钢加热到 Ac_3（或 Ac_{cm}）以上 30 ~ 50℃，保温一定时间，然后空冷的热处理工艺称为正火。正火与退火的主要区别在于冷却速度不同，正火冷速较大，得到的珠光体组织细，因而强度硬度也较高。当碳钢的碳含量小于 w_C0.6% 时，正火后的组织为铁素体加索氏体，当碳含量大于 w_C0.6% 时，正火后的组织为索氏体（伪共析组织）。

正火主要应用于以下几个方面：

1）作为低、中碳钢件的预备热处理，以获得合适的硬度，利于切削加工，也为淬火作组织准备。

2）用于过共析钢，抑制二次渗碳体以网状形式析出或过多析出，为球化退火获得球状珠光体作组织准备。

3）用作普通结构零件的最终热处理。

三、退火、正火的选用原则

(一) 从切削加工性上考虑

金属的最佳切削硬度约在 170 ~ 230HBW 范围内。要进行切削加工的钢件，应尽量使其硬度处于最佳切削硬度范围。为此，低中碳结构钢应采用正火作为预备热处理较为合适，高碳结构钢（如轴承钢）和工具钢应以退火（球化退火）为宜，中碳以上的合金钢宜采用退火。

(二) 从使用性能上考虑

1）正火后，强度、硬度稍高，对于要求不太高的零件，可以正火作为其最终热处理。

2）若零件尺寸较大或形状较复杂，正火可能会使零件产生较大的内应力和变形，甚至开裂，这种情况下应选用退火。

（三）从经济成本上考虑

正火比退火生产周期短，设备利用率高，工艺操作简便，比较经济。因此在可能条件下应尽量选用正火。

第四节　钢的淬火与回火

凡重要的机械零件，最终都要进行淬火、回火热处理，通过淬火、回火的适当配合，就能获得相应的组织，从而满足多方面的使用性能要求。

一、钢的淬火

（一）淬火的定义

将钢加热到 Ac_3 或 Ac_1 以上 30～50℃，保温一定时间，然后迅速冷却（冷却速度 $>v_k$）获得马氏体组织的热处理工艺称为淬火。淬火主要是为了获得马氏体组织，以提高钢的硬度和耐磨性，它是钢的最重要的强化方法。

（二）钢的淬火工艺

1. 淬火加热

加热的目的是为了获得细小而均匀的奥氏体，以便淬火后获得细小均匀的马氏体，这样的马氏体性能更好。

钢的淬火加热温度传统上是按下述规范确定的：

亚共析钢淬火加热温度为：$Ac_3+30\sim50$℃。

过共析钢淬火加热温度为：$Ac_1+30\sim50$℃。

对于合金钢，可以比等碳量的碳钢加热温度适当高一些。

过共析钢淬火加热温度一般为 $Ac_1+30\sim50$℃ 而不是 $Ac_{cm}+30\sim50$℃，这是因为前者加热温度低，奥氏体晶粒细，并且组织中有未溶解 Fe_3C（或碳化物），因此淬火后的组织为细小马氏体、未溶解的粒状 Fe_3C 和少量的 A′，使淬火钢具有高的硬度、耐磨性；若采用 $Ac_{cm}+30\sim50$℃加热，必然使奥氏体晶粒长大，奥氏体溶碳量增加及 Fe_3C 消失，所以淬火组织为粗大马氏体和大量的 A′，这会降低淬火钢的硬度、耐磨性，以及韧性，使淬火钢件的淬火变形、开裂倾向加大，使钢件表面氧化脱碳加剧。

需要说明的是，近年来，亚共析钢的亚温淬火研究获得了实际应用。亚温淬火是将亚共析钢加热到 Ac_3 以下 5～10℃后淬火（也叫两相区加热淬火或不完全淬火），淬火组织是少量的细小均布的铁素体与马氏体的混合组织，铁素体的存在，可抑制裂纹扩展、提高钢的强韧性，并能降低脆性转变温度。

钢的加热是在一定介质中进行的。加热炉类型不同，与钢件接触的加热介质便不同，其结果，不仅是加热速度不同，而且在高温下钢件表面所发生的化学反应也不同，这对钢件质量会造成不同的影响。淬火常采用的加热炉有盐浴炉、空气为介质的电炉和可控气氛炉等，其中盐浴具有加热速度快、加热均匀、被加热钢件变形小、表面氧化脱碳现象轻、便于实现局部加热以及操作简便等优点。但是经盐浴炉加热淬火的钢件，淬火后必须及时清洗钢件表面附着的盐，否则会使钢件表面被腐蚀。

钢件的淬火加热时间通常是指加热升温和保温时间的总和，它与钢的成分、原始组织、钢件形状和尺寸、加热介质、装炉量、装炉方式以及炉温等诸多因素有关，因此，确切计算加热时间比较复杂，生产中一般是先根据热处理手册相关数据资料初步确定，然后再结合具体条件通过试验来最终确定。

2. 淬火冷却

淬火欲获得马氏体，必须以大于 v_k 的冷速冷却，而快冷又不可避免地造成极大的淬火内应力，引起钢件变形、开裂。要保证淬火既能获得马氏体，又能减小钢件淬火变形、防止开裂，就必须合理选择淬火冷却介质和淬火冷却方法。

(1) 淬火介质

1) 理想淬火介质。理想淬火介质冷却特性应如图6-25所示。根据钢的等温转变图，要获得马氏体组织，并不要求在整个冷却过程中都需要快冷，关键是要在过冷奥氏体最不稳定时，即等温转变图鼻尖温度附近（在650～550℃）的温度范围内快冷，使奥氏体不发生珠光体转变。而在淬火加热温度到650℃之间以及400℃以下，特别是300～200℃范围内不需要快冷，以减小淬火内应力引起的钢件变形与开裂。具有这样冷却特性的淬火介质是理想的淬火介质，理想的淬火介质实际上并不存在，但应该是选用或研制淬火介质的主要理论依据。

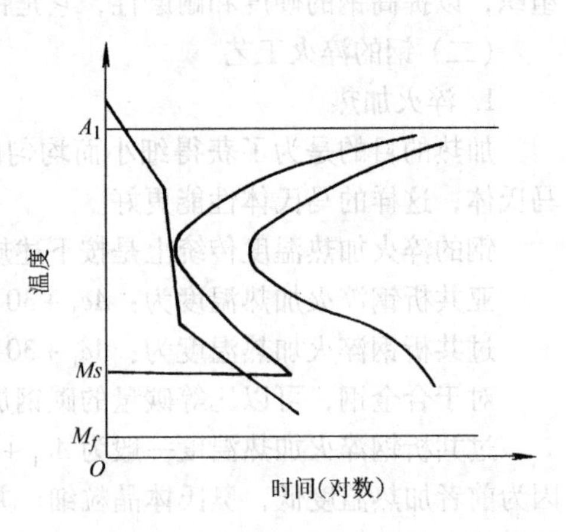

图6-25 钢的理想淬火冷却速度

2) 常用淬火介质。实际生产中常用的淬火介质有水、水溶性盐类和碱类、有机物水溶液、以及油、溶盐、空气等，尤其是水和油最为常用。

水是目前应用最广的淬火介质，因为它价廉易得、使用安全、不燃烧、无腐蚀，并且具有较强烈的冷却能力，作为等温转变图比较靠左的碳钢的淬火介质最为合适。但是，它在300～200℃范围内的冷却速度也很大，常使淬火钢件变形开裂。

为提高水的冷却能力，可加入少量的盐或碱，如5%～10%的盐（NaCl）水溶液。当淬火钢件与盐水溶液接触时，水被剧烈汽化，而食盐微粒则依附钢件表面并产生急剧爆裂，不仅能破坏淬火加热时在钢件表面形成的氧化皮使之剥落下来，而且能有效地破坏包围在钢件周围的蒸汽膜，提高了冷却能力。食盐（NaCl）水溶液在650～550℃的冷却能力比水提高近一倍，因此在食盐水中淬火的钢件，容易得到高而均匀的硬度和光洁的表面。但是，在300～200℃时其冷却能力仍然很大，容易使钢件产生淬火变形开裂，另外，盐对钢件有腐蚀作用，淬火后的钢件应及时清洗。

各种矿物油也是应用广泛的淬火介质，目前常用的是N15、N32（10#、20#机油）。油在300～200℃温度范围内，冷却速度小于水，这可大大减小淬火钢件的变形、开裂倾向。但它在650～550℃温度范围的冷却速度也比水小得多。因此，油常用作等温转变图靠右的合金钢的淬火介质。油温升高，油的流动性更好、冷却能力反而提高，但油温过高则易着火，因此一般把油温控制在60～80℃。用油淬火的钢件需要清洗、油质易老化，这是油作为淬火介质的不足。

近年来，一些新型淬火介质如水玻璃—碱（或盐）水溶液，氯化锌—碱水溶液，过饱和硝盐水溶液、聚乙烯醇淬火剂等的冷却特性优于水和油，已在生产中获得应用。

目前在热处理生产中大量使用的淬火介质是水和油。一般情况下，碳钢件淬水，合金钢淬油。如果还解决不了获得马氏体和淬火变形开裂的矛盾，或者还达不到所要求的淬火组织和性能，就需要探求试用新型淬火剂或者从淬火方法上考虑。

（2）淬火方法

1）单液淬火（普通淬火）法。单液淬火是指将加热的钢件投入一种淬火介质中连续冷却至室温的操作方法，如通常采用的碳钢件淬水、合金钢件淬油的淬火方法。此法的优点是操作简便，容易实现机械化、自动化，缺点是水淬容易发生工件的变形、开裂，而油淬有时发生淬不硬及硬度不均匀等现象。因此，此法适用于形状简单的普通零件。

2）双液淬火法。双液淬火法是指将加热的钢件先在一种冷却能力较强的介质中冷却，以避免发生珠光体转变，然后转入另一种冷却能力较弱的介质中冷却使之发生马氏体转变的方法，常用的如水淬油冷或油淬空冷。这种方法利用了两种介质的优点，克服了单液淬火的不足，获得了较理想的冷却条件，既能保证获得马氏体组织，又减小了淬火内应力和变形开裂倾向。但是这种方法必须准确掌握钢件由第一种介质转入第二种介质时的温度，如果温度过高，尚处于C曲线鼻尖以上温度，取出缓冷时则可能发生奥氏体向珠光体组织转变，从而达不到淬火目的；如果温度已低于 *Ms* 温度，则已发生了马氏体转变，就失去了双液淬火的作用。

双液淬火主要用于形状复杂的高碳钢工件及大型合金钢工件。

3）分级淬火法。分级淬火法是指将奥氏体化后的钢件，浸入温度稍高于或稍低于钢的 *Ms* 点的液态介质（盐浴或碱浴）中，保持适当时间，使工件内部外部温度一致后取出空冷进行 M 转变，因而减小了淬火内应力，减小了钢件的淬火变形和开裂倾向。

分级淬火工艺效果较好，操作也容易实现，但由于盐槽的冷却能力有限，故这种方法只适用于形状复杂、尺寸较小或小批量工件。

4）等温淬火法。等温淬火法是将奥氏体化后的钢件在稍高于 *Ms* 温度的盐浴或碱浴中停留足够时间，让过冷奥氏体在等温条件下完成转变，从而获得下贝氏体组织的淬火方法。等温的温度和时间由该钢 C 曲线确定。

这种方法淬火内应力很小，变形小，淬火得到下贝氏体强度硬度较高，而且韧性比马氏体好，因此多用于各种中高碳和低合金钢制作的尺寸较小、形状复杂、强韧性要求较高的工件。

以上各种淬火法及其与 C 曲线的关系见图 6-26。

5）局部淬火法。只对钢件需要硬化的局部进行的淬火方法，如图 6-27 所示，即为 T10A 钢卡规的局部淬火。局部淬火法只对钢件局部加热淬火，变形相对较小。

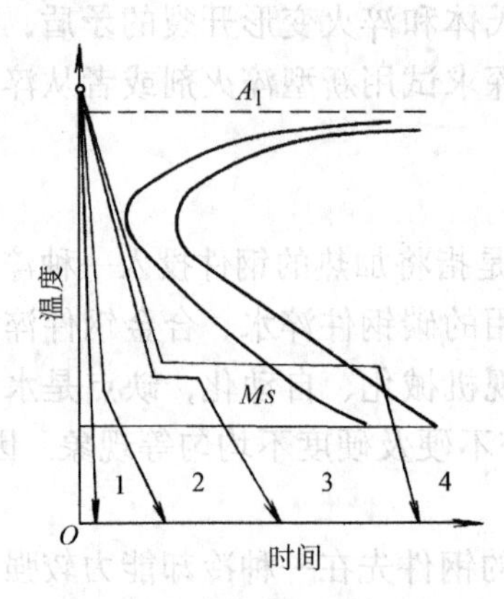

图 6-26　各种淬火法的示意图

1—单液淬火法　2—双液淬火法

3—分级淬火法　4—等温淬火法

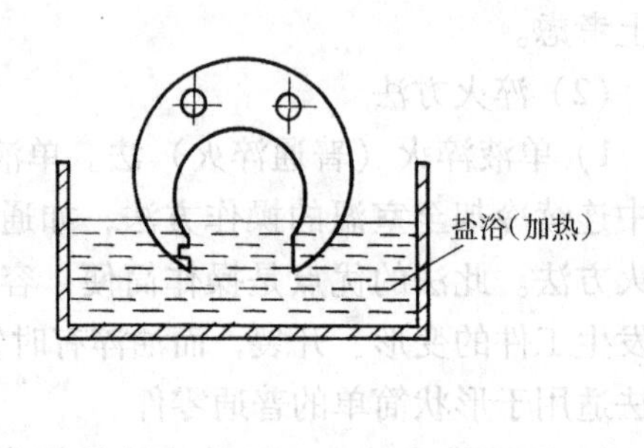

图 6-27　T10A 卡规的局部淬火

3. 钢淬火后的组织

钢的正常淬火组织是：亚共析钢，当碳含量小于 w_C0.5% 时为 M，当碳含量大于等于 w_C0.5% 时为 M + A′；共析钢为 M + A′；过共析钢为 M + A′ + Fe_3C。

也就是说淬火组织的主体是 M + A′。

二、淬火钢的回火

钢淬火后处于不稳定的组织状态（M+A′），钢件内应力也很大，性能表现为硬度高、脆性大，塑性、韧性很低，因此淬火钢件不能直接使用，必须要经过回火，回火可以促使淬火后的不稳定组织向稳定组织转变。

（一）回火的定义

把淬火钢重新加热到 A_1 以下某一温度，保温一定时间，然后冷却的热处理工艺。

（二）回火的目的

1）降低淬火钢的脆性，减少或消除内应力、防止工件变形和开裂。

2）使不稳定的组织趋于稳定，以稳定工件的形状尺寸精度。

3）获得所要求的组织和性能。淬火钢在回火时，随着回火温度的提高，可依次获得回火马氏体、回火屈氏体、回火索氏体等组织，它们各具性能特征，可以满足不同的使用性能要求。

对于未淬火的钢，回火是没有意义的。或者说，回火总是在淬火之后进行的，淬火钢必须进行回火。

（三）淬火钢在回火时的转变

1. 回火时的组织转变

淬火钢在回火时的组织转变，主要取决于回火加热温度，随着加热温度的升高，淬火钢的组织大致发生以下四个方面的变化。

（1）马氏体分解　马氏体是碳在 α-Fe 中的过饱和固溶体。在 <100℃ 回火时，钢的组织无明显变化。马氏体分解主要发生在 100 ~ 200℃，此时马氏体中的碳以 ε 碳化物（Fe_xC）的形式析出，使马氏体的过饱和度降低，析出的碳化物以极细小的片状分布在马氏体的基体上，这种组织叫回火马氏体，用 $M_{回}$ 表示。回火马氏体比淬火马氏体容易被腐蚀，故在光学显微镜下呈黑色。

马氏体分解一直进行到 350℃，此时 α 相中的碳含量接近平衡成分，但仍保持马氏体的组织形态。马氏体中的碳含量越高，析出的碳化物就越多。对于碳含量 $w_C<0.2\%$ 的低碳马氏体，在这一阶段不析出碳化物，只发生碳原子在位错附近的偏聚。

（2）残余奥氏体的分解　残留奥氏体的分解主要发生在 200 ~ 300℃。由于马氏体的分解，正方度降低，减轻了对残留奥氏体的压力，因而残留奥氏体就分解为 ε 碳化物和过饱和的 α 相。其组织与同温度下马氏体的回火产物一样，同样是回火马氏体。应当指出，只有碳含量 $w_C>0.5\%$ 的碳钢及合金钢淬火后才有明显的残留奥氏体。

（3）碳化物的转变　碳化物的转变主要发生在 250 ~ 400℃。此时介稳定的 Fe_xC 溶入 α 相中，同时从 α 相中析出 Fe_3C。到 350℃左右，马氏体的碳含量基本上降到铁素体的平衡成分，同时内应力基本消除，此时回火马氏体转变为在保持马氏体形态的铁素体基体上分布着极其细小的渗碳体颗粒，这种组织称为回火屈氏体，用 $T_{回}$ 表示。回火屈氏体容易被腐蚀，在光学显微镜下呈黑色，只有在上万倍的电子显微镜下，才能分辨出渗碳体颗粒。

（4）渗碳体的聚集长大及 α 相再结晶　这些变化主要发生在400℃以上。随着回火温度的升高，渗碳体将逐渐聚集长大，回火温度越高，渗碳体颗粒也越大。同时在450℃以上，铁素体开始发生再结晶，由原来马氏体组织形态变成为多边形。这种由颗粒状渗碳体与多边形铁素体组成的组织称为回火索氏体，用“$S_{回}$”表示。回火索氏体中的渗碳体因聚集长大，使渗碳体颗粒尺寸较大、弥散度较小，因而在光学显微镜下就可以分辨。在650℃～A_1 温度回火，可获得球状珠光体组织。

2. 回火过程中的性能变化

在回火过程中，随着组织的变化，钢的力学性能相应发生变化。总的规律是：随回火温度升高，强度、硬度下降，塑性、韧性上升。图6-28为硬度与回火温度的关系。

在200℃以下，由于马氏体中大量 ε 碳化物呈弥散析出，使钢的硬度并不下降，对于高碳钢，硬度甚至略有升高。

在200～300℃时，由于高碳钢中的残留奥氏体转变为回火马氏体，因此硬度下降不明显。对于低、中碳钢，由于残留奥氏体量较少，因此硬度开始缓慢下降。

300℃以上，由于渗碳体粗化以及马氏体转变为铁素体，使钢的硬度直线下降。

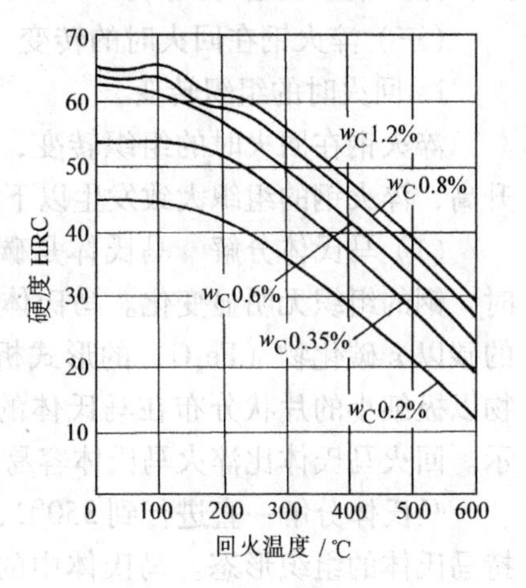

图6-28　淬火钢的硬度与回火温度的关系

回火得到的回火托氏体、回火索氏体和球状珠光体与过冷奥氏体直接分解得到的片层状托氏体、索氏体和珠光体的力学性能有显著区别。当硬度相同时，两类组织的 R_m 相差无几，但回火组织的 R_{eH}、A、Z 等都比片层状组织高。这是由于回火组织中的渗碳体为粒状，而片层状组织中的渗碳体为片状，在受力时，片层状渗碳体会产生极大的应力集中而导致微裂纹的萌生、扩展和断裂。这就是为什么重要工件都要进行淬火和回火处理的根本原因。

合金元素可使钢的各种回火组织转变向高温推移，能在不同程度上减小回火过程中硬度下降的趋势，提高钢的回火稳定性，具有较强的抵抗回火软化的能力。强碳化物形成元素还可在高温回火时析出弥散的特殊碳化物，使钢的硬度显著升高，造成二次硬化。

（四）回火的种类

淬火钢回火后的组织性能取决于回火温度，根据回火温度，可将回火分为三类：

（1）低温回火　低温回火的温度为 150 ~ 250℃，回火后的组织为回火马氏体。低温回火主要是为了降低钢的淬火内应力和脆性，而保持高的硬度（一般为 58 ~ 64HRC）和耐磨性。常用于处理各种工具、模具、滚动轴承、渗碳淬火件和表面淬火件。

（2）中温回火　中温回火的温度为 350 ~ 500℃，回火后的组织为回火屈氏体。这种组织具有较高的弹性极限和屈服极限，并具有一定的韧性，硬度一般为 35 ~ 45HRC。主要用于弹簧和需要弹性的零件。

（3）高温回火　高温回火的温度为 500 ~ 650℃，回火后的组织为回火索氏体。这种组织具有良好的综合力学性能，即在保持较高的强度的同时，具有良好的塑性和韧性。习惯上将淬火与高温回火相结合的热处理称为“调质处理”，简称“调质”。调质广泛用于各种重要的结构零件，如轴、齿轮、连杆、螺栓等。也可作为要求较高的精密零件、量具等的预备热处理。调质硬度一般为 25 ~ 35HRC。

（五）回火脆性

淬火钢的韧性并不总是随回火温度的上升而提高的，在某些回火温度范围回火时，淬火钢出现冲击韧性显著下降的现象称为“回火脆性”。如图 6-29 所示。

（1）第一类回火脆性　淬火钢在 250 ~ 350℃回火时出现的脆性称为第一类回火脆性。几乎所有淬火后形成马氏体的钢在该温度范围内回火时，都程度不同地产生这种脆性。目前，尚无办法完全消除这类回火脆性，因此一般都不在 250 ~ 350℃范围内进行回火。

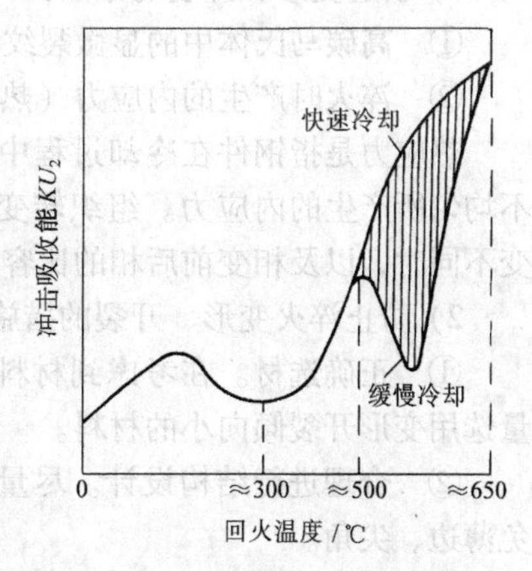

图 6-29　钢的回火脆性

（2）第二类回火脆性　淬火钢在 500 ~ 650℃范围内回火后出现的脆性称为第二类回火脆性，也叫高温回火脆性。这类回火脆性主要发生在含 Cr、Ni、Si、Mn 等合金元素的结构钢中。当淬火钢在上述温度范围内回火并以缓慢的速度冷却时，便发生明显的脆性，但回火后采取快冷时，脆性的发生就会受到抑制或消失。

关于高温回火脆性产生的原因，一般认为与 Sb、Sn、P 等杂质元素在原奥氏体晶界上偏聚有关。Ni、Cr、Mn 等合金元素促进杂质元素的偏聚，这些元素本身也易在晶界上偏聚，所以增强了这类回火脆性的倾向。

防止第二类回火脆性的办法，除回火后采取快冷外，在钢中加入W（约1%）、Mo（约1.5%）等合金元素也可有效地抑制这类回火脆性的产生。

(六) 淬火回火的工艺缺陷

在热处理工艺中，因淬火、回火工艺不当造成的产品质量不合格时有发生。常见的工艺缺陷有：

(1) 硬度不足　淬火回火硬度不足一般是由于淬火加热温度低、表面脱碳、冷却速度不够（发生珠光体型转变）、钢材淬透性低、淬火钢中残留奥氏体过多或者是回火温度过高等原因造成的。

要解决硬度不足的缺陷，首先应查清原因，然后采取相应的措施加以解决。

(2) 硬度不均匀　淬火钢件硬度不均匀主要表现在钢件表面硬度有明显忽高忽低现象。这种缺陷可能是由于原始组织粗大且不均匀、冷却不均匀等原因造成的，可以通过正火后重新淬火来消除。

(3) 过热和过烧　由于加热温度过高或保温时间过长所造成的奥氏体晶粒粗大的缺陷称为“过热”。过热组织可通过重新淬火来消除。

由于加热温度过高达到或超过固相线温度，使奥氏体晶界局部熔化或氧化的现象称为“过烧”。钢件一旦过烧则只能报废。

(4) 淬火变形和开裂　在淬火过程中所发生的钢件体积、形状、尺寸的变化通称为淬火变形，当钢件内的淬火应力超过材料的强度极限时便会导致开裂。

1）引起变形和开裂的原因：

① 高碳马氏体中的显微裂纹在外力作用下扩展成为宏观裂纹。

② 淬火时产生的内应力（热应力和组织转变应力）导致开裂。

热应力是指钢件在冷却过程中由于表面和心部的温差引起的钢件体积胀缩不均匀所产生的内应力。组织转变应力是指由于钢件快速冷却时表层与心部相变不同时，以及相变前后相的比容不同所产生的内应力。

2）防止淬火变形、开裂的措施：

① 正确选材。在考虑到材料的力学性能、工艺性能及成本的同时，应尽量选用变形开裂倾向小的材料。

② 合理进行结构设计。尽量减少零件截面厚薄悬殊及形状不对称性，避免薄边、尖角。

③ 合理制订热处理工艺标准。在能满足性能要求的情况下，不应提出过高的技术指标。正确安排零件制造的工艺路线，做到冷热加工合理配合。

④ 合理制订淬火工艺。如正确确定加热温度、加热速度、冷却方式等。

⑤ 淬火后应及时回火，以便消除内应力。

(七) 淬火、回火在零件制造工艺路线中的位置需要淬火回火的零件，淬火回火工艺都应该安排在零件制造工艺路线中的恰当位置。通常把淬火回火零件分为淬硬件和调质件两类。

（1）淬硬零件　指淬火后低温回火和中温回火的零件，这类零件的硬度较高（一般 >30HRC），切削加工比较困难，这类零件加工制造工艺路线一般是：

下料→锻造→退火（正火）→粗切削加工、精切削加工（留磨削余量）→淬火、回火→磨削。

（2）调质零件　指淬火后高温回火的零件（调质件），这类零件虽然硬度稍高，但一般尚可加工，其加工制造工艺路线一般是：

下料→锻造→退火（正火）→粗切削加工→调质→精切削加工→磨削。

第五节　钢的淬透性

一、钢的淬透性与淬硬性

（一）钢的淬透性

钢的淬透性是指钢在淬火时获得淬硬层（也称淬透层）深度的能力。淬硬层越深，表明淬透性越好。它是钢的一种本质属性。

从理论上讲，淬硬层深度应该是全部淬成马氏体的深度。实际上在淬火组织中总会有数量不等的非马氏体组织，但采用显微组织观察和硬度测量都很难分辨，因此一般规定由钢件表面到出现 50% 非马氏体组织（或叫半马氏区—马氏体和珠光体型组织各占 50%）处的距离作为淬硬层深度。不同成分的钢其半马氏体硬度是不同的，它取决于钢的碳含量，如图 6-30 所示。

钢的淬透性是很重要的热处理工艺性能，它对合理选材及正确制订热处理工艺，具有十分重要的意义。

（二）钢的淬硬性

钢的淬硬性指钢淬火后所能达到的最高硬度值，即钢在淬火时的硬化能力。影响钢淬硬性的主要因素是钢的碳含量，参见图 6-15。

图 6-30　半马氏体硬度与碳含量的关系

（三）钢件的淬透层深度

这是指具体的钢制零件淬火后所达到的淬透层深度，它不仅与钢的淬透性有关，还与钢件尺寸大小、淬火介质冷却速度等因素有关。

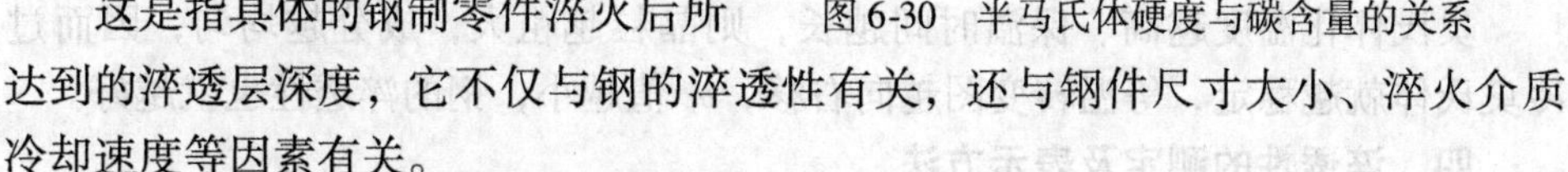

二、淬透性对钢的力学性能的影响

钢的淬透性直接影响其热处理后的力学性能。图 6-31 为两种淬透性不同的钢制成相同的试样经调质处理后其力学性能的比较。

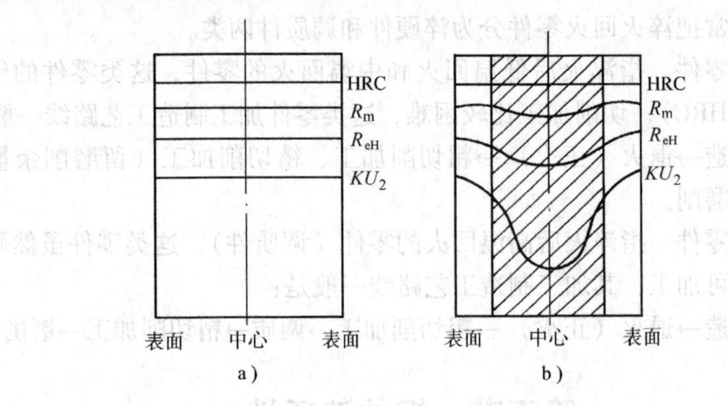

图 6-31　淬透性对调质后钢的力学性能的影响

a) 已淬透　b) 未淬透

心部也淬透了的淬透性高的钢，其力学性能沿截面分布是均匀的，而淬透性低的钢，心部的力学性能差，尤其是韧性 KU_2 值更显著。这是因为淬透性高的钢调质后，其组织由表及里均为回火索氏体，其中渗碳体呈粒状分布，具有较高的韧性；而未淬透的钢，经调质后，心部组织为片状索氏体，所以韧性较差。

此外，淬火组织中马氏体量的多少还会影响钢的屈强比 R_{eH}/R_m 和疲劳极限 σ_{-1}。马氏体量越多，屈强比越高，对于不允许出现塑性变形的零件，一般都希望屈强比高些，以尽量提高材料强度的利用率。马氏体量越多，钢回火后的疲劳极限也越高。

三、影响淬透性的因素

钢的化学成分和奥氏体化条件是影响其淬透性的基本因素。

(一) 化学成分的影响

钢的化学成分影响等温转变图的位置。等温转变图越靠右，钢的临界冷却速度 v_k 值越小，则其淬透性越好；反之，则淬透性越差。因此，不同成分的钢有不同的淬透性。在碳钢中，共析碳钢的等温转变图最靠右；一般讲合金钢等温转变图向右移动，所以合金钢的淬透性比碳钢好。因此，影响淬透性的主要因素是合金元素。

(二) 奥氏体化条件的影响

奥氏体化温度越高、保温时间越长，则晶粒越粗大，成分越均匀，因而过冷奥氏体就越稳定，等温转变图越向右移，v_k 值越小，钢的淬透性也就越好。

四、淬透性的测定及表示方法

目前测定钢的淬透性，最常用的方法是由 W E Jominy 提出的端淬试验法或 Jominy 法。它是用标准尺寸的端淬试样（$\phi25\times100$mm），经奥氏体化后，在专

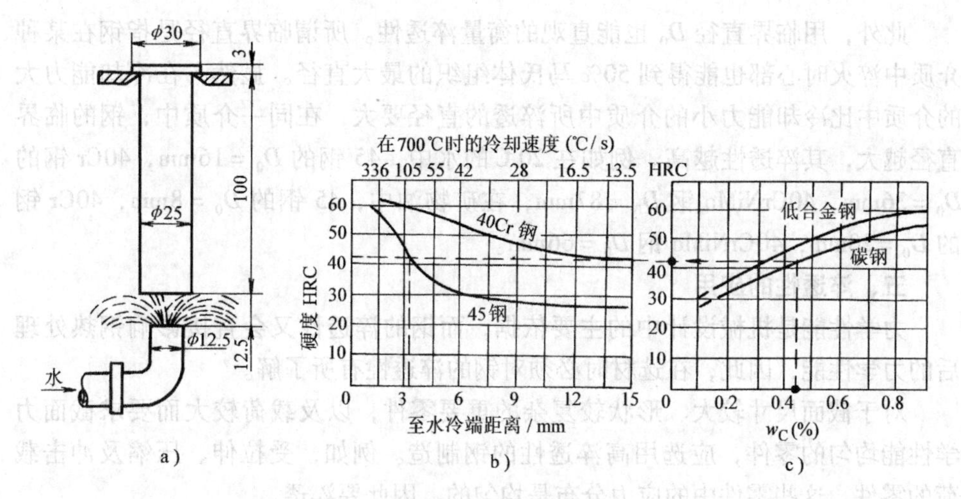

图 6-32　端淬试验

a) 喷水　b) 淬透性曲线　c) 半 M 与 w_C%

用设备上对其下端面喷水冷却，如图 6-32a 所示。由于试样末端冷速最大，越往上冷速越小，因而硬度也相应逐渐下降。试样冷却后，沿其轴向磨出对称的相互平行的两个狭长平面，在一平面上自水冷端向上，每隔一定距离测一硬度值。然后将硬度随距水冷端距离的变化绘成曲线，这种曲线称为淬透性曲线。图 6-32b 所示为 45 钢和 40Cr 钢的淬透性曲线，由图可知，随着离水冷端距离的增加，45 钢比 40Cr 钢的硬度下降要快。若将半马氏体硬度与钢碳含量关系曲线（图 6-32c）同时绘上，则可根据图 6-32b、c 找出相应的钢的半马氏体区与水冷端的距离。该距离越大，则钢的淬透性越好。例如 45 钢半马氏体区与水冷端的距离大约 3.3mm，而 40Cr 钢则为 10.5mm 左右，故 40Cr 钢淬透性比 45 钢的好。

由于钢的化学成分和晶粒度会有一定波动，因而其淬透性曲线也必然在一定范围波动而形成带状。同一牌号的钢，因化学成分、晶粒度的波动，引起淬透性曲线的波动范围称为淬透性带，如图 6-33 所示。

钢的淬透性用淬透性指数 J××-d 表示，其中 J 是 Jominy 的大写字头，××表示洛氏硬度（HRC）值，d 表示至水冷端的距离（mm）。例如 J43-3 表示距水冷端 3mm 处的硬度值为 43HRC。

端淬法通常用于测定优质碳素结构钢、合金结构钢的淬透性，也可用于测定弹簧钢、轴承钢、工具钢的淬透性。

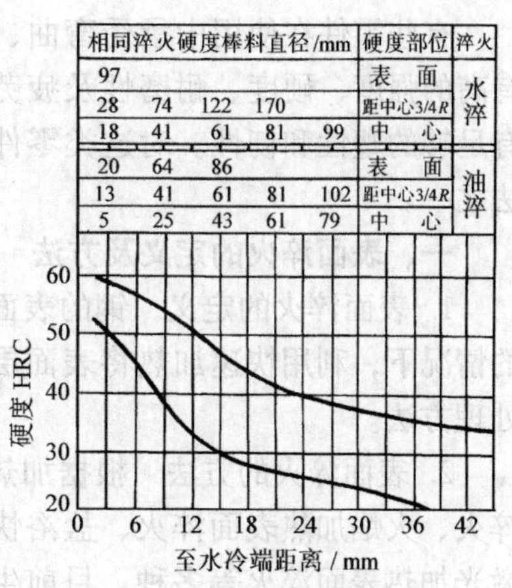

相同淬火硬度棒料直径/mm					硬度部位	淬火
97					表　面	水淬
28	74	122	170		距中心 3/4R	
18	41	61	81	99	中　心	
20	64	86			表　面	油淬
13	41	61	81	102	距中心 3/4R	
5	25	43	61	79	中　心	

图 6-33　40Cr 钢的淬透性带

此外，用临界直径 D_0 也能直观的衡量淬透性。所谓临界直径是指钢在某种介质中淬火时心部也能得到50%马氏体组织的最大直径。显然，在冷却能力大的介质中比冷却能力小的介质中所淬透的直径要大，在同一介质中，钢的临界直径越大，其淬透性越高。例如在20℃的水中，45钢的 $D_0=16\mathrm{mm}$，40Cr钢的 $D_0=36\mathrm{mm}$，40CrNiMo钢 $D_0=87\mathrm{mm}$，在矿物油中，45钢的 $D_0=8\mathrm{mm}$，40Cr钢的 $D_0=20\mathrm{mm}$，40CrNiMo钢 $D_0=66\mathrm{mm}$。

五、淬透性的应用

力学性能是机械设计中的主要依据，而钢的淬透性又会直接影响钢热处理后的力学性能，因此，在选材时必须对钢的淬透性有所了解。

对于截面尺寸较大、形状较复杂的重要零件，以及载荷较大而要求截面力学性能均匀的零件，应选用高淬透性的钢制造。例如，受拉伸、压缩及冲击载荷的零件，这些零件中的应力分布是均匀的，因此要淬透。

对于受弯曲、扭转的零件，由于应力主要分布于表层，因此淬透层深度一般为工件半径或厚度的1/2~1/3即可。

对于切削刀具一般要淬透。

由于钢件的淬透层深度受其截面尺寸的影响，钢件的热处理强化效果也受其截面尺寸的影响，因此，在设计和制造中必须考虑这种尺寸效应。也就是说，在设计过程查找性能数据手册时，要考虑到性能数据来源条件与所设计的工件的差别及拟采取的相应措施。

第六节　钢的表面淬火

有些零件在使用中承受弯曲、扭转、摩擦或冲击载荷，一般要求其表面具有高的强度、硬度、耐磨性及疲劳强度，而心部在保持一定强度、硬度下，具有足够的塑性和韧性。对这类零件进行表面淬火是满足上述性能要求的有效方法之一。

一、表面淬火的定义及方法

1. 表面淬火的定义　钢的表面淬火是指在不改变钢的化学成分及心部组织的情况下，利用快速加热将表面层奥氏体化后进行淬火，以强化零件表面的热处理方法。

2. 表面淬火的方法　根据加热方法的不同，表面淬火方法有感应加热表面淬火、火焰加热表面淬火、盐浴快速加热表面淬火、电接触加热表面淬火以及激光加热表面淬火等多种。目前生产中广为应用的是感应加热表面淬火和火焰加热表面淬火。

二、感应加热表面淬火

（一）感应加热的基本原理

如图 6-34 所示，把钢件放入由空心铜管绕制而成的感应器内，感应器中通入一定频率的交流电以产生交变磁场，于是钢件内就会产生同频率的感应电流，这种电流在钢件内自成回路，称为“涡流”。涡流在钢件截面上的分布是不均匀的，表面密度大，中心密度小。电流的频率越高，涡流集中的表面层越薄，这种现象称为“集肤效应”。由于钢本身具有电阻，集中于钢件表层的涡流就使表层被迅速（几秒钟）加热到 800 ~ 1000℃，而心部温度不超过 A_1 温度。所以随即喷水冷却（合金钢浸油冷却），就可使钢件表层淬硬。

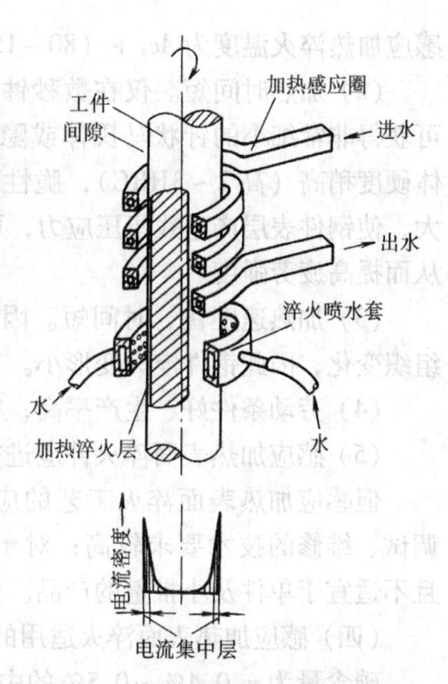

图 6-34　感应加热表面淬火示意图

电流透入深度 mm 可用下式计算：

$$\delta = \frac{500-600}{\sqrt{f}}$$

式中，δ 表示电流透入深度；f 为交流电频率。此式表明电流透入深度取决于交流电频率，电流频率越高则感应电流透入深度越浅。

（二）感应加热频率选用（设备选用）

感应加热的深度，主要取决于交流电的频率，交流电频率越高，感应加热深度越浅，即淬硬层越浅。因此，在生产中根据钢件表面淬硬层深度的要求，应选用合适的感应加热设备。

1. 高频感应加热　它是应用最广泛的表面淬火法。常用频率为 200 ~ 300kHz，淬硬层深度一般为 0.5 ~ 2.0mm，适用于中小模数的齿轮及中小尺寸的轴类零件等的表面淬火。

2. 中频感应加热　它的电源设备为中频发电机晶闸管中频发生器，常用频率为 2500Hz 和 8000Hz，淬硬层深度为 2 ~ 10mm，适用于较大尺寸的轴类件和大模数齿轮的单齿表面淬火等。

3. 工频感应加热　电流频率为 50Hz，不需要变频设备，淬硬层深度可达 10 ~ 15mm，适用于较大直径零件的穿透加热及大直径零件如轧辊、火车车轮等的表面淬火。

（三）感应加热表面淬火的特点

（1）感应加热速度快。由于加热速度快，使铁碳等原子的扩散运动来不及充分进行，致使珠光体等转变成奥氏体的温度升高，转变温度范围扩大，因此感应加热淬火温度为 Ac_3 +（80～150℃），比普通淬火温度高。

（2）加热时间短。仅在数秒钟内完成，因此奥氏体晶粒细小均匀，淬火后可获得非常细小的针状马氏体或隐针马氏体。这种组织比普通淬火获得的马氏体硬度稍高（高2～3HRC），脆性较低。又因为只有表层是马氏体，其比容较大，使钢件表层产生残留压应力，可部分抵消在循环载荷作用下产生的拉应力，从而提高疲劳强度。

（3）加热速度快、时间短。因此钢件表面不易氧化、脱碳。且钢件心部无组织变化，因此钢件淬火变形小。

（4）劳动条件好、生产率高，容易实现机械化自动化。

（5）感应加热表面淬火件应进行低温回火或自回火。

但感应加热表面淬火工艺的应用也需考虑以下问题：其设备较贵，安装、调试、维修的技术要求较高；对于形状复杂的零件，感应器的设计制造困难，且不适宜于单件及小批量的产品。

（四）感应加热表面淬火适用的材料

碳含量为 w_C0.4%～0.5%的中碳碳素钢和合金钢是最适于感应加热表面淬火的材料。例如45钢、40Cr等。但也可以用于高碳工具钢、低合金工具钢以及铸铁等材料。

（五）感应加热表面淬火件的技术条件

感应加热表面淬火件的技术条件一般包括：表面硬度、淬硬层深度、预先热处理要求等。

1. 表面硬度　对于不同材料在不同条件下工作的零件，要求具有不同的表面硬度。表6-1列出了表面淬火常用材料的硬度要求。

表6-1　表面淬火件的硬度要求（回火后）

材料	表面硬度HRC		对原始组织的要求
	耐磨性要求较高的零件	强度和韧性要求较好的零件	
35，40，45，50	55～63	45～58	正火或调质组织
40Cr，45Cr，40MnB，45MnB	55～63	45～58	正火或调质组织
合金铸铁，可锻铸铁，球墨铸铁、灰铸铁	45～58	43≥	细珠光体基体和少量铁素体（<20%）

2. 淬硬层深度　一般来说，增加淬硬层深度可延长钢件的耐磨寿命，但使塑性、韧性降低，增加了脆性破坏倾向。因此，确定淬硬层深度时，除考虑耐磨性外，还应考虑零件的综合力学性能，使之兼有足够的强度、韧性和疲劳强

度。

实践表明，轴类零件的淬硬层深度一般为其半径的1/10即可，对于小直径（10～20mm）钢件，其淬硬层深度可取半径的1/5。表6-2列出了不同钢件感应加热表面淬火所选用的材料、淬硬层深度及应选用的设备。

表6-2　各类钢件感应加热表面淬火淬硬层深度、材料及设备

工作条件及钢件种类	所需淬硬层深度/mm	选用材料	采用设备
工作于摩擦条件下的钢件，如较小的齿轮轴类等	1.5～2	45，40Cr	电子管式高频设备
承受扭曲、压力载荷的钢件，如曲轴、大齿轮等	3～5	45，40Cr，9Mn2V 球墨铸铁	中频发电机
承受扭曲，压力载荷的大型钢件，如冷轧辊等	>10～15	9Cr2W，9Cr2Mo	工频设备

齿轮类零件采用感应加热表面淬火时应注意以下几点：对于大模数齿轮（$m>5$），应采用高、中频实施单齿表面淬火，能获得沿齿廓分布的淬硬层，有利于改善使用性能。对于中、小模数（$m<5$）齿轮，采用高、中频一次加热完成淬火时，将难于获得仿齿形的淬硬层分布，往往是整个轮齿被全部淬透，使轮齿心部的韧性很差，不能承受大的冲击载荷。因此，传动平稳、不受冲击的小模数齿轮可采用高、中频一次加热表面淬火方法处理，例如机床变速箱中的小模数齿轮；若工作时受冲击的小模数齿轮，例如汽车、拖拉机变速箱中的小模数齿轮，一般不采用高、中频一次加热表面淬火的方法处理，而往往采用表面化学热处理的办法来解决。

3. 预先热处理　表面淬火前的预先热处理，不仅是为保证表面淬火质量作好组织准备，也是为保证心部的力学性能所必需。对结构钢制零件而言，预先热处理常采用调质和正火，对于性能要求较高的重要零件，要选用调质，一般要求的可选用正火。

三、火焰加热表面淬火

火焰加热表面淬火一般是利用乙炔-氧火焰对钢件表面进行加热，并随即淬火冷却的工艺。图6-35为火焰加热表面淬火示意图。

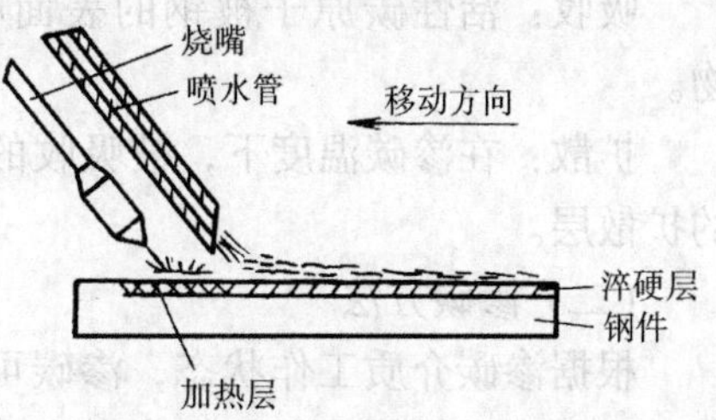

图6-35　火焰加热表面淬火示意图

火焰加热表面淬火的淬硬层深度一般为2～6mm，过深的淬硬层深度要求，会引起钢件表层的严重过热，产生淬火裂纹。

由于火焰加热表面淬火方法简便，无需特殊设备，故适用于单件或小批量生产的大型零件和需要局部淬火的工具或零件。

第七节　钢的化学热处理

一、化学热处理的定义

化学热处理是将钢件置于一定温度的特定介质中保温，使介质中的活性原子渗入钢件表层，从而改变表层的化学成分和组织来改变其性能的一种热处理工艺。

与表面淬火相比，化学热处理不仅改变表层组织，而且还改变其化学成分，因而能更有效改变表层性能。

根据渗入元素的不同，化学热处理有渗碳、渗氮、碳氮共渗、渗铬、渗铝、渗硼等。

目前，在工业生产中最常用的化学热处理是渗碳、渗氮和碳氮共渗。

二、钢的渗碳

为增加钢件表层碳含量，将钢件在渗碳介质中加热、保温，使碳原子渗入表层的化学热处理工艺称为渗碳，其最终目的是使钢件表层具有高的硬度、耐磨性和疲劳强度，而心部保持一定的强度和较高的韧性。

渗碳用钢一般为含碳 w_C0.10% ~0.25% 的低碳钢和低碳合金钢。如15、20、20Cr、20CrMnTi 钢等。

（一）渗碳原理

一切化学热处理都包含着分解、吸收、扩散三个基本过程，钢的渗碳同样如此，基本原理如下。

分解：渗碳介质在一定温度下分解生成可渗入钢表面的活性碳原子。

吸收：活性碳原子被钢的表面吸附并进入铁的晶格内形成固溶体或化合物。

扩散：在渗碳温度下，被吸收的碳原子由表层向内部扩散，形成一定深度的扩散层。

（二）渗碳方法

根据渗碳介质工作状态，渗碳可分为气体渗碳、液体渗碳和固体渗碳三种方法，其中应用最广的是气体渗碳，其次是固体渗碳。

1. 气体渗碳法　把低碳钢工件置于密封良好的加热炉中，通入渗碳剂并加热到渗碳温度、保温足够长时间，达到渗碳的预定要求。

气体渗碳剂主要是含碳的气体（煤气、天然气、丙烷气等）和碳氢化合物的有机液体（煤油、苯、醇等），前者可直接通入炉内，后者用滴注方式滴入炉内，使渗剂在高温下裂解，并产生活性碳原子。图 6-36 所示为井式气体渗碳炉直接滴入煤油进行气体渗碳的示意图。

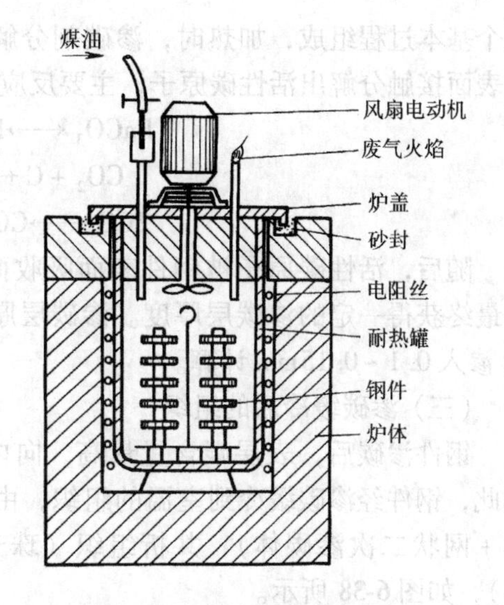

图 6-36　气体渗碳法示意图

在气体渗碳炉内，渗碳气氛主要由 CO、CO_2、H_2 及 CH_4 等组成，它们在高温下分解出活性碳原子：

$$CH_4 \longrightarrow 2H_2 + [C]$$

$$2CO \longrightarrow CO_2 + [C]$$

$$CO + H_2 \longrightarrow H_2O + [C]$$

随后，活性碳原子被钢件表面吸收而溶于高温奥氏体中，并向钢件内部扩散而形成一定厚度的渗碳层。

渗碳时的加热温度和保温时间是渗碳的主要工艺参数，它将影响表层的碳含量和渗碳层的厚度。渗碳温度一般在 900 ~ 950℃间，温度过低，渗碳速度慢，渗碳层厚度不足；温度过高，则奥氏体晶粒易长大粗化，而且钢件在冷却过程中容易变形。保温时间则要根据渗碳温度和所要求的渗碳层厚度来确定，在 920℃渗碳时，渗碳时间与渗碳层厚度的关系，如表 6-3 所示。

表 6-3　920℃渗碳时渗碳层厚度与时间的关系

渗碳时间/h	3	4	5	6	7
渗碳层厚度/mm	0.4 ~ 0.6	0.6 ~ 0.8	0.8 ~ 1.2	1.0 ~ 1.4	1.2 ~ 1.6

气体渗碳生产率高，渗碳过程容易控制，渗碳质量好，便于渗碳后直接淬火，在工业生产中有广泛应用。

2. 固体渗碳法　如图 6-37 所示，将钢件放在填充粒状渗碳剂的固体渗碳箱中进行渗碳的工艺称为固体渗碳，渗碳温度为 900 ~ 950℃。

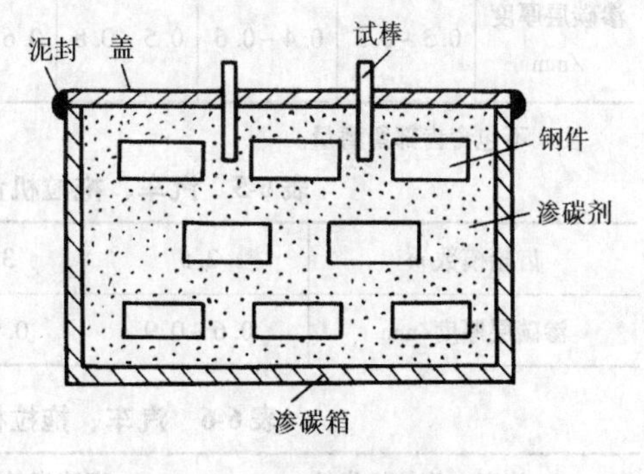

图 6-37　固体渗碳示意图

固体渗碳的渗碳剂一般是由木炭和少量碳酸盐（$BaCO_3$ 或 Na_2CO_3）混合而成，碳酸盐在渗碳过程中可增加渗碳剂的活性，促进化学反应的进行，加速渗碳过程，故被称为“催渗剂”。

固体渗碳仍是由分解、吸收、扩散

三个基本过程组成，加热时，渗碳剂分解形成 CO，CO 不稳定，它与红热的钢件表面接触分解出活性碳原子，主要反应式如下：

$$BaCO_3 \longleftrightarrow BaO + CO_2$$

$$CO_2 + C \longleftrightarrow 2CO$$

$$2CO \longleftrightarrow CO_2 + [C]$$

随后，活性碳原子被钢件表面吸收而溶于高温奥氏体中，并向内部扩散，并最终获得一定的渗碳层厚度。渗碳层厚度取决于保温时间，一般可按每保温 1h 渗入 0.1～0.15mm 计算。

（三）渗碳缓冷后的组织

钢件渗碳后，表层碳含量最高，向内逐渐降低，中心则为钢的原碳含量。因此，钢件经渗碳缓冷到室温的组织，由表层到中心逐次为过共析组织（珠光体＋网状二次渗碳体）、共析组织（珠光体）和亚共析组织（铁素体＋珠光体），如图 6-38 所示。

（四）渗碳层厚度

渗碳层深度一般是在等温退火的渗碳试样上用显微组织测量法测定的。渗碳层厚度的界定一般规定为：碳钢是从表面至 1/2 过渡层的距离（mm），过渡层是指从共析组织珠光体中出现铁素体开始至心部原始组织为止；合金钢是从表层至心部原始组织处的距离。

在一定的渗碳层厚度范围内，渗碳件的疲劳强度、抗弯强度和耐磨性能，随层厚增加而增大，但超过一定限度后，疲劳强度、冲击韧性反而随渗碳层厚度的增加而降低。因此渗碳层厚度的确定要合理，表 6-4～表 6-7 为不同模数的齿轮和某些零件渗碳层厚度的推荐值。

表 6-4　机床齿轮模数与渗碳层厚度

齿轮模数 m	1～1.25	1.5～1.75	2～2.5	3	3.25	4～4.5	5	>5
渗碳层厚度/mm	0.3～0.5	0.4～0.6	0.5～0.8	0.6～0.9	0.7～1.0	0.8～1.1	1.1～1.5	1.3～2

注：不包含齿部留磨量。

表 6-5　汽车、拖拉机齿轮模数与渗碳层厚度

齿轮模数 m	2.5	3.5～4	4～5	5
渗碳层厚度/mm	0.6～0.9	0.9～1.2	1.2～1.5	1.4～1.8

表 6-6　汽车、拖拉机齿轮的渗碳层厚度

汽车、拖拉机齿轮	变速齿轮	变速器齿轮	减速器齿轮
渗碳层厚度/mm	0.8～1.2	0.9～1.3	1.1～1.5

表 6-7　机床渗碳零件的渗碳层厚度

[illegible]	渗碳层厚度/mm
[illegible]	0.2~0.4
[illegible]	0.4~0.7
[illegible]	0.7~1.1
[illegible]	1.1~1.5
[illegible]	1.5~2

（五）渗碳件表层的碳[illegible]

渗碳件表层碳含量最好[illegible]含碳量过低，经淬火和低温回火后得到含碳[illegible]耐磨性、疲劳强度均较低。含碳量过高，则表[illegible]，使渗碳层变脆，容易剥落；同时淬火后残余[illegible]耐磨性下降，残余压应力减小，导致疲劳强度[illegible]

（六）渗碳后的热处理

渗碳后的钢件必须进行[illegible]硬而耐磨，心部具有塑性和韧性，承受冲击的基本[illegible]

渗碳后的淬火常采用[illegible]

图 6-38　低碳钢渗碳缓冷后的组织（100×）

a）预冷[illegible]

1. 预冷直接淬火法　[illegible]，然后低温回火。预冷的目的是为了减少淬[illegible]降低奥氏体碳含量，从而减少残留奥氏体[illegible]于钢的 A_{r3}，要防止心部析出铁素体。

这种方法操作简便，成本低，但它只适用于渗碳件的心部和表层都不过热

表 6-7 机床渗碳零件的渗碳层厚度

渗碳层厚度/mm	应 用 举 例
0.2~0.4	厚度小于 1.2mm 的摩擦片、样板等
0.4~0.7	厚度小于 2mm 的摩擦片、小轴、小型离合器、样板等
0.7~1.1	轴、套筒、活塞、支承销、离合器等
1.1~1.5	主轴、套筒、大型离合器等
1.5~2	镶钢导轨、大轴、模数较大的齿轮、大轴承环等

（五）渗碳件表层的碳含量

渗碳件表层碳含量最好控制在 0.85%~1.05% 范围内。含碳量过低，经淬火和低温回火后得到含碳量较低的回火马氏体，其硬度、耐磨性、疲劳强度均较低。含碳量过高，则表层会出现大量块状或粗网状的渗碳体，使渗碳层变脆，容易剥落；同时淬火后残余奥氏体量的增加，使表层硬度、耐磨性下降，残余压应力减少，导致疲劳强度显著降低。

（六）渗碳后的热处理

渗碳后的钢件必须进行淬火、低温回火，才能达到表面硬而耐磨、心部具有韧性能够承受冲击的基本性能要求。

渗碳后的淬火常采用图 6-39 所示的三种方法。

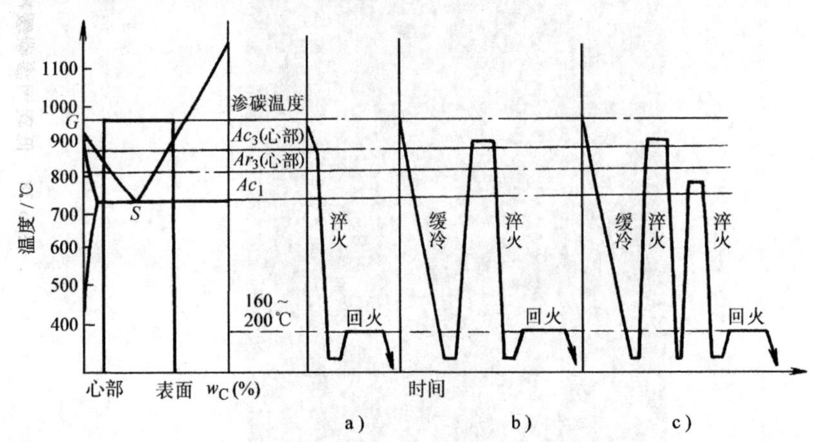

图 6-39 渗碳件常用的淬火方法

a）预冷直接淬火法 b）一次淬火法 c）二次淬火法

1. 预冷直接淬火法 钢件渗碳后，出炉经预冷直接淬火，然后低温回火。预冷的目的是为了减少淬火变形，并使表层析出一些碳化物，降低奥氏体碳含量，从而减少残留奥氏体量，提高表层硬度。预冷温度应略高于钢的 Ar_3，要防止心部析出铁素体。

这种方法操作简便，成本低，但它只适用于渗碳件的心部和表层都不过热的情况，故仅适用于本质细晶粒钢或耐磨性要求低、载荷小的零件。

2. 一次淬火法　渗碳件出炉缓冷后，再重新加热淬火及低温回火。对于心部组织性能要求较高的合金渗碳钢钢件，淬火加热温度应略高于 Ac_3，这样能细化心部晶粒，并得到低碳马氏体组织；对于载荷不大而表面性能要求较高的零件，淬火温度应是 $Ac_1+30\sim50$℃，以满足表面组织性能的要求，但心部组织性能稍差一些。此法一般也是适用于本质细晶粒钢。

3. 二次淬火法　对于力学性能要求高或本质粗晶粒钢，一次淬火很难兼顾表层和心部性能要求，为此需采用二次淬火法。第一次淬火是为了细化心部组织和消除表层网状渗碳体，因此加热温度选用在心部成分淬火加热温度 $Ac_3+30\sim50$℃。第二次淬火是为了细化表层的组织，得到细针状马氏体和碳化物颗粒，加热温度为 $Ac_1+30\sim50$℃。

二次淬火法使渗碳件的表层和心部组织都能细化，表面具有高的硬度、耐磨性和疲劳强度，心部具有良好的强韧性和塑性。但工件反复加热冷却变形严重，钢件表层易脱碳、氧化，且生产周期长、成本高。故此法适用于本质粗晶粒钢和使用性能要求很高的工件。

预冷直接淬火和一次淬火处理后其表层组织为回火马氏体＋少量残留奥氏体，二次淬火处理后其表层组织为回火马氏体＋粒状碳化物＋少量残留奥氏体，它们的硬度都可以达到58～64HRC；而心部组织则取决于钢的淬透性和工件截面大小，碳钢一般为珠光体＋铁素体（硬度为≤20HRC），合金钢一般为低碳回火马氏体或低碳回火马氏体＋铁素体（硬度30～45HRC）。

渗碳件的一般工艺路线如下：

锻造 → 正火 → 机械加工 → 渗碳 → 淬火＋低温回火 → 精加工

（机械加工 → 局部镀铜 → 渗碳；渗碳 ⋯→ 去碳机加工 ⋯→ 淬火＋低温回火）

三、钢的渗氮

钢的渗氮，是指向钢件表面渗入氮原子以形成高氮硬化层的化学热处理工艺，其目的是提高钢件的表面硬度、耐磨性、疲劳强度和耐蚀性等。

（一）渗氮工艺

渗氮的方法很多，目前应用最广的是气体渗氮法。

1. 气体渗氮法　气体渗氮是将除油净化后的钢件放入专用渗氮炉或井式气体渗碳炉内，加热到500～600℃（不超过 A_1 温度），并通入氨气。氨在200℃以上开始分解 $2NH_3 \rightarrow 3H_2 + 2[N]$，产生的活性氮原子被钢件表面吸收并向内部扩散，形成一定厚度的渗氮层。

2. 离子渗氮　离子渗氮是目前正大力推广的一种先进工艺，其基本原理是，在低真空度的容器内，保持氮气的压强为（1～10）×133.32Pa，在400～700V

的直流电压作用下，使电离后的氮离子高速冲击钢件（阴极），使其渗入钢件表层。

离子渗氮的优点是：渗氮周期短，仅为气体渗氮的1/3～1/4（例如38CrMoAl钢，渗氮层厚度为0.53～0.77mm时，气体渗氮一般需要70h左右，而离子渗氮仅需15～20h），零件表层不易形成连续的白色脆性层。

离子渗氮需要专用的离子渗氮炉。

根据渗氮目的不同，渗氮又分为抗磨渗氮和抗蚀渗氮。

抗磨渗氮目的是为了使钢件表面具有高硬度、高耐磨性和高疲劳强度。它需要采用专门的渗氮用钢，这类钢通常都含有Cr、Mo、Al等合金元素，其中应用最多的是38CrMoAl钢，其次为35CrMo和18CrNiW钢。经渗氮后，这些合金元素能形成颗粒细密、分布均匀、硬度很高而且非常稳定的合金氮化物（如CrN、MoN、AlN、Fe_2N、Fe_4N等），分布在铁素体基体上，使钢件表面硬度高达1000～1100HV（>67HRC），很耐磨。

抗磨渗氮的渗氮层厚度一般在0.15～0.75mm之间，渗氮时间为10～100h。抗磨渗氮主要用于耐磨性、精度均要求很高的零件，例如高精度机床丝杠，镗床、磨床的主轴等。

抗蚀渗氮目的是使工件表面形成一层薄而致密耐蚀的白色氮化物层（ε相，即以Fe_3N为基的固溶体），从而提高工件对水、湿气、过热蒸汽以及碱溶液的耐蚀性，但不耐酸液的腐蚀。抗蚀渗氮的氮化层一般为0.015～0.06mm，渗氮时间为0.5～3h。抗蚀渗氮适用的材料范围较宽，碳钢、低合金钢及铸铁零件均可进行抗蚀渗氮。

（二）渗氮的特点

1）渗氮温度低、耗时长。渗氮温度通常在500～570℃，但完成渗氮需要的时间很长，需要几十甚至上百个小时。

2）渗氮后的钢件，无需淬火表面就有很高的硬度和耐磨性，还具有较高的热硬性。

3）渗氮工件变形很小。

4）由于渗氮后钢件表层比容增大，产生压应力，因此，其疲劳强度显著提高。

5）提高工件的耐腐蚀能力。

渗氮虽有不少优点，但其工艺过程复杂，工艺周期长，成本较高，渗氮层薄，因此只用于要求较高的零部件。

为了缩短渗氮时间，提高渗氮工艺质量，可采用二段、三段渗氮及通氧渗氮、镀钛渗氮、电解气相催渗渗氮等新技术。

四、钢的碳氮共渗

碳氮共渗就是在钢件表面同时渗入碳原子和氮原子的化学热处理工艺。

碳氮共渗按使用介质的不同可分为固体碳氮共渗、液体碳氮共渗和气体碳氮共渗，按共渗温度的不同可分为高温碳氮共渗、中温碳氮共渗和低温碳氮共渗。固体碳氮共渗和液体碳氮共渗因要用到剧毒的氰盐，故应用很少，目前以中温气体碳氮共渗和低温气体氮碳共渗应用较广。

1. 中温气体碳氮共渗　在改进的气体渗碳炉中同时滴入煤油，通入氨气。在共渗温度（820～860℃）下，共渗剂（煤油、氨气）除了会发生前述的单独渗碳和渗氮的反应外，还发生如下的化学反应：

$$CH_4 + NH_3 \longleftrightarrow HCN + 3H_2$$

$$CO + NH_3 \longleftrightarrow HCN + H_2O$$

$$2HCN \longleftrightarrow H_2 + 2[C] + 2[N]$$

产生的活性碳原子、氮原子渗入钢件表层，并向内部扩散形成碳氮共渗层。

共渗剂除用煤油和氨气外，还可用煤气和氨气，甲醇、丙烷和氨气，三乙醇胺和20%尿素等。

中温气体碳氮共渗，可用于低、中碳钢和低中碳合金钢。共渗时间取决于渗层厚度、共渗温度及所采用的共渗剂。共渗层的碳氮含量取决于共渗温度，碳含量随共渗温度的升高而增加，氮含量随共渗温度的升高而降低。钢件经碳氮共渗后，还需要进行淬火和低温回火，中温碳氮共渗温度较渗碳温度低，故共渗后一般可直接淬火并低温回火，其表层组织为含碳、氮的回火马氏体、少量残留奥氏体和碳、氮化合物，具有较高的硬度；心部组织为低碳或中碳马氏体或非马氏体组织，具有一定的强度。

中温碳氮共渗与渗碳相比，具有加热温度低、钢件变形小，共渗速度快，生产率高，渗层的硬度、耐磨性、疲劳强度较高，又有一定的抗蚀能力等特点。目前常用以处理汽车和机床上的各种齿轮、蜗轮蜗杆和轴类零件等。

2. 低温气体氮碳共渗　又称气体软氮化，它以渗氮为主。渗剂采用尿素或甲酰胺，直接送入气体渗碳炉中，共渗温度是500～570℃。渗剂分解产生活性碳、氮原子并渗入钢件。与一般气体渗氮相比，需要的时间短，渗氮层具有一定韧性，但渗氮层较薄，一般仅为0.01～0.02mm，硬度为570～680HV（54～60HRC）。

低温气体氮碳共渗处理的钢件变形很小，精度无明显变化，并能提高钢件的耐磨性、疲劳强度、抗咬合及抗擦伤等性能，并且钢件表层具有一定韧性，不易剥落。常用于模具、量具、刀具及其它耐磨钢件的表面处理。低温氮碳共渗缺点是渗层较薄，不适用重载荷下工作的零件；另外，还应注意共渗时分解产生的某些气体具有一定毒性。

本章主要名词

热处理（heat treatment）
冷却（cooling）
等温转变曲线（isothermal transformation curve）
连续冷却转变曲线（continuous cooling transformation curve）
珠光体（pearlite）
屈氏体（troostite）
上贝氏体（upper bainite）
马氏体（martensite）
针状马氏体（acicular martensite）
残余奥氏体（retained austenite）
正火（normalising）
亚温淬火（subcritical hardening）
高温回火（high temperature tempering）
低温回火（low temperature tempering）
调质（quenching and tempering）
临界冷却速度（critical cooling rate）
渗碳（carburizing）
表面化学热处理（surface chemico-thermal treatment）
加热（heating）
等温冷却（isothermal cooling）
索氏体（sorbite）
贝氏体（bainite）
下贝氏体（lower bainite）
板条马氏体（lath martensite）
过冷奥氏体（supercooling austenite）
退火（annealing）
淬火（quenching）
回火（tempering）
中温回火（middle temperature tempering）
冷处理（cold treatment）
淬透性（hardenability）
表面淬火（surface hardening）
碳氮共渗（nitrocarburizing）

习　　题

1. 解释下列名词：
(1) 奥氏体的起始晶粒度、实际晶粒度、本质晶粒度；
(2) 珠光体、索氏体、屈氏体、贝氏体、马氏体；
(3) 奥氏体、过冷奥氏体、残留奥氏体；
(4) 退火、正火、淬火、回火、冷处理；
(5) 淬火临界冷却速度（v_k）、淬透性、淬硬性；
(6) 调质处理。

2. 何谓本质细晶粒钢？本质细晶粒钢的奥氏体晶粒是否一定比本质粗晶粒钢的细？

3. 说明共析碳钢C曲线各个区、各条线的物理意义，并指出影响C曲线形状和位置的主要因素。

4. 试比较共析碳钢过冷奥氏体等温转变曲线与连续转变曲线的异同点。

5. v_k 值大小受哪些因素影响？它与钢的淬透性有何关系？

6. 将 ϕ5mm 的共析碳钢加热至760℃，保温足够时间，问采用什么热处理工艺可得到如下组织：P、S、T+M、$B_下$、M+A′，在C曲线上画出各热处理工艺的冷却曲线，注明热处理工艺名称和所得组织。

7. 确定下列钢件的退火方法，并指出退火的目的及退火后的组织；

（1）经冷轧后的 15 钢钢板，要求低硬度；

（2）ZG270—500（ZG35）的铸造齿轮；

（3）锻造过热的 60 钢锻坯；

（4）具有片状渗碳体的 T12 钢坯。

8. 某钢的等温转变曲线如图习题 6-8 所示，试说明该钢在 300℃，经不同时间等温后按（*a*）、（*b*）、（*c*）线冷却后得到的组织。

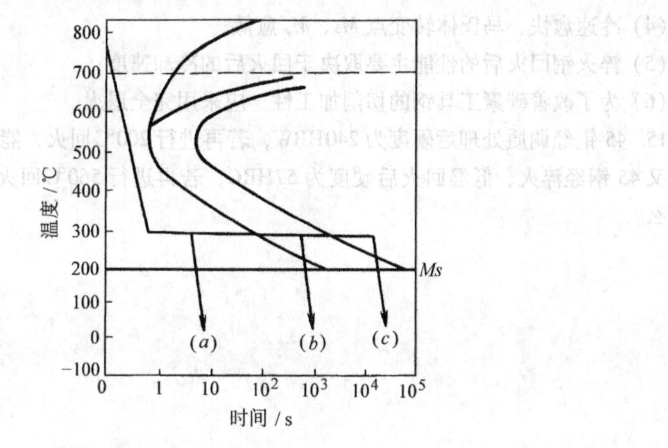

习题 6-8 图

9. 说明 45 钢试样（ϕ10mm）经下列温度加热、保温并在水中冷却得到的室温组织：

700℃，760℃，840℃，1100℃

10. 有两个碳含量为 w_C1.2% 的碳钢试样，分别加热到 780℃和 860℃，并保温相同时间，使之达到平衡状态（其平衡组织分别是 A + Fe_3C 和 A），然后以大于 v_k 的冷却速度冷至室温。试问：

（1）哪个温度加热淬火后马氏体晶粒粗大？

（2）哪个温度加热淬火后马氏体碳含量较多？

（3）哪个温度加热淬火后残留奥氏体较多？

（4）哪个温度加热淬火后未溶碳化物较少？

（5）你认为哪个温度加热淬火合适？为什么？

11. 淬透性与淬硬层深度两者有何联系和区别？影响钢淬透性的因素有哪些？影响钢件淬硬层深度的因素有哪些？

12. 化学热处理包括哪几个基本过程？常用的化学热处理方法有哪几种？

13. 选择下列零件的热处理方法，并编写简明的工艺路线（各零件均选用锻造毛坯，且钢材具有足够的淬透性）。

（1）某机床变速箱齿轮（模数 $m=4$），要求齿面耐磨，心部强度和韧性要求不高，材料选用 45 钢；

（2）某机床主轴，要求有良好的综合力学性能，轴颈部分要求耐磨（50 ~ 55HRC），材料选用45钢；

(3) 镗床镗杆，在重载荷下工作，精度要求极高，并在滑动轴承中运转，要求镗杆表面有极高的硬度，心部有较高的综合力学性能，材料选用38CrMoAlA。

14. 以下说法是否正确？为什么？

(1) 过冷奥氏体的冷却速度大于v_k时，则冷却速度愈快，冷却后钢的硬度愈高；

(2) 钢中合金元素越多，则淬火后硬度就越高；

(3) 同一钢材在相同加热条件下，水淬比油淬的淬透性好，小件比大件的淬透性好；

(4) 冷速愈快，马氏体转变点Ms、M_f愈低；

(5) 淬火钢回火后的性能主要取决于回火后的冷却速度；

(6) 为了改善碳素工具钢的切削加工性，应采用完全退火。

15. 45钢经调质处理后硬度为240HBW，若再进行200℃回火，能否使其硬度提高？为什么？又45钢经淬火、低温回火后硬度为57HRC，若再进行560℃回火，能否使其硬度降低？为什么？

第七章 合 金 钢

随着现代工业的发展，碳素钢往往很难满足使用性能方面更高的要求。对于结构零件，如各种轴、杆、轮等，由于碳钢强度和淬透性相对较低，致使尺寸较大的零件无法通过淬火实现整个截面的均匀强化；对于刃具和冷冲模之类的工件，由于碳钢耐磨性和热硬性较低，无法胜任高速切削和硬质材料的加工；对于在高温以及腐蚀介质中工作的零部件，如内燃机排气阀以及化工容器、管道等，碳钢的耐热性和耐腐蚀性都不能满足使用要求。

为了提高或改善钢的力学性能、工艺性能或使钢具有某些特殊的物理、化学性能，在冶炼时特意往钢中加入一些元素，这些元素叫合金元素，所冶炼的钢叫合金钢。

与碳素钢相比，合金钢具有许多优点，但由于合金元素的加入往往使其冶炼、铸造、锻造、焊接及热处理等加工工艺比碳钢复杂，成本也较高。因此当碳钢能满足要求时，应尽量选用碳钢，而不随便选用合金钢，特别是高合金钢。

第一节 合金结构钢

在工业上凡是用于制造各种机械零件以及用于建筑工程结构的钢称为结构钢。

在碳素结构钢的基础上加入一些合金元素，例如 Cr、Mn、Si、Ni、Mo、W、V、Ti 等，以提高其性能即成为合金结构钢。

采用合金结构钢来制造各类机械零件，除了合金钢有较高的强度或较好的韧性外，还因合金元素的加入增加了钢的淬透性，这就有可能使零件在整个截面上得到既均匀又良好的综合力学性能，即具有较高强度的同时又有足够的韧性，从而保证零件的质量和使用寿命。

合金结构钢比碳素结构钢具有更优异的性能。按不同的应用特点和需要，合金结构钢可分为低合金结构钢、易切削钢、渗碳钢、调质钢、超高强度钢、弹簧钢、轴承钢等各种类型。

一、低合金结构钢

低合金结构钢（又称普低钢），是普通碳钢加入少量合金元素形成的，是结合我国资源条件发展起来的钢种。此类钢中合金元素含量较低，一般不超过3%。目前已大量用于桥梁、船舶、车辆、高压容器、管道、建筑等方面。

低合金结构钢合金化的主要特点如下：

1. 合金元素以 Mn 为主（国外以 Cr、Ni 为主），最高锰含量可达 $w_{Mn}1.8\%$，并辅以少量的 V、Ti、Mo、Nb、B 等元素。合金元素主要作用是强化铁素体，细化铁素体晶粒，使钢的强度与韧性都得到改善。

2. 常加入少量的 P、Cu 元素以提高钢的耐大气腐蚀能力。

3. 部分钢中加入少量稀土元素，以减少钢中有害杂质的影响，改善夹杂物的形状和分布，从而提高钢的工艺性能和力学性能。

4. 碳含量一般低于 $w_C0.2\%$，以保证良好的焊接性、冷成型性和低温韧性。

5. 对 S、P 含量要求不太高，可使用平炉或转炉生产，十分经济。

采用低合金结构钢的主要目的是减轻结构重量，提高零部件或钢结构的使用可靠性及耐久性，这类钢具有良好的力学性能，特别是具有较高的屈服强度。例如普通低合金结构钢的屈服点可达 300～400MPa，而普通碳素钢（Q235 钢）的屈服点只有 235MPa。所以若用普通低合金钢来代替普通碳素钢就可在相同受载条件下使结构重量减轻 20%～30%。这类钢还具有良好的塑性（$A>20\%$），便于冲压成型。此外，普通低合金结构钢还具有比普通碳素钢更低的冷脆临界温度，这对在北方高寒地区使用的构件及运输工具（例如：车辆、容器、桥梁等），具有十分重要的意义。

这类钢通常在热轧退火（或正火）状态下使用。在进行焊接工序后，一般不再热处理。

表 7-1 列出了我国生产的几种常用低合金结构钢的成分、性能及用途。

表 7-1　低合金结构钢的成分、性能及用途

钢号	化学成分（质量分数）（%）				钢材厚度/mm	力学性能			冷弯试验 a:试件厚度 d:心棒直径	用途
	C	Si	Mn	其它		R_m/MPa	$R_{p0.2}$/MPa	A（%）		
14MnNb	0.12～0.18	0.20～0.55	0.80～1.20	0.015～0.05Nb	≤16	490～640	355	21	180°（$d=2a$）	油罐、锅炉、桥梁等
16Mn	0.12～0.20	0.20～0.55	1.20～1.60	—	≤16	510～660	345	22	180°（$d=2a$）	桥梁、船舶、车辆、压力容器、建筑结构等
15MnTi	0.12～0.18	0.20～0.55	1.20～1.60	0.12～0.20Ti	≤25	530～680	390	20	180°（$d=3a$）	船舶、压力容器、电站设备等
15MnV	0.12～0.18	0.20～0.65	1.25～1.50	0.04～0.14V	>16～25	510～660	375	18	180°（$d=3a$）	压力容器、船舶、桥梁、车辆、起重机械等

注：摘自 GB/T 1591—2008。

2004年的国家标准公布了低合金结构钢的新牌号，新旧牌号对比见表7-2所示。新的牌号由代表钢的屈服点的汉语拼音字母（Q）、屈服点数值、质量等级符号（A、B、C、D、E）三部分按顺序排列。如Q390A，Q表示钢材屈服点的“屈”字汉语拼音的首位字母；390表示屈服点数值，单位MPa；A表示质量等级为A。

表7-2　低合金结构钢新旧牌号对照

新牌号 GB/T1591—2008	旧牌号 GB1591—1988	主要特性
Q345	12MnV，14MnNb，16Mn，16MnRE，18Nb	钢的强度高，具有良好的综合性能和焊接性能
Q390	15MnV，15MnTi，16MnNb	钢中加入V、Nb、Ti使晶粒细化，提高强度，具有良好的力学性能、工艺性能和焊接性能
Q420	15MnVN，14MnVTiRE	具有良好的综合性能和焊接性能
Q460	—	强度最高，在正火、正火回火或淬火加回火状态下有很好的综合力学性能

二、易切削钢

易切削钢是在低碳、中碳或高碳的钢中加入一种或几种合金元素，通过相应的工艺使其具有良好切削加工性能的钢。

（一）性能要求

易切削钢的性能要求很单一，就是要具有良好的切削加工性能。钢材的切削性能一般以刀具寿命、切削速度、零件表面的粗糙度、切削阻力和切屑形状等指标作为评定的依据，希望在高速切削下，易断屑，刀具磨损小，并能提高加工表面质量。影响切削性能的因素很多，如钢的化学成分和夹杂物的组成、形态和数量等，也可以说，切削性能很大程度上由易切性夹杂物的形态和组成所支配。

（二）对合金化和金相组织的要求

碳和锰的含量是两个影响很大的因素，在一定硬度下，增加碳锰含量将改善切削性；超过一定硬度时，继续增加碳锰含量，切削加工性反而变差。

加入S、Pb、Ca、Te、Bi等元素可使钢的切削性能得到改善。S的含量一般为w_S0.08%～0.35%，S可与钢中的Mn生成MnS易切夹杂物。轧制后的硫化物如呈球状，能大大改善切削性能。常温下铅在钢中不固溶，而呈单相铅微粒均匀分布，铅的熔点很低，当接触应力比较大时，零件表面由于温度升高而瞬即达到铅的熔点，使铅粒熔融浸出，故铅易切削钢不宜在高速下加工，也不宜制造承受很大压应力的零件。

钙易切削钢是借助在冶炼时加入含钙脱氧剂，从而调整钢中残留的脱氧生成物（氧化物夹杂）而提高其切削性能的。钙在钢中的含量约为 w_{Ca}0.01% ~ 0.005%，生成的氧化物夹杂物主要由 SiO_2、MnO、Al_2O_3 和 CaO 所组成。

研究表明，刀具磨损决定于钢材对刀具的摩擦和切削区产生的热的综合作用，所以除与钢的化学成分有关外，还取决于金相组织。铁素体对刀具的摩擦最小，然后按球状珠光体、片状珠光体、珠光体-索氏体、屈氏体而依次增大。在珠光体组织中，渗碳体的形状和粒度对刀具的摩擦具有明显的影响，片状珠光体的摩擦最大，球状最小，且粒度越细摩擦越小，当组织中存在过剩碳化物并呈聚集状或网状分布时，则其摩擦更为增大。所以易切削钢的金相组织应为珠光体+铁素体或索氏体+铁素体、粒状珠光体等。

（三）常见的易切削结构钢

表 7-3 为易切削钢的成分和力学性能。

表 7-3　易切削钢的成分和力学性能（GB/T8732—2004）

钢号	化学成分（质量分数）（%）					热轧钢的纵向力学性能			
	C	Mn	Si	S	P	R_m /MPa	A（%）（不小于）	Z（%）（不小于）	HBW（不大于）
Y12	0.08 ~ 0.16	0.70 ~ 1.00	0.15 ~ 0.35	0.10 ~ 0.20	0.08 ~ 0.15	390 ~ 540	22	36	170
Y15	0.10 ~ 0.18	0.80 ~ 1.20	≤0.15	0.23 ~ 0.33	0.05 ~ 0.10	390 ~ 540	22	36	170
Y20	0.17 ~ 0.25	0.70 ~ 1.00	0.15 ~ 0.35	0.08 ~ 0.15	≤0.06	450 ~ 600	20	30	175
Y30	0.27 ~ 0.35	0.70 ~ 1.00	0.15 ~ 0.35	0.08 ~ 0.15	≤0.06	510 ~ 655	15	25	187
Y40Mn	0.37 ~ 0.45	1.20 ~ 1.55	0.15 ~ 0.35	0.28 ~ 0.30	≤0.05	690 ~ 735	14	20	207

三、渗碳钢

某些结构零件是在承受较强烈的冲击和磨损的条件下工作的，例如汽车、拖拉机上的变速齿轮，内燃机上的凸轮，活塞销以及部分量具等。这些零件要求具有高的表面硬度和耐磨性，而心部则要求具有较高的强度和适当的韧性。为了兼顾零件表面和心部不同的性能要求，可以采用低碳钢通过渗碳淬火及低温回火来达到。这种用于制造渗碳零件的钢称为渗碳钢。

（一）化学成分

渗碳钢的碳含量一般在 w_C0.10% ~0.25% 之间，属于低碳钢，这样的碳含量可保证渗碳零件心部具有足够的韧性和塑性。为了提高心部强度，需在渗碳钢中加入一定数量的合金元素。合金渗碳钢中的主要合金元素是 Mn 和 Cr。w_{Mn}（<2.0%）及 w_{Cr}（<2.0%）的加入，能强化铁素体组织，并能增加钢的淬透性。w_{B}（<0.005%）的加入能进一步提高钢的淬透性。w_{Ni}（<4.5%）在强化心部性能的同时还能使韧性提高，一般和 Cr 配合使用。此外，在渗碳钢中还常加入微量的 w_{V}（<0.4%）、w_{W}（<1.2%）、w_{Mo}（<0.6%）、w_{Ti}（<0.1%）等强碳化物的形成元素，这些元素能细化晶粒，防止钢件在渗碳过程中发生过热。

（二）热处理特点

为了保证渗碳件表面获得高硬度和高的耐磨性，渗碳后都要进行淬火及低温回火（180~200℃）。渗碳后，钢表层的碳浓度较高，所以在淬火、低温回火后，表面层可获得回火马氏体和一定量的合金碳化物组织，硬而耐磨；心部获得有足够强度和韧性的低碳马氏体，达到“表硬里韧”的性能要求。表 7-4 所示为常用渗碳钢的热处理工艺规范及力学性能。

表 7-4　常用渗碳钢的热处理工艺规范及力学性能

钢号	毛坯尺寸/mm	热处理					力学性能				
		淬火温度/℃		冷却介质	回火温度/℃	冷却介质	R_m/MPa	R_{eH}/MPa	A(%)	Z(%)	KU_2/J
		第一次	第二次				不小于				
15Mn2	15	900		空		水，空	600	350	17	40	
20Mn2	15	850		水、油	200	水，空	800	600	10	40	48
20CrMnTi	15	880	870	油	200	水，空	1100	850	10	45	56
20CrMnMo	15	850		油	200	水，空	1200	900	10	45	56
15Cr	15	880	800	水、油	200	水，空	750	500	11	45	56
20Cr	15	880	800	水、油	200	水，空	850	550	10	40	48
12CrNi3A	15	860	780	油	200	水，空	950	700	11	50	72
12CrNi4A	15	860	780	油	200	水，空	1100	850	10	50	72
18Cr2Ni4WA	15	950	850	空	200	水，空	1200	850	10	45	80
20Cr2Ni4A	15	880	780	油	200	水，空	1200	1100	10	45	64

（三）常用的合金渗碳钢

根据淬透性的高低，常用合金渗碳钢可分为三类：

（1）低淬透性渗碳钢　如 15Cr、20Cr、15Mn2、20Mn2 等，这类钢经渗碳、淬火与低温回火后心部强度较低。其中，锰钢的淬透性比铬钢大些，而切削加工性能差些，渗碳时晶粒易长大。如性能要求较高，这类钢宜采用渗碳后重新加热淬火。

低淬透性钢水淬临界直径为20～35mm，低温回火后的心部组织为回火马氏体。这类钢用作受力不太大、心部强度不需要很高的耐磨零件，如柴油机的凸轮轴、挺杆、小齿轮等。

(2) 中淬透性合金渗碳体　如20CrMnTi、12CrNi3A、20CrMnMo、20MnVB等，这类钢合金元素总量在4%左右。其淬透性和力学性能较高，油淬临界直径约为25～60mm左右。主要用于承受中等动载荷的耐磨零件，如汽车变速齿轮、联轴节、齿轮轴、花键套轴等。由于钢中含有Ti、V、Mo等元素，渗碳时奥氏体晶粒长大倾向较小，渗碳后可自渗碳温度预冷到870℃左右直接淬火，经低温回火后，具有良好的力学性能。

(3) 高淬透性合金渗碳钢　如12Cr2Ni4A、18Cr2Ni4WA、20Cr2Ni4A等，这类钢合金元素总量小于7.5%，淬火及低温回火后心部强度很高。主要用作重载和强烈磨损的大型零件，如内燃机的主动牵引齿轮、柴油机曲轴等。这类钢淬透性很好，临界直径在100mm以上，甚至在空气中冷却也能获得马氏体组织。此外，由于钢中含有较多的合金元素，使马氏体转变温度大大下降，渗碳表层在淬火后往往会有大量的残留奥氏体，为减少淬火后残留奥氏体量，可在淬火后进行冷处理。

设计中可应用淬透性值，根据已知渗碳零件尺寸和心部硬度要求来选择性能合适的渗碳钢。

例如，已知汽车后桥主要螺旋齿轮的齿要求齿的心部硬度为30～45HRC，要达到这一要求，需求淬透性的值，其顺序是用任一种已经被测定淬透性曲线的钢，仿制同样的齿轮，假定渗碳淬火后测得轮齿心部硬度值恰为35HRC左右，则可从该钢淬透性曲线上查得硬度值为35HRC的地点位于距末端的某处，假定为7.5mm处，说明该齿轮心部的冷却速度与淬透性试样上距末端7.5mm处的冷却速度相同。因此，轮齿心部的淬透性可表示为J30～45－7.5。经查阅不同渗碳钢的淬透性曲线，发现20CrMnTi钢能满足要求，即淬火后轮齿心部硬度能达到30～45HRC的要求。

下面以20CrMnTi合金渗碳钢制造的汽车变速齿轮为例，分析其热处理工艺。

例7-1　20CrMnTi合金渗碳钢制造的汽车变速箱齿轮。技术要求：渗碳层厚度1.2～1.6mm，$w_C=1.0\%$，齿顶硬度58～60HRC，心部硬度30～45HRC。

解：根据技术要求，确定其热处理工艺如图7-1所示。

用20CrMnTi钢制造汽车变速齿轮的整个工艺路线如下：

锻造→正火→加工齿轮→局部镀铜→渗碳→预冷淬火、低温回火→喷丸→磨齿（精磨）。

齿轮毛坯在机加工前需正火，其目的是为了改善锻造状态的不正常组织，

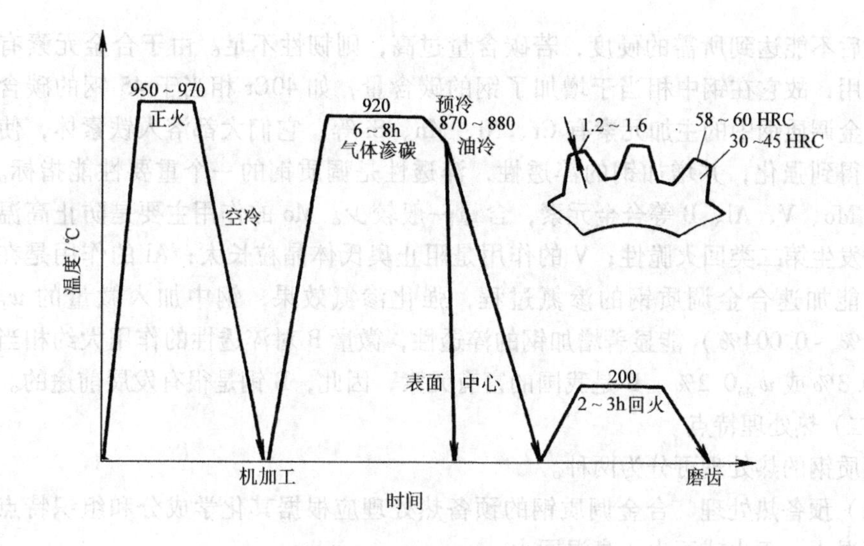

图 7-1　20CrMnTi 钢制造渗碳齿轮的热处理工艺曲线

以利切削加工。20CrMnTi 钢正火后的硬度为 170~210HBW，切削加工性能良好。20CrMnTi 钢的渗碳温度为 920°C 左右，渗碳时间根据所要求的渗碳层厚度确定，经查手册知渗碳层厚 1.2~1.6mm 时所需渗碳时间为 6~8h；渗碳后，自渗碳温度预冷到 870~880℃直接油淬，再经 200℃低温回火 2~3h 后，其性能达到：$R_m \approx 1000$MPa，$Z \approx 50\%$，$KU_2 \approx 64$J；其表面层由于碳含量较高（渗碳后达 w_C1.0%左右），在淬火低温回火后基本上是回火马氏体组织，具有很高的硬度（58~60HRC）和耐磨性，其心部由于 Cr、Mn 元素提高了钢的淬透性，在淬火低温回火后可以获得低碳回火马氏体组织，具有高的强度和足够的冲击韧性。因此，20CrMnTi 钢制造汽车变速齿轮，经过上述冷热加工和热处理后，所获得的性能基本上满足技术要求。最后的喷丸处理不仅是为了清除氧化皮，使表面光洁，更重要的是作为一种强化手段，使零件表层压应力进一步增大，有利于提高疲劳强度。在某些情况下，经过喷丸处理以后要进行精磨，磨去表层 0.02~0.05mm，这样做能降低齿面粗糙度，而对强化效果不至于引起不良影响。

四、调质钢

调质钢一般是指经淬火及高温回火（调质处理）的碳素结构钢和合金结构钢，经调质处理后得到回火索氏体组织，具有高的强度和良好的塑性与韧性的配合，即具有良好的综合力学性能。因此调质钢常用于制造汽车、拖拉机、机床及其它机械上要求具有良好综合力学性能的重要零件，如柴油机连杆螺栓、汽车底盘上的半轴以及机床主轴等。

（一）化学成分

一般调质钢碳含量介于 w_C0.25%~0.5%之间，碳含量过低不易淬硬，从而在回火后不能达到所需的硬度，若碳含量过高，则韧性不足。由于合金元素有强化作用，故它在钢中相当于增加了钢的碳含量，如40Cr相当于45钢的碳含量。合金调质钢中的主加元素有Cr、Ni、Mn、Si等，它们大都溶入铁素体，使铁素体得到强化，并增加钢的淬透性，淬透性是调质钢的一个重要性能指标。其它如Mo、V、Al、B等合金元素，含量一般较少。Mo的作用主要是防止高温回火时发生第二类回火脆性；V的作用是阻止奥氏体晶粒长大；Al的作用是在渗氮时能加速合金调质钢的渗氮过程，强化渗氮效果；钢中加入微量的w_B（0.001%~0.004%）能显著增加钢的淬透性，微量B对淬透性的作用大约相当于w_{Cr}0.3%或w_{Mo}0.2%。B是我国的富有元素，因此，B钢是很有发展前途的。

（二）热处理特点

调质钢的热处理可分为两种。

（1）预备热处理　合金调质钢的预备热处理应根据其化学成分和组织特点可采用退火、正火或正火+高温回火。

对于合金元素含量较少的钢，调质前常进行正火处理，正火后组织为索氏体；对于合金元素较多的钢，可采用退火或正火+高温回火。因为正火后组织可能为马氏体，硬度较高，不利于切削加工，故正火后应进行高温回火（650~700℃），使其硬度降至200HBW。

（2）调质处理　是使机械零件达到设计要求的关键。淬透性的大小直接影响钢的最后力学性能。

调质钢热处理的第一步工序是淬火，淬火温度必须按照规定的温度加热，淬火介质应根据零件的尺寸大小和钢的淬透性高低来选择，一般合金调质钢都在油中淬火。处于淬火状态的钢，内应力大，很脆，不能直接使用，必须进行第二步工序——回火，其目的是消除内应力，增加韧性，调整强度，获得良好的综合力学性能。调质钢零件一般采用500~650℃温度回火，回火的具体温度应根据钢的成分及对性能的要求而定。图7-2为40Cr钢不同的回火温度与性能的关系。为了抑制某些合金调质钢（含有Cr、Mn、Ni等元素）回火时慢冷造成的第二类回火脆性，回火后要快冷（一般油冷）。但对于大截面的零件，中心部分难以达到快冷的目的，为了防止回火脆性应采用含有Mo、W等元素的调质钢。

常用调质钢调质处理规范及其性能指标如表7-5所示。

调质钢零件，除要求具有良好的综合力学性能外，往往还要求表层有良好的耐磨性。这时，经调质处理后的零件还应进行表面淬火或表面渗氮处理。

（三）常用调质钢的性能特点及应用

40、45钢等中碳钢经调质热处理后，力学性能不高，只适用于尺寸较小、载荷较轻的零件，合金调质钢则可用于尺寸较大，载荷较重的零件。由表7-5可

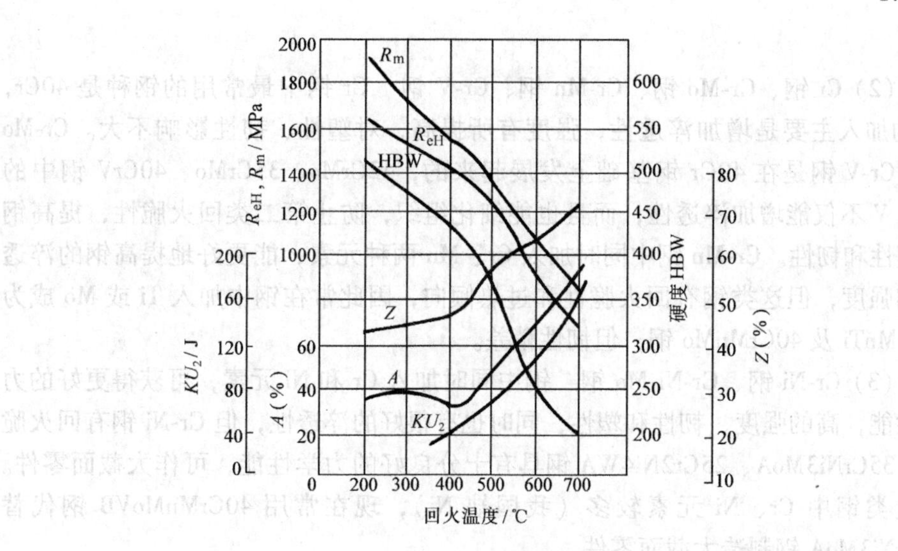

图 7-2 40Cr 钢在不同的回火温度回火后的力学性能
（直径 $D = 12$mm，油淬）

见，40CrNiMo、42CrMo 钢的综合力学性能较好，尤其是强度较高，比相同碳含量的碳素调质钢约高 30% 左右。常用的合金调质钢通常包括三种系列：

表 7-5 常用调质钢调质处理规范及其性能指标

钢号	热处理				力学性能				
	淬火温度 /℃	冷却介质	回火温度 /℃	冷却介质	R_m /MPa	R_{eH} /MPa	A (%)	Z (%)	KU_2 /J
					≥				
45	830	水	560 ~ 620	水	700 ~ 850	450 ~ 550	15 ~ 17	40 ~ 45	40 ~ 48
42Mn2V	860	油	600	水、油	1000	850	11	45	48
40MnVB	850	油	500	水、油	1050	850	10	45	56
40Cr	850	油	500	水、油	1000	800	9	45	48
40CrMn	840	油	520	水、油	1000	850	9	45	48
42CrMo	850	油	580	水、油	1100	950	12	45	64
40CrNi	820	油	500	水、油	1000	800	10	45	56
30CrMnSi	880	油	540	水、油	1100	900	10	45	40
35CrMo	850	油	560	水、油	1000	850	12	45	64
40CrNiMo	850	油	620	水、油	1000	850	12	55	80

（1）Mn 钢、Mn-B 钢　这类钢中主要合金元素 Mn 的作用是强化铁素体和增加淬透性，这类钢可以代替 40Cr，制造截面小于 50mm 的零件。Si-Mn 钢的强度较好，但韧性和塑性较差，退火后硬度偏高，切削加工困难的问题还有待解

决。

（2）Cr钢、Cr-Mo钢、Cr-Mn钢、Cr-V钢　Cr钢中最常用的钢种是40Cr，Cr的加入主要是增加淬透性，强度有所提高，对塑性、韧性影响不大。Cr-Mo钢、Cr-V钢是在40Cr钢基础上发展起来的，42CrMo、35CrMo、40CrV钢中的Mo、V不仅能增加淬透性，而且也能细化组织，防止第二类回火脆性，提高钢的塑性和韧性。Cr-Mn钢中同时加入Cr、Mn两种元素，能更好地提高钢的淬透性和强度，但这类钢有回火脆性和过热倾向，因此常在钢中加入Ti或Mo成为40CrMnTi及40CrMnMo钢，但韧性稍差。

（3）Cr-Ni钢、Cr-Ni-Mo钢　钢中同时加入Cr和Ni元素，可获得更好的力学性能，高的强度、韧性和塑性，同时也有很好的淬透性，但Cr-Ni钢有回火脆性。35CrNi3MoA、25Cr2Ni4WA钢具有十分良好的力学性能，可作大截面零件。但这类钢中Cr、Ni元素较多（我国缺Ni），现在常用40CrMnMoVB钢代替35CrNi3MoA钢制造大截面零件。

各种调质钢的性能特点和用途举例见表7-6。

表7-6　各种调质钢的性能特点和用途

钢号	淬透性		性能特点	用途举例
	淬透性值	油淬临界直径/mm		
45	J43-1.5～3.5	<5～20（水淬）	小截面零件调质后具有较高的综合力学性能。水淬有时开列，形状复杂零件可水油淬	制造齿轮、轴、压缩机、泵的运动零件
42Mn2V	J46-9	约25	强度比40Mn2高，接近40CrNi	制造小截面的高负荷重要零件如螺栓、轴、进气阀等，可用作表面淬火零件代40Cr或45Cr，表面淬火后硬度和耐磨性较好
40MnVB	J44-19～22	25～67	综合力学性能较40Cr好	可代40Cr或部分代42CrMo与40CrNi制重要的调质零件，如柴油机汽缸头螺柱、组合曲轴连接螺钉、机床齿轮花键轴等
40Cr	J44-7～17	18～48	强度比碳钢高约20%，疲劳强度较高	制造重要的调质零件，如齿轮、轴、套筒、连杆螺钉、螺栓、进气阀等可进行表面淬火和碳氮共渗
40CrMn	J44-8～16	20～47	淬透性比40Cr好，强度高，在某些用途中可以和42CrMo、40CrNi互换，制较大调质件，回火脆性倾向大	制造在高速与高弯曲负荷下工作的轴、连杆，以及在高速高负荷（无强力冲击负荷）下的齿轮轴、齿轮水泵转子，离合器，小轴等

（续）

钢 号	淬 透 性		性能特点	用途举例
	淬透性值	油淬临界直径 /mm		
40CrNi	J44-10～32	28～90	具有高强度、高韧性，淬透性好，有回火脆性倾向	制造截面较大，受载荷较重的零件，如曲轴、连杆、齿轮轴、螺栓等
42CrMo	J46-13～42	39～120	强度、淬透性比35CrMo更高	制造较35CrMo强度更高或截面更大的调质零件，如机车牵引用的大齿轮，增压器传动齿轮、后轴、受负荷很大的连杆
35CrMo	J42-11～32	31～90	强度高、韧性高，淬透性好，500℃以下有高的高温强度	制造在高负荷下工作的重要结构零件，特别是受冲击、振动、弯曲、扭转负荷的零件，如车轴、发动机传动机件、汽轮发电机主轴、叶轮紧固件、连杆在480℃以下工作的螺栓
30CrMnSi	J40-16	约45	截面小于或等于25mm的零件最好采用等温淬火，得到下贝氏体组织，使强度与塑性得到良好配合，使韧性大大提高，而且变形最小。一般在调质或低温回火后使用	制造重要用途零件，在振动负荷下工作的焊接件和铆接件，如高压鼓风机叶片、阀板、高速负荷砂轮轴、齿轮、链轮、紧固件、轴套等，还用于制造温度不高而要求耐磨的零件
37CrNi3		约200	具有高的强度、冲击韧性及淬透性	制造重要零件，如轴、齿轮
40CrNiMo	J44-7.5～29	21～85	一般情况回火脆性不敏感，大截面零件回火后应油冷，冲击韧性不致降低；具有良好的室温及低温冲击韧性（$-70℃$时$KV_2=48J$）	制造要求塑性好、强度高，重要的和较大截面的零件，如中间轴、半轴、曲轴、联轴器等
40CrMnMo	J44-15～45	43～150	40CrNiMo的代用钢	制造重要负荷的轴、偏心轴、齿轮轴、齿轮、连杆及汽轮机零件

注：1. 表中淬透性值用JHRC-*d*表示，*d*为端淬时半马氏体至末端距离。

2. 油淬临界直径指油淬后心部能获得50%M的最大直径。

40Cr是合金调质钢中最常用的钢种。下面以40Cr钢制造的拖拉机连杆螺栓为例，说明其热处理工艺方法的选定和工艺路线的安排。

例7-2 连杆螺栓是发动机中一个重要的连接零件，在工作时它承受冲击性的、周期变化的拉应力和装配时的预应力。在发动机运转中，连杆螺栓如果断裂，就会引起严重事故，因此要求它应具有足够的强度、冲击韧性和抗疲劳性能。为了满足上述综合力学性能的要求，确定40Cr钢连杆螺栓的热处理工艺。

解：40Cr钢连杆螺栓的热处理工艺如图7-3所示。

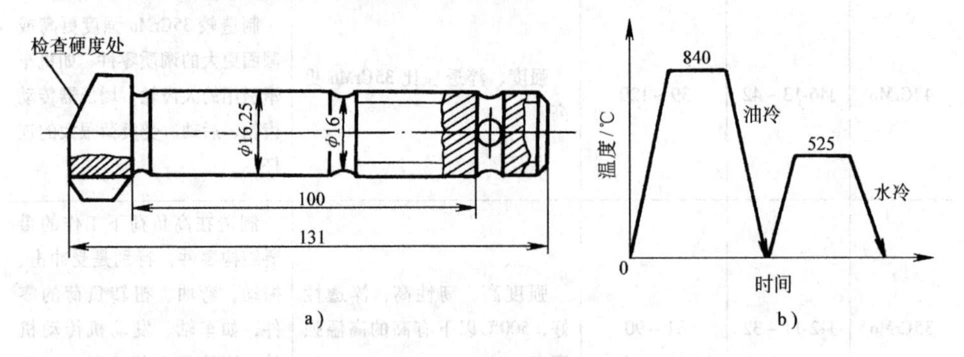

图7-3 连杆螺栓及其热处理工艺

连杆螺栓的生产工艺路线如下：

下料→锻造→退火（或正火）→机加工（粗加工）→调质→机加工（精加工）→装配。

退火（或正火）作为预先热处理，其主要目的是为了改善锻造组织，细化晶粒，有利于切削加工，并为随后调质热处理作好组织准备。

调质热处理—淬火：加热温度（840±10）℃，油冷，获得马氏体组织；

回火：加热温度（525±25）℃，水冷（防止第二类回火脆性）。

经调质处理后金相组织应为回火索氏体，不允许有块状铁素体出现，否则会降低强度和韧性，其硬度大约为30~38HRC（263~322HBW）。

例7-3 机床齿轮花键轴（图7-4）是机床变速箱中一个重要的传输动力零件，在工作时它不但承受冲击性的、周期变化的扭转应力，花键部分承受周期变化的弯曲应力、接触应力和摩擦磨损。在机床工作时，花键轴或花键部分如果断裂，就会引起严重事故，因此，要求它应具有足够的强度、冲击韧性、抗疲劳性能，花键部分和安装轴承的部位应有高的硬度和耐磨性。为了满足上述综合力学性能的要求，确定40MnVB钢机床齿轮花键轴的热处理工艺。

解：机床齿轮花键轴的生产工艺路线如下：

下料→锻造→退火（或正火）→机加工（粗车）→调质（淬火+高温回火）→机加工（精车）→花键加工→高频感应加热淬火→低温回火→磨加工→检查

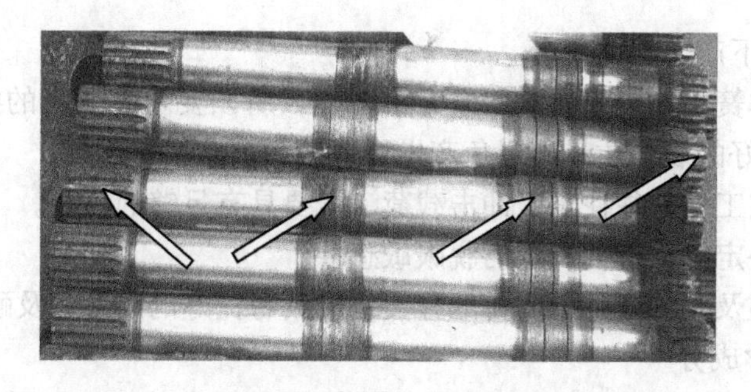

图 7-4　机床齿轮花键轴

40MnVB 钢机床齿轮花键轴的热处理工艺如图 7-5 所示。

退火（或正火）作为预先热处理，其主要目的是为了改善锻造组织，细化晶粒，利于切削加工，并为随后调质热处理作好组织准备。

40MnVB 钢的调质热处理，其淬火加热温度为 840 ~ 870℃，油冷，获得淬火马氏体组织，硬度为 54 ~ 59HRC。其高温回火温度为 500 ~ 560℃，组织为回火索氏体，硬度为 28 ~ 32HRC。

为满足花键及安装轴承部位应具有高硬度、高耐磨性的要求，故对此部分可采用高频感应加热淬火，然后进行低温回火，其淬硬层的金相组织为细小针状马氏体，硬度可达 60HRC 左右。

必须指出，凡要求调质零件硬度较高者（如平均硬度大于 285HBW），可先进行粗加工，然后调质。对精度要求高的零件，调质后还需进行精加工。对调质零件要求较低者（一般为 170 ~ 230HBW，最高平均硬度不超过 285HBW），可采用“锻造→调质→机加工”工艺方案，此方案中调质工序与热加工紧紧相连，以便推广锻热淬火（又称高温形变热处理），即在锻造时控制锻造温度，锻后利用锻造余热进行淬火。锻热淬火不仅简化工序，节约工时，降低成本，还可提高调质钢的强韧性，这是由于锻热淬火能明显提高淬透性，回火后容易得到较细的均匀的回火马氏体并且提高了回火稳定性所致。

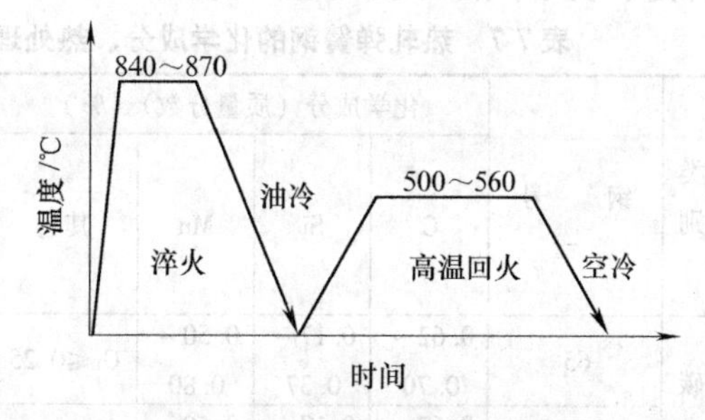

图 7-5　40MnVB 钢机床齿轮花键轴调质热处理工艺

五、弹簧钢

弹簧钢是专用结构钢，主要用于制造各种弹簧或有类似性能要求的零件。

弹簧是利用弹性变形来储存能量、缓和振动和冲击的，因此，弹簧钢应满足以下性能要求：

1）具有好的弹性，即具有较高的弹性极限，以保证其足够的弹性变形能力，避免在高负荷下产生塑性变形。

2）由于弹簧是在频繁的交变应力下工作，所以要求具备高的疲劳强度、高的屈强比和良好的表面质量，以免产生疲劳破坏。

3）弹簧在工作时往往承受冲击载荷，需要具有足够的韧性。

4）要有一定的淬透性和低的脱碳敏感性。

5）在高温及腐蚀条件下工作的弹簧，应具有良好的耐热性及耐蚀性。

（一）化学成分

由于对弹簧钢的主要性能要求是高弹性极限和疲劳强度，因此，弹簧钢采用较高的碳含量。碳素弹簧钢碳含量是 w_C0. 6% ~0. 75%。合金弹簧钢碳含量一般是 w_C0. 46% ~0. 70%。合金弹簧钢中所含合金元素主要有 Si、Mn、Cr、V 等，它们的主要作用是提高钢的淬透性和回火稳定性，强化铁素体和细化晶粒，从而有效地改善弹簧钢的力学性能，提高弹性极限和屈强比。其中 Cr、V 还有利于提高弹簧钢的高温强度，而 Si 对于提高弹簧钢屈强比的作用尤为突出。

（二）常用弹簧钢及其热处理特点

(1) 热轧弹簧钢及其热处理特点　热轧弹簧钢（热成形弹簧钢）是用以制造各种尺寸较大的热成形螺旋弹簧和板弹簧用钢。表 7-7 所示为常用热轧弹簧钢的化学成分、热处理及力学性能。

表 7-7　热轧弹簧钢的化学成分、热处理及力学性能（GB/T1222—2007）

类别	钢号	化学成分（质量分数）（%）				热处理			力学性能			
		C	Si	Mn	其它	淬火温度/℃	淬火介质	回火温度/℃	R_m/MPa	R_{eL}/MPa	$A_{11.3}$(%)	Z(%)
									不小于			
碳钢	65	0. 62 ~ 0. 70	0. 17 ~ 0. 37	0. 50 ~ 0. 80	Cr≤0. 25	840	油	500	980	785	9	35
	70	0. 67 ~ 0. 75	0. 17 ~ 0. 37	0. 50 ~ 0. 80	Cr≤0. 25	830	油	480	1030	835	8	30
合金钢	65Mn	0. 62 ~ 0. 70	0. 17 ~ 0. 37	0. 90 ~ 1. 20	Cr≤0. 25	830	油	540	980	785	8	30
	55SiCrA	0. 52 ~ 0. 60	1. 20 ~ 1. 60	0. 60 ~ 0. 80	Cr0. 5 ~ 0. 8	860	油	450	1450 ~1750	1300 ($R_{p0.2}$)	6	25
	55CrMnA	0. 52 ~ 0. 60	0. 17 ~ 0. 37	0. 65 ~ 0. 95	Cr0. 65 ~0. 95	830 ~ 860	油	460 ~ 510	1225	1080 ($R_{p0.2}$)	9	20
	60Si2Mn	0. 56 ~ 0. 64	1. 50 ~ 2. 00	0. 70 ~ 1. 00	Cr≤0. 35	870	油	480	1275	1180	5	25
	50CrVA	0. 46 ~ 0. 54	0. 17 ~ 0. 37	0. 50 ~ 0. 80	Cr0. 80 ~ 1. 10 V0. 10 ~ 0. 20	850	油	500	1275	1130	10	40
	55SiMnVB	0. 52 ~ 0. 60	0. 70 ~ 1. 00	1. 00 ~ 1. 30	B0. 0005 ~ 0. 035	860	油	460	1375	1225	5	30

65Mn 钢锰含量为 w_{Mn}0.90% ~1.20%，属于较高锰含量的优质碳素结构钢。这类钢淬透性较好，强度较高，但有脱碳敏感性、过热倾向和回火脆性，淬火时易开裂。

硅锰弹簧钢中有 55Si2Mn、60Si2Mn 等，由于硅含量高，可显著提高弹性极限和回火稳定性。这类钢用在 <25mm 的机车车辆、拖拉机上的板簧、螺旋弹簧等。

新钢种 55SiMnMoV 钢有更好的淬透性及更高的强度，可代替 55CrVA 钢制造大截面汽车板簧和重型车、越野车的板簧。

热轧弹簧钢采用的加工工艺路线如下（以板簧为例）：

扁钢剪断→加热压弯成型后淬火 + 中温回火→喷丸→装配。

弹簧钢淬火温度一般为 830 ~880℃。加热时不容许脱碳，以免降低钢的疲劳强度。因此，在热处理时必须严格控制加热炉内气氛，缩短加热时间。淬火加热后在油中冷却，冷至 100 ~150℃时即可进行中温回火（400 ~550℃），获得回火屈氏体组织，硬度控制在 40 ~45HRC 范围内。弹簧热处理后要进行喷丸处理，使其表面强化，并且使表层产生残留压应力，这样能明显提高弹簧的疲劳寿命。例如，60Si2Mn 钢汽车板簧经喷丸处理后，使用寿命可提高 5 ~6 倍。装配好的汽车钢板弹簧见图 7-6 所示。

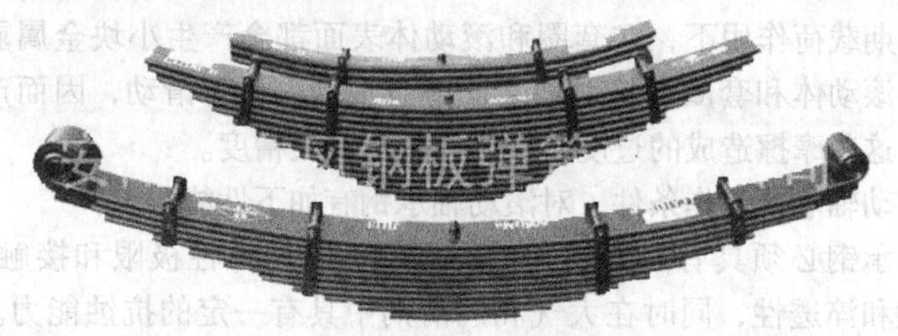

图 7-6　装配好的汽车钢板弹簧

（2）冷拉（轧）弹簧钢及其热处理特点　在室温经拉丝（拔丝）而成的弹簧钢（丝）称为冷拉弹簧钢（丝），直径较小或厚度较薄的弹簧一般用冷拉弹簧钢丝或冷轧弹簧钢带制成。这类弹簧钢是由碳钢（65、65Mn、75）或合金钢（55Si2Mn、60Si2Mn）经冷拉而成，冷拉后可获得很高的强度。钢丝在冷拉之前，先要经过“淬铅”处理或“索氏体化”处理，以得到强度高、塑性好的最宜于冷拉的索氏体组织。

索氏体化处理是将钢加热到 Ac_3 以上 50 ~100℃，得到奥氏体组织，然后在 500 ~550℃的铅浴里进行等温冷却，使其转变成索氏体组织。最后再经过清理，拉拔到成品所需的尺寸。弹簧经冷卷制成后只进行去应力退火即可。用直径≤8mm 的冷拉碳素弹簧钢丝，冷绕制成形的弹簧（见图 7-7），不进行淬火处理，只进行低温定形回火。其全部加工工艺过程如下：

缠绕→切成单件→磨光端面→调整几何尺寸→定形回火→最后调整尺寸→喷砂→检验→表面处理

定形回火在硝盐浴炉中进行，回火温度250～350℃，保温时间10～15min。为避免弹簧在回火过程中产生变形，通常将弹簧套在心轴上。回火后的弹簧若弹性过高，可重复回火。

六、滚动轴承钢

（一）工作条件及性能要求

在柴油机、拖拉机、机床、汽车以及其它高速运转的机械中，广泛使用着滚动轴承。滚动轴承的品种很多，但结构上一般均由外套、内套、滚动体（钢球、滚柱、滚针）和保持架等组成。用于制造滚动轴承的钢称为滚动轴承钢（实际上，目前滚动轴承钢已不限于用作滚动轴承）。滚动轴承在工作时，滚动体（指滚珠或滚柱）和套圈均受周期性交变载荷，它们之间呈点或线接触，因而接触应力可达3000～3500MPa，循环受力次数可达数万次/min。在周期载荷作用下，在套圈和滚动体表面都会产生小块金属剥落而产生疲劳破坏。滚动体和套圈的接触面之间既有滚动，也有滑动，因而产生滚动和滑动摩擦，这些摩擦造成的过度磨损常使轴承丧失精度。

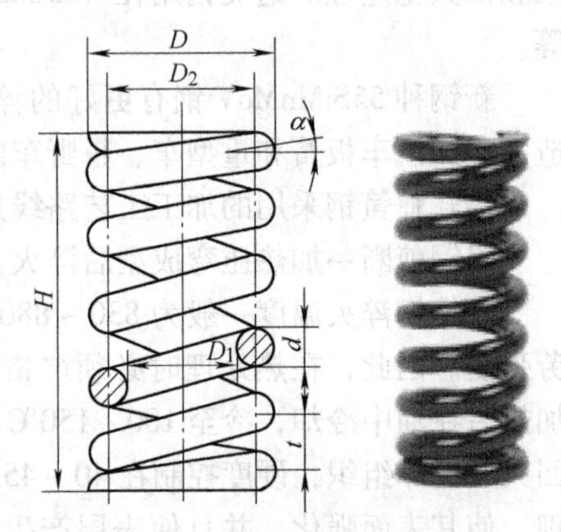

图7-7　螺旋压缩弹簧

根据滚动轴承的工作条件，对滚动轴承钢有如下性能要求：

滚动轴承钢必须具有高而均匀的耐磨性，高的弹性极限和接触疲劳强度，足够的韧性和淬透性，同时在大气和润滑剂中具有一定的抗蚀能力。此外，对钢的纯度、非金属夹杂物、组织均匀性、碳化物的分布状况、以及脱碳程度等都有严格要求，否则这些缺陷将会缩短轴承的使用寿命。

（二）化学成分

滚动轴承钢一般是指高碳铬钢，其碳含量为 w_C0.95%～1.10%，铬含量为 w_{Cr}0.4%～1.65%，尺寸较大的轴承可采用铬锰硅钢。表7-8为常见铬轴承钢的化学成分。

滚动轴承钢具有 w_C0.95%～1.10%是为了保证其高硬度、高耐磨性，w_{Cr}0.4%～1.65%以增加淬透性及耐磨性。含 w_{Cr}1.50%时，厚度不超过25mm的零件在油中可淬透。Cr与C所形成的 $(Fe, Cr)_3C$ 合金渗碳体比一般 Fe_3C 稳定，能阻碍奥氏体晶粒长大，减小钢的过热敏感性，使淬火后获得细针状或隐晶状马氏体组织，增加钢的韧性。Cr还有利于提高低温回火时的回火稳定性。Cr含量过高（如 $w_{Cr}>1.65\%$）时，会增加淬火钢中残留奥氏体量和碳化物分布不均匀性，其结果影响轴承的使用寿命和尺寸稳定性。

表 7-8　常见铬轴承钢的化学成分

钢　号	化学成分（质量分数）（%）							
	C	Si	Mn	P	S	Cr	Ni	Mo	其它
GCr9	1.00～1.10	0.15～0.35	0.25～0.45	≤0.025	≤0.025	0.90～1.20	≤0.30	0.08	Cu≤0.25
GCr9SiMn	1.00～1.10	0.45～0.75	0.95～1.25	≤0.025	≤0.025	0.90～1.20	≤0.30	0.08	Cu≤0.25
GCr15	0.95～1.05	0.15～0.35	0.25～0.45	≤0.025	≤0.025	1.40～1.65	≤0.30	0.08	Cu≤0.25
GCr15SiMn	0.95～1.05	0.45～0.75	0.95～1.25	≤0.025	≤0.025	1.40～1.65	≤0.30	0.08	Cu≤0.25

对于大型轴承（如直径 $D>30\sim50$mm 的滚动体），在 GCr15 基础上，还加入适量的 w_{Si}（0.40%～0.65%）和 w_{Mn}（0.90%～1.20%），以便进一步改善淬透性，提高钢的强度和弹性极限，而不降低韧性。

滚动轴承钢，对杂质含量要求很严，一般规定硫含量应小于 w_S0.02%，磷含量应小于 w_P0.027%，非金属夹杂物（氧化物、硫化物、硅酸盐等）的含量必须很低，而且在钢中的分布要在规定的级别范围之内。

（三）热处理特点

滚动轴承钢的热处理常采用以下几种：

（1）正火　为消除锻造毛坯的网状碳化物可在 900～950℃保温后在空气中冷却，正火后硬度为 270～390HBW。

（2）球化退火　加热到 780～810℃保温后冷却到 710～720℃，再保温一段时间后缓冷，可得到粒状珠光体，其硬度为 207～229HBW。球化退火的目的是便于切削加工，同时使碳化物呈细粒状均匀分布，为淬火作组织准备。

（3）淬火　淬火加热时要严格控制加热温度，淬火后应得到极细的马氏体（即隐针马氏体）和较少的残留奥氏体。GCr15SiMn 钢通常采用 820～840℃淬火。温度过高将引起晶粒粗大，并因碳化物溶入奥氏体过多而使淬火后残留奥氏体增多，导致钢的性能不良。滚动轴承钢淬火后的硬度为 63～66HRC，残留奥氏体含量为 14%～20%。

（4）冷处理　对于精密滚动轴承及精密偶件在淬火后要 1～2h 内进行冷处理，其规范为在 −70～−80℃保温 1～2h，使残留奥氏体量降到 4%～6% 左右。冷处理可使钢的硬度略有升高，并能增加尺寸稳定性。

（5）回火　一般情况下，滚动轴承钢均采用低温回火即 150～160℃，保温 2～5h。回火后硬度为 61～65HRC。

（6）时效　对精密零件，为保证尺寸的稳定性（即长期存放或使用中不发生变形），除了在淬火后进行冷处理外，还要在磨削后再进行 120～130℃保温 5～10h 的低温时效处理，以消除内应力、稳定尺寸。

滚动轴承的生产工艺路线一般如下：

轧制、锻造→预先热处理（球化退火）→机加工→淬火和低温回火→磨削加工→成品。

常用滚动轴承钢的热处理、硬度及用途如表7-9。

表7-9　常用滚动轴承钢的热处理、硬度及用途

钢　号	热　处　理		回火后硬度 HRC	主要用途
	淬火温度/℃	回火温度/℃		
GCr9	800～820	150～160	62～66	20mm以内的各种滚动轴承
GCr9SiMn	810～830	150～200	61～65	壁厚＜14mm，外径＜250mm的轴承套。25～50mm左右滚柱等
GCr15SiMn	820～840	170～200	＞62	壁厚≥14mm，外径250mm的套圈；直径20～200mm的钢球；其它同GCr15

滚动轴承钢除用作轴承外，还可以用作精密量具、冷冲模、机床丝杠以及柴油机油泵上的精密偶件——喷油嘴等。

第二节　合金工具钢

用来制造各种刃具、模具、量具和其它工具的合金钢，称为合金工具钢。

根据工具的服役条件和使用要求，对合金工具钢的性能要求一般都比较高，比如高的淬透性、高的硬度和耐磨性，对切削刃具还要求具有较高的热硬性；对于热加工模具还要求具有一定的抗热疲劳性能、热处理变形小等。因此，工具钢碳含量都比较高，并加入合金元素来提高钢的硬度和耐磨性，增加钢的淬透性和回火稳定性。

一、刃具钢

（一）工作条件及性能要求

刃具钢主要用于制造切削刃具，如车刀、铣刀、钻头等。在切削时刃具不仅受到切削力的作用，而且刃部还受到切屑、工件加工表面的摩擦而产生高温，同时还受到一定的冲击和振动。根据刃具的工作条件，对刃具钢提出如下性能要求：

（1）高硬度　刃具必须具有比被加工工件更高的硬度，一般切削金属用的刃具，其刃口部分硬度要高于60HRC。硬度主要取决于钢的碳含量，因此，刃具钢的碳含量都较高，一般在w_C0.6%～1.5%范围内。

（2）高耐磨性　耐磨性与钢的硬度有关，也与钢的组织有关。硬度愈高，耐磨性愈好。在淬火回火状态及硬度基本相同的情况下，碳化物的硬度、数量、颗粒大小和分布等对耐磨性有很大影响。实践证明，在回火马氏体的基体上分布着细小的碳化物颗粒，能提高钢的耐磨性。

(3) 高热硬性　对切削刀具，不仅要求在室温下有高硬度，而且在温度较高的情况下也能保持高硬度，这种性能称为“热硬性”。热硬性的高低与回火稳定性和碳化物弥散沉淀等有关。钢中加入 W、V、Nb 等元素可显著提高钢的热硬性。

此外，刀具钢还要求具有一定的强度、韧性和塑性，以免刃部在冲击、振动作用下发生折断和剥落。

(二) 碳素及低合金刃具钢

(1) 碳素刃具钢　常用的碳素刃具钢有 T7A、T8A、T10A、T12A 等，其碳含量在 w_C0.65% ~ 1.30% 范围。碳素刃具钢经淬火和低温回火后，能达到 60HRC 以上的硬度和较高的耐磨性；此外，碳素刃具钢加工性能良好，价格便宜，在工具生产中占有较大比例，它不仅用于制造刀具还可用于制造模具。表 7-10 为常用碳素工具钢的牌号、热处理及主要用途。

表 7-10　常用碳素工具钢的牌号、热处理及主要用途（GB/T1298—2008）

钢号	热处理					用途举例
	淬火			回火		
	温度/℃	介质	硬度 HRC	温度/℃	硬度 HRC 不低于	
T7 T7A	800 ~ 820	水	61 ~ 63	180 ~ 200	60 ~ 62	制造承受冲击与振动及需要在适当硬度下具有较大韧性的工具，如凿子、各种锤子、木工工具、石钻（软岩石用）等
T8 T8A	780 ~ 800	水	61 ~ 63	180 ~ 200	60 ~ 62	制造承受振动及需要足够韧性而具有较高硬度的各种工具，如简单模子、冲头、剪切金属用剪刀、木工工具、煤矿用凿等
T9 T9A	760 ~ 780	水	62 ~ 64	180 ~ 200	60 ~ 62	制造具有一定硬度及韧性的冲头、冲模、木工工具、凿岩用凿子等
T10 T10A	760 ~ 780	水	62 ~ 64	180 ~ 200	60 ~ 62	制造不受振动及锋利刃口上有少许韧性的工具，如刨刀、拉丝模、冷冲模、手锯锯条、硬岩石用钻子等
T12 T12A	760 ~ 780	水	62 ~ 64	180 ~ 200	60 ~ 62	制造不受振动及需要极高硬度和耐磨性的各种工具，如丝锥、锋利的外科刀具、锉刀、刮刀等

例如钳工用的手用丝锥（图 7-8）是用人工来加工小直径的和不适宜在机床上加工金属内孔螺纹的工具，由于其在工作时切削量小，切削速度不高，工作时工具本身的温度不高，且尺寸不大，形状也不太复杂，故其可用碳素工具钢制造，经适当热处理后使用。

例 7-4　钳工用的 T12A 钢冷滚制手用丝锥，经最终热处理后，要求其工作部分硬度：<M6 的为 59 ~ 61HRC；≥M6 ~ 12 的为 60 ~ 62HRC；≥M12 的为 61

~63HRC。要求丝锥柄部硬度：≤M8 的为 30 ~52HRC；>M8 的为 30~45HRC。为了在使用时不被扭断，心部硬度要求 30 ~42HRC，以保证一定的韧性。其变形要求最大弯曲度为 0.06 ~0.08mm。金相组织淬火马氏体针≤2.5 级，残留碳化物网≤3 级，不允许脱碳。

解：根据技术要求，用 T12A 钢冷滚制的手用丝锥的加工工艺路线如下：

原材料下料→正火（原始组织为退火态时采用）→球化退火（原始组织球化不良时采用）→机加工（大量生产时多用冷滚牙法制成螺纹）→淬火→低温回火→柄部处理→清洗、发黑处理→检查。

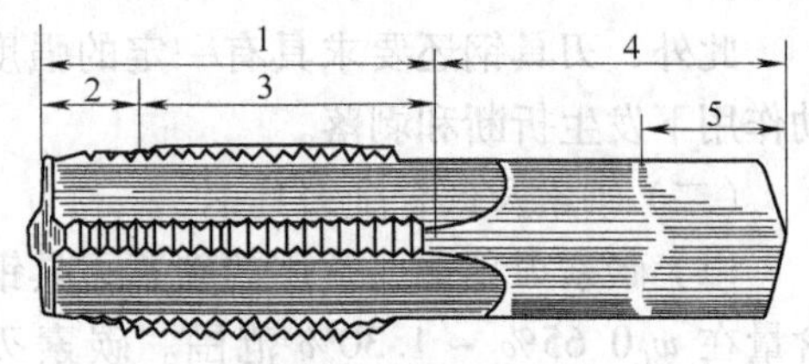

图 7-8 手用丝锥的构造

1—工作部分 2—切削部分 3—校准部分 4—柄部 5—方头

为改善其切削加工性，并为最终热处理作好组织准备，对于用 T12A 钢冷滚制手用丝锥，同一批材料的硬度波动范围一般应在 30HBS 之内，其组织应为残留碳化物网≤3 级的球状珠光体。

若原材料为退火态时，必须用正火予以消除网状二次渗碳体，随后再进行球化退火，其工艺如图 7-9 所示。若原材料组织球化不良，网状碳化物 >3 级，可采用正火加高温回火予以消除（见图 7-10）。

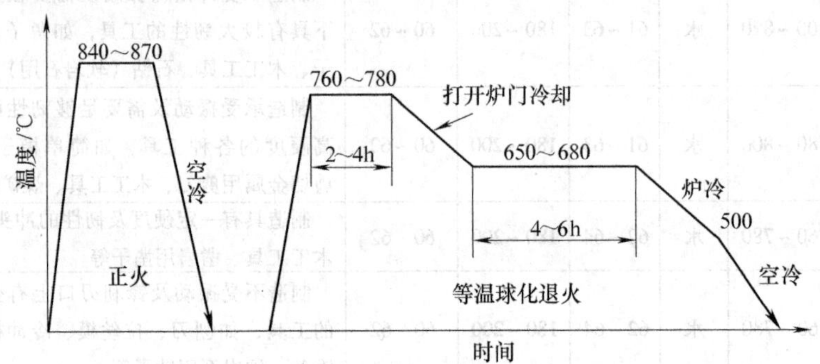

图 7-9 T12A 钢正火与球化退火工艺曲线

由于 T12A 钢滚制手用丝锥热处理后不再进行磨加工，淬火变形要求很严，并希望心部有一定的韧性，因此，根据生产厂经验，可采用贝氏体等温淬火。其工艺曲线如图 7-11 所示。为防止丝锥齿部脱碳，淬火加热时采用盐浴炉。≤M 12 的丝锥在硝盐浴（50% 硝酸钾 +50% 亚硝酸钠）中等温冷却；≥M12 的丝锥，先在碱浴（85% 氢氧化钾 +15% 亚硝酸钠，另加约 6% ~8% 的水）中分级淬火，然后转入硝盐浴中等温 30 ~ 45min 后空冷。等温温度所以采用 210 ~220℃，一方面是为了得到下贝氏体，降低内应力，提高力学性能；另一方面是为了控制丝锥的变形。

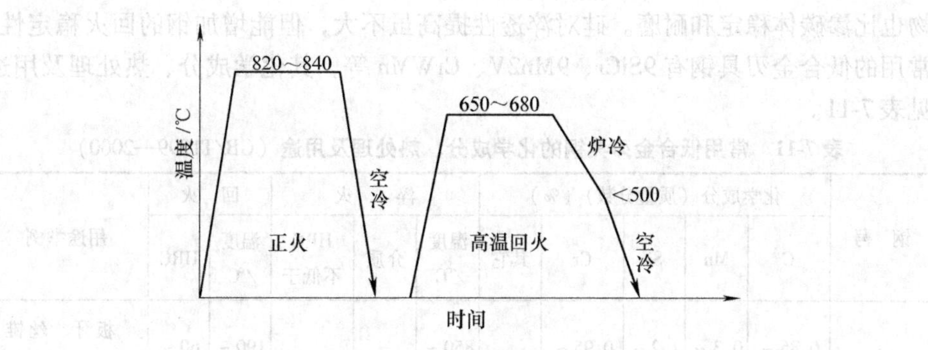

图 7-10　T12A 钢正火与高温回火工艺曲线

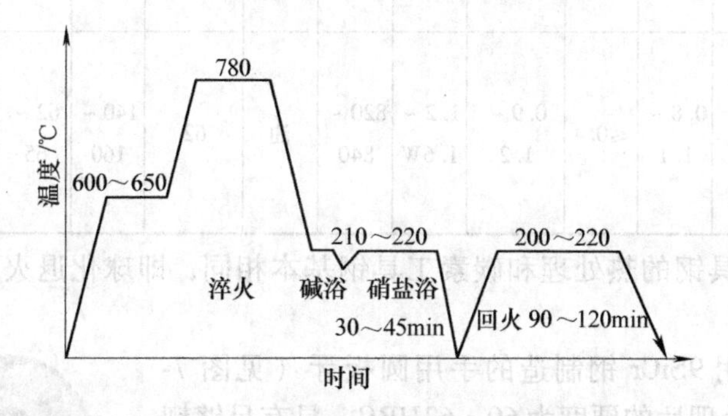

图 7-11　T12A 钢滚制丝锥淬火回火工艺

由于在淬火时柄部已与切削部分一起淬硬，为使柄部硬度降低到要求范围内，可把丝锥倒挂，使柄部的 1/3 ~ 1/2 浸入 570 ~ 600℃的硝盐浴中进行高温回火，回火时间按规格大小不同，加热 15 ~ 30s，然后迅速水冷，以防止热量传至刃部，影响其硬度。

T12A 钢冷滚制手用丝锥用上述工艺淬火后，将得到如下金相组织：

表层——下贝氏体 + 马氏体 + 少量残留奥氏体 + 粒状残留渗碳体，这一层约为 2 ~ 3mm。

心部——屈氏体 + 下贝氏体 + 马氏体 + 少量残留奥氏体 + 粒状残留渗碳体。

表层与心部之间是过渡层。

实践证明，这样的淬火组织能满足手用丝锥的工作条件及上述技术条件的要求。

碳素刃具钢的缺点是淬透性低，回火稳定性小，热硬性差。因此，碳素刃具钢只能用于制造手用工具、低速及小走刀量的机用刃具。当对刃具性能要求较高时，必须选用合金刃具钢。

（2）低合金刃具钢　低合金刃具钢除碳含量较高外，常加少量的 Cr、Mn、V、Si 等合金元素，这些元素可不同程度地提高钢的淬透性，它们所形成的化合物也比渗碳体稳定和耐磨。硅对淬透性提高虽不大，但能增加钢的回火稳定性。常用的低合金刃具钢有 9SiCr、9Mn2V、CrWMn 等，其化学成分、热处理及用途见表 7-11。

表 7-11　常用低合金刃具钢的化学成分、热处理及用途（GB/T1299—2000）

钢　号	化学成分（质量分数）（%）					淬　火			回　火		用途举例
	C	Mn	Si	Cr	其它	温度/℃	介质	HRC 不低于	温度/℃	HRC	
9SiCr	0.85 ~ 0.95	0.3 ~ 0.6	1.2 ~ 1.6	0.95 ~ 1.25		850 ~ 870	油	62	190 ~ 200	60 ~ 63	板牙、丝锥、绞刀、搓丝板、冷冲模等
CrWMn	0.9 ~ 1.05	0.8 ~ 1.1	≤0.4	0.9 ~ 1.2	1.2 ~ 1.6W	820 ~ 840	油	62	140 ~ 160	62 ~ 65	长丝锥、长绞刀、板牙、拉刀、量具、冷冲模等

低合金刃具钢的热处理和碳素工具钢基本相同，即球化退火、淬火和低温回火。

例 7-5　用 9SiCr 钢制造的手用圆板牙（见图 7-12），要求热处理后的硬度为 60 ~ 63HRC，具有足够韧性，表层不允许脱碳。确定其加工工艺路线，分析钢中合金元素的作用及热处理工艺特点。

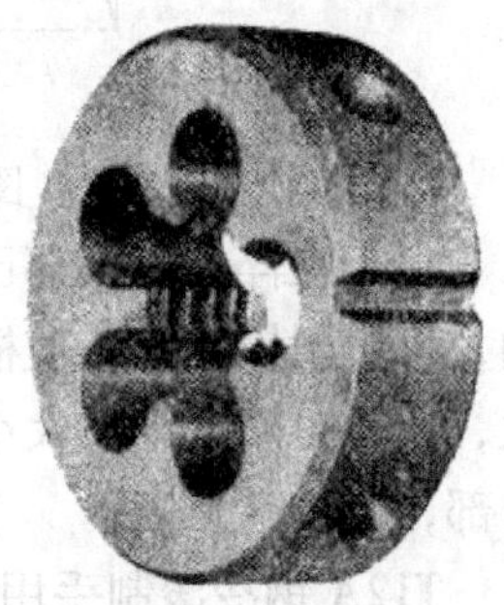

图 7-12　手用圆板牙实物图

解：9SiCr 钢是常用的一种合金刃具钢，但也可作为冷冲模具钢使用。9SiCr 钢相当于在 T9 钢基础上增加 w_{Si}1.2% ~1.6% 和 w_{Cr}0.95% ~1.25%。硅属于非碳化物形成元素，溶入钢中可提高淬透性又可增加回火稳定性，还能显著地强化铁素体；铬属于碳化物形成元素，由于 9SiCr 中铬含量小于 w_{Cr}3%，因而只能形成合金渗碳体（Fe，Cr）$_3$C，在正常退火或淬火加热时部分溶入奥氏体，使过冷奥氏体稳定性增加，提高钢的淬透性。9SiCr 钢适用于制造截面尺寸较大并要求淬透或截面较薄要求变形较小形状较复杂的工具。

9SiCr 钢制的手用圆板牙加工工艺路线为：

下料→球化退火→机械加工→淬火 + 低温回火→磨平面→抛槽→开口。

9SiCr 钢球化退火一般采用等温退火，其工艺如图 7-13 所示。球化退火的目的同碳素工具钢。由于硅、铬合金元素的加入，使钢的相变点（Ac_1、Ac_{cm}）提高了，因此 9SiCr 钢球化退火的加热温度与等温温度也相应提高。退火后的硬度在 197 ~241HBW 范围内适宜于机加工。淬火 + 低温回火的热处理工艺如图 7-14

所示。为防止脱碳，淬火加热采用盐浴炉，为了保证合金元素充分溶解，淬火加热时间应比碳素工具钢适当延长，一般对低合金工具钢应采用30～45s/mm。为了防止变形与开裂，淬火加热应在600～650℃盐浴炉中预热后，再放入850～870℃盐浴炉中加热。淬火冷却采用等温冷却，等温温度为（180±20）℃，等温时间为30～45min。等温停留时，部分过冷奥氏体将转变为下贝氏体，从而使钢的硬度、强度和韧性得到良好的配合。由于硅、铬的加入而提高了钢的回火稳定性，可在190～200℃下回火，回火时间为60～90min。9SiCr钢经等温淬火低温回火后的金相组织为：回火马氏体+部分下贝氏体+少量残留奥氏体+细小颗粒状的残留渗碳体。

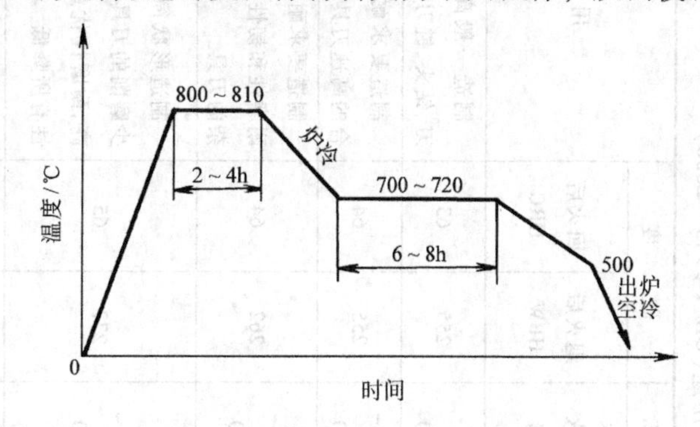

图7-13　9SiCr钢等温球化退火工艺

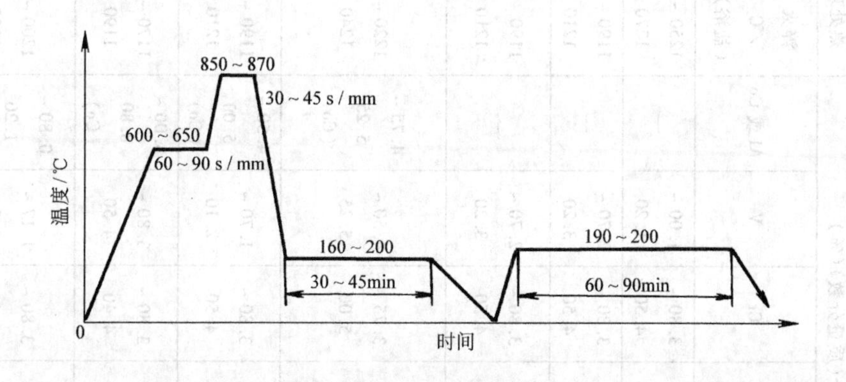

图7-14　9SiCr钢圆板牙淬火回火工艺

（三）高速钢

高速钢是高合金工具钢，碳含量为w_C0.7%～1.4%，钢中W、Mo、Cr、V等合金元素的总量>10%。高速钢具有良好的热硬性，它在600℃高温下硬度仍无明显下降，能胜任高速切削，高速钢由此而得名。

高速钢钢号现有几十种之多，它们具有不同性能，适用于制造各种用途和不同类型的高速切削刀具。表7-12为常用高速钢的化学成分、热处理、硬度、热硬性及用途。下面以应用较广泛的W18Cr4V钢为例，说明高速钢的化学成分、组织结构以及热处理特点。

1. 高速钢的化学成分

表 7-12　常用高速钢的化学成分、热处理、硬度、热硬性及用途（GB/T 9943—2008）

钢号	主要化学成分（质量分数）(%)						热处理温度/℃		硬度		用途
	C	W	Mo	Cr	V	Al或Co	淬火/℃（盐浴）	回火/℃	退火后HBW	回火后HRC	
W18Cr4V（18-4-1）	0.73～0.83	17.20～18.70	—	3.80～4.50	1.00～1.20	—	1250～1270	550～570	255	63	制造一般高速切削用车刀、刨刀、钻头、铣刀等
W6Mo5Cr4V2（6-5-4-2）	0.80～0.90	5.55～6.75	4.50～5.50	3.80～4.50	2.70～3.20	—	1190～1210	540～560	255	64	制造要求耐磨性和韧性很好配合的高速刀具，如丝锥、钻头等
W6Mo5Cr4V3	1.15～1.25	5.90～6.70	4.70～5.20	3.80～4.50	2.70～3.20	—	1190～1210	540～560	262	64	制造要求耐磨性和热硬性较高、耐磨性和韧性较好配合的、形状复杂的刀具
W12Cr4V5Mo5	1.50～1.60	11.70～13.00	—	3.75～5.00	4.50～5.25	4.75～5.25（Co）	1220～1240	550～560	277	65	制造形状简单的刀具或仅需很少磨削的刀具。优点：硬度热硬性高，耐磨性优越，寿命长；缺点：韧性有所降低
W6Mo5Cr4V2Co5	0.87～0.95	5.90～6.70	4.70～5.20	3.80～4.50	1.70～2.10	4.50～5.00（Co）	1190～1210	540～560	269	64	制造形状简单截面较粗的刀具，如 > ϕ15mm 的钻头，某几种车刀；而不适宜制造形状复杂的薄刃成型刀具或承受单位载荷较高的小截面刀具。用于加工难切削材料，如高温合金、不锈钢等
W6Mo5Cr4V3Co8	1.23～1.33	5.90～6.70	4.7～5.30	3.80～4.40	3.80～4.50	8.00～8.80（Co）	1170～1190	550～570	285	66	
W6Mo5Cr4V2Al	1.05～1.15	5.50～6.75	4.50～5.50	3.80～4.40	1.17～2.20	0.80～1.20（Al）	1200～1220	550～570	269	65	加工一般材料时寿命为18-4-1的2倍，切削难加工材料时，寿命接近钴高速钢

(1) 碳　它一方面要保证能与钢中钨、铬、钒等合金元素形成足够数量的碳化物，又要有一定的碳溶入高温奥氏体中，使淬火后获得有足够碳含量的马氏体，以保证高硬度和高耐磨性以及良好的热硬性。W18Cr4V 钢的碳含量为 w_C0.7% ~0.80%，若 w_C <0.7%，合金碳化物数量减少，马氏体中碳含量也减少，钢的耐磨性与热硬性降低；若 w_C >0.80%，则碳化物的不均匀性增加，残留奥氏体数量增加，使钢的力学性能和工艺性能降低。

(2) 钨　是使高速钢具有热硬性的主要元素，也是强碳化物形成元素。在高速钢中钨与铁、碳形成以 Fe_4W_2C 为主的多种特殊碳化物，一部分 W 溶入固溶体中。淬火加热时，Fe_4W_2C 等很难溶解。溶入奥氏体中的 W 淬火后存在于马氏体中，提高了回火稳定性，回火时析出弥散的特殊碳化物 W_2C，造成二次硬化，从而增加钢的耐磨性；未溶入奥氏体中的 Fe_4W_2C，淬火加热时能阻止奥氏体晶粒的长大。高速钢的热硬性随钨含量的增加而增加，但钨含量 w_W >20% 时，由于碳化物数量增多、不均匀性增加，钢的强度与塑性降低，且热加工困难。

(3) 铬　主要是增加高速钢的耐磨性和淬透性。铬含量低时，水淬和油淬才能得到马氏体；而铬含量达 w_{Cr}4% 时，空冷即可得到马氏体，故高速钢又有“风钢”之称。若铬含量 > w_{Cr}4% 时，使 *Ms* 点下降，淬火后残留奥氏体量增加，并使残留奥氏体稳定性增强，致使钢的回火次数增多，工艺操作复杂。因此，一般高速钢的铬含量均为 w_{Cr}4%。

(4) 钒　能显著提高钢的热硬性、硬度、耐磨性，并且还能细化晶粒，使钢对过热敏感性降低。同时，钒在回火时，也能产生“二次硬化”作用。但钒含量增加将使钢的磨削性能大大下降，因此，钒含量一般在 w_V1% ~4% 范围内。

2. 铸态高速钢的组织

铸态的高速钢组织中有莱氏体存在，高速钢莱氏体中的合金碳化物呈鱼骨骼状分布在晶界上（见图 7-15），使钢变脆。这种粗大的合金碳化物不能用热处理的方法来消除，必须用锻造的方法使碳化物破碎，并使其均匀分布。碳化物分布的均匀程度影响着高速钢的力学性能和加工性能。所以锻造对于高速钢来说是十分重要的。

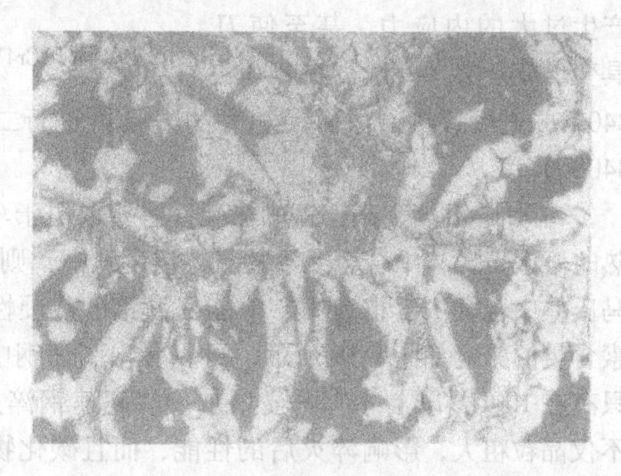

图 7-15　W18Cr4V 钢的铸态组织（500×）

高速钢锻造后组织中大致有 70% ~80% 的珠光体和 20%

~30%的合金碳化物。

3. 高速钢的热处理

(1) 退火　高速钢锻造以后，将产生锻造应力，同时硬度也较高，必须进行球化退火，W18Cr4V钢球化退火工艺如图7-16所示。退火加热温度为860~880℃，此时奥氏体中溶入的合金元素不多，奥氏体稳定性较小，易于转变为珠光体组织。如加热温度太高，奥氏体内溶入大量的碳及合金元素，稳定性增大，冷却时很难充分进行珠光体转变，达不到退火的目的。W18Cr4V钢在退火后的硬度为207~255HBW，可以进行切削加工。W18Cr4V钢锻造退火后的显微组织如图7-17所示，其显微组织由索氏体和均匀分布的碳化物（白色）所组成。

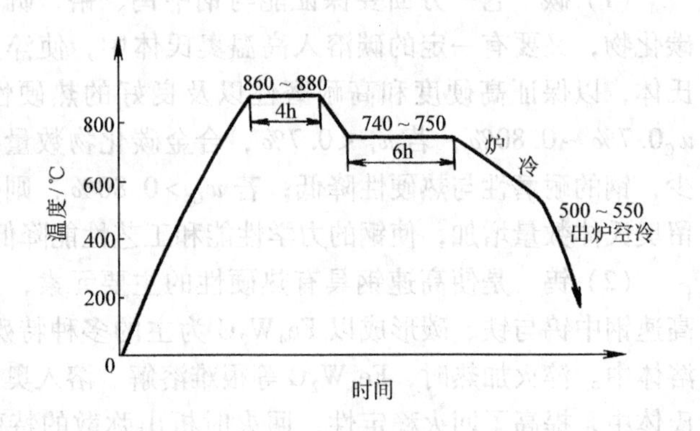

图7-16　W18Cr4V钢球化退火工艺

(2) 淬火　高速钢的强度、硬度、耐磨性、热硬性只有通过正确的淬火及回火之后才能发挥出来。图7-18为W18Cr4V钢盘形齿轮铣刀的淬火回火工艺。

图7-17　W18Cr4V钢锻造退火后的显微组织(500×)

1) 预热，由于高速钢中含有大量的合金元素，导热性差，为避免骤然加热至淬火温度而产生过大的内应力，甚至使刀具变形或开裂，一般需在800~840℃先进行预热，截面尺寸大的刀具可进行二次预热（500~650℃及800~840℃）。

2) 加热温度，高速钢的热硬性主要取决于马氏体中合金元素的含量，即加热时溶入奥氏体中合金元素的量。温度愈高，则溶入奥氏体中的合金元素愈多，马氏体中合金浓度也愈高，愈能提高钢的热硬性。淬火温度对奥氏体内合金元素含量的影响如图7-19所示，可以看出高速钢中的钨及钒在奥氏体中的溶解度只有在1000℃以上才有明显增加。故高速钢淬火加热温度要高。但温度过高，不仅晶粒粗大，影响淬火后的性能，而且碳化物偏析严重的地方容易熔化，同时，淬火时马氏体转变温度变低，使残留奥氏体大大增加。因此，高速钢淬火

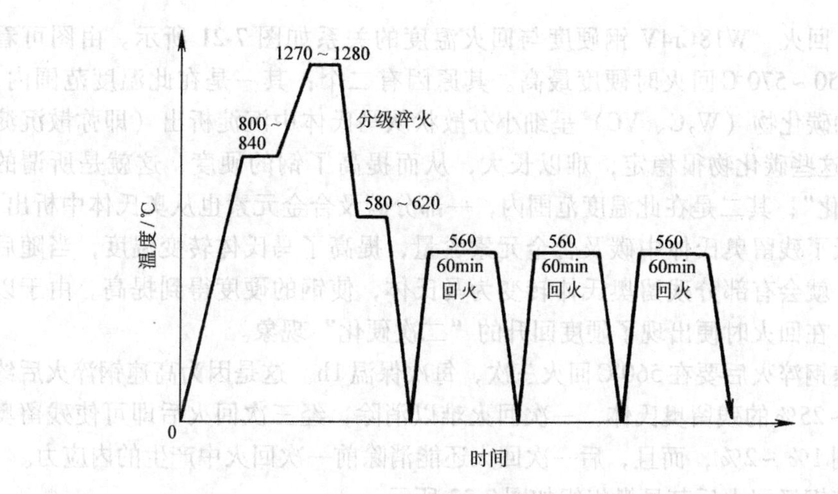

图 7-18　W18Cr4V 钢盘形齿轮铣刀的淬火回火工艺

的加热温度常控制在 1150～1300℃之间，W18Cr4V 钢淬火温度取 1270～1280℃为宜。

3）保温时间，根据刀具截面尺寸而定。比如在高温盐浴炉中加热根据刀具的厚度或直径按每毫米 8～15s 取保温时间。

4）冷却，高速钢的淬透性很好，若刀具截面尺寸不大时，空冷即可被淬硬，但空冷时，工件表面易氧化脱碳。为防止氧化和脱碳，一般采用油冷。形状复杂或要求变形小的刀具，如齿轮铣刀采用 580～620℃在中性盐浴中进行分级淬火，可以减小变形和开裂。W18Cr4V 钢淬火后的组织由马氏体、残留奥氏体和粒状碳化物组成，其显微组织见图 7-20。

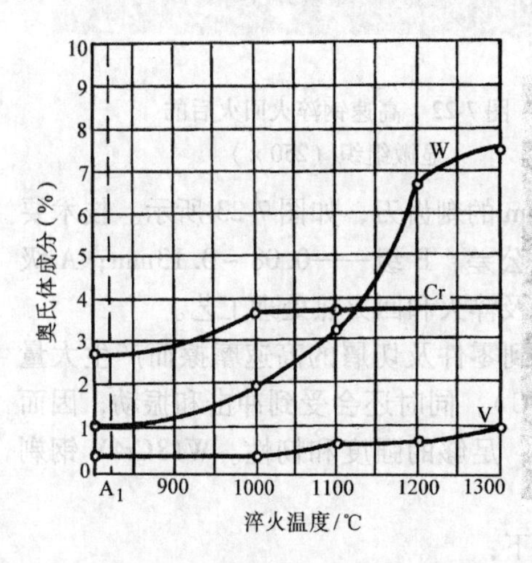

图 7-19　W18Cr4V 钢淬火温度对奥氏体成分的影响

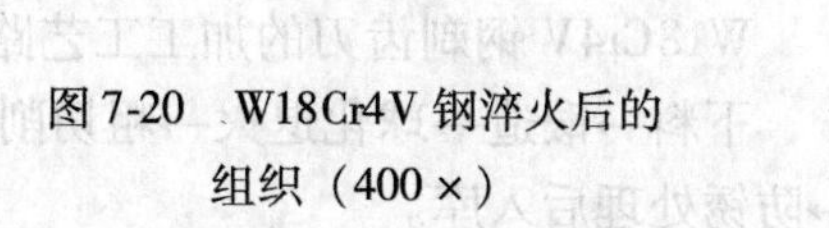

图 7-20　W18Cr4V 钢淬火后的组织（400×）

(3) 回火　W18Cr4V 钢硬度与回火温度的关系如图 7-21 所示。由图可看出，在 550 ~ 570℃ 回火时硬度最高。其原因有二个：其一是在此温度范围内，钨及钒的碳化物（W_2C、VC）呈细小分散状从马氏体中沉淀析出（即弥散沉淀析出），这些碳化物很稳定，难以长大，从而提高了钢的硬度，这就是所谓的“弥散硬化”；其二是在此温度范围内，一部分碳及合金元素也从奥氏体中析出，从而降低了残留奥氏体中碳及合金元素含量，提高了马氏体转变温度，当随后冷却时，就会有部分残留奥氏体转变为马氏体，使钢的硬度得到提高。由于以上原因，在回火时便出现了硬度回升的“二次硬化”现象。

高速钢淬火后要在 560℃ 回火三次，每次保温 1h。这是因为高速钢淬火后约有 20% ~25% 的残留奥氏体，一次回火难以消除，经三次回火后即可使残留奥氏体降到 1% ~2%，而且，后一次回火还能消除前一次回火中产生的内应力。

高速钢经回火后其显微组织如图 7-22 所示。

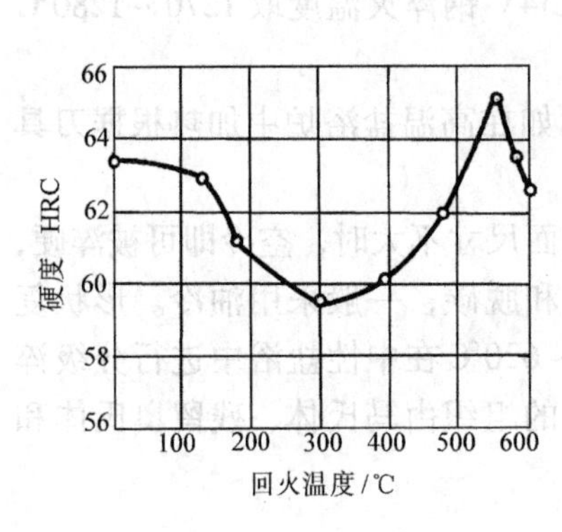

图 7-21　W18Cr4V 钢硬度与回火温度的关系

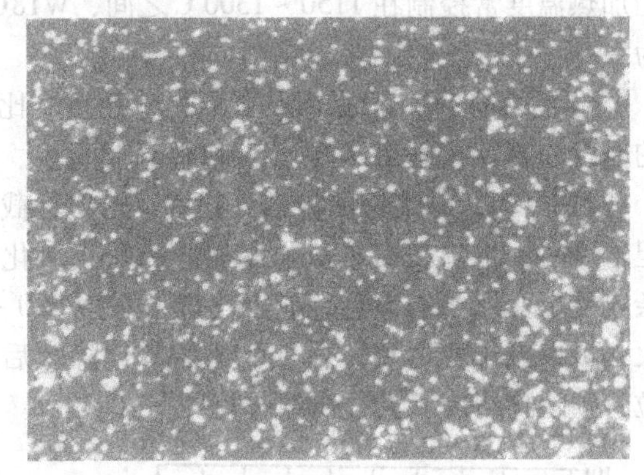

图 7-22　高速钢淬火回火后的显微组织（250 ×）

例 7-6　用 W18Cr4V 钢制直径为 240mm 的剃齿刀，如图 7-23 所示。技术要求：滚刀刃部硬度 63 ~ 66HRC，成品内孔公差：B 级——0. 08 ~ 0. 13mm；A 级——0. 05 ~ 0. 08mm。确定其加工工艺路线及淬火和回火热处理工艺。

解　剃齿刀在切削加工齿轮时，因受到零件及切屑的高速摩擦而产生大量的热，使剃齿刀刃部温度升高（500 ~ 600℃），同时还会受到冲击和振动，因而要求滚刀刃部应具有高的热硬性、耐磨性，足够的强度和韧性。W18Cr4V 钢剃齿刀的淬火、回火工艺如图 7-24 所示。

W18Cr4V 钢剃齿刀的加工工艺路线如下：

下料→锻造→球化退火→粗切削加工→淬火 + 回火→精加工（精磨成成品）→防锈处理后入库。

W18Cr4V 钢剃齿刀在其淬火、回火过程中经常出现键槽涨大、内孔开裂以及使用过程中随着放置时间增长而使内孔涨大。为此，在淬火、回火热处理工艺上应采取以下措施：

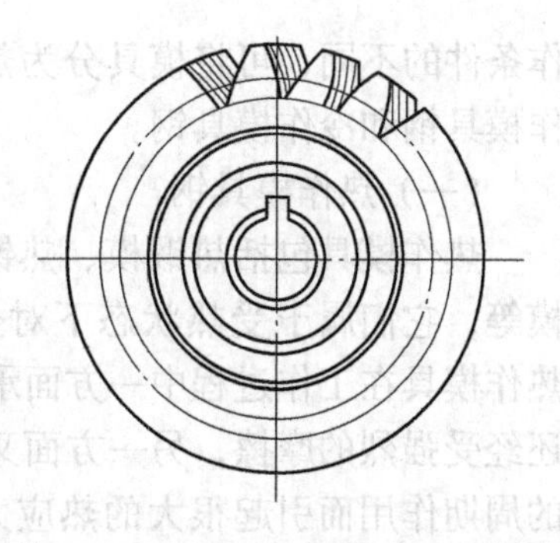

图 7-23　W18Cr4V 钢剃齿刀示意图

（1）为了防止其内孔变形超差与开裂，采用稍低的淬火温度，并采用两次预热、二次分级淬火、最后等温的方法，尽量降低其热应力和组织应力。等温后空冷至 150℃ 左右及时回火。即淬火冷却到室温停留时间不超过 30～60min，以防止由于停留时间过长，内应力重新分布和集中，导致其产生变形或裂纹。同时，停留时间过长也会引起奥氏体稳定化，以致降低回火的效果。

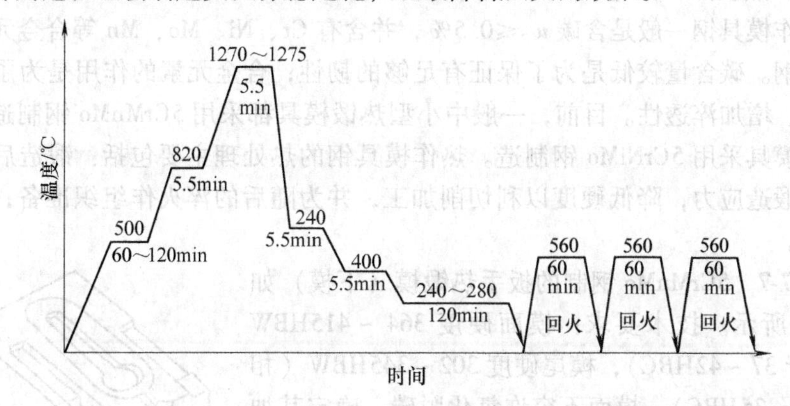

图 7-24　W18Cr4V 钢剃齿刀的淬火、回火工艺曲线

（2）在 560℃ 三次回火过程中，采用低温入炉（<500℃）、缓慢升温、回火后缓慢冷却的方法，以防止回火过程中可能引起的开裂。

（3）为了防止剃齿刀在热处理过程中发生键槽涨大，除采用上述措施，还须用专用淬火夹具，并把键槽放在下面，不使键槽在侧面，以防止加热时被拉长。

（4）为了防止使用过程中发生内孔涨大，对等温处理后冷却至室温的剃齿刀，进行 560℃ 三次回火后再进行稳定化处理（370℃ 保温 6～8h）或 560℃ 二次回火后冷处理（－70℃，4～6h），然后再进行二次 560℃ 的回火处理，以消除冷处理时产生的内应力。注意：冷处理适应于夏季。

W18Cr4V 钢剃齿刀采用上述工艺处理后的金相组织为：部分下贝氏体＋回火马氏体＋残留奥氏体＋粒状碳化物。硬度及其变形量均在技术要求范围之内。

二、模具钢

用于制造冲压、模锻、挤压、压铸等模具的钢，称为模具钢。根据模具工作条件的不同，可将模具分为热作模具和冷作模具，相应的模具钢也可分为热作模具钢和冷作模具钢。

(一) 热作模具钢

热作模具包括热锻模、热镦模、热挤压模、精密锻造模、高速锻模、压铸模等，它们属于受热状态下对金属进行变形加工的模具，也称为热变形模具。热作模具在工作过程中一方面承受很大压应力、张应力、弯曲应力及冲击应力，还经受强烈的摩擦，另一方面又要经受与高温金属和冷却介质（水、油和空气）的周期作用而引起很大的热应力。因此热作模具钢不仅在常温下应具有足够的强韧性、足够的硬度和耐磨性，而且在较高温度下也能保持这些性能；热作模具一般体积较大，必须要有足够的淬透性；另外，热作模具反复受热和冷却。易发生“热疲劳”而龟裂，所以热作模具钢还要有良好的耐热疲劳性。

热作模具钢一般是含碳 $w_C \leqslant 0.5\%$，并含有 Cr、Ni、Mo、Mn 等合金元素的亚共析钢。碳含量较低是为了保证有足够的韧性；合金元素的作用是为了强化铁素体、增加淬透性。目前，一般中小型热锻模具都采用 5CrMnMo 钢制造，大型热锻模具采用 5CrNiMo 钢制造。热作模具钢的热处理主要包括：锻造后退火以消除锻造应力，降低硬度以利切削加工，并为随后的淬火作组织准备；淬火及回火。

例 7-7 5CrMnMo 钢制的扳手热锻模（下模）如图 7-25 所示。技术要求：模面硬度 364 ~ 415HBW（相当于 37 ~ 42HRC），模尾硬度 302 ~ 345HBW（相当于 31 ~ 35HRC）。模面不容许氧化脱碳。确定其加工工艺路线，分析其热处理工艺特点。

解 5CrMnMo 钢制的扳手热锻模（下模）淬火及回火工艺如图 7-26 所示。

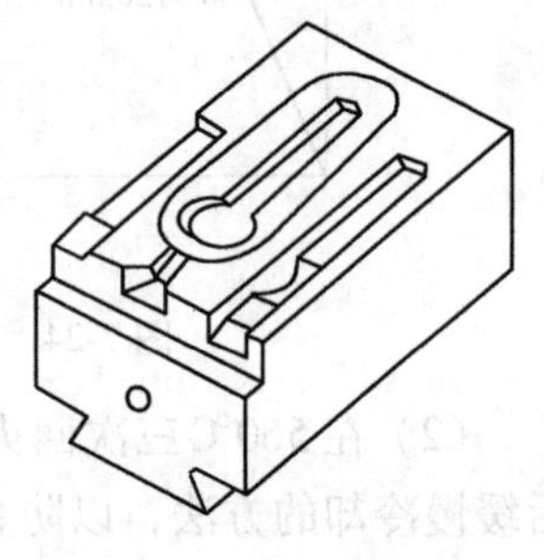

图 7-25 扳手热锻模（下模）示意图

5CrMnMo 钢制的扳手热锻模（下模）的加工工艺路线如下：

下料→锻造→退火→粗加工→成型加工→淬火、回火→精加工

一般模坯锻造后应缓冷（坑冷或砂冷）至 150 ~ 200℃，然后再空冷至室温；对于大型锻模，锻造后必须先放到 600 ~ 650℃炉内保温一段时间后，再缓冷至 150 ~ 200℃，然后空冷至室温。经锻造后的坯料必须进行退火，其目的是：消除锻造应力，降低硬度，改善切削加工性，改善组织，细化晶粒等，以适应随后的机加工及淬火、回火等最终热处理的要求。常用的退火工艺是 780 ~ 830℃加热 4 ~ 6h 后，随炉冷至 500℃左右，出炉空冷。

为防止淬火加热时的变形和开裂，一般先在 500℃预热，然后加热到 820 ~ 850℃，保温时间可按 1 ~ 1.5min/mm 估算，冷却时先于预冷至 750 ~ 780℃，然

后置于油中冷却至 Ms 点附近（约210℃）取出，立即回火，以防止开裂。

由于热锻模的模面及模尾的工作条件不同，因而对硬度要求也就不同，回火工艺也就不同。一般模面的回火温度500～540℃，模尾的回火温度580～610℃。回火后模面部分可获得均匀的回火屈氏体+回火索氏体，而模尾部分的金相组织应为均匀的回火索氏体。

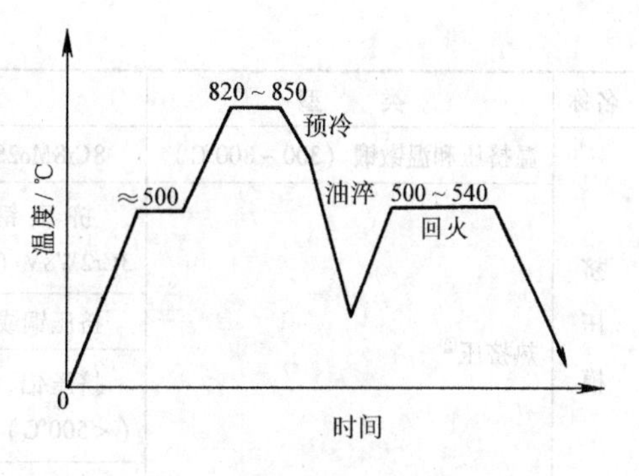

图 7-26　5CrMnMo 钢制热锻模的淬火回火工艺

常用的热作模具钢的种类、热处理及用途如表 7-13。

表 7-13　常用热作模具钢的种类、热处理及用途

钢　号	淬火处理		回火后硬度 HRC	用　途
	温度/℃	冷却剂		
5CrMnMo	820～850	油	39～47	中小型热锻模
5CrNiMo	830～860	油	35～39	压模、大型热锻模
3Cr2W8V	1075～1125	油	40～54	高应力热压模、精密锻造或高速锻模
4Cr5MoSiV	980～1030	油或空	39～50	大中型锻模、挤压模
4Cr5W2SiV	1030～1050	油或空	39～50	大中型锻模、挤压模

各类热作模具选用的材料举例见表 7-14。

表 7-14　热作模具选材举例

名称	类　型	选 材 举 例	硬度 HRC
锻模	高度＜250mm 小型热锻模	5CrMnMo[①]，5Cr2MnMo	39～47
	高度在 250～400mm 中型热锻模		
	高度＞400mm 大型热锻模	5CrNiMo，5Cr2MnMo	35～39
	寿命要求高的热锻模	3Cr2W8V，4Cr5MoSiV，4Cr5W2SiV	40～54
锻模	热镦模	4Cr3W4Mo2VTiNb，4Cr5MoSiV，4Cr5W2SiV，3Cr3Mo3V，基体钢	39～54
	精密锻造或高速锻模	3Cr2W8V 或 4Cr5MoSiV，4Cr5W2SiV，4Cr3W4Mo2VTiNb	45～54
压铸模	压铸锌、铝、镁合金	4Cr5MoSiV，4Cr5W2SiV，3Cr2W8V	43～50
	压铸铜和黄铜	4Cr5MoSiV，4Cr5W2SiV，3Cr2W8V，钨基粉末冶金材料，钼、钛、锆难熔金属	
	压铸钢铁	钨基粉末冶金材料，钼、钛、锆难熔金属	

（续）

名称	类　型	选材举例	硬度 HRC
挤压模	温挤压和温镦锻（300～800℃）	8Cr8Mo2SiV，基体钢	
	热挤压②	挤压钢、钛或镍合金用 4Cr5MoSiV，3Cr2W8V（>1000℃）	43～47
		挤压铜或铜合金用 3Cr2W8V（<1000℃）	36～45
		挤压铝、镁合金用 4Cr5MoSiV，4Cr5W2SiV（<500℃）	46～50
		挤压铅用 45 钢（<100℃）	16～20

① 5Cr2MnMo 为堆焊锻模的堆焊金属牌号，其化学成分（质量分数）为：C0.43%～0.53%，Cr1.80%～2.20%，Mn0.60%～0.90%，Mo0.80%～1.20%。

② 所列热挤压温度均为被挤压材料的加热温度。

（二）冷作模具钢

冷作模具包括冷冲模、冷镦模、冷挤压模以及拉丝模、滚丝模、搓丝板等，它们属于接近室温冷状态下对金属进行冷变形加工的模具。由其工作条件可知，冷作模具钢所要求的性能主要是高的硬度和良好的耐磨性，以及足够的强度和韧性。

冷作模具钢的化学成分基本上和刃具钢相似，如 T10A、9SiCr、9Mn2V、CrWMn 等都可作为冷作模具钢，不过只适合于制造尺寸较小的模具。对于尺寸较大的重载或要求精度较高、热处理变形小的模具，一般采用 Cr12、Cr12MoV 等。Cr12 型钢的主要化学成分如表 7-15 所示。各种冷作模具钢的选用举例见表 7-16。

表 7-15　Cr12 型钢的主要化学成分

钢　号	元素含量（质量分数）（%）				
	C	Cr	Mo	W	V
Cr12	2.00～2.30	11.50～13.00	—	—	—
Cr12MoV	1.45～1.70	11.00～12.50	0.40～0.60	—	0.15～0.30

表 7-16　冷作模具钢的选用举例

名　称	选材举例			备　注
	简单（轻载）	复杂（轻载）	重　载	
硅钢片冲模	Cr12，Cr12MoV，Cr6WV	同左	—	因加工批量大，要求寿命较长，均采用高合金钢
冲孔落料模	T10A，9Mn2V	9Mn2V，Cr6WV，Cr12MoV	Cr12MoV	

（续）

名 称	选材举例			备 注
	简单（轻载）	复杂（轻载）	重 载	
压弯模	T10A，9Mn2V	—	Cr12，Cr12MoV，Cr6WV	
拔丝拉伸模	T10A，9Mn2V	—	Cr12，Cr12MoV	
冷挤压模	T10A，9Mn2V	9Mn2V，Cr12MoV，Cr6WV	Cr12MoV，Cr6WV	要求热硬性时还可选用 W18Cr4V，W6Mo5Cr4V2
小冲头	T10A，9Mn2V	Cr12MoV	W18Cr4V，W6Mo5Cr4V2	冷挤压钢件，硬铝冲头还可选用超硬高速钢，基体钢①
冷镦模	T10A，9Mn2V	—	Cr12MoV，8Cr8Mo2SiV，W18Cr4V，Cr4W2MoV，8Cr8Mo2SiV2，基体钢①	

① 基体钢指 5Cr4W2Mo3V、6Cr4Mo3Ni2WV、55Cr4WMo5VCo8，它们的成分相当于高速工具钢在正常淬火状态的基体成分。这种钢过剩碳化物数量少，颗粒细，分布均匀，在保证一定耐磨性和热硬性条件下，显著改善抗弯强度和韧性，淬火变形也较小。

Cr12 钢具有高淬透性、高耐磨性和热处理变形小的特点，但这种钢碳含量较高，碳化物分布很不均匀，降低了钢的强度，而且常常造成模具在工作时边缘蹦落。Cr12MoV 钢由于碳含量较低，碳化物分布较均匀，因此强度、韧性都较高；钼不但能减轻碳化物偏析，而且能提高钢的淬透性。钒可细化钢的晶粒，增加韧性。

冷作模具钢的热处理主要包括：锻造后退火，退火后硬度≤255HBW；淬火及回火。

例 7-8 图 7-27 为一个用 Cr12MoV 钢制成的复合冷冲压模的凸模，用来冲压厚度为 0.35mm 的硅钢片。技术要求：拼块应具有高的硬度（>60HRC）、强度、耐磨性，足够的韧性，变形在公差范围之内。确定其加工工艺路线，分析其热处理工艺特点。

解：根据技术要求，这个凸模若制成一个整体，两个“脚”部（见图 7-27b 中①，③）易向外变形，同时总体尺寸也较难控制在公差范围之内。为减少变形，保证较高精度，以及加工、钳修的方便，整个模具由四个拼块拼成，如图 7-27b 所示。其中五只 M6 螺孔（在背面）为固定拼块用，其余 ϕ6.2mm 及 ϕ4.1mm 的六只孔为成品上的孔。

复合冷冲压凸模的加工工艺路线如下：

下料→锻造→球化退火→粗加工→淬火、回火→精加工→钳修、装配

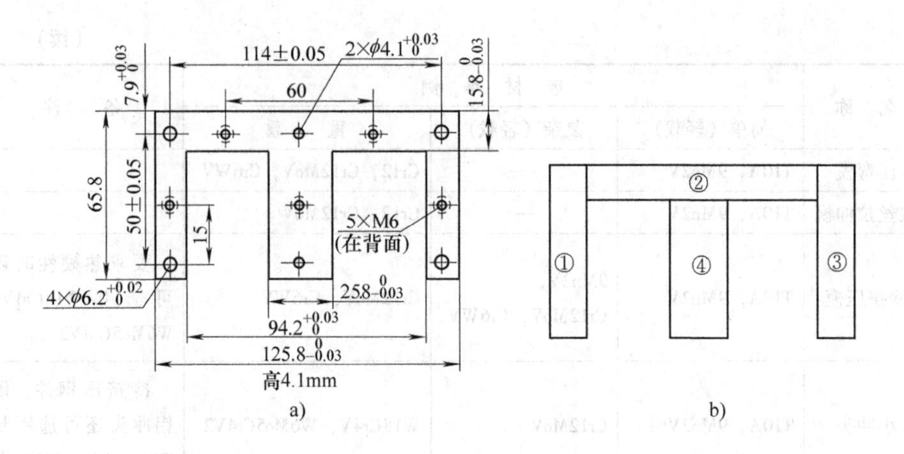

图 7-27　Cr12MoV 钢制硅钢片复合冷冲压凸模示意图

Cr12MoV 钢一般采用等温球化退火（见图 7-28）。退火后获得的组织为索氏体 + 均匀分布的粒状碳化物（见图 7-29），其硬度为 207 ~ 255HBW。

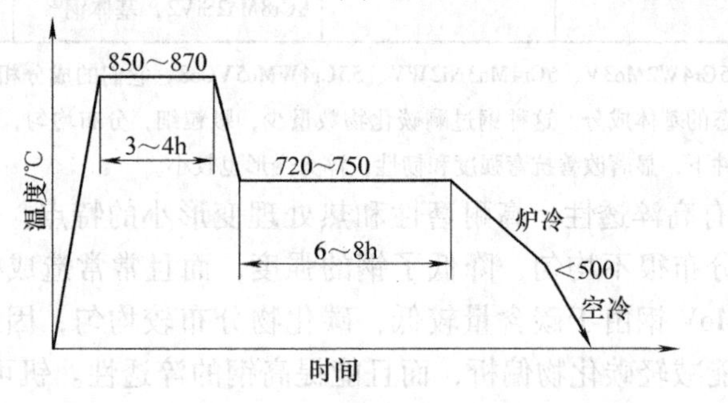

图 7-28　Cr12MoV 钢等温球化退火工艺曲线

Cr12MoV 钢制硅钢片复合冷冲压凸模的淬火及回火工艺如图 7-30 所示。Cr12MoV 钢当奥氏体化温度为 1030 ~ 1040℃时，其 Ms 点约为 130℃，本例中淬火冷却所采用的方法系在 *Ms* 点以上的分级淬火。在硝盐浴中保持一段时间，能使凸模截面上各点的温度均匀，有利于减少淬火变形；此外，因马氏体是在随后的空冷过程中形成的，所以淬火组织应力也较小。总的说来分级淬火有助于减少凸模变形。淬火后的正常组织为：淬火马氏体 + 残余奥氏体 + 粒状碳化物。

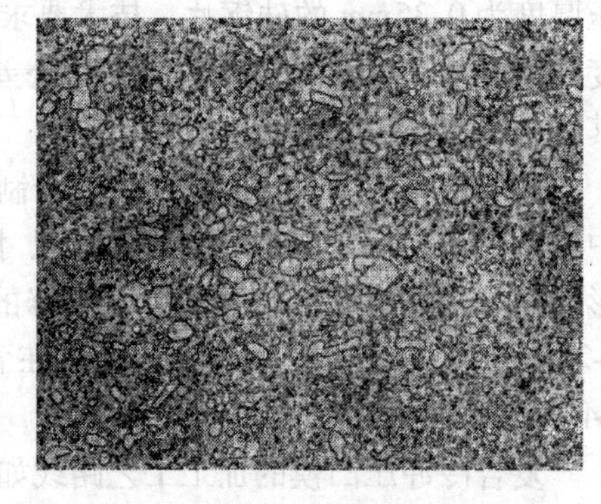

图 7-29　Cr12MoV 钢等温球化退火组织

Cr12MoV 钢淬火后残留奥氏体量较多，在一次回火冷到室温过程中，部分残

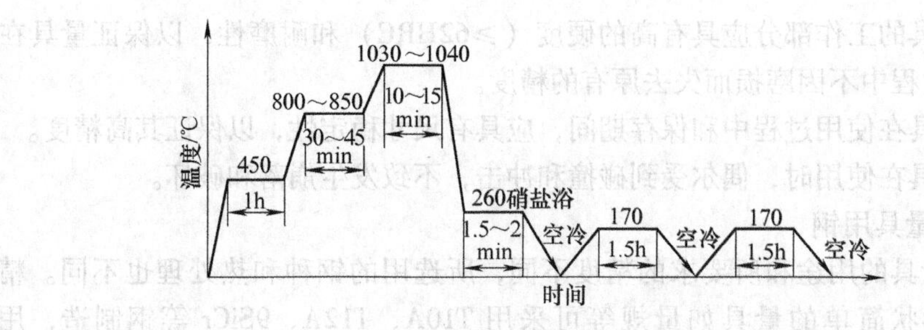

图 7-30　Cr12MoV 钢制硅钢片冷冲压凸模的淬火回火工艺曲线

留奥氏体可能转变为淬火马氏体，从而对模具尺寸精度及使用寿命起到不良作用，因此，一般都进行两次回火，以使由第一次回火冷却过程中生成的马氏体在第二次回火过程中转变为回火马氏体。对于要求高硬度、高耐磨性的模具，回火主要是消除淬火内应力，而不希望硬度降低，故可采用 150～170℃回火，其硬度大于 60HRC；对于要求一定强度、韧性及硬度的模具，可采用 200～270℃回火，其硬度约为 58～60HRC；对于个别承受冲击载荷特别大的模具则采用 450℃左右的回火，其硬度在 50HRC 左右。本例中即采用了 170℃两次回火。

在选择回火温度时，还应注意 Cr12 或 Cr12MoV 钢在 275～375℃之间有回火脆性发生，因此，应避免在此温度范围内进行回火。

常用冷作模具钢的热处理、硬度与用途，如表 7-17 所示。

表 7-17　常用冷作模具钢的热处理、硬度与用途

钢　号	淬火温度/℃	达到下列硬度的回火温度/℃		用　　途
		58～62HRC	55～60HRC	
Cr12	950～1000	180～280	280～550	重载的压弯模、拉丝模等
Cr12MoV	950～1000	180～280	280～550	复杂或重载的冲孔落料模、冷挤压模、冷镦模、拉丝模等

为了提高模具的耐磨性、抗疲劳能力及减小变形，延长模具的使用寿命，也可采用渗氮、氮碳共渗（软氮化）和渗硼等对模具局部表面进行化学热处理。

三、量具钢

量具钢用来制造各种测量工具，如游标卡尺、千分尺、螺纹量规、塞规、环规以及检验其它量具精度用的块规等。量具是测量工件尺寸的标准，在使用过程中一般不受大的载荷，但经常与被测工件接触而受到磨损，偶尔会受到碰撞和冲击，为保证测量精度，不容许有较大的变形或尺寸变化。量具用钢没有单独的专用钢，往往根据量具的用途、形状、尺寸精度等不同的要求，来选用不同的钢种及其热处理工艺。

（一）对量具钢的要求

1）量具的工作部分应具有高的硬度（≥62HRC）和耐磨性，以保证量具在长期使用过程中不因磨损而失去原有的精度。

2）量具在使用过程中和保存期间，应具有尺寸稳定性，以保证其高精度。

3）量具在使用时，偶尔受到碰撞和冲击，不致发生崩落和破坏。

（二）量具用钢

由于量具的用途和所要求的精度不同，所选用的钢种和热处理也不同。精度较低、形状简单的量具如量规等可采用 T10A、T12A、9SiCr 等钢制造，用 9SiCr 钢制造的螺纹量规如图 7-31 所示。10 钢、15 钢经渗碳、淬火及低温回火，或 50、55、60、60Mn、65Mn 钢经感应加热表面淬火可用来制造精度不高、耐冲击的样板、直尺等量具。

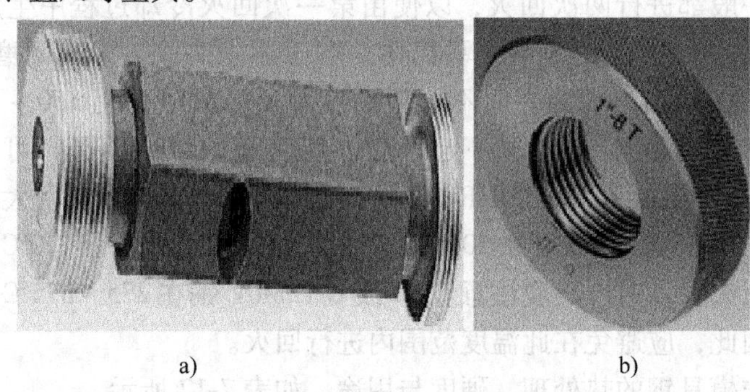

a）　　b）

图 7-31　螺纹量规实物图

a）内螺纹量规　b）外螺纹量规

高精度的量具如塞规、块规等常用热处理变形小的钢如 CrMn、CrWMn 钢制造。CrWMn 钢由于有铬、钨和锰元素存在，不仅提高了钢的淬透性和耐磨性，而且还能有效地减少热处理变形，增加量具的尺寸稳定性。

（三）量具钢的热处理特点

精密量具的热处理工艺比较复杂，关键在于如何使量具经热处理之后，在长期的使用中不发生变形。

一般量具都采用淬火及低温回火的热处理工艺，其组织是回火马氏体和残留奥氏体，并残存有一定的淬火应力。这种组织状态在长期放置和使用过程中，将发生变化。从而使量具的尺寸也发生变化，对于高精度的量具，这种变化是不允许的。尺寸变化的原因主要是残留奥氏体转变为马氏体使尺寸增大，以及残留应力在量具内部重新分布和消失所引起的尺寸变化。为使量具尺寸和形状稳定，确保其精度，对要求较高的精密量具，淬火温度应低些，同时在淬火后立即将其冷至 -80℃左右，甚至在液氮中进行冷处理，然后取出再进行正常回火。为进一步提高量具尺寸稳定性，在精磨或研磨前，必须进行时效处理，进一步消除内应力，必要时，这种处理要重复多次。

图 7-32 是 CrWMn 块规退火后的热处理工艺。

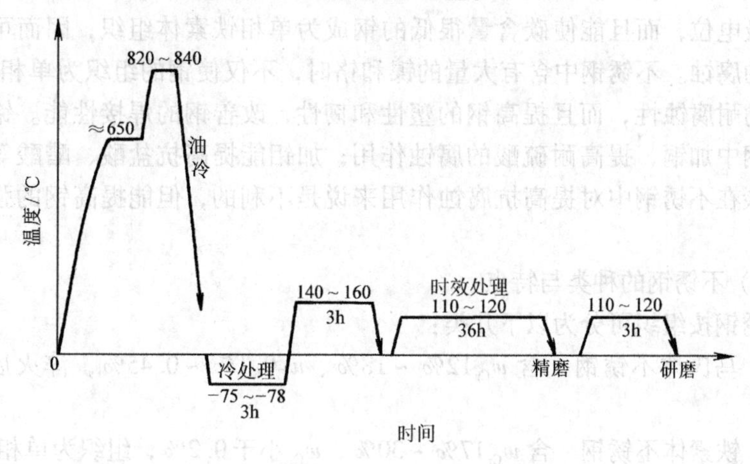

图 7-32　CrWMn 块规退火后的热处理工艺

第三节　特殊性能钢及合金

一、不锈钢

（一）概述

腐蚀是在金属制件中经常发生的一种现象，钢的生锈，高温下的氧化，石油管道、化工设备和船舶壳体的损坏都与腐蚀有关。据不完全统计，全世界因腐蚀而损坏的金属制件约占金属产量的 10%，因此采取必要的措施提高金属抗蚀或耐蚀具有重要的意义。

金属的腐蚀有两种形式，即化学腐蚀和电化学腐蚀。化学腐蚀是金属和周围介质直接发生化学作用，如金属加热时生成的氧化皮等。电化学腐蚀是金属在电解质溶液中由于原电池作用而引起的腐蚀。当两种金属互相连接放入电解质溶液时，由于两个金属的电极电位不同，彼此之间就形成一个电池，并有电流产生，电极电位较低的金属为阳极，将不断被腐蚀，而电极电位高的金属为阴极，将不被腐蚀。同样道理，钢中不同的相与电解质溶液接触时也会因电极电位不同而产生电化学腐蚀。金属的腐蚀大部分都属于电化学腐蚀，因此为防止金属的腐蚀，一种途径是使金属表面形成一层保护膜将金属与电解质溶液隔开，避免形成微电池；另一途径是使金属呈单相组织（如铁素体或奥氏体），避免形成微电池的两个电极，并且依靠合金元素提高铁素体或奥氏体的电极电位。不锈钢就是利用这个原理。

不锈钢中含有大量的铬，或大量的镍和铬，有的还含有钼、铜等元素，其中 Cr 是提高抗蚀能力的基本元素。当铬含量大于 w_{Cr}11.7% 时，在氧化介质（如大气、硝酸等）中，钢表面能形成一层具有保护性的 Cr_2O_3 薄膜，Cr 能提高钢的电极电位，而且能使碳含量很低的钢成为单相铁素体组织，因而可以有效防止钢的腐蚀。不锈钢中含有大量的镍和铬时，不仅使钢的组织为单相奥氏体，提高钢的耐腐蚀性，而且提高钢的塑性和韧性，改善钢的焊接性能。铬不锈钢和镍铬钢中加铜，提高耐硫酸的腐蚀作用；加钼能提高抗盐酸、醋酸等的腐蚀作用。碳在不锈钢中对提高抗腐蚀作用来说是不利的，但能提高钢的强度和硬度。

（二）不锈钢的种类与特点

不锈钢按组织可分为以下几类：

(1) 马氏体不锈钢　含 w_{Cr}12% ~18%、w_C0.1% ~0.45%，淬火后得马氏体组织。

(2) 铁素体不锈钢　含 w_{Cr}17% ~30%、w_C 小于0.2%，组织为单相铁素体。

(3) 奥氏体不锈钢　含 w_{Cr}12% ~30%、w_{Ni}6% ~20%，有的含有 Mn 及 N（用它们代镍），组织为单相奥氏体。

不锈钢按成分分类可分为铬不锈钢、铬镍不锈钢和铬锰氮不锈钢等。

(1) 马氏体不锈钢　马氏体不锈钢的主要特点是除含较高的 Cr 外，还有较高的 C，因此它具有较高的强度、硬度和耐磨性。这类钢用于制造力学性能要求较高，抗腐蚀性能要求一般的零件，如弹簧、轴、水压机阀以及热油泵零件、蒸汽阀杆、阀头等。常用的马氏体不锈钢有 1Cr13、2Cr13、3Cr13、4Cr13、9Cr18 等。

这类钢的热处理：1Cr13、2Cr13 采用淬火、高温回火（1000 ~1050℃油淬或空冷，500 ~790℃回火，回火后油冷）；3Cr13、4Cr13 及 9Cr18 均采用淬火及低温回火（3Cr13 钢 1000 ~1050℃油淬、200 ~300℃回火；4Cr13 钢采用 1050 ~1100℃油淬后 200 ~300℃回火；9Cr18 钢采用 1000 ~1050℃油淬、200 ~300℃回火）。

这类钢的淬透性较好，焊接性不好，其机加工性能可用加硫或硒来改善。钢中加入 Cu、Mo、Ti、V 有利于提高钢的抗腐蚀性和力学性能。

(2) 铁素体不锈钢　这类钢含铬高而含碳低，能抗大气、硝酸及盐水溶液的腐蚀，抗高温（小于 700℃）氧化能力强，热膨胀系数较小，氧化膜不易剥落，塑性、热加工工艺性能均良好，并有较奥氏体不锈钢为好的切削加工性能。这类钢的铁素体晶粒一旦长大后不能用热处理来改变，只能通过塑性变形与再结晶来改变，所以锻造时要仔细掌握变形量与终锻温度。

常用的铁素体不锈钢有 1Cr17、1Cr25、1Cr28、0Cr17Ti、1Cr25Ti 等。这类钢高温抗氧化性能好、线膨胀系数小、对热疲劳不敏感，可用作在高温下工作的零件，如燃气轮机零件等。铁素体不锈钢有晶间腐蚀倾向，加 Ti 则可防止。

(3) 奥氏体不锈钢　当钢中含大约 $w_{Cr}18\%$、$w_{Ni}8\%$（称作 18-8 型不锈钢）时，便可获得稳定的奥氏体组织，这类钢中还可以加入 Mo、Cu、Ti、Nb 等元素以进一步提高其抗蚀性。

铬镍奥氏体不锈钢具有良好的韧性、塑性、焊接性及抗腐蚀性能，在氧化性介质中或还原性介质中均有很好的耐腐蚀性，故应用广泛，它的主要缺点在于含贵重的合金元素 Ni 较多，同时在含硫的气氛中容易损坏，切削加工性能较差。

奥氏体不锈钢在 500～700℃保温时，在晶界处会析出碳化物（$Cr_{23}C_6$），使晶界附近铬含量低于 $w_{Cr}11.7\%$，这样晶界就容易引起腐蚀，这叫“晶间腐蚀”，有了晶间腐蚀的不锈钢敲击时不发出金属声，稍受力即沿晶界开裂。在 500℃以下 $Cr_{23}C_6$ 不易析出，在 700℃以上虽有 $Cr_{23}C_6$ 析出，但晶内的铬可扩散到晶界，因而不会造成晶界贫铬。防止晶间腐蚀的方法主要有如下几种：

1）降低碳含量至 $w_C0.06\%$ 以下，使钢中不易形成 $Cr_{23}C_6$，如 0Cr18Ni9 钢，但其强度较低。

2）加入碳化物形成元素 Ti（4 倍于碳含量）、或 Nb（8 倍于碳含量），使碳与 Ti、Nb 结合成 TiC 或 NbC 而不形成 $Cr_{23}C_6$，则可免于晶间腐蚀，如 1Cr18Ni9Ti、0Cr12Ni25Mo3Cu3Si2Nb 钢等。

3）发现有晶间腐蚀倾向时，可采用 850～900℃保温 2～3h，然后空冷以消除这种倾向。

奥氏体铬镍钢中加入 $w_{Mo}2\%$～3%，能提高抗盐酸或其它含氯介质腐蚀的能力。加入 $w_{Cu}3\%$～6% 能使钢抗硫酸的腐蚀，如 0Cr18Ni12Mo2Ti 钢等称为耐酸不锈钢。

Mn 及 N 都是促使形成奥氏体的元素，故可用来代替 Ni，如我国自行设计的 0Cr17Mn13Mo2N 钢（钢中含 $w_N0.20\%$～0.30%，属于奥氏体-铁素体型不锈钢），以及部分代 Ni 的 1Cr18Mn10Ni5Mo3N、2Cr13Ni4Mn9 奥氏体钢，它们的抗腐蚀性能均很好。

常用不锈钢的成分、牌号、热处理及性能特点，如表 7-18 所示。

二、耐热钢

（一）耐热性概念

金属的耐热性是包含着高温抗氧化性和高温强度的综合性概念，耐热钢是在高温下不发生氧化，并具有足够强度的钢。

金属抗氧化性指标是以单位时间内单位面积上质量的增加或减少的数值来表示的，单位为 $g/(m^2 \cdot h)$。在钢中加入足够的 Cr、Al 等元素，可在其表面上生成高熔点的致密的氧化膜，以避免在高温下继续被氧化。如钢中含有 $w_{Cr}15\%$

表 7-18　常用不锈钢的化学成分、热处理、组织、力学性能及用途(GB/T 1220—2007)

类别	统一数字代号	新牌号	旧牌号	化学成分(质量分数)(%)			热处理	组织	力学性能					用途
				C	Cr	其它			R_m /MPa	$R_{p0.2}$ /MPa	A (%)	Z (%)	HBW	
马氏体型	S41010	12Cr13	1Cr13	0.08 ~ 0.15	11.50 ~ 13.50	Si 1.00 Mn 1.00 Ni≤0.06	950 ~ 1000℃油冷, 700 ~ 750℃回火	回火索氏体	540	345	22	55	159	具有良好的耐腐蚀性,机械加工性一般,用途为刃具类
马氏体型	S42020	20Cr13	2Cr13	0.16 ~ 0.25	12.00 ~ 14.00	Si 1.00 Mn 1.00 Ni≤0.06	920 ~ 980℃油冷, 600 ~ 750℃回火	回火索氏体	640	440	20	50	192	淬火状态下硬度高,耐蚀性良好,作汽轮机叶片
马氏体型	S42030	30Cr13	3Cr13	0.26 ~ 0.35	12.00 ~ 14.00	Si 1.00 Mn 1.00 Ni≤0.06	920 ~ 980℃油冷, 600 ~ 750℃回火	回火索氏体	735	540	12	40	217	比 2Cr13 淬火后硬度高,作刃具、喷嘴阀座、阀门等
马氏体型	S42040	40Cr13	4Cr13	0.36 ~ 0.45	12.00 ~ 14.00	Si 0.60 Mn 0.80 Ni≤0.06	1050 ~ 1100℃油淬, 200 ~ 300℃回火	回火马氏体	—	—	—	—	HRC 50	作较高硬度及高耐磨性的热油泵轴、阀片医疗器械、弹簧等零件
马氏体型	S44090	95Cr18	9Cr18	0.90 ~ 1.00	17.00 ~ 19.00	Si 0.80 Mn 0.80 Ni≤0.06	800 ~ 920℃缓冷退火; 950 ~ 1050℃油淬, 200 ~ 300℃回火	回火马氏体	—	—	—	—	HRC 55	不锈切片机械刃具及剪切刃具、手术刀片、高耐磨设备零件等
铁素体型	S11710	10Cr17	1Cr17	0.12	16.00 ~ 18.00	Si 1.00 Mn 1.00 Ni≤0.06	退火 780 ~ 850℃ 空冷或缓冷	铁素体	450	205	22	50	183	耐蚀性良好的通用钢种,建筑内装饰用,重油燃烧器部件,家用电器部件
铁素体型	S11348	06Cr13Al	0Cr13Al	0.08	11.5 ~ 14.5	Si 1.00 Mn 1.00 Ni≤0.06	退火 780 ~ 850℃ 空冷或缓冷	铁素体	410	175	20	60	183	高温下冷却不产生显著硬化,汽轮机材料,淬火部件,复合钢材

（续）

类别	统一数字代号	新牌号	旧牌号	化学成分(质量分数)(%)			热处理	组织	力学性能					用途
				C	Cr	其它			R_m /MPa	$R_{p0.2}$ /MPa	A (%)	Z (%)	HBW	
铁素体型	S11790	10Cr17Mo	1Cr17Mo	0.12	16.00~18.00	Mo0.75~1.25 Si 1.00 Mn 1.00 Ni≤0.06	退火 780~850℃ 空冷或缓冷	铁素体	450	205	22	60	183	是 1Cr17 的改良钢种，作为汽车外装材料使用
铁素体型	S12791	008Cr27Mo	00Cr27Mo	0.010	25.00~27.50	Mo0.75~1.50 Si 0.40 Mn 0.40	退火 900~1050℃ 快冷	铁素体	410	245	20	45	219	耐蚀性很好，作为乙酸、乳酸等有机酸有关的设备，制造苛性碱设备，耐卤离子应力腐蚀破裂，耐点腐蚀
奥氏体型	S30408	06Cr19Ni10	0Cr18Ni9	0.08	18.00~20.00	Ni8.00~11.00 Si 1.00 Mn 2.00	固溶 1010~1150℃ 快冷	奥氏体	520	205	40	60	187	使用最广泛，食品用设备，一般化工设备，原子能工业设备
奥氏体型	S30210	12Cr18Ni9	1Cr18Ni9	0.15	17.00~19.00	Ni8.00~10.00 Si 1.00 Mn 2.00	1100~1150℃ 水淬（固溶处理）	奥氏体	520	205	40	60	187	经冷加工有高的强度，建筑用
奥氏体型	S32168	06Cr18Ni11Ti	0Cr18Ni10Ti	0.08	17.00~19.00	Ni9.00~12.00 Si 1.00 Mn 2.00 Ti5C~0.70	固溶 920~1150℃ 快冷	奥氏体	520	205	40	50	187	耐酸容器及设备衬里、输送管道等设备和零件，抗磁仪表，医疗器械，具有较好的耐晶间腐蚀性
奥氏体型	S31668	06Cr17Ni12Mo2Ti	0Cr18Ni12Mo3Ti	0.08	16.00~18.00	Ni10.00~14.00 Si 1.00 Mn 2.00 Ti≥5C	固溶 1000~1100℃ 快冷	奥氏体	530	205	40	55	187	制作抗硫酸、磷酸、蚁酸醋酸等腐蚀性设备，具有较好的耐晶间腐蚀性

时，其抗氧化温度可达 900℃；含有 w_{Cr} 20% ~25% 时，则抗氧化温度可达 1000℃。

金属的蠕变抗力愈大，则表示金属的高温强度愈高。蠕变是指金属在一定温度和应力作用下，随时间的延长逐渐产生塑性变形的现象，温度愈高蠕变现象愈明显。蠕变极限（$\sigma_{蠕}$）是蠕变抗力的指标，通常用专用符号表示：例如 $\sigma_{1/300}^{700}$，右上角符号为试验温度（700℃），右下角的分子是蠕变量（1%），分母是时间（300h），即表示试样在 700℃ 下经过 300h，产生 1% 变形量的应力值。对于在使用中不考虑变形量大小而只要求在一定应力下具有一定寿命的零件（如锅炉钢管等），需规定另一个热强性指标：持久强度，通常也用专用符号表示：例如 $\sigma_{10^5}^{500}$，右上角符号为试验温度（500℃），右下角表示时间（100000h），即表示温度为500℃时，经 100000h 发生断裂的应力值。在钢中加入 Mo、W、V 等合金元素，可以减缓钢在高温下的软化过程，增强抗蠕变能力。

（二）常用耐热钢

（1）马氏体型耐热钢　这类钢所含的主要元素是 Cr、Mo、Si 等，在加热及冷却时，发生 γ→α 相变。当合金元素含量较高时，空冷便可得到马氏体组织。这类钢经淬火、回火后使用，组织是回火马氏体或回火索氏体。其特点是膨胀系数较小，制造和使用中变形也小，而且工艺性能比奥氏体钢好。此外，还可以通过热处理使其性能在较宽范围内变化。

这类钢是在 Cr13 型马氏体不锈钢的基础上，添加了强化基体的合金元素 W、Mo 和强碳化物形成元素 V、Ti、Nb 等。加入的合金元素多数属铁素体形成元素，随着温度的升高，铁素体量增多，故热处理时应特别注意不能过热，否则由于高温铁素体量的增加会使钢的韧性下降。

这类钢退火及调质工艺和 Cr13 型不锈钢基本相同，但淬火温度略偏低，回火温度在 700℃ 以上能获得良好的热稳定性。其化学成分及其用途见表 7-19。

表 7-19　几种马氏体型耐热钢的成分及用途

统一数字代号	新牌号	旧牌号	化学成分（质量分数）（%）						主要用途
			C	Cr	Si	Mo	W	V	
S48040	42Cr9Si2	4Cr9Si2	0.35 ~ 0.50	8.00 ~ 10.00	2.00 ~ 3.00	—	—	—	800 ~900℃不起皮，拖拉机汽车发动机的排气阀
S48140	40Cr10Si2Mo	4Cr10Si2Mo	0.35 ~ 0.45	9.00 ~ 10.50	1.90 ~ 2.60	0.70 ~ 0.90	—	—	
S41010	12Cr13	1Cr13	0.08 ~ 0.15	11.50 ~ 13.50	1.00	—	—	—	高压燃气轮机叶片

(续)

统一数字代号	新牌号	旧牌号	化学成分（质量分数）(%)						主要用途
			C	Cr	Si	Mo	W	V	
S46010	14Cr11MoV	1Cr11MoV	0.11 ~ 0.18	10.00 ~ 11.50	0.50	0.50 ~ 0.70	—	0.25 ~ 0.40	低压燃气轮机叶片
S47310	13Cr11Ni2W2MoV	1Cr11Ni2W2MoV	0.10 ~ 0.16	10.50 ~ 12.00	0.60	0.35 ~ 0.50	1.50 ~ 2.00	0.18 ~ 0.30	

注：摘自 GB/T1221—2007。

(2) 奥氏体型耐热钢　奥氏体类耐热钢是利用弥散分布的、高温时不易聚集长大的碳化物或金属间化合物使钢强化的，因此，它的高温强度比马氏体型耐热钢要高，工作温度达 650 ~ 700℃。由于钢中铬含量较高，钢的抗氧化性也非常好，此外，奥氏体钢还具有良好的塑性变形性能和焊接性能。但奥氏体钢的切削加工性能不好，在加工时要予以注意。

18-8 型不锈钢，如 1Cr18Ni9Ti，由于含有大量的铬，也具有良好的高温抗氧化性，它的抗氧化温度可达 700 ~ 900℃，在 600℃左右有足够的热强性，可用来制造 600℃以下的锅炉及汽轮机的过热器管道及构件。

几种常用的奥氏体耐热钢的成分、性能及用途见表 7-20。

表 7-20　几种奥氏体耐热钢的成分、性能及用途

钢　号	化学成分(质量分数)(%)				热处理/℃	工作温度(℃)下，R_m/MPa≥				用　途
	C	Cr	Ni	其它		20	600	700	800	
1Cr18Ni9Ti	<0.12	17 ~ 19	8 ~ 11	Ti5 ×（C% − 0.02）~ 0.80	1100 ~ 1150 水淬	550	340	250	150	610℃以下长期工作的过热管道、结构件
4Cr14Ni14W2Mo	0.4 ~ 0.5	13 ~ 15	13 ~ 15	1.75 ~ 2.25W 0.25 ~ 0.4Mo	1175 水淬 750 时效	790	500	340	750(℃) 280	大马力发动机气阀，蒸汽管道；燃气轮机叶片

除上述耐热钢外，若零件的工作温度超过 800℃，则应考虑选用镍基、钴基耐热合金；工作温度超过 900℃，可考虑选用钼基、陶瓷合金等。

一般来说，在 300℃以下以普通结构钢的强度最高；在 300 ~ 600℃范围以珠光体-马氏体型耐热钢较合适；在 600 ~ 800℃之间，必须选用奥氏体型耐热钢；温度在 800 ~ 1000℃左右时，应选用镍基合金；如果温度更高，则只有钼基合金和金属陶瓷才能满足要求。

三、耐磨钢

耐磨钢主要指在冲击载荷下发生加工硬化的高锰钢，它主要应用于在使用过程中经受强烈冲击和严重磨损的零件，如坦克车履带、破碎机颚板、铁路的道叉等。

（一）化学成分

高锰钢碳含量为 w_C1.0%～1.3%，锰含量为 w_{Mn}11.0%～14.0%，其它杂质（如S、P、Si等）要限制在一定范围之内。这种钢机械加工比较困难，基本上都是铸造成型的，其牌号为ZGMn13。

Mn是扩大 $Fe\text{-}Fe_3C$ 状态图中A区的元素，当钢中锰含量超过 w_{Mn}12%时，A_3 点便急剧下降，使钢在室温下保持着奥氏体组织。实验证明，只有当碳含量在 w_C1.0%～1.3%，锰含量在 w_{Mn}11%～14%时得到奥氏体组织，锰钢才有优良的性能。锰含量过低，会使钢的耐磨性降低，强度、韧性达不到要求；而锰含量过高，又会造成钢的韧性下降，铸造时易发生缩孔，热处理时易产生裂纹。

（二）热处理特点

高锰钢铸件一般在1290～1350℃温度下浇注，在随后的冷却过程中，碳化物沿奥氏体晶界析出，使钢呈现脆性。为了使高锰钢获得单相奥氏体组织，必须进行“水韧处理”。“水韧处理”就是将铸造后的高锰钢加热到1000～1100℃，并保持一定时间，使碳化物完全溶入奥氏体中，然后在水中冷却。由于冷速很快，碳化物来不及析出，使钢得到单相奥氏体组织，此时钢的硬度很低（大约180～220HBW）而韧性很好。

高锰钢在水韧处理后虽然硬度不高，但在受强烈冲击变形时，产生显著的加工硬化，变形度愈大，硬度上升愈明显。这是由于高锰钢的奥氏体有很强的加工硬化能力，而且变形还能促使奥氏体向马氏体转变，因而耐磨性显著提高。而中心部分因没有明显的变形而仍为原始组织，这是高锰钢的一个重要特点。所以，高锰钢产生高耐磨性的重要条件是承受大的冲击力，否则是不耐磨的。高锰钢经水韧处理后，绝不能再加热到250～300℃以上，否则，碳化物又会重新沿奥氏体晶界析出，使钢变脆。因此，高锰钢水韧处理后不再回火。

高锰钢广泛应用于既要求耐磨又要求耐冲击的一些零件，如用于铁路上的辙岔、辙尖、转辙器及小半径转弯处的轨条等。高锰钢还大量用于挖掘机、各式碎石机的颚板、衬板，坦克的履带板、主动轮、从动轮和履带支承滚轮等。由于高锰钢是非磁性的，也可用于要求耐磨损又抗磁化的零件，如吸料器的电磁铁罩等。

四、硬质合金

在提高切削速度时，以及高硬度或高韧性材料的切削加工时，刀具的刃部工作温度往往要超过600°C，这时，一般的高速钢刀具很难胜任，需采用硬质合金。硬质合金是将一些难熔的化合物粉末和粘结剂混合，加压成型，再经烧结而成的一种粉末冶金材料。

硬质合金的特点是：硬度高（69～81HRC），热硬性好（可达900～1000℃），耐磨性优良。硬质合金刀具的切削速度可比高速钢提高4～7倍，刀具寿命可提高5～80倍。有的金属材料如奥氏体耐热钢和不锈钢等用高速钢无法切削加工，若用含WC的硬质合金就可以切削加工，硬质合金还可加工硬度在50HRC左右的硬质材料。然而，硬质合金由于硬度太高，性脆，不能进行机械加工，因而硬质合金经常制成一定规格的刀片镶焊在刀体上使用。

硬质合金种类很多，目前常用的有金属陶瓷硬质合金和钢结硬质合金。

（一）金属陶瓷硬质合金

金属陶瓷硬质合金是将一些难熔的金属碳化物粉末（如WC、TiC等）和粘结剂（Co、Ni等）混合，加压成型，再经烧结而成的粉末冶金材料，它与陶瓷烧结相似，故由此得名。

金属陶瓷硬质合金广泛应用的有两类：

（1）钨钴类　应用最广泛的牌号有YG3、YG6、YG8等，“YG”表示钨钴类硬质合金，后边的数字表示钴的含量。如YG6，表示含钴6%、含WC94%的钨钴类硬质合金。

（2）钨钴钛类　应用最广泛的牌号有YT5、YT15、YT30等，YT表示钨钴钛类硬质合金，后边的数字表示TiC的含量。如YT15表示含TiC15%，其它为WC和Co的钨钴钛类硬质合金。

以上两类硬质合金中，碳化物是合金的“骨架”，起坚硬耐磨的作用，钴则起粘结作用。它们之间的相对量将直接影响到硬质合金的性能。一般来说，含钴量愈高（或含碳化物量愈低），则强度、韧性愈高，而硬度、耐磨性愈低，因此含钴量多的牌号（如YG8）一般都用于粗加工及加工表面比较粗糙的工件。

钨钴类比钨钴钛类有较高的强度和韧性，而钨钴钛类比钨钴类有较高的硬度和较好的耐磨性及热硬性。

一般根据加工方式、被加工材料性质、加工条件来选用硬质合金刀片。如表7-21所示。目前金属陶瓷硬质合金除广泛用作切削刀具外还用来制造量具、模具等耐磨零件，在采矿、采煤、石油、地质钻探等工业中，还应用它制造钎头和钻头等。

（二）钢结硬质合金

钢结硬质合金是性能介于高速钢和硬质合金之间的新型工具材料，它是以一种或几种碳化物（如TiC、WC等）为硬质相，以合金钢（如高速钢、铬钼钢等）粉末为粘结剂，经配料、混料、压制和烧结而成的粉末冶金材料。钢结硬质合金烧结坯件经退火后可进行一般的切削加工，经淬火回火后有相当于金属陶瓷硬质合金的高硬度和良好的耐磨性，也可进行焊接和锻造，并有耐热、耐蚀、抗氧化等性能。如高速钢钢结硬质合金，其成分为 TiC35% 和 65% 的高速钢，经退火后硬度为 40 ~ 50HRC，其淬火回火工艺与高速钢相似，淬火回火后的硬度为 69 ~ 73HRC。高速钢钢结硬质合金适用于制造各种形状复杂的刀具如麻花钻头、铣刀等，也可制造在较高温度下工作的模具和耐磨零件。

表 7-21　硬质合金刀具（刀片）牌号的选用举例

加工方式	被加工材料									加工条件及特征
	碳钢及合金钢	特殊难加工钢	奥氏体不锈钢	淬火钢	钛及钛合金	铸铁		非铁金属及其合金	非金属材料	
						HBW ≤240	HBW 400 ~ 700			
	推荐使用的硬质合金牌号									
车削	YT5 YT14 YT15	YG8 YG6A	YG8	—	YG8	YG5 YG8	YG8 YG6X	YG6 YG8	—	锻件、冲压件及铸件表皮断续带冲击的粗车
	YT15 YT14 YT5	YG8	—	YT5 YG8	YG6 YG8	YG6 YG8	—	YG3X	YG3X	不连续面的半精车及精车
	YT30	YT14 YT5	YG6X	YT15 YT14	YG8	YG3X	YG6X	YG3X	YG3X	连续面的半精车及精车
	YT15 YT14 YT5	YG8	YG6X	—	YG8	YG6 YG8	—	YG3X	YG3X	切断及切槽
	YT15 YT14	YT15 YT14	YG6X	YG6X	YG6	YG3X	YG6X	YG6	YG3X	精粗车螺纹
刨削 拉削	YG15	—	—	—	—	YG8	—	YG8	YG6 YG8	粗加工
	YT5	—	—	—	—	YG6 YG8	—	YG6	YG6	半精加工及精加工
铣削	YT15 YT14	YT15 YT14 YT5	—	—	YG8	YG3X	YG6X	YG3X	YG3X	半精铣及精铣
钻削	YT5	—	—	—	YG6 YG8	YG6 YG8	YG6 YG8	YG6 YG8	—	铸孔、锻孔、冲压孔的一般扩钻
铰削	YT30 YT15	YT30 YT15	YG6X	YT30	YG8	YG3X	YG6X	YG3X	YG3X	预铰及精铰

注：X 表示细颗粒。用细颗粒粉末制得的烧结工具具有较高的抗弯强度和耐磨性，其韧性也有所改善。

本章主要名词

合金钢（alloy steel）
合金元素（alloy element）
热硬性（hot hardness）
回火脆性（temper embrittlement）
合金结构钢（alloy structural steel）
合金工具钢（alloy tool steel）
特殊钢（special steel）
普通碳素钢（common straight carbon steel）
低合金钢（low-alloy steel）
易切削钢（easy cutting steel）
合金渗碳钢（alloy carburizing steel）
弹簧钢（spring steel）
轴承钢（bearing steel）
碳素工具钢（carbon tool steel）
低合金工具钢（low-alloy tool steel）
高速钢（high speed steel）
硬质合金（hard alloy）
模具钢（die steel）
冷作模具钢（cold-working die steel）
热作模具钢（hot-working die steel）
量具钢（measuring tool steel）
不锈钢（stainless steel）
耐热钢（heat resistant steel）
耐磨钢（wear-resistant steel）
晶间腐蚀（grain boundary attack）
水韧处理（water toughening）
二次硬化（secondary hardening）
粉末冶金（powder metallurgy）

习　题

1. 什么叫合金钢？按合金元素含量如何分类？
2. 试分析说明铁素体钢、奥氏体钢、莱氏体钢的形成原因。
3. 通过对45钢和40Cr钢的性能分析，说明化学成分对钢的性能、热处理工艺的影响。
4. 什么叫第一类、第二类回火脆性？其产生原因及防止方法如何？
5. 根据高速钢的热处理特点，说明合金元素对高速钢性能的影响。
6. 指出下列合金钢的类别、用途及热处理特点：

40Cr；60Si2Mn；GCr15；9SiCr；40CrNiMo；Cr12MoV；5CrMnMo；1Cr18Ni9Ti。

7. 奥氏体型不锈钢与Cr13型不锈钢相比有何特点？用Cr13型不锈钢制造机器零件、工具、滚动轴承、弹簧，应选择何种钢号？并制定热处理工艺。
8. 为什么硬质合金采用粉末冶金生产？YG8、YT30的成分和用途有何不同？
9. 今有一拖拉机曲轴，根据其工作条件，如何选材？其热处理工艺如何制定？
10. 汽车变速齿轮是在承受较强烈的冲击作用和受磨损的条件下进行工作的，对于这类构件，应如何选材和制定热处理工艺？试举例说明。

第八章 铸铁

铸铁是碳含量大于 w_C2.11% 的铁碳合金。工业上常用铸铁的成分（质量分数）一般为 C2.5% ~4.0%，Si1.0% ~3.0%，Mn0.5% ~1.4%，P0.01% ~0.5%，S0.02% ~0.2%。为了提高铸铁的性能，有时添加一定量 Cr、Ni、Cu、Mo 等合金元素。

铸铁生产工艺简单，成本低廉，并且具有优良的铸造性、切削加工性、耐磨性和消振性等，因此，铸铁广泛应用于机械制造、冶金、矿山及交通运输部门。按质量统计，在机床行业中铸铁件约占 60% ~90%，在汽车、拖拉机行业中，铸铁件也占较大比重。

第一节 概 述

一、铸铁的特点

（一）成分与组织特点

与碳钢相比，铸铁的化学成分中除了含有较高的 C、Si 等元素外，而且含有较多的 S、P 等杂质，在特殊性能铸铁中，还含有一些合金元素。这些元素含量的不同，将直接影响铸铁的组织和性能。

铸铁中的碳主要是以石墨（G）形式存在的，所以铸铁的组织是由钢的基体和石墨组成的。铸铁的基体有珠光体、铁素体和珠光体加铁素体三种，它们都是钢中的基体组织。因此，铸铁的组织特点，可以看作是在钢的基体上分布着不同形态的石墨。

（二）铸铁的性能特点

铸铁的力学性能主要取决于基体组织及石墨的数量、形状、大小和分布。石墨的硬度仅为 3 ~5HBW，抗拉强度约为 20MPa，伸长率接近于零，故分布于基体上的石墨可视为空洞或裂纹。由于石墨的存在，减少了铸件的有效承载面积，且受力时石墨尖端处产生应力集中，大大降低了基体强度的利用率。因此，铸铁的抗拉强度、塑性和韧性比碳钢低。

由于石墨的存在，使铸铁具有了一些碳钢所没有的性能，如良好的耐磨性、消振性、低的缺口敏感性以及优良的切削加工性能。此外，铸铁的成分接近共晶成分，因此铸铁的熔点低，约为 1200°C 左右，液态铸铁流动性好，此外由于石墨结晶时体积膨胀，所以铸造收缩率低，其铸造性能优于钢。

二、Fe-C 双重相图及铸铁中石墨的形成

(一) 双重铁碳合金相图

在铸铁中，碳主要有两种存在形式，即渗碳体和石墨（G）。渗碳体是亚稳定相，在一定条件下可分解为铁和石墨。因此，由于条件的不同，实际上铁碳合金存在两种相图，即亚稳定的 $Fe\text{-}Fe_3C$ 相图和稳定的 Fe-G 相图，放在一起就得到双重铁碳合金相图（图 8-1）。铁碳合金可以部分或全部按照其中一种或另一种相图进行结晶。

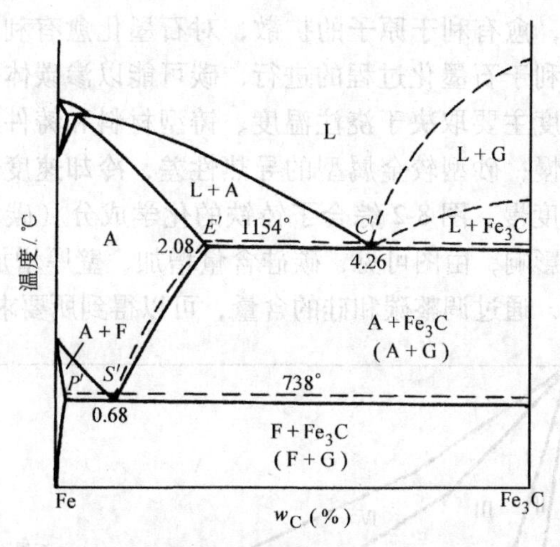

图 8-1　铁碳合金的双重相图

(二) 铸铁中的石墨化过程

铸铁组织中石墨的形成过程称为石墨化过程。

碳含量 w_C2.5% ~4.0% 的铸铁石墨化过程可分为如下三阶段：

第一阶段：即在 1154°C 时通过共晶反应形成石墨：

$$L_{C'} \rightarrow A_{E'} + G$$

第二阶段：即在 1154 ~738°C 范围内冷却过程中，自奥氏体中不断析出二次石墨 G_{II}。

第三阶段：即在 738°C 时通过共析反应而形成石墨：

$$A_{S'} \rightarrow F_{P'} + G$$

由于高温下原子的扩散能力强，所以第一和第二阶段的石墨化过程较易进行，而第三阶段石墨化过程因温度较低，扩散条件差，有可能部分或全部被抑制，于是铸铁结晶后可得到三种不同的组织，即：F + G；F + P + G；P + G。

(三) 影响石墨化的因素

铸铁石墨化程度受许多因素影响，其中铸铁的化学成分和浇铸时的冷却速度是两个主要的因素。

（1）化学成分的影响 铸铁中的碳和硅是促进石墨化的元素，它们的含量越高，石墨化过程越容易进行，析出的片状石墨就越多、越粗大；反之，石墨越少，且越细小。通常把铸铁中碳和硅的含量（质量分数）控制在C2.5%～4.0%及Si1%～2.5%。除了碳和硅之外，铸铁中的Al、Cu、Ni、Co等合金元素也会促使石墨化，而铸铁中的S及Mn、Cr、W、Mo、V等碳化物形成元素则阻止石墨化。

（2）冷却速度的影响 铸件的冷却速度对石墨化有很大影响。冷却速度愈慢，即过冷度愈小，愈有利于原子的扩散，对石墨化愈有利；反之，当铸件冷却速度较快时，不利于石墨化过程的进行，碳可能以渗碳体的形式存在，甚至出现白口。冷却速度主要取决于浇注温度、铸型材料和铸件的壁厚。浇注温度愈高，冷却速度愈慢；砂型较金属型的导热性差，冷却速度慢；厚大的铸件较薄壁的铸件冷却速度慢。图8-2综合了铸铁的化学成分（碳、硅含量）和铸件的壁厚对其组织的影响，由图可见，碳硅含量增加、壁厚增加，石墨化愈充分。对不同壁厚的铸件，通过调整碳和硅的含量，可以得到所要求的组织。

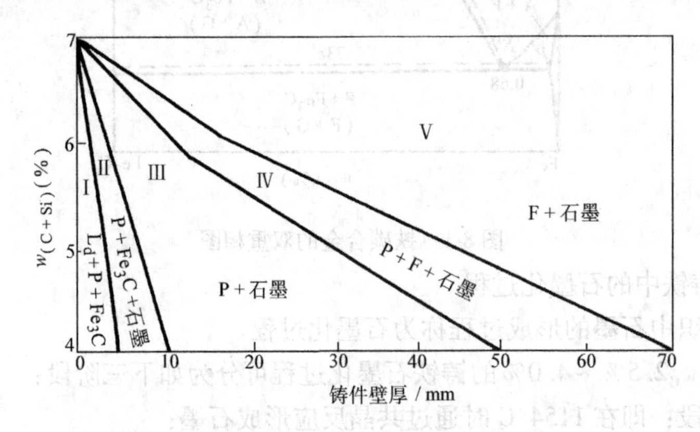

图8-2 铸铁的化学成分、铸件壁厚对石墨化的影响

调整碳和硅含量时，一般应把碳当量控制在接近共晶成分。所谓碳当量，就是表示铸铁中碳、硅对铸铁共晶成分综合影响的指标，其计算方法是：

$$C_{当}\% = C\% + \frac{1}{3}Si\%$$

从中看出，每3%的硅可使铸铁共晶成分的碳含量降低1%。若能把碳当量控制在4%左右，则铸铁便具有最佳的流动性。当碳当量>4.6%时，达到过共晶成分，则铸铁在结晶过程中，形成粗大的初生石墨片，并易产生石墨漂浮，使铸铁的力学性能显著降低。

三、铸铁的分类

铸铁通常采用以下两种方法进行分类。

（一）按石墨化程度分类

根据铸铁在结晶过程中石墨化过程进行的程度可分为三类：

（1）白口铸铁　它是第一、二、三阶段的石墨化过程全部被抑制，而完全按照 $Fe\text{-}Fe_3C$ 相图进行结晶而得到的铸铁，其中的碳几乎全部以 Fe_3C 形式存在，断口呈银白色，故称为白口铸铁。此类铸铁组织中存在大量莱氏体，性能是硬而脆，切削加工较困难。除少数用来制造不需加工的硬度高、耐磨零件外，主要用作炼钢原料。

（2）灰口铸铁　它是第一、二阶段石墨化过程充分进行而得到的铸铁，其中碳主要以石墨形式存在，断口呈灰暗色，故称灰口铸铁或灰铸铁，是工业上应用最多最广的铸铁。

（3）麻口铸铁　它是第一阶段石墨化过程部分进行得到的铸铁，其中一部分碳以石墨形式存在，另一部分以 Fe_3C 形式存在，其组织介于白口铸铁和灰铸铁之间，断口呈黑白相间构成麻点，故称为麻口铸铁。该铸铁性能硬而脆、切削加工困难，故工业上使用也较少。

（二）按石墨形态分类

根据铸铁中石墨存在的形态不同，可将铸铁分为以下四种。

（1）灰铸铁　铸铁组织中的石墨呈片状。这类铸铁力学性能较差，但生产工艺简单，价格低廉，工业上应用最广。

（2）可锻铸铁　铸铁中的石墨呈团絮状，其力学性能好于灰铸铁，但生产工艺较复杂，成本高，故只用来制造一些重要的小型铸件。

（3）球墨铸铁　铸铁组织中的石墨呈球状。此类铸铁生产工艺比可锻铸铁简单，且力学性能较好，故得到广泛应用。

（4）蠕墨铸铁　铸铁组织中的石墨呈短小的蠕虫状。蠕墨铸铁的强度和塑性介于灰铸铁和球墨铸铁之间。此外，它的铸造性、耐热疲劳性比球墨铸铁好，因此可用来制造大型复杂的铸件，以及在较大温度梯度下工作的铸件。

第二节　灰　铸　铁

一、灰铸铁的组织、性能和用途

（一）灰铸铁的组织

灰铸铁的组织是由片状石墨和金属基体组成。基体组织依第三阶段石墨化进行的程度不同，可分为铁素体、铁素体 + 珠光体和珠光体三种，相应有三种不同基体组织的灰铸铁，显微组织见图 8-3。

（二）灰铸铁的性能和用途

（1）优良的铸造性能　灰铸铁的成分接近于共晶点，其熔点低，液态下流

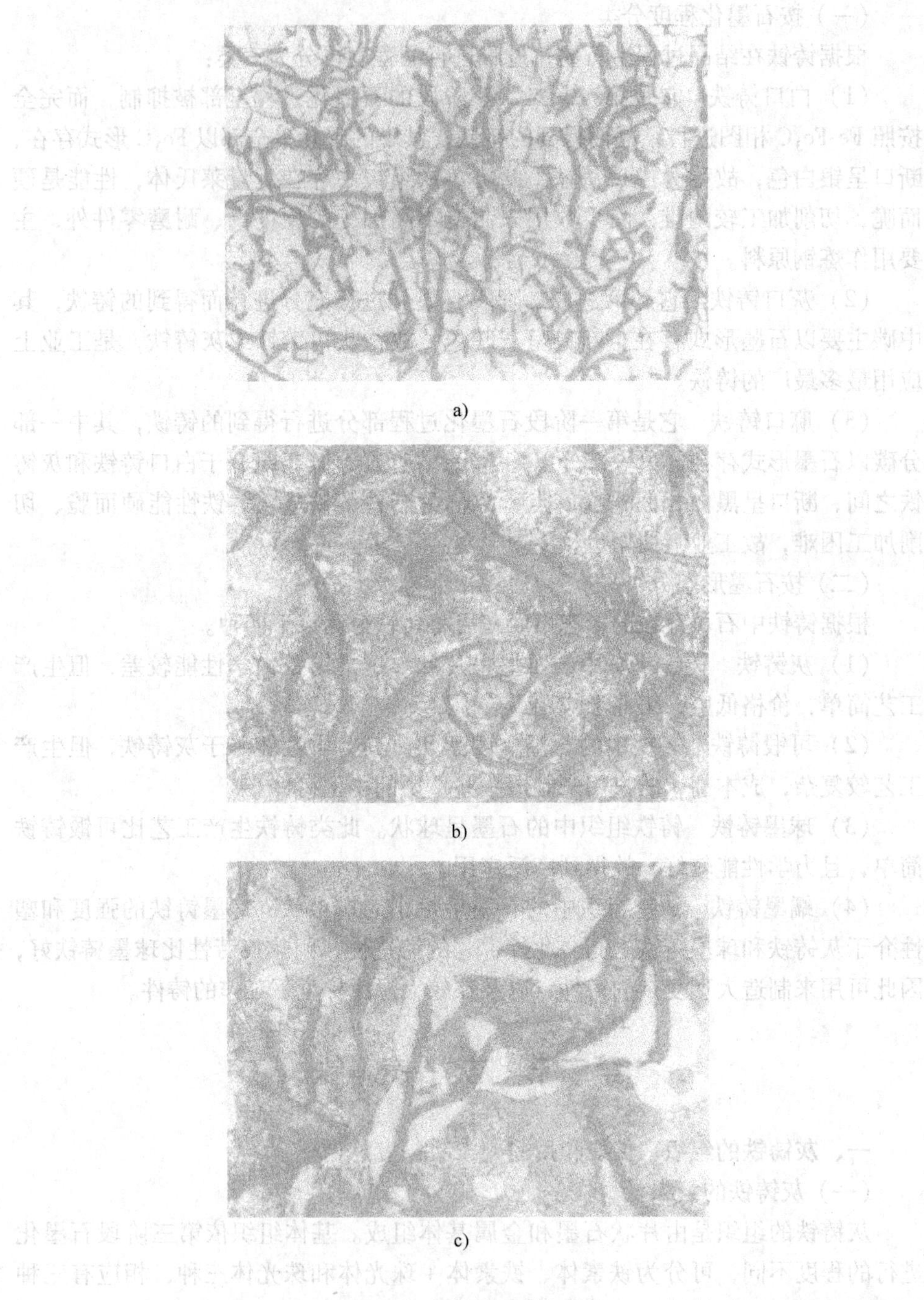

图 8-3　灰铸铁显微组织

a）铁素体灰铸铁（100×）　b）珠光体灰铸铁（200×）

c）珠光体 + 铁素体灰铸铁（200×）

动性好，结晶后分散缩孔少，偏析小，可以铸造复杂形状的零件。由于石墨比容大，使铸件凝固时收缩量减少。

（2）优良的耐磨性和消振性　石墨本身是良好的固体润滑剂，石墨脱落后的空洞能吸附和储存润滑油，使铸件有良好的耐磨性。由于石墨的组织松软，能吸收振动能量，因而灰铸铁具有良好的消振性。

（3）较低的缺口敏感性和良好的切削加工性能　由于石墨的存在相当于铸件中已存在很多小的缺口，故灰铸铁零件对表面缺陷和缺口不敏感，即缺口敏感性低。

灰铸铁中的石墨可以起断屑作用和对刀具的润滑减磨作用，故灰铸铁的切削加工性能是优良的。

（4）力学性能　受片状石墨的影响，灰铸铁的抗拉强度、塑性、韧性及弹性模量都低于碳钢，抗压强度和硬度主要取决于基体组织，所以灰铸铁的抗压强度比抗拉强度高三、四倍，而接近于钢，这是灰铸铁的明显特性。因此，灰铸铁更适用于耐压零件，如机床床身等。

（三）灰铸铁的牌号

灰铸铁的牌号、力学性能和用途见表8-1。牌号中的“HT”为“灰铁”二字的汉语拼音的第一个字母，用以表示灰铸铁，其后面的数字表示最低抗拉强度。

表8-1　灰铸铁的牌号、力学性能和用途

<table>
<tr><th rowspan="2">类别</th><th rowspan="2">牌号</th><th rowspan="2">铸件壁厚/mm</th><th colspan="4">力学性能</th><th rowspan="2">用途举例</th></tr>
<tr><th>R_m/MPa</th><th>σ_{bb}/MPa</th><th>σ_{bc}/MPa</th><th>HBW</th></tr>
<tr><td>铁素体灰铸铁</td><td>HT100</td><td>所有尺寸</td><td>100</td><td>260</td><td>500</td><td><140</td><td>低载荷不重要的零件，如防护罩、手轮、重锤等</td></tr>
<tr><td>铁素体+珠光体灰铸铁</td><td>HT150</td><td>15～30</td><td>150</td><td>330</td><td>650</td><td>150～200</td><td>承受中等载荷的零件，如机座、变速箱体、皮带轮、轴承座、支架等</td></tr>
<tr><td rowspan="2">珠光体灰铸铁</td><td>HT200</td><td>15～30</td><td>200</td><td>400</td><td>750</td><td>170～220</td><td rowspan="2">承受较大载荷的重要零件，如齿轮、支座、气缸、机体、飞轮、床身、齿轮箱、轴承座</td></tr>
<tr><td>HT250</td><td>15～30</td><td>250</td><td>470</td><td>1000</td><td>190～240</td></tr>
<tr><td rowspan="3">变质灰铸铁</td><td>HT300</td><td>15～30</td><td>300</td><td>540</td><td>1100</td><td>187～225</td><td rowspan="3">承受高载荷、耐磨和高气密的重要零件，如齿轮、凸轮、活塞环、床身等</td></tr>
<tr><td>HT350</td><td>15～30</td><td>350</td><td>610</td><td>1200</td><td>197～269</td></tr>
<tr><td>HT400</td><td>20～30</td><td>400</td><td>680</td><td>—</td><td>207～269</td></tr>
</table>

二、灰铸铁的孕育处理

为了细化灰铸铁的组织，提高铸铁的力学性能，通常在碳、硅含量较低的灰铸铁铁液中加入孕育剂进行孕育处理，经过孕育处理的灰铸铁叫孕育铸铁或变质铸铁。孕育铸铁的金相组织是在细密的珠光体基体上，均匀分布细小的石墨片，故其强度高于普通灰铸铁。同时由于铁液中均匀分布有大量人工晶核，结晶几乎是在整个铁液中同时进行，使铸件整个截面上的组织和性能比较均匀一致，因此孕育铸铁的断面敏感性小。

孕育铸铁用来制造力学性能要求高，截面尺寸变化较大的大型铸件，如重型机床的床身、液压件、齿轮等。

三、灰铸铁的热处理

热处理只能改变灰铸铁的基体组织，不能改变石墨的形状和分布状况，这对提高灰铸铁力学性能的效果不大。故灰铸铁的热处理工艺仅有退火、表面淬火等。

（一）消除应力的退火

一些形状复杂和要求尺寸稳定性较高的零件，如机床床身、柴油机缸体等，为防止变形开裂，保证尺寸稳定，必须进行消除内应力的退火，又称人工时效。

消除应力退火的工艺是：加热速度一般为 50 ~ 100°C/h，加热温度为 500 ~ 600°C，保温 2 ~ 8h。冷却速度为 20 ~ 50°C/h，炉冷至 150 ~ 200°C 后出炉空冷。

（二）改善切削加工性的退火

灰铸铁铸件表层和薄壁处往往会因冷速较快而产生白口组织，难以切削加工，需要退火降低硬度。退火加热温度在共析温度以上，使渗碳体分解成铁和石墨，所以又称高温退火。退火工艺是将铸件加热到 850 ~ 900°C，保温 2 ~ 5h，然后随炉冷却至 250 ~ 400°C，出炉空冷。

（三）表面淬火

有些铸件的工作表面需要较高的硬度和耐磨性，如机床导轨的表面，为此可进行表面淬火处理，如感应加热表面淬火、火焰加热表面淬火及点接触电加热表面淬火等。

图 8-4 为点接触电加热表面淬火法的原理示意图，它是用石墨棒或紫铜轮电极与工件紧密接触，通以低电压、强电流，利用电极与工件接触处的电阻热将工件表面迅速加热。淬火时电极以一定的速度移动，于是被加热的表面便会由于工件本身的散热及吹风而得到迅速冷却，达到表面淬火的目的。其淬火组织为极细的马氏体加片状石墨，淬透层深度为 0.2 ~ 0.3mm，硬度为 59 ~ 61HRC，可使导轨寿命提高 1.5 倍。

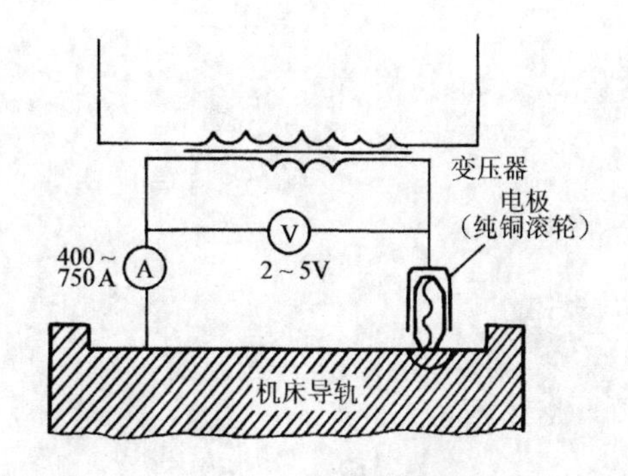

图8-4 机床导轨点接触电加热表面淬火示意图

第三节 可锻铸铁

可锻铸铁是由铸态白口铸铁件经长时间石墨化退火得到的一种高强度铸铁。

一、可锻铸铁的组织、性能和用途

可锻铸铁根据基体组织的不同，分为铁素体基体可锻铸铁和珠光体基体可锻铸铁，见图8-5。铁素体基体可锻铸铁又称为“黑心可锻铸铁”。

可锻铸铁由于石墨呈团絮状，对基体的割裂作用比片状石墨要小，所以可锻铸铁的强度比灰铸铁高，还具有一定的塑性和较高的韧性。

可锻铸铁的牌号、力学性能和用途见表8-2。牌号中的“KT”表示可锻铸铁，“KTH”为黑心可锻铸铁，“KTZ”为珠光体可锻铸铁，后面的第一组数字表示最低抗拉强度，第二组数字表示最低伸长率。

表8-2 可锻铸铁的牌号、力学性能和用途

类别	牌号	试样直径 D/mm	力学性能				用途举例
			R_m /MPa	$R_{p0.2}$ /MPa	A (%)	HBW	
铁素体(黑心)可锻铸铁	KTH300—06	15	300	—	6	<150	水暖管件、汽车后桥壳、支架、钢丝绳扎头、扳手、农机上的犁刀、犁铧等
	KTH330—08	15	330	—	8	<150	
	KTH350—10	15	350	200	10	<150	
	KTH370—12	15	370	—	12	<150	
珠光体可锻铸铁	KTZ450—06	15	450	270	6	150~200	曲轴、连杆、齿轮、活塞环、扳手、矿车轮、凸轮轴、传动链条、万向接头
	KTZ550—04	15	550	340	4	180~230	
	KTZ650—02	15	650	430	2	210~260	
	KTZ700—02	15	700	530	2	240~290	

注：摘自GB/T 9440—1988。

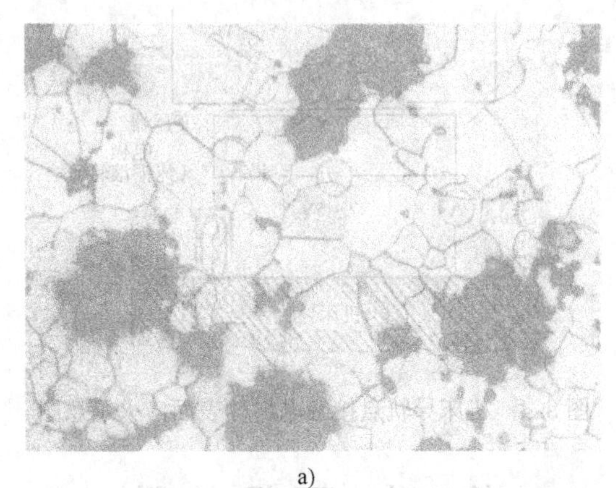

a)

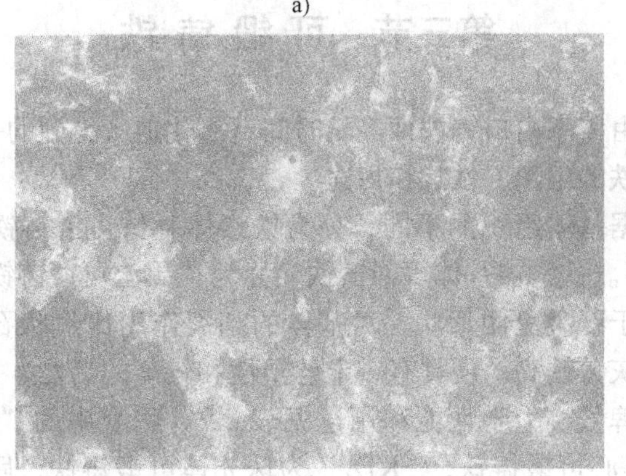

b)

图 8-5　可锻铸铁的显微组织（200×）

a）铁素体可锻铸铁　b）珠光体可锻铸铁

二、可锻铸铁的生产

可锻铸铁的生产分两个步骤：

第一步，先浇注成纯白口铸件。为了获得纯白口铸件，可锻铸铁的化学成分选择低的碳、硅含量，其成分（质量分数）大致为 C2.4%～2.8%，Si0.8%～1.6%，Mn0.4%～1.2%，P≤0.1%，S≤0.2%。

第二步是石墨化退火。方法是，将白口铸件加热至 900～980°C，保温约 15h 左右，使其组织中的渗碳体发生分解，得到奥氏体和团絮状的石墨组织。在随后缓冷过程中，从奥氏体中析出二次石墨，并沿着团絮状石墨表面长大；当冷却至 750～720°C 共析温度时，奥氏体发生转变生成铁素体和石墨，最终得到铁素体可锻铸铁，其退火工艺曲线如图 8-6 中的曲线①所示。如果在共析转变过程中冷却速度较快，如图 8-6 中的曲线②所示，最终将得到珠光体可锻铸铁。

由于球墨铸铁的迅速发展，加之可锻铸铁退火时间长、工艺复杂、成本高，不少可锻铸铁零件已被球墨铸铁所代替。

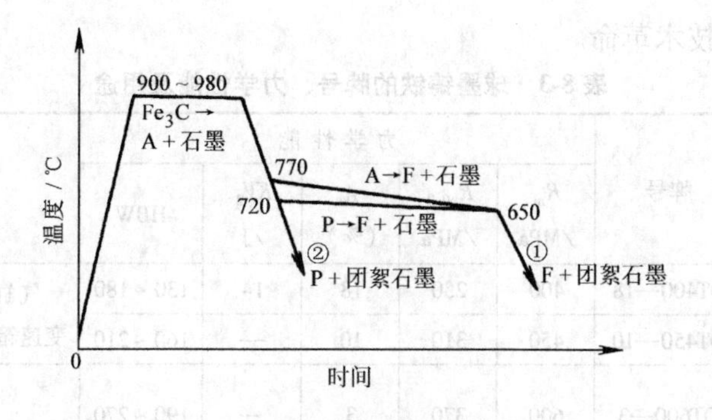

图8-6　可锻铸铁的石墨化退火工艺

第四节　球墨铸铁

球墨铸铁中的石墨呈球状，对基体的削弱和造成应力集中很小，故强度高，又有良好的塑性和韧性，而且铸造性能好，成本低，生产方便，所以在工业上应用越来越广。

一、球墨铸铁的生产

球墨铸铁的成分（质量分数）范围是：C3.6%～3.8%，Si2.0%～2.8%，Mn0.6%～0.8%，S≤0.07%，P≤0.1%。与灰铸铁相比，碳当量较高，硫含量较低。

球墨铸铁要进行球化处理和孕育处理，即在浇铸前向铁液中加入一定量的球化剂和孕育剂。我国广泛使用的球化剂是稀土镁合金，加入方法一般采用冲入法。孕育剂常采用75%硅铁或硅钙合金等，孕育方法分为一次处理或多次孕育。

二、球墨铸铁的牌号、组织和性能

我国球墨铸铁牌号用“QT”及其后面两组数字表示。“QT”为球铁二字汉语拼音的第一个字母，用以表示球墨铸铁，后面的第一组数字表示其最低抗拉强度，第二组数字表示最低伸长率。

常用球墨铸铁的牌号、力学性能和用途见表8-3。

球墨铸铁的组织也取决于第三阶段石墨化过程进行的程度。按基体组织的不同，球墨铸铁可分为F＋G、F＋P＋G、P＋G三种组织。球墨铸铁的显微组织如图8-7所示。

球墨铸铁的力学性能大大高于灰铸铁，并优于可锻铸铁，它的某些性能接近于钢，如弯曲疲劳强度、耐磨性、抗拉强度。同时，球墨铸铁还保留有灰铸铁的一些优点，如优良的铸造性、切削加工性和低的缺口敏感性。另外，球墨铸铁可通过热处理大大提高其性能。球墨铸铁的出现大大促进了“以铁代钢，以铸代锻”的技术革命。

表 8-3　球墨铸铁的牌号、力学性能及用途

类别	牌号	力学性能					用途举例
		R_m /MPa	$R_{p0.2}$ /MPa	A (%)	KV_2 /J	HBW	
铁素体球墨铸铁	QT400—18	400	250	18	14	130 ~ 180	气缸、后桥壳、机架、变速箱壳
	QT450—10	450	310	10	—	160 ~ 210	
珠光体 + 铁素体球墨铸铁	QT600—3	600	370	3	—	190 ~ 270	曲轴、连杆、凸轮轴、气缸套、矿车轮
珠光体球墨铸铁	QT700—2	700	420	2	—	225 ~ 305	
	QT800—2	800	480	2	—	245 ~ 335	

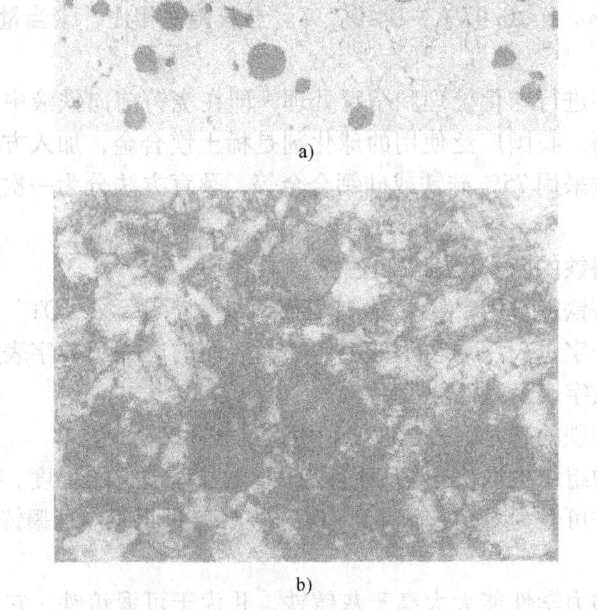

a)

b)

图 8-7　球墨铸铁的显微组织

a）铁素体基体球墨铸铁（150 ×）

b）珠光体基体球墨铸铁（200 ×）

三、球墨铸铁的热处理

球墨铸铁可以通过各种热处理工艺，改善基体组织，从而提高其性能。球墨铸铁的热处理原理与钢大致相同，但由于它含有较高的碳、硅及其它元素，因而有以下特点：

1）共析转变温度显著提高，并且在一较宽的温度范围内进行。

2）奥氏体等温转变曲线显著右移，淬透性好于碳钢，容易实现油冷淬火和等温淬火。

3）球墨铸铁导热性差，加热速度不能太快，升温速度一般为70～100°C/h。

球墨铸铁常用的热处理工艺有如下几种。

（一）退火

退火的目的是为了获得铁素体基体球墨铸铁。球墨铸铁的铸态组织中常出现自由渗碳体和珠光体，不仅力学性能差，而且难以加工。为了获得高韧性的铁素体基体组织并改善切削性能，消除铸造应力，必须进行退火，使其中的渗碳体和珠光体得以分解。根据铸态组织的不同，可分为高温退火和低温退火。

（1）高温退火　当铸态组织为$F+P+Fe_3C+G$时，采用高温退火。退火工艺为将铸件加热到900～950°C，保温2～5h后，随炉缓冷至600°C出炉空冷。

（2）低温退火　当铸态组织为$F+P+G$时，只须进行低温退火。退火工艺为将铸件加热至720～760°C，保温2～8h后，随炉缓冷至600°C出炉空冷。

（二）正火

正火的目的是为了得到珠光体基体，以提高球墨铸铁强度、硬度和耐磨性。正火分为高温正火（又称完全奥氏体化正火）和低温正火（又称不完全奥氏体化正火）。

（1）高温正火　将工件加热到880～920°C，保温3h左右，然后空冷，得到$P+G$组织。

（2）低温正火　将工件加热到820～860°C，保温一定时间，然后空冷，得到$F+P+G$组织。

正火所获得珠光体量的多少，主要取决于冷却速度，增大冷却速度将会增加珠光体量。因此，正火的冷却方法除空冷外，还可采用风冷和喷雾冷却等。由于正火时冷却速度较大，常会在铸件中产生一定的内应力，故在正火后，可增加一次去应力退火（常称回火），即加热到500～600°C，保温3～4h，然后空冷。

（三）调质

对于要求综合力学性能较高的零件，例如承受交变载荷的连杆、曲轴等，可采用调质处理。其工艺为：加热温度850～900°C，在油中或水中淬火，回火温度550～620°C，空冷，得到回火索氏体加球状石墨的组织。

（四）等温淬火

球墨铸铁经等温淬火后，获得具有较高强度、硬度和足够韧性的铸件，适用于一些综合力学性能要求较高、形状比较复杂、热处理容易变形或开裂的零件，例如齿轮、轴承套等。

等温淬火工艺为：加热温度 840～900°C，保温一定时间，在 250～300°C 盐浴炉中等温 30～90min 后空冷，一般不再回火，最后得到下贝氏体加球状石墨的组织。

第五节　其它铸铁简介

除了灰铸铁、可锻铸铁和球墨铸铁之外，还有一些因加入合金元素而具有特殊物理和化学性能的铸铁，例如耐磨铸铁、耐热铸铁和耐蚀铸铁，这些铸铁广泛应用于一些有特殊要求的工件。

一、耐磨铸铁

耐磨铸铁按其工作条件和磨损形式的不同可分为两大类：一类是在润滑条件下工作，如机床导轨、活塞环等，不仅要求磨损小，而且要求摩擦系数小，此类铸铁也称为减摩铸铁；另一类是在干摩擦条件下工作，例如轧辊、杂质泵叶轮、破碎机锤头等，要求有高而均匀的硬度，此类铸铁也称为抗磨铸铁。

（一）高磷铸铁

在普通珠光体灰铸铁中加入 w_P0.5%～0.75%，就成为高磷铸铁。磷与铁素体或珠光体形成磷共晶（$F+Fe_3P$、$P+Fe_3P$ 或 $F+P+Fe_3P$），呈网状分布于珠光体基体上，构成高硬度的组织组成物，有利于耐磨性的提高。普通高磷铸铁的强度和韧性较差，通常加入 Cr、Mo、W、Cu、Ti、V 等合金元素，构成合金高磷铸铁，使其组织细化，进一步提高力学性能和耐磨性。

（二）高铬铸铁

白口铸铁是一种很好的抗磨铸铁，我国很早就用它制作犁铧等耐磨铸件，但普通白口铸铁因其脆性大，不能制作承受冲击载荷的零件。在白口铸铁的基础上，加入 w_{Cr}14%～20%，及少量的 Mo、Ni、Cu 等元素，使组织中出现大量 $(CrFe)_7C_3$ 碳化物，这种碳化物的硬度极高（1300～1800HV），耐磨性好，且分布不连续，故使铸铁的韧性也得到改善。这种高铬白口铸铁已用于大型球磨机衬板和破碎机的锤头等零件。

高磷铸铁、铬钼铜铸铁和高铬铸铁的化学成分、力学性能及用途见表 8-4。

二、耐热铸铁

铸铁在高温条件下工作会产生氧化和生长现象。氧化是指铸铁在高温下受氧化性气氛的侵蚀，表面生成氧化层，减少了铸件的有效断面，因而降低了铸

表 8-4　几种耐磨铸铁的化学成分、力学性能及用途

类别	化学成分（质量分数）(%)								力学性能				用途
	C	Si	Mn	S	P	Cu	Cr	Mo	R_m /MPa	σ_{bb} /MPa	KV_2 /J	硬度 HBW	
高磷铸铁	2.9 ~ 3.5	2.2 ~ 2.7	0.6 ~ 1.2	<0.06	0.5 ~ 0.75	—	—	—	200	400	—	190 ~ 220	机床床身、汽缸套、喷丸机喷嘴等
铬钼铜合金铸铁	2.9 ~ 3.6	1.5 ~ 2.5	0.7 ~ 1.0	<0.12	<0.15	0.7 ~ 1.2	0.1 ~ 0.25	0.2 ~ 0.5	240 ~ 350	440 ~ 560		185 ~ 260	精密机床铸件、汽车、拖拉机活塞环
15-2-1高铬铸铁	2.5 ~ 3.5	0.5 ~ 0.8	0.7 ~ 1.0	<0.05	<0.045	0.8 ~ 1.2	14 ~ 16	1.6 ~ 2.0	—	640 ~ 780	7.8 ~ 5.9	60 ~ 65 HRC	球磨机磨球、衬板、杂质泵叶轮、锤头等

件的承载能力。生长是指铸铁在高温下发生的永久性体积胀大，其原因有两个：一是氧化性气体沿石墨边界和缝隙渗入铸件内部，造成内部氧化；二是渗碳体在高温下发生分解，产生比容大的石墨。提高铸铁耐热性的途径是向铸铁中加入 Si、Al、Cr 等合金元素，以便在铸件表面形成一层致密的氧化膜，例 Al_2O_3、SiO_2、Cr_2O_3 等，从而保护铸件不被继续氧化。此外，铬能形成稳定的碳化物；硅和铝可以提高相变临界温度，使铸铁在使用温度范围内不发生相变，这些都提高了铸铁的热稳定性。

耐热铸铁合金系列有硅系、铝系、铬系及铝-硅系等。常用耐热铸铁的化学成分、使用温度和用途见表 8-5。

表 8-5　几种耐热铸铁的化学成分、使用温度及用途

铸铁名称	化学成分（质量分数）(%)						使用温度 /°C	应用举例
	C	Si	Mn	P	S	其它		
中硅耐热铸铁	2.2 ~ 3.0	5.0 ~ 6.0	<1.0	<0.2	<0.12	Cr0.5 ~ 0.9	≤850	烟道挡板，换热器等
中硅球墨铸铁	2.4 ~ 3.0	5.0 ~ 6.0	<0.7	<0.1	<0.03	Mg0.04 ~ 0.07 RE0.015 ~ 0.035	900 ~ 950	加热炉底板、化铝电阻炉坩埚等
高铝球墨铸铁	1.7 ~ 2.2	1.0 ~ 2.0	0.4 ~ 0.8	<0.2	<0.01	Al21 ~ 24	1000 ~ 1100	加热炉底板、渗碳罐、炉子传送链构件等
铝硅球墨铸铁	2.4 ~ 2.9	4.4 ~ 5.4	<0.5	<0.1	<0.02	Al 4.0 ~ 5.0	950 ~ 1050	
高铬耐热铸铁	1.5 ~ 2.2	1.3 ~ 1.7	0.5 ~ 0.8	≤0.1	≤0.1	Cr32 ~ 36	1100 ~ 1200	加热炉底板、炉子传送链构件等

三、耐蚀铸铁

普通铸铁的耐蚀性较差，这是因为铸铁本身是一种多相合金，在电解质中各相具有不同的电极电位，其中石墨的电极电位最高，渗碳体次之，铁素体最低。电位高的形成阴极，电位低的形成阳极，构成一个微电池，铁素体（阳极）不断溶解而被腐蚀，有时腐蚀可沿晶界一直深入到铸件内部。为了提高铸铁的耐蚀性，常加入 Si、Al、Cr、Cu、Ni 等合金元素，一是在铸件表面形成致密的、牢固的保护膜，防止化学腐蚀；二是减少各相间的电位差；三是改善铸铁组织，如减少石墨量、球化处理、使铸铁基体组织为奥氏体或铁素体单相组织等。

常用的耐蚀铸铁有高硅耐蚀铸铁、高铝耐蚀铸铁和高铬耐蚀铸铁，其化学成分（质量分数）是：高硅耐蚀铸铁，C0.6% ~ 0.8%，Si14.5% ~ 16%，Mn0.3% ~ 0.8%，P ≤ 0.08%，S ≤ 0.05%；高铝耐蚀铸铁，C2.7% ~ 3.0%，Si1.5% ~ 1.8%，Mn0.6% ~ 0.8%，P ≤ 0.10%，S ≤ 0.01%，Al4% ~ 6%；高铬耐蚀铸铁，C0.5% ~ 1.0%，Si0.5% ~ 1.3%，Mn0.5% ~ 0.8%，P ≤ 0.10%，S ≤ 0.08%，Cr26% ~ 30%。

本章主要名词

铸铁（cast iron） 灰口铸铁（grey cast iron）
球墨铸铁（spheroidal graphite cast iron） 可锻铸铁（malleable cast iron）
蠕墨铸铁（Vermicular iron） 石墨化（graphitization）
孕育处理（inoculation） 球化处理（spheroidizing）
白口铸铁（white cast iron） 耐磨铸铁（wear-resistant cast iron）
耐热铸铁（heat-resistant cast iron） 耐蚀铸铁（corrosion-resistant cast iron）

习　　题

1. 铸铁分为哪几类？其最基本的区别是什么？
2. 影响石墨化的因素有哪些？是怎样影响的？
3. 什么是孕育铸铁？它与普通灰铸铁有什么区别？如何进行孕育处理？
4. 在铸铁石墨化过程中，如果第一阶段、第二阶段都完全石墨化，第三阶段或完全石墨化，或未石墨化，或部分石墨化，问它们各得到什么组织？
5. 为什么说球墨铸铁是“以铁代钢”的好材料？其生产工艺如何？
6. 可锻铸铁是如何生产的？可锻铸铁可以锻造吗？
7. 试指出下列铸件应采用的铸铁种类和热处理方式，为什么？

（1）机床床身；（2）柴油机曲轴；（3）犁铧；（4）汽车后桥壳；（5）热处理箱式炉底板；（6）球磨机衬板。

第九章　非铁（有色）金属及其合金

非铁（有色）金属的种类很多，但工业上应用较多的非铁金属材料主要有铝、铜、铅、锌、镁、钛以及轴承合金。

与钢铁相比，非铁金属及其合金具有许多特殊的力学、物理和化学性能，因而成为现代工业、国防、科学研究领域中不可缺少的工程材料。例如，铝、镁、钛等金属及其合金，具有密度小、比强度高的特点，在航天航空工业、汽车制造、船舶制造等方面应用十分广泛；银、铜、铝等金属，导电性能和导热性能优良，是电器工业和仪表工业不可缺少的材料；钨、钼、铌是制造在1300℃以上使用的高温零件及电真空元件的理想材料。本章仅就机械制造中广泛使用的铝、铜、钛及轴承合金作一些基本介绍，同时简单介绍几种新型材料。

第一节　铝及其合金

一、概述

（一）铝及其合金的性能特点

工业上广泛使用的铝及其合金具有以下优点：

（1）密度小，比强度高　纯铝的密度为$2.7g/cm^3$，大约是钢铁材料的三分之一，铝合金的密度也很小。采用各种强化手段后，铝合金的强度可以接近低合金高强度钢，因此其比强度（强度与密度之比）比一般的高强度钢高得多。

（2）加工性能良好　铝及其合金（退火状态）的塑性很好，能通过冷、热压力加工制成各种型材，如丝、线、箔、片、棒、管等。其切削加工性能也很好。高强铝合金在退火状态下加工成形后，经过适当的热处理工艺，可以达到很高的强度。铸造铝合金铸造性能优良，例如，硅铝明（一种铝硅合金）可适用于多种铸造方法。

（3）具有优良的物理、化学性能　铝的导电性和导热性好，仅次于银、铜和金，居第四位。室温时，铝的导电能力约为铜的62%；若按单位重量材料的导电能力计算，铝的导电能力为铜的二倍。纯铝及其合金有相当好的抗大气腐蚀的能力，这是因为在铝的表面能生成一层致密的氧化铝薄膜，它能有效地隔绝铝与氧的接触，从而阻止铝的进一步氧化。

（二）纯铝

纯铝是一种具有银白色金属光泽的金属，晶体结构为面心立方，无同素异构转变。纯铝在大气和淡水中具有良好的耐蚀性，但在碱和盐的水溶液中，表面的氧化膜易破坏，使铝很快被腐蚀。纯铝具有良好的低温性能，在 0 ~ -253℃之间塑性和冲击韧度不降低。

纯铝材料中含有少量的杂质，主要杂质为铁和硅，此外尚有铜、锌、锰、镍等。一般说来，随着杂质含量的增加，纯铝的导电性和耐蚀性均降低。

纯铝的强度很低，虽然可通过冷作硬化的方式强化，但不宜直接用作结构材料。

纯铝的铝含量不低于 w_{Al}99.00%。按照 GB/T16474—1996（变形铝及铝合金牌号表示方法）的规定，其牌号用 1xxx 系列表示，牌号的最后两位数字表示最低铝百分含量中小数点后面的两位。牌号的第二位数字（或字母）表示合金元素或杂质极限含量的控制情况（或原始纯铝的改型情况）。例如 1A98，“1”表示纯铝；“A”表示原始纯铝；如果是 B ~ Y 的其它字母（按国际规定依字母表的次序选用，但 C、I、L、N、O、P、Q、Z 字母除外），则表示为原始纯铝的改型，与原始纯铝相比，其它元素含量略有改变，“98”表示铝含量 w_{Al} 99.98%。

（三）铝合金的分类

（1）变形铝合金　这类铝合金可通过压力加工制成型材，故要求合金应具有良好的塑性变形能力。其组织主要是固溶体，塑性变形能力很好，适用于锻造、轧制和挤压。

（2）铸造铝合金　这类铝合金具有良好的铸造性能。铸造铝合金按其主要合金元素的不同，分为 Al-Si、Al-Cu、Al-Mg、Al-Zn 等合金系列。实际上，为了提高铝合金的强度和便于热处理强化，铸造铝合金的成分都比较复杂，合金元素的种类多，含量较高。

二、铝合金的强化

提高铝的强度的基本途径是，在铝中加入适当的合金元素，通过固溶强化、弥散强化来实现。如果再配合热处理和其它措施，铝合金的强度、韧性可得到进一步的改善。目前，通过热处理强化，铝合金的强度可达到 R_m = 500 ~ 600MPa，接近普通钢的强度。下面介绍铝合金中常用的两种强化方式。

（一）时效强化

铝合金的时效强化现象是 20 世纪初由德国人 A · 维尔姆首先发现的。

将含有 w_{Cu}4% 的铝合金加热到 α 相区（参见图 9-1）中的某一温度，经过一段时间保温，获得单一的 α 固溶体组织，尔后投入水中快冷，使次生相 θ（$CuAl_2$）来不及从 α 相中析出，从而在室温下获得过饱和 α 固溶体，这种处理称为固溶处理。经固溶处理后的铝铜合金，强度和硬度升高并不多，其强度 R_m =250MPa（退火状态 R_m = 200MPa），但放置一段时间（4 ~ 5d）后，硬度和强度显著升高，达到 $R_m = 400\mathrm{MPa}$，参见图 9-2。

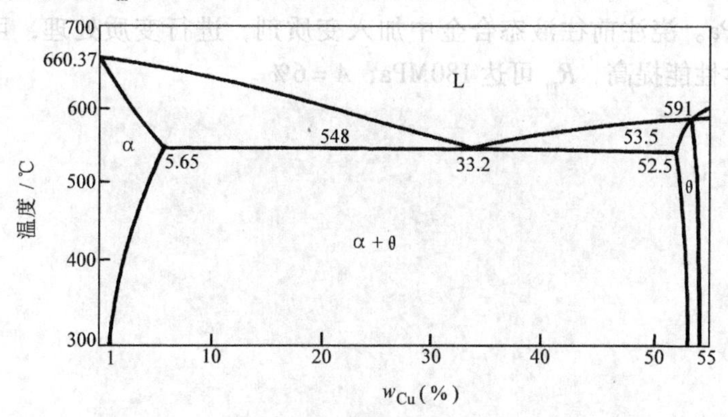

图 9-1　铝—铜合金相图

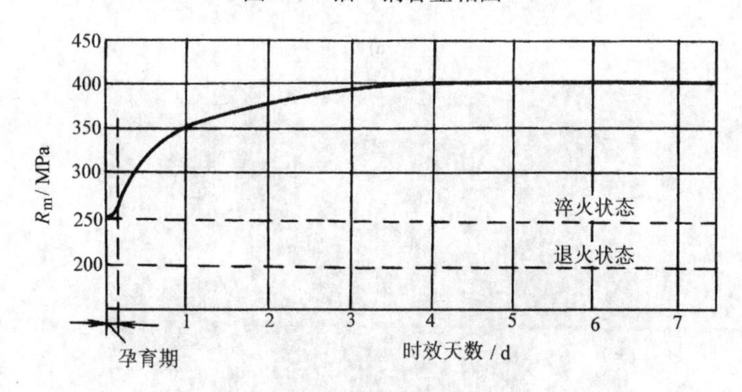

图 9-2　含 w_{Cu} 4% 的铝合金自然时效曲线

人们把淬火后铝合金的强度和硬度随时间延续而显著提高的现象称为“时效强化”或“时效硬化”。如果时效是在室温下进行，称为自然时效；在一定加热条件下进行，称为人工时效。人工时效可以加快时效速度，但人工时效比自然时效的强化效果差，时效温度越高，强化效果越差。

（二）细化组织强化（细晶强化）

（1）改善冷却条件，增大冷却速度　铝合金特别是变形铝合金的塑性较好，在铝合金结晶过程中，若采取一些强冷措施提高铸造的冷却速度，增大结晶的过冷度，结晶时一般不会开裂，但可以有效地细化晶粒，改善合金的性能。例如，连续浇注铸锭时，采取向结晶器中通水冷却，向热的铸锭上多次喷水激冷等措施，都是行之有效的。

（2）铸造铝合金的变质处理　铝硅系铸造合金具有优良的流动性，并具有很小的收缩率，铸造性能很好。但二元铝硅合金不能进行有效的时效强化，固溶强化效果也不好。最简单的铝硅合金（ZL102）含 w_{Si} 11% ~13%，其铸态组织很粗，由 Al + Si 组成，其中硅呈粗大针状（图 9-3），致使合金强度很低，R_m 仅为 130MPa。浇注前往液态合金中加入变质剂，进行变质处理，可以细化晶粒，使力学性能提高，R_m 可达 180MPa，$A = 6\%$。

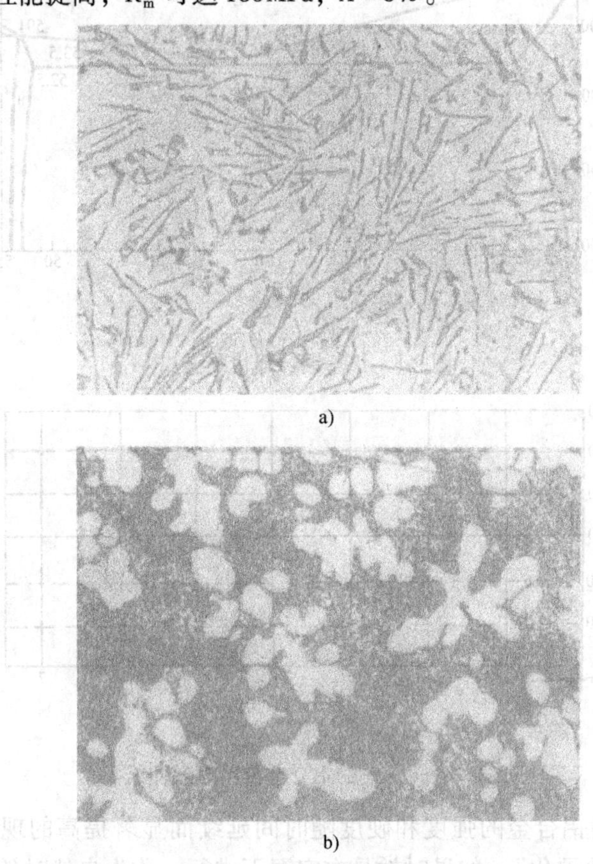

a)

b)

图 9-3 ZL102 合金的铸态组织

a) 变质前（200×） b) 变质后（100×）

传统变质剂是钠盐的混合物。试验发现，加入 w_{Na} 0.01% ~0.014% 即可达到理想的变质效果，但为了防止沸腾和飞溅现象发生，通常采取钠盐进行变质处理，其配方见表 9-1。为确保良好的变质效果，一般加入变质剂的量占合金液的 2% ~3%。

(3) 变形铝合金的变质处理　目前，在各类变形铝合金的连续铸造中，已广泛采用变质处理细化基体组织。生产应用表明，以钛和硼同时加入，变质效果最好，其中钛的加入量为 w_{Ti} 0.0025% ~0.05%，硼的加入量为 w_B 0.0006% ~0.01%。实际生产中，Ti 和 B 都是以 Al-Ti-B 中间合金的形式加入的，常用的中间合金有 Al-5% Ti-0.5% B 和 Al-5% Ti-1% B。

表 9-1 钠盐变质剂的组成及应用范围

序号	变质剂名称	组成（质量分数）(%)				应用范围
		NaF	NaCl	KCl	Na_3AlF_6	
1	二元盐	67	33			ZL102
2	三元盐	45	40	15		ZL101，ZL105
3	1 号通用变质剂	60	25		15	ZL101，ZL102，ZL104
4	2 号通用变质剂	40	45		15	ZL101，ZL104

三、铸造铝合金及其热处理

铸造铝合金要求具有良好的铸造性能，为此，合金组织中应有适当数量的共晶体。铸造铝合金的合金元素含量一般高于变形铝合金。常用的铸造铝合金中，合金元素总量约为 8% ~25%。铸造铝合金有铝硅系、铝铜系、铝镁系、铝锌系四种，其中以铝硅系合金应用最广。国家标准 GB/T 1173—1995 规定，铸造铝合金牌号由 Z（铸）Al、主要合金元素的化学符号及其平均含量（%）组成。如果平均含量小于 1，一般不标数字，必要时可用一位小数表示。常用铸造铝合金的牌号（代号）、化学成分、力学性能和用途见表 9-2。

表 9-2 常用铸造铝合金的牌号（代号）、化学成分、力学性能和用途

类别	牌号（代号）	化学成分(余量为 Al)(质量分数)(%)					铸造方法①与合金状态③	力学性能(不低于)			用途②
		Si	Cu	Mg	Zn	Ti		R_m/MPa	A(%)	HBW	
铝硅合金	ZAlSi12 (ZL102)	10.0 ~ 13.0	—	—	—		J,T2 SB,JB SB,JB,T2	155 145 135	2 4 4	50 50 50	抽水机壳体、工作温度在 200℃以下,要求气密性承受低载荷的零件
	ZAlSi5Cu1Mg (ZL105)	4.5 ~ 5.5	1.0 ~ 1.5	0.4 ~ 0.6	—		J,T5 S,T5 S,T6	235 195 225	0.5 1.0 0.5	70 70 70	在 225℃以下工作的零件,如风冷发动机的气缸头
铝铜合金	ZAlCu5Mn (ZL201)	—	4.5 ~ 5.3	Mn 0.6 ~ 1.0		0.15 ~ 0.35	S,T4 S,T5	295 335	8 4	70 90	支臂、挂架梁、内燃机气缸头、活塞等
	ZAlCu4 (ZL203)	—	4.0 ~ 5.0	—			S,T4 S,T5	195 215	6 3	60 70	形状简单,表面粗糙度要求较细的中等承载零件

（续）

类别	牌　号 （代号）	化学成分（余量为 Al）（质量分数）（%）					铸造方法①与合金状态③	力学性能（不低于）			用　途②
		Si	Cu	Mg	Zn	Ti		R_m/MPa	A（%）	HBW	
铝镁合金	ZAlMg10（ZL301）	—	—	9.5 ~ 11.0			S，T4	280	10	60	砂型铸造在大气或海水中工作的零件
铝锌合金	ZAlZn11Si7（ZL401）	6.0 ~ 8.0	—	0.1 ~ 0.3	9.0 ~ 13.0		J，T1 S，T1	245 195	1.5 2	90 80	结构形状复杂的汽车、飞机零件

注：摘自 GB/T 1173—1995。

① 铸造方法与合金状态的符号：J：金属型铸造；S：砂型铸造；B：变质处理。

② 用途在国家标准中未作规定。

③ T 热处理符号见表 9-3。

为了便于选择使用，将各类铸造铝合金的特点介绍如下。

（一）铝硅系铸造铝合金

这类合金又称为硅铝明，其特点是铸造性能好，线收缩小，流动性好，热裂倾向小，具有较高的抗蚀性和足够的强度，在工业上应用十分广泛。

这类合金最常见的是 ZL102，硅含量 w_{Si}10% ~13%，相当于共晶成分，铸造后几乎全部得到 Al + Si 共晶体组织。它的最大优点是铸造性能好，但强度低，铸件致密度不高，经过变质处理可提高合金的力学性能。该合金不能进行热处理强化，主要在退火状态下使用。为了提高铝硅系合金的强度，满足较大负荷零件的要求，可在该合金成分基础上加入铜、锰、镁、镍等元素，组成复杂硅铝明，这些元素通过固溶实现合金强化，并能使合金通过时效处理进行强化。例如，ZL108 经过淬火和自然时效后，强度极限可提高到 200 ~260MPa，适用于强度和硬度要求较高的零件，如铸造内燃机活塞，因此也叫活塞材料。

（二）铝铜系铸造铝合金

这类合金的铜含量不低于 w_{Cu}4%。由于铜在铝中有较大的溶解度，且随温度的改变而改变，因而这类合金可以通过时效强化提高强度，并且时效强化的效果能够保持到较高温度，使合金具有较高的热强性。由于合金中只含少量共晶体，故铸造性能不好，抗蚀性和比强度也较优质硅铝明低，此类合金主要用于制造在 200 ~300℃条件下工作、要求较高强度的零件，如增压器的导风叶轮等。

（三）铝镁系铸造铝合金

这类合金有 ZL301、ZL303 两种，其中应用最广的是 ZL301。该类合金的特点是密度小，强度高，比其它铸造铝合金耐蚀性好；但铸造性能不如铝硅合金好，流动性差，线收缩率大，铸造工艺复杂。它一般多用于制造承受冲击载荷，耐海水腐蚀，外型不太复杂便于铸造的零件，如舰船零件。

（四）铝锌系铸造铝合金

与 ZL102 相似，这类合金铸造性能很好，流动性好，易充满铸型，但密度较大，耐蚀性差。由于在铸造条件下锌原子很难从过饱和固溶体中析出，因而合金铸造冷却时能够自行淬火，经自然时效后就有较高的强度。该合金可以在不经热处理的铸态下直接使用，常用于汽车、拖拉机发动机的零件。

按照零件工作条件及对性能的要求，铸造铝合金有 7 种热处理形式。见表 9-3。

表 9-3　铸造铝合金的热处理种类和应用

热处理类别	表示符号	工艺特点	目的和应用
不淬火，人工时效	T1	铸件快冷（金属型铸造、压铸或精密铸造）后进行时效。时效前并不淬火	改善切削加工性能，降低表面粗糙度
退　火	T2	退火温度一般为（290 ± 10）℃。保温 2 ~ 4h	消除铸造内应力或加工硬化，提高合金的塑性
淬火 + 自然时效	T4	淬火后在室温长时间放置（时效）	提高零件强度和耐蚀性
淬火 + 不完全时效	T5	淬火后进行短时间时效（时效温度较低或时间较短）	得到一定的强度、保持较好的塑性
淬火 + 人工时效	T6	时效温度较高（约 180℃），时间较长	得到高强度
淬火 + 稳定回火	T7	时效温度比 T5，T6 高，接近零件的工作温度	保持较高的组织稳定性和尺寸稳定性
淬火 + 软化回火	T8	回火温度高于 T7	降低硬度，提高塑性

注：摘自 GB/T 1173—1995。

四、变形铝合金及其热处理

变形铝合金的牌号用 2xxx ~ 8xxx 系列表示。牌号中第一位数字表示的意义见表 9-4。最后两位数字没有特殊意义，仅用来区分同一组中不同的铝合金，牌号中的第二位数字（或字母）表示改型情况。例如 3A21，牌号中“3”表示以 Mn 为主要合金元素的铝合金；“A”表示原始合金；“21”用来区分同一组中不同的铝合金。

表 9-4　变形铝合金的牌号系列

组　别	牌号系列
纯铝	1xxx
以铜为主要合金元素	2xxx
以锰为主要合金元素	3xxx
以硅为主要合金元素	4xxx
以镁为主要合金元素	5xxx
以镁和硅为主要合金元素，并以 Mg_2Si 相为强化相	6xxx
以锌为主要合金元素	7xxx
以其它合金元素为主要合金元素	8xxx

注：摘自 GB/T16474—1996。

常用变形铝合金的牌号、化学成分、力学性能见表9-5，淬火和时效工艺见表9-6。

表 9-5　常用变形铝合金的牌号、化学成分和力学性能

类别	牌　号	化学成分（质量分数）（%）					半成品状态①	力学性能②	
		Cu	Mg	Mn	Zn	其它		R_m/MPa	A（%）
防锈铝	5A05	0.18	4.8 ~ 5.5	0.3 ~ 0.6	0.20	—	H112	265	15
	3A21	0.20	0.05	1.0 ~ 1.6	0.10	Ti0.15	O	≤165	20
硬　铝	2A11	3.8 ~ 4.8	0.4 ~ 0.8	0.4 ~ 0.8	0.30	Ti0.15	T42	370	12
	2A12	3.8 ~ 4.9	1.2 ~ 1.8	0.3 ~ 0.9	0.30	Ti0.10 Ti0.15	T42	390 ~ 420	12
超硬铝	7A04	1.4 ~ 2.0	1.8 ~ 2.8	0.2 ~ 0.6	5.0 ~ 7.0	Cr0.1 ~ 0.25 Ti0.10	T62	550 ~ 530	6
锻　铝	6A02	0.2 ~ 0.6	0.45 ~ 0.9	0.15 ~ 0.35	0.20	Si0.5 ~ 1.2	H112 T62	295	12
	2A50	1.8 ~ 2.6	0.4 ~ 0.8	0.4 ~ 0.8	0.30	Si0.7 ~ 1.2	T6	380	10
	2A14	3.9 ~ 4.8	0.40 ~ 0.8	0.40 ~ 1.0	0.30	Ni0.10	T6	460	8

注：摘自 GB/T 3190—2008 和 GB/T 3191—1998。

① 半成品状态：代号表示的意义见 GB/T 16474—1996。

② 力学性能皆指相应半成品状态的性能。

（一）Al-Mn、Al-Mg 系合金（防锈铝合金）

锰在铝合金中的作用是固溶强化，同时提高合金的耐蚀能力。铝锰合金比纯铝有更高的耐蚀性和强度，并具有良好的焊接性和塑性，但切削加工性较差。

表 9-6 部分变形铝合金的淬火和时效工艺

合金牌号	半成品种类	淬火			时效	
		最低温度/℃	最佳温度/℃	过烧危险温度/℃	时效温度/℃	时效时间/h
2A12	板材挤压件	485 ~ 490	495 ~ 503	505	185 ~ 195	6 ~ 12
2A02	各类	490	495 ~ 508	512	165 ~ 175	10 ~ 16
6A02	各类	510	525 ± 5	595	150 ~ 165	6 ~ 15
2A50	各类	500	515 ± 5	545	150 ~ 165	6 ~ 15
2A14	各类	490	500 ± 5	515	175 ~ 185	5 ~ 8
7A04	包铝板 不包铝板 型　材	450	455 ~ 480	525	120 ~ 125 135 ~ 145 {120 ± 5 160 ± 3	24 16 3 3

镁在铝合金中也起固溶强化作用，并使合金的密度降低。铝镁合金比纯铝的密度小，强度比铝锰合金高，并有较好的耐蚀性。

这类铝合金的时效强化效果极弱，属于不可热处理强化的铝合金。冷变形可以提高合金的强度，但会显著降低塑性。铝锰、铝镁合金主要用于制造各种耐蚀性薄板容器（如油箱）、蒙皮及一些受力小的构件，在飞机、车辆及日用器具中应用很广。

部分变形铝合金的淬火和时效工艺。

（二）Al-Cu-Mg 系合金（硬铝合金）

该系合金除铜、镁外还含有少量的锰，铜和镁的主要作用是在时效过程中形成强化相 $CuAl_2$ 和 $CuMgAl_2$，锰的加入可改善合金的耐蚀性，并有一定的固溶强化作用，但锰不参与时效过程。该类合金中铜、镁含量较多，故强度、硬度高，耐热性好（可在 150℃以下工作），但塑性低、韧性差。

铝铜镁系合金是比强度较高的结构材料，常用来制造飞机的大梁、螺旋桨、铆钉及蒙皮等，在仪器制造中也得到广泛的应用。这类合金在使用和加工时必须注意以下两点：第一，耐蚀性差，特别在海水中尤甚，为了提高其耐蚀性，外部需包一层纯铝来防护；第二，淬火加热温度要严格控制，一般波动范围不应超过 ±5℃。若淬火温度过高，零件会发生过烧，若淬火加热温度过低，则淬火后固溶体过饱和程度不足，不能发挥出最大的时效强化效果。

这类合金通常采用自然时效，也可采用人工时效。

（三）Al-Mg-Zn-Cu 系合金（超硬铝合金）

Al-Mg-Zn-Cu 系合金是室温强度最高的铝合金，其时效强化除依靠析出

$CuAl_2$ 和 $CuMgAl_2$ 外，还会析出强化效果很好的 $MgZn_2$ 和 $Al_2Mg_3Zn_3$，所以经过固溶处理和人工时效后，可获得很高的强度和硬度，其比强度相当于超高强度钢。这类合金最大缺点是耐蚀性差，对应力腐蚀敏感，可用包铝法和调整化学成分的方法提高其耐蚀性。

该系列合金主要用于工作温度不超过 120 ~ 130℃ 的受力构件，如飞机蒙皮、大梁、起落架等。

这类合金一般采用淬火加人工时效的热处理，而不采用自然时效，淬火加热温度可在 455 ~ 480℃ 相当宽的范围内选取。

（四）Al-Mg-Si-Cu 系和 Al-Cu-Mg-Ni-Fe 系合金（锻铝合金）

这类合金用于制造形状复杂的大型锻件。合金中的元素种类多，但含量少，合金具有良好的热塑性、铸造性能和锻造性能，并有较高的力学性能。这类合金通常都要进行淬火和人工时效热处理。

第二节　铜及其合金

一、概述

（一）工业纯铜

工业纯铜具有玫瑰红色，表面形成氧化膜后呈紫色，故一般称为紫铜。

铜为面心立方晶格，密度约为 $8.9g/cm^3$，熔点为 1083℃。纯铜的最大优点是导电及导热性好，其导电性在各种金属中仅次于银而居第二位，故纯铜的主要用途就是制作电工元件。纯铜为逆磁性（其磁化系数为一很小的负数），但含铁达 $w_{Fe}0.04\%$ 时即是铁磁性。铜的物理性能随铜的纯度而异，加工因素也有一定的影响，例如，杂质和冷变形都可使铜的电导率下降。

铜在室温有轻微氧化，达到 100℃ 时，表面生成黑色 CuO 膜。温度升高，氧化速度加快，表面生成红色 Cu_2O 膜。铜的标准电极电位很高（+0.345V），表面又常生成一层 $CuSO_4 \cdot 3Cu(OH)_2$ 保护膜，故耐大气、水、水蒸气的腐蚀，野外使用的导线，可以不加保护，铜还可以用于制作各种冷凝器、水管等。但是铜的钝化能力小，在各种含氧或氧化性的酸、盐溶液中，容易引起腐蚀。

纯铜的强度很低，软态铜的抗拉强度不超过 240MPa，但是具有极好的塑性，可以承受各种形式的冷热压力加工，因此，铜制品多是经过适当形式压力加工制成的。

在冷变形过程中，铜有明显的加工硬化现象，加工硬化是纯铜的唯一强化方式。冷变形铜材退火时，也和其它金属一样，产生再结晶。再结晶的程度和晶粒的大小，显著影响铜的性能，再结晶软化退火温度一般选择 500 ~ 700℃。

工业纯铜中常含有 0.1% ~0.5% 的杂质（铅、铋、氧、硫、磷等）。铅、铋杂质能与铜形成熔点很低的共晶体（Cu + Pb）和（Cu + Bi），共晶温度分别为326℃和270℃。当铜进行热加工时（温度为820 ~ 860℃），这些分布于晶界的共晶体就会熔化，破坏晶界的结合而造成脆性破裂，这种现象叫热脆。硫、氧也能与铜形成（$Cu + Cu_2S$）和（$Cu + Cu_2O$）共晶体，共晶温度分别为1067℃和1065℃，不会引起热脆性，但由于Cu_2S和Cu_2O均为脆性化合物，冷变形时易产生破裂，这种现象称为冷脆。工业纯铜的牌号、化学成分与用途见表9-7。

表 9-7　纯铜的牌号、化学成分与用途

牌　　号	铜含量（%）	杂质（%）		杂质总量（%）	主　要　用　途
		Bi	Pb		
T1	99.95	0.001	0.003	0.05	电线、电缆、雷管、储藏器等
T2	99.90	0.001	0.005	0.1	
T3	99.70	0.002	0.01	0.3	电器开关、垫片、铆钉、油管等

注：摘自 GB/T 5231—2001。成分均指质量分数。

纯铜还有无氧铜，牌号有TU1和TU2，它们含氧极微（$w_O < 0.003\%$），其它杂质也较少，主要用来制作电真空器件及高导电性铜线。

（二）铜的合金化

纯铜的强度不高，不宜直接作为结构材料。采用冷作硬化的方法虽然可以将抗拉强度提高到400 ~ 500MPa，将布氏硬度提高到100 ~ 200HBW，但伸长率急剧下降到2%左右。铜中加入适量合金元素以后，可获得强度较高的铜合金，同时保持纯铜的一些优良性能。

铜合金的主要强化机制是：

（1）固溶强化　用于铜合金固溶强化的元素主要有锌、铝、锡、镍等，它们在铜中的最大溶解度均大于9.4%。合金元素与铜形成固溶体后，产生晶格畸变，增大了位错运动的阻力，使强度提高。

（2）时效强化　铍、钛、锆、铬等元素在固态铜中的溶解度随温度降低而剧烈减少，因而具有时效强化效果。最突出的是Cu-Be合金，经固溶时效处理后，最高强度可达1400MPa。

（3）过剩相强化　铜中加入的元素含量超过最大溶解度以后，会出现少量的过剩相。过剩相多为硬而脆的金属化合物，可使铜合金的强度提高，过剩相的量不能太多，否则会使铜合金强度和塑性都降低。黄铜和青铜中的CuZn相、$Cu_{31}Sn_8$相、Cu_9Al_4相等均有过剩相强化作用。

（三）铜合金的分类及编号

依据加入合金元素的不同，常用的铜合金可分为黄铜和青铜两大类

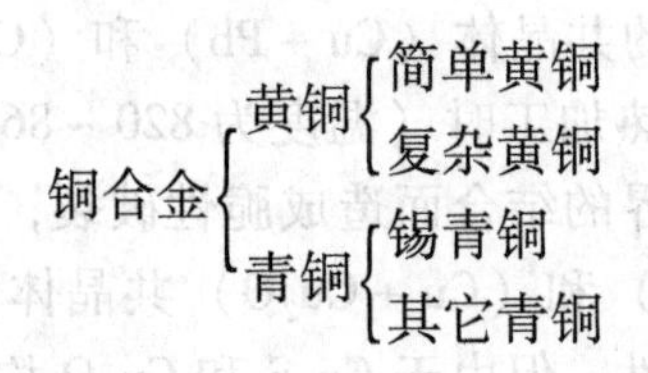

（1）黄铜　以锌为主要合金元素的铜合金称为黄铜。Cu-Zn 合金相图见图 9-4。黄铜分为简单黄铜和复杂黄铜，按生产方法又可分为压力加工黄铜和铸造黄铜两类。

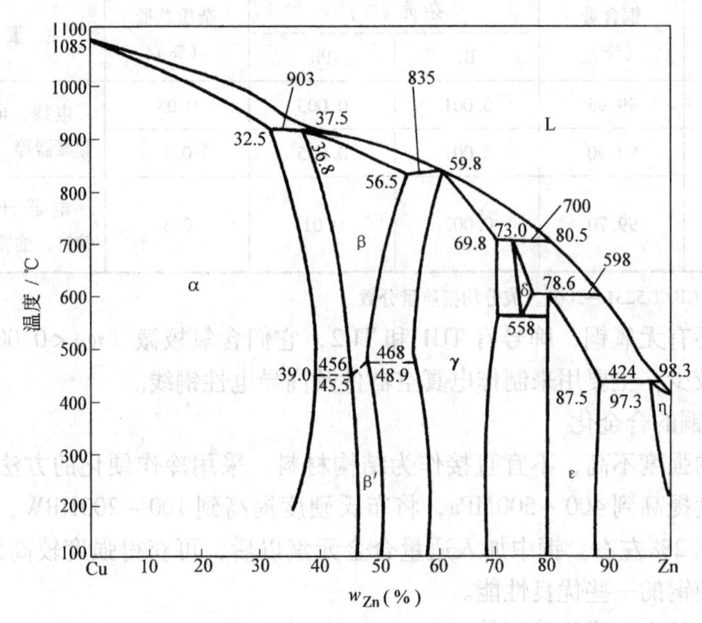

图 9-4　Cu-Zn 合金相图

只含锌不含其它合金元素的黄铜称为简单黄铜，又称为普通黄铜。简单黄铜的代号“H”为黄字的汉语拼音字头，后面是表示合金中含铜百分数的两位数字。例如，H96，即表示含 w_{Cu} 96%、含 w_{Zn} 4% 的黄铜。

除锌以外，还含有一定数量其它合金元素的黄铜称为复杂黄铜或特殊黄铜。复杂黄铜的代号表示方法是：代号“H” + 主加元素 + 铜含量 + 主加元素含量。例如，HMn58-2，表示含 w_{Cu}58% 和 w_{Mn}2% 的特殊黄铜，称为锰黄铜。

铸造黄铜的牌号表示方法是 Z + 铜元素符号 + 主加元素符号及含量 + 其它元素符号及含量。如 ZCuZn38（代号 ZH62），表示含 w_{Zn}38%，余量为铜的铸造黄铜。

（2）青铜　除锌和镍以外的其它元素作为主要合金元素的铜合金称为青铜。按所含合金元素的种类分为锡青铜、铝青铜、铅青铜、铍青铜等。青铜的代号表示方法为“Q+主加元素符号+主加元素含量（+其它元素含量）”，“Q”是青字的汉语拼音字头。例如QSn4-3表示：成分为w_{Sn}4%、w_{Zn}3%，其它为Cu的锡青铜。铸造青铜的牌号表示方法与铸造黄铜相同。

二、黄铜

（一）锌对黄铜性能的影响

黄铜的强度和伸长率与其锌含量有着极为密切的关系，如图9-5所示。当黄铜处于单相α状态时，随着锌含量的增加，合金的R_m及A均增大，至w_{Zn}30%~32%时，A达到最大值；继续增加锌含量，由于β′相的出现，合金的塑性开始下降，而R_m却继续增加；直至锌含量达到w_{Zn}45%~46%以上时，α相全部消失，组织全部为β′相，黄铜的抗拉强度才急剧下降。

工业黄铜的锌含量大多不超过w_{Zn}47%，其组织为单相α或两相（α+β）状态，分别称为α黄铜（或单相黄铜）及（α+β）黄铜（或两相黄铜）。

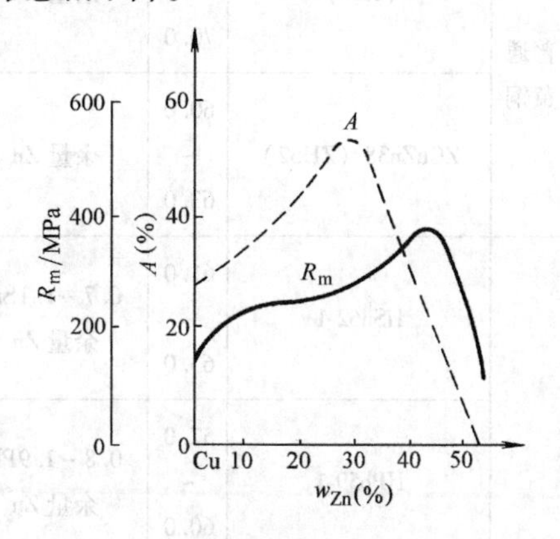

图9-5 铸造黄铜的力学性能与锌含量关系

黄铜具有优良的铸造性能，这是由于铜锌合金的结晶温度间隔很小，所以流动性很好，易形成集中缩孔，铸件组织致密，偏析倾向较小。

黄铜具有优良的压力加工性能。与铸造生产相比，其锻轧生产具有更高的生产率和更好的力学性能，所以黄铜制品经常在锻轧状态下使用。

黄铜的耐蚀性比较好，与纯铜接近，超过钢铁及许多合金钢，在大气、海水以及碱性溶液中耐蚀性很好，但在含有氨和酸的介质中耐蚀性较差，特别是对硫酸和盐酸的耐蚀性极差。锌含量大于7%（尤其是大于20%）以后，经冷加工的黄铜，在潮湿的大气或海水中，特别是在含有氨的环境中，容易产生腐蚀，使黄铜开裂，这种现象叫“应力腐蚀破裂”，或叫“季裂”。应力腐蚀破裂是残留应力与腐蚀介质共同作用的结果，所以冷加工后黄铜应该进行低温退火（250~300℃）以消除内应力，或加入一定量的锡、硅、铝、锰、镍等元素，这些元素可显著降低黄铜对应力腐蚀开裂的敏感性。

在复杂黄铜中，除了铜和锌外，还含有铝、锰、硅、铅、镍等元素。这些元素加入量较少时，除了铁和铅外，其它元素不与铜形成新的相，只影响α相和β相的数量，其效果与改变合金的锌含量差不多。铁和铅由于在铜中溶解度极小，因而常呈铁相和铅颗粒独立存在于黄铜的组织中。

加入上述合金元素的目的，主要是为了提高黄铜的某些性能，如力学性能、抗蚀性能、耐磨性等。

（二）常用黄铜的化学成分及用途

常用黄铜的牌号、化学成分、力学性能及用途举例见表 9-8。

表 9-8　常用黄铜的牌号、化学成分、力学性能及用途①

类别	牌　号（代号）	化学成分（质量分数）（%）		力学性能②			主　要　用　途
		Cu	其它	R_m/MPa	A（%）	HBW	
普通黄铜	（H68）	67.0 ~ 70.0	余量 Zn	320/660	55/3	—/150	复杂的冷冲压件、散热器外壳、弹壳、导管、波纹管、轴套
普通黄铜	ZCuZn38（ZH62）	60.0 ~ 63.0	余量 Zn	295/295	30/30	60/70	散热器、螺钉
特殊黄铜	HSn62-1	61.0 ~ 63.0	0.7 ~ 1.1Sn 余量 Zn	400/700	40/4	50/95	与海水和汽油接触的船舶零件（又称海军黄铜）
特殊黄铜	HPb59-1	57.0 ~ 60.0	0.8 ~ 1.9Pb 余量 Zn	400/650	45/16	44/80	热冲压及切削加工零件，如销、螺钉、螺母、轴套（又称易切削黄铜）
特殊黄铜	ZCuZn40Mn3Fe1（ZHMn55-3-1）	53.0 ~ 58.0	3.0 ~ 4.0Mn 0.5 ~ 1.5Fe 余量 Zn	440/490	18/15	100/110	轮廓不复杂的零件，海轮上在 300℃ 以下工作的管配件、螺旋桨
特殊黄铜	ZCuZn25Al6Fe3Mn3	60.0 ~ 66.0	4.5 ~ 7Al 2 ~ 4Fe 1.5 ~ 4.0Mn 余量 Zn	725/740	10/7	157/166	适用高强、耐磨零件，如桥梁支撑板、螺母、螺杆、耐磨板、滑板、涡轮等

① 按 GB/T 1176—1987 和 GB/T5232—2001。

② 力学性能中数字的分母：对压力加工黄铜为硬化状态（变形程度 50%），对铸造黄铜为金属型铸造；分子：对压力加工黄铜为退火状态（600℃），对铸造黄铜为砂型铸造。

三、青铜

青铜是人类历史上应用最早的一种合金，原指铜锡合金，现在工业上习惯称以铝、硅、铅、铍、锰等为主加元素的铜基合金也为青铜，分别称为铝青铜、硅青铜、铍青铜等，铜锡合金称为锡青铜。按照生产方式不同，青铜分为压力加工青铜和铸造青铜两类，其牌号、化学成分、力学性能及主要用途见表9-9。

表9-9 常用青铜的牌号（代号）、化学成分、力学性能及用途①

类别	牌号（代号）	化学成分（质量分数）（%）		力学性能②			主要用途
		第一主加元素	其它	R_m/MPa	A（%）	HBW	
压力加工锡青铜	（QSn4-3）	Sn3.5~4.5	Zn2.7~3.3 余量Cu	350/550	40/4	60/160	弹性元件、管配件、化工机械中耐磨零件及抗磁零件
压力加工锡青铜	（QSn6.5-0.1）	Sn6.0~7.0	P0.1~0.25 余量Cu	350~450/700~800	60~70/7.5~12	70~90/160~200	弹簧、接触片、振动片、精密仪器中的耐磨零件
铸造锡青铜	ZCuSn10P1（ZQSn10-1）	Sn9.0~11.5	P0.5~1.0 余量Cu	220/310	3/2	80/90	重要的减磨零件，如轴承、轴套、涡轮、摩擦轮、机床丝杆螺母
铸造锡青铜	ZCuSn5Zn5Pb5（ZQSn5-5-5）	Sn4.0~6.0	Zn4.0~6.0 Pb4.0~6.0 余量Cu	200/200	13/13	60/65	中速、中等载荷的轴承、轴套、涡轮及1MPa压力下的蒸汽管配件和水管配件
特殊青铜	ZCuAl10Fe3（ZQAl9-4）	Al8.5~11.0	Fe2.0~4.0 余量Cu	490/540	13/15	100/110	耐磨零件（压下螺母、轴承、涡轮、齿圈）及在蒸汽、海水中工作的高强度耐蚀件，250℃以下的管配件
特殊青铜	ZCuPb30（ZQPb30）	Pb27.0~33.0	余量Cu	—	—	—/25	大功率航空发动机、柴油机曲轴及连杆的轴承
特殊青铜	（QBe2）	Be1.8~2.1	Ni0.2~0.5 余量Cu	500/850	40/3	90/250	重要的弹簧与弹性元件，耐磨零件以及在高速、高压和高温下工作的轴承

① 按GB/T1176—1987和GB/T5233—2001。

② 力学性能数字表示意义同表9-8。

（一）锡青铜

在实用锡青铜的成分范围内，合金的液相线与固相线之间温度间隔大，这就使得锡青铜在铸造性能上具有流动性差，偏析倾向大及易形成分散缩孔等特点。锡青铜铸造因极易形成分散缩孔而收缩率很小，能够获得完全符合铸模形状的铸件，适合铸造形状复杂的零件，但铸件的致密程度较低，若制成容器在高压下易漏水。

锡青铜在大气、海水、淡水以及水蒸气中的耐蚀性比纯铜和黄铜好，但在盐酸、硫酸及氨水中的耐蚀性较差。

锡青铜中还可以加入其它合金元素以改善性能。例如，加入锌可以提高流动性，并可以通过固溶强化作用提高合金强度；加入铅可以使合金的组织中存在软而细小的黑灰色铅夹杂物，提高锡青铜的耐磨性和可加工性；加入磷，可以提高合金的流动性，并生成 Cu_3P 硬质点，提高合金的耐磨性。

（二）铝青铜

铝青铜一般含铝量是 $w_{Al}5\% \sim 10\%$。铝青铜的力学性能和耐磨性均高于黄铜和锡青铜，它的结晶温度范围小，不易产生化学成分偏析，而且流动性好，分散缩孔倾向小，易获得致密铸件，但收缩率大，铸造时应在工艺上采取相应的措施。

铝青铜的耐蚀性优良，在大气、海水、碳酸及大多数有机酸中具有比黄铜和锡青铜更高的耐蚀性。

为了进一步提高铝青铜的强度和耐蚀性，可添加适量的铁、锰、镍元素。铝青铜可制造齿轮、轴套、蜗轮等高强度、耐磨的零件以及弹簧和其它耐蚀元件。

（三）铍青铜

铍青铜一般含铍量在 $w_{Be}1.7\% \sim 2.5\%$。铍青铜可以进行淬火时效强化，淬火后得到单相 α 固溶体组织，塑性好，可以进行冷变形和切削加工，制成零件后再进行人工时效处理，获得很高的强度和硬度（$R_m = 1200 \sim 1400$MPa，$A = 2\% \sim 4\%$，330～400HBW），超过其它所有的铜合金。

铍青铜的弹性极限、疲劳极限都很高，耐磨性、耐蚀性、导热性、导电性和低温性能也非常好，此外，尚具有无磁性、冲击时不产生火花等特性。在工艺方面，它承受冷热压力加工的能力很好，铸造性也好。但铍青铜价格昂贵。

铍青铜主要用来制作各种精密仪器、仪表的重要弹簧和其它弹性元件、钟表齿轮，还可以制造高速、高温、高压下工作的轴承、衬套、齿轮等耐磨零件，也可以用来制造换向开关、电接触器等。铍青铜一般是淬火状态供应，用它制成零件后可不再淬火而直接进行时效处理。

第三节 钛及其合金

一、钛及其合金的性能特点

钛是银白色金属，熔点为1668℃，密度为4.5g/cm^3，具有重量轻、比强度高、耐高温等优点。

由于钛的电极电位低，钝化能力强，在常温下极易形成由氧化物和氮化物组成的致密的与基体结合牢固的钝化膜，它在大气及许多介质中非常稳定。因此在550℃以下钛的抗氧化能力强，优于大多数奥氏体不锈钢。钛及其合金在淡水和海水中具有极高的耐蚀性，室温下对不同浓度硝酸、铬酸均具有极高的稳定性，同时在碱溶液和大多数有机酸中的耐蚀性也很高。

钛在固态下具有同素异构转变：

$$\alpha\text{-Ti} \xrightleftharpoons{882.5℃} \beta\text{-Ti}$$

在882.5℃以下为密排六方晶格，称为α-Ti，α-Ti的强度高而塑性差，加工变形较困难。在882.5℃以上为体心立方晶格，称为β-Ti，它的塑性较好，易于进行压力加工。

目前，钛及其合金的加工条件较复杂，成本较昂贵，这在很大程度上限制了它的应用。

二、钛合金的分类

为了进一步改善钛的性能，需进行合金化。通常按合金元素对钛的α、β转变温度的影响将其分为三类：扩大α相区的元素称为α相稳定元素，如Al、C、N、O等，这类元素对α-Ti进行固溶强化，是耐热钛合金中不可缺少的合金元素；扩大β相区的元素称为β相稳定元素，如Fe、Mo、Mg、Cr、Mn、V等，该类元素是可热处理强化钛合金中不可缺少的元素；对相变影响不大的元素称为中性元素，如Sn、Zr等。

根据钛合金在退火状态下的相组成，可将其分为α型钛合金、β型钛合金和（α+β）型钛合金，牌号分别用TA、TB、TC并加上编号来表示，这是目前国内使用较普遍的钛合金分类方法。按性能特点和用途还可将钛合金分为结构钛合金、耐热钛合金、低温钛合金、耐蚀钛合金以及功能钛合金等。

三、常用钛合金

（一）工业纯钛

工业纯钛的钛含量一般在w_{Ti}99.5%～99.0%之间，其室温组织为α相，有TA1、TA2、TA3三个牌号。工业纯钛塑性好，具有优良的焊接性能和耐蚀性能，长期工作温度可达300℃，可制成板材、棒材、线材等。主要用于飞机的蒙皮、构件和耐蚀的化学装置，海水淡化装置等。

工业纯钛不能进行热处理强化，实际使用中主要采用冷变形的方法对其进行强化，其热处理工艺主要有再结晶退火和消除应力退火。

（二）α 型钛合金

这类钛合金中主要加入元素是 Al、Sn 和 Zr，合金在室温和使用温度下均处于 α 单相状态。α 钛合金的室温强度低于 β 钛合金和（α+β）钛合金，但在 500～600 ℃时具有良好的热强性和抗氧化能力，焊接性能也好，并可利用高温锻造的方法进行热成型加工。

典型合金牌号为 TA7，成分为 Ti-5Al-2.5Sn，该合金使用温度不超过 500℃，主要用于制造导弹燃料罐，超声速飞机的涡轮机匣等部件。

α 型钛合金不能热处理强化，热处理工艺只有再结晶退火和去应力退火。

（三）（α+β）型钛合金

该类钛合金室温组织为（α+β）两相组织，它的塑性很好，容易锻造、压延和冲压成型，并可通过淬火和时效进行强化，热处理后强度可提高 50%～100%。

典型的合金牌号是 TC4，成分为 Ti-6Al-4V，该合金具有良好的综合力学性能，组织稳定性也高，既可用于低温结构件，也可用于高温结构件，常用来制造航空发动机压气机盘和叶片以及火箭液氢燃料箱部件等。

（四）β 型钛合金

该类钛合金加入的元素主要有 Mo、V、Cr 等，β 钛合金有较高的强度和优良的冲压性能，可通过淬火和时效进一步强化。在时效状态下，合金的组织为 β 相中弥散分布细小的 α 相颗粒。

典型合金的牌号是 TB2，其成分为 Ti-5Mo-5V-8Cr-3Al，适用于制造压气机叶片、轴、轮盘等重载荷零件。

工业纯钛和部分钛合金的牌号、化学成分和力学性能见表 9-10。

表 9-10　工业纯钛和部分钛合金的牌号、化学成分和力学性能

组别	合金牌号	化学成分（质量分数）（%）	热处理	室温力学性能				高温力学性能		
				R_m/MPa	$R_{p0.2}$	A（%）	Z（%）	试验温度/℃	R_m/MPa	持久强度（100h）/MPa
工业纯钛	TA3	Ti（杂质微量）	退火	500	380	18	30	—	—	—
α 型钛合金	TA6	Ti-5Al	退火	685	385	10	27	350	420	390
	TA7	Ti-5Al-2.5Sn	退火	785	680	10	25	350	490	440
（α+β）型钛合金	TC3	Ti-5Al-4V	退火	800	700	10	25	—	—	—
	TC2	Ti-3Al-1.5Mn	退火	685	650	12	30	350	420	390
β 型钛合金	TB2	Ti-5Mo-5V-8Cr-3Al	固溶+时效	1370	1100	7	10	—	—	—

注：摘自 GB/T2965—2007 和 GB/T3620—2007。

第四节　轴 承 合 金

一、概述

用来制造轴瓦及其内衬的合金，称为轴承合金。

滑动轴承具有承载面积大、工作平稳、无噪声、检修方便等优点，在汽车、机床及其它机器中得到广泛应用。

滑动轴承是轴颈的支撑件，当机器不运转时，轴停放在轴承上，对轴承施以压力。当轴高速旋转时，轴对轴承施以周期性交变载荷，有时还伴有冲击，轴与轴瓦之间还有强烈的摩擦，为保证轴承的运转精度和工作平稳，同时保证轴颈受到的磨损最小，轴瓦材料必须具备以下一些性能：

1）具有良好的减摩性和耐磨性。轴承合金与轴的摩擦系数要小，对轴颈的磨损要少，能保留住润滑油，以利于润滑油膜的形成。

2）在工作温度下，应具有足够的抗压强度和疲劳强度，以便承受轴颈所施加的载荷。

3）具有良好的磨合性，即在不长的工作时间内，轴承与轴颈能很好地吻合，使载荷均匀作用在工作面上，避免局部磨损。

4）具有良好的耐蚀性、导热性、较小的膨胀系数，防止摩擦升温而发生咬合。

5）有良好的工艺性能，容易制造且价格低廉。

为满足上述要求，轴承合金的成分和组织应具备如下特征：

1）因轴颈材料多为钢铁，为减少轴瓦与轴颈的粘着性和擦伤性，轴承材料的基体应采用对钢铁互溶性小的金属，即与金属铁的晶格类型、晶格常数、电化学性能等差别大的金属，如锡、铅、铝、铜、锌等。这些金属与铁配对时，与铁不易互溶或形成化合物。

2）金相组织应由多个相组成，如软基体上分布着硬质点（图 9-6），或硬基体上嵌镶软颗粒。机器运转时，软的基体很快被磨损而凹下去，减少了轴与轴瓦的接触面积，硬的质点比较抗磨便凸出于基体上，这时凸起的硬质点支撑轴所施加的压力，而凹坑能储存润滑油，可降低轴和轴瓦之间的摩擦系数，减少轴颈和轴瓦的磨损。同时，软基体具有抗冲击、抗振和较好的磨合能力。此外，软基体具有良好的嵌镶能力，润滑油中的杂质和金属碎粒能够嵌入轴瓦内而不致划伤轴颈表面。

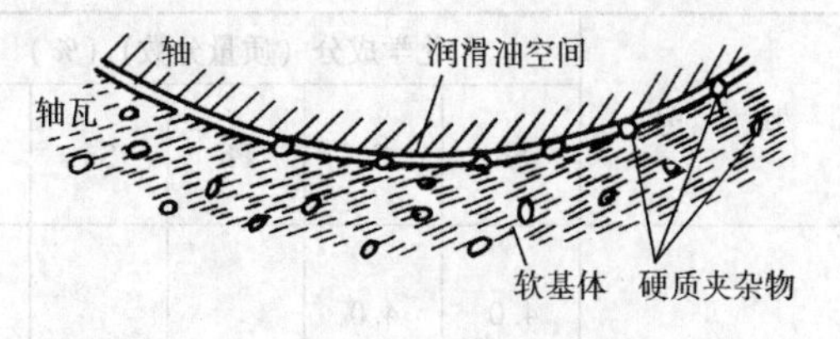

图 9-6　轴承理想表面示意图

硬基体上分布软质点的组织，也可达到同样的目的，该组织类型的轴瓦具有较大的承载能力，但磨合能力较差。

常用的轴承合金有锡基、铅基、铝基、铜基等，前两种称为“巴比特合金”或“巴氏合金”。

二、锡基轴承合金

锡基轴承合金是在锡锑合金基础上添加一定数量的铜，又称锡基巴氏合金，合金的结晶过程和组织可用锡锑合金相图来分析(图9-7)。α相是锑溶解于锡中的固溶体，其硬度为30HBW左右，为软基体。β′相是以化合物SnSb为基的固溶体，其硬度为110HBW左右，为硬质点。

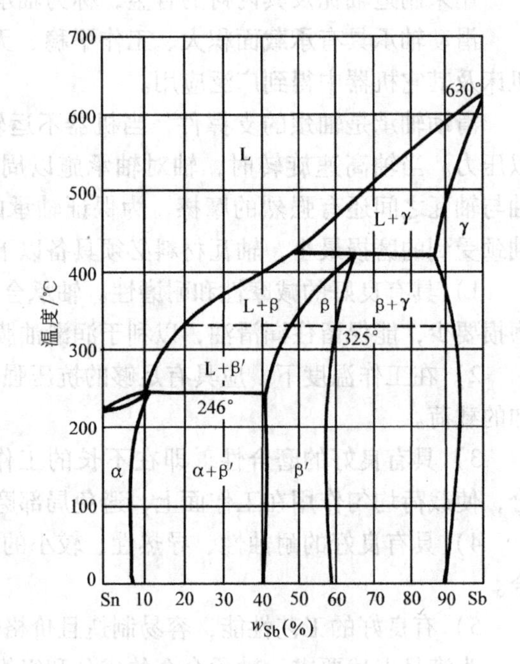

图9-7 Sn-Sb合金相图

该合金的减摩性、耐蚀性、导热性和韧性都比较好，但疲劳强度比较低，工作温度不能超过150℃。该合金适用于制作重要的轴承，如汽轮机、发动机和压气机等大型机器的高速轴瓦。常用锡基轴承合金的化学成分、力学性能及主要用途见表9-11。

三、铝基轴承合金

铝基轴承合金按化学成分可分为铝锡系、铝锑系、铝石墨系三大类。

表9-11 常用锡基轴承合金

牌号	化学成分（质量分数）(%)					HBW	熔点/℃	主要用途
	Sb	Cu	Pb	Sn	杂质总量			
ZSnSb4Cu4	4.0~5.0	4.0~5.0		余量	0.5	20	225	耐蚀、耐热、耐磨，适用于涡轮机及内燃机高速轴承及轴衬
ZSnSb8Cu4	7.0~8.0	3.0~4.0		余量	0.55	24	238	适用于一般大型机械轴承及轴衬

(续)

牌 号	化学成分（质量分数）(%)					HBW	熔点/℃	主要用途
	Sb	Cu	Pb	Sn	杂质总量			
ZSnSb12Pb10Cu4	11.0 ~ 13.0	2.5 ~ 5.0	9.0 ~ 11.0	余量	0.55	29	185	性软而韧，耐压，适用于一般发动机的主轴承，但不适用于高温部分

注：摘自 GB/T 1174—1992。

(一) 铝锡轴承合金

它是以 w_{Al}60% ~95% 和 w_{Sn}5% ~40% 为主要成分的合金，其中以 Al-20Sn-1Cu 合金最为常用。这种合金的组织是在硬基体铝上分布软质点锡。铝锡系轴承合金具有疲劳强度高，耐热性、耐磨性和耐蚀性均良好等优点，尤其适用于高速、重载条件下工作的轴承，目前已在汽车、拖拉机、内燃机车上推广使用。

(二) 铝锑轴承合金

其化学成分为 w_{Sb}4%、w_{Mg}0.3% ~0.7%，其余为铝。组织为软基体 α 固溶体上分布硬质点 AlSb，加入镁可提高合金的疲劳强度和韧性，并能使 AlSb 由针状变成片状。这种合金有高的抗疲劳性能和耐磨性，但承载能力不大，适用于载荷不超过 20MPa，滑动线速度不大于 10m/s 的工作条件。该合金与 08 钢板热轧成双金属轴承使用，其生产工艺简单，并提高了轴承的承载能力。

(三) 铝石墨轴承合金

这是近年来发展起来的一种新型减摩材料。这种轴承合金的摩擦系数与铝锡轴承合金相似，由于石墨具有良好的润滑作用和减振作用，故该种减摩材料在干摩擦时具有自润滑性能，工作温度达 250℃时，仍具有良好的性能。为了提高基体的力学性能，合金的基体可选用铝硅合金。石墨在铝中溶解度很小，铸造时易产生偏析，需要采用特殊铸造方法制造。铝石墨轴承合金可用来制造活塞和机床主轴的轴瓦。

与其它轴承合金相比，铝基轴承合金价格低廉，密度小，导热性好，疲劳强度高，耐蚀性好，并且原料丰富，目前已广泛用于高速、高负荷下工作的轴承。其主要缺点是膨胀系数大，运转时容易与轴咬合。此外铝基轴承合金本身硬度较高，容易伤轴，应相应提高轴颈的硬度。

四、铜基轴承合金

许多种类的铸造青铜和铸造黄铜均可用作轴承合金，其中应用最多的为锡青铜和铅青铜，其化学成分、力学性能和主要用途见表 9-12。

表 9-12　常用铜基轴承合金的牌号、化学成分、力学性能及用途

牌　号	化学成分（质量分数）（%）				力学性能			用　途
	Pb	Sn	其它	Cu	R_m/MPa	A（%）	HBW	
ZCuPb30	27.0~33.0			余量			25	高速高压下工作的航空发动机、高压柴油机轴承
ZCuPb20Sn5	18.0~23.0	4.0~6.0		余量	150	6	44~54	高压力轴承、轧钢机轴承、机床、抽水机轴承
ZCuPb15Sn8	13.0~17.0	7.0~9.0		余量	170~200	5~6	60~65	冷轧机轴承
ZCuSn10P1		9.0~11.5	P 0.5~1.0	余量	220~310	3~2	80~90	高速、高载荷柴油机轴承
ZCuSn5Pb5Zn5	4.0~6.0	4.0~6.0	Zn 4.0~6.0	余量	200	13	60~65	中速、中载轴承

注：摘自 GB/T1176—1987。

铅青铜中常用的有 ZCuPb30，铅含量 w_{Pb}30%，其余为铜。铅不溶于铜中，其室温显微组织为 Cu + Pb，铜为硬基体，颗粒状铅为软质点，是硬基体上分布软质点的轴承合金，这类合金可以制造承受高速、重载的重要轴承，如航空发动机、高速柴油机等轴承。

锡青铜中常用 ZCuSn10P1，其成分为 w_{Sn}10%，w_P1%，其余为 Cu。室温组织为 $\alpha+\delta+Cu_3P$，α 固溶体为软基体，δ 相及 Cu_3P 为硬质点，该合金硬度高，适合制造高速、重载的汽轮机、压缩机等机械上的轴承。

铜基轴承合金的优点是承载能力大，耐疲劳性能好，使用温度高，优良的耐磨性和导热性，它的缺点主要是顺应性和嵌镶性较差，对轴颈的相对磨损较大。

第五节　新型及特种用途材料

一、非晶态合金

非晶态合金也称“金属玻璃”，它是由熔融状态的合金以极高速度冷却，使

其凝固后仍保持液态结构而得到的。理想的非晶态合金的结构是长程无序结构，可以认为是均匀的、各向同性的。

非晶态合金与金属相比，结构完全不同，故性能上有很大差异。非晶态合金具有许多优良的性能：高的强度、硬度和断裂韧性，良好的软磁性及耐蚀性等。例如 Fe 基非晶态合金抗拉强度可达 4000MPa，Co 基非晶态合金的显微硬度高达 1400HV。非晶态合金的无序结构，不存在磁晶各向异性，因而易于磁化，且没有位错、晶界等晶体缺陷，故磁导率、饱和磁感应强度高，矫顽力低、损耗小，是理想的软磁材料，已成功用于变压器材料、磁头材料等。非晶态合金在中性盐溶液和酸性溶液中的耐蚀性比不锈钢好的多，可用来制造耐腐蚀管道、电池电极、海底电缆屏蔽等。

非晶态合金的原子排列模型分两大类。一类是不连续模型，如微晶模型；另一类是连续无规则网络模型，如拓扑无序模型。微晶模型认为合金是由"晶粒"非常细小的微晶粒组成。从这个角度出发，非晶态结构和多晶体结构相似，只是"晶粒"尺寸只有几埃到几十埃（$1\mathring{A}=10^{-8}cm$）。微晶内的短程有序结构和晶态相同，但各个微晶的取向是杂乱分布的，形成长程无序的结构。拓扑无序模型认为非晶态结构的主要特征是原子排列的混乱和随机性，强调结构的无序性，而把短程有序看作是无规则堆积时附带产生的结果。

获得非晶态合金的最根本条件是要有足够快的冷却速度，目前制备非晶合金的常用方法可归纳为三大类：①由气相直接凝聚成非晶态固体，如真空蒸发法、溅射法等，这种方法一般只用来制造薄膜。②由液态快速淬火获得非晶态固体，这是目前使用最广泛的非晶态合金的制备方法。③由结晶材料通过辐射、离子注入、冲击波等方法制得非晶态材料。

近年来，非晶态合金已成为科技界和产业界重点研究和开发的新材料之一，迄今为止，非晶态合金的种类已达数百种。有实用价值的非晶态合金主要有以下几类：①过渡族-类金属型，例如 Fe80B20。②稀土-过渡族型，如 La70Cu30。③后过渡族-前过渡族型，例如 Fe90Zr10。④其它铝基和镁基轻金属非晶态合金。

非晶态合金的缺点一是由于采用急冷法制备材料，使其厚度受到限制，目前大多制成非晶态的粉末、丝、带、片等；二是热力学上不稳定，受热有晶化倾向。

二、纳米材料

纳米材料是指尺寸在 1～100nm 之间的超细微粒，这是肉眼和一般显微镜看不见的微粒。

大多数纳米粒子为理想单晶，尺寸增大到 60nm，可在 Ni-Cu 粒子中观察到位错、孪晶、层错及亚稳定相存在，也有呈非晶态或亚稳态的纳米粒子。纳米粒子属于原子族与宏观物体交界的过渡区域，该系统既非典型的微观系统亦非典型的宏观系统，具有一系列新异的特性。

由于纳米材料的颗粒尺寸为纳米量级，存在以下三方面的效应：①小尺寸效应：当超微粒子的尺寸与光波波长相当或更小时，材料的声、光、电磁、热力学等特性均呈现新的尺寸效应。②表面与界面效应：随着粒子直径减小，表面积急剧增大，例如，粒径为 10nm 时，比表面积为 $90m^2/g$；粒径为 5nm 时，比表面积为 $180m^2/g$。这样高的比表面积，引起表面原子数急剧增加，大大增加了纳米粒子的活性。例如金属的纳米粒子在空气中会燃烧。③量子尺寸效应：该效应将导致纳米微粒的磁、光、声、热、电及超导电性与宏观物体显著不同。上述三个效应使纳米微粒和纳米固体产生了许多传统固态材料不具备的特殊物理、化学性能，出现一些“反常现象”。例如，金属为导体，但纳米金属微粒在低温下会呈绝缘性，无机材料的纳米粒子暴露在大气中会吸附气体，并与气体进行反应；当粒径为十几纳米的氮化硅微粒组成纳米陶瓷时，已不具备典型共价键特征，界面键结构出现部分极性，在交流电下电阻变小。

目前，纳米材料已用于化工催化材料、（气、光）敏感材料、吸波材料、阻热涂层材料、陶瓷的扩散连接材料等。纳米粒子表面有效反应中心多，是很好的催化材料。用纳米粒子进行催化反应有三种类型：①直接用纳米微粒在高聚物的合成反应中做催化剂，可大大提高反应效率，很好控制反应速度和温度；②把纳米粒子掺合到发动机的液体和气体燃料中，可提高效率；③在火箭固体燃料中掺合铝的纳米粒子，提高燃烧效率。磁性纳米微粒由于尺寸小，具有单磁畴结构，用它制作磁记录材料可以提高信噪比，改善图象质量。纳米微粒和纳米固体是制造高灵敏度传感器最理想的材料，这是由于它们有巨大的表面和界面，对外界环境如温度、光、湿等十分敏感，使得传感器响应快，灵敏度高，例如用 $LiNbO_3$ 制成的红外检测传感器已获应用。

纳米材料的制备方法有惰性气体淀积法、还原法、化学气相沉积法等。

三、纳米碳管

1991 年日本 NEC 公司基础研究实验室学者饭岛澄夫（Sumio Iijima）在高分辨透射电子显微镜研究石墨电极放电时，发现了由管状的同轴纳米管组成的碳分子，这就是现在被称作的“Carbon nanotube”，即碳纳米管。其结果在《自然》（Nature）杂志发表后，引起国际科学界极大的关注，从而导致了纳米科学技术的兴起。

纳米碳管具有典型的层状中空结构特征，可呈多层壁或单壁，饭岛最初发现的是多层壁纳米碳管，它是由若干个无接缝的单壁管同心地相套并封顶而构成。单壁纳米碳管可看作由单张石墨烯片卷成的无接缝微管，其直径大约在 0. 4nm 到 2 ~ 3nm 范围，而管长可达毫米级。卷成纳米碳管的石墨片具有平面的六方形单胞，每个碳原子与相邻的三个碳原子以共价键结合，而其第四个电子为自由电子（杂化电子），可在整个结构中自由运动。纳米碳管因其石墨片卷取的取向不同而有 3 种类型，饭岛称之为：扶手椅型（armchair）；锯齿形（zig-zag）和螺旋形（helical），如图 9-8 所示。它们呈不同的电学特性，扶手椅型通常呈金属电性，而后两者可呈半导体电性或金属电性，由其卷取构局对能带结构的影响而定。

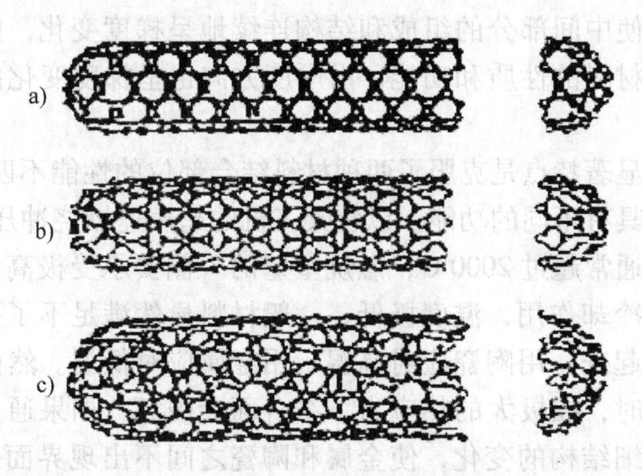

图 9-8　单壁纳米碳管的结构示意图

a）扶手椅型　b）锯齿形　c）螺旋形

电导性是纳米碳管最诱人的特性之一。金属电性的纳米碳管因具有一维的电子结构，电子沿纳米管长度传输呈弹道式、无散射，流量极大且不会发热，承受的最大电流密度达 $10^9 A \cdot cm^{-2}$，热导率大于 $3000W \cdot (m \cdot K)^{-1}$，如用作硅集成电路联结导线，导线宽度至少可减小一个数量级。纳米碳管的半导体特性如被利用制成纳米级晶体管等纳米电子器件，则有望开发出超速纳米计算机。纳米碳管还是理想的场发射电子源材料，把它应用于平板显示器、电镜的电子源等，能显著提高亮度和清晰度。

纳米碳管的另一个特点是极高的弹性模量和强度，其 E 可达 1000GPa，是目前所知的具有最高弹性模量的材料。其抗拉强度也高于碳纤维材料，且具有极佳的弯曲特性。碳纳米管的硬度与金刚石相当，却拥有良好的柔韧性，可以拉伸。因此，用纳米碳管制成轻质的复合材料，其强度和刚性均能优于目前的碳纤维增强复合材料。

纳米碳管具有良好的传热性能，由于长径比非常大，其沿着长度方向的热交换性能很高，相对的其垂直方向的热交换性能较低，通过合适的取向，碳纳米管可以合成高各向异性的热传导材料。

纳米碳管还具有光学和储氢等其它良好的性能，正是这些优良的性质使得碳纳米管被认为是理想的聚合物复合材料的增强材料。

纳米碳管的其它优良特性也正在研究开发中。总之，纳米碳管已显示出多方面的应用潜力。随着纳米碳管制备技术的不断发展和完善，其特性将进一步被充分发掘和利用，同时其制备成本也会逐步下降，使它具有商业竞争力，显示出广阔的应用前景。

四、梯度材料

所谓梯度材料，是依据使用要求，选择两种不同性能的材料，采用先进的材料复合技术，使中间部分的组成和结构连续地呈梯度变化，内部不存在明显的界面，从而使材料的性质和功能，沿厚度方向也呈梯度变化的一种新型复合材料。

梯度材料的显著特点是克服了两种材料结合部位的性能不匹配因素，同时，梯度材料的两侧具有不同的功能。以航天飞机的超声速燃烧冲压式发动机为例，燃烧气体的温度通常超过2000℃，燃烧室壁的一侧要承受极高的温度，另一侧又要经受液氢的冷却作用，温度极低，一般材料显然满足不了要求。于是可将金属和陶瓷结合起来，用陶瓷应对高温，用金属应对低温。然而用传统技术将金属与陶瓷结合时，在极大的热应力下结合面会破坏。如果通过连续地控制材料内部组成和微细结构的变化，使金属和陶瓷之间不出现界面，就可以解决这一难题。

梯度材料的研究开发最早始于1987年，最初目的是解决航天飞机的热保护问题。现在，随着梯度材料的研究和开发，其用途已不局限于航天工业，其应用已扩大到核能源、电子、光学、化学、生物医学工程等领域，其组成也由金属-陶瓷发展成为金属-合金、非金属-非金属、非金属-陶瓷等多种组合，种类繁多，应用前景十分广阔。

梯度材料已成功地应用于航天工业和其它领域。例如由耐放射性材料和耐热应力材料梯度复合的核反应第一层壁及周边材料、由光学材料梯度组成高性能激光器、由陶瓷和金属梯度复合的人工关节等。

梯度材料的制备方法有化学气相沉积法、物理蒸发法、等离子喷涂法、自蔓延高温合成法等。

五、记忆合金

具有形状记忆效应的金属材料称为记忆合金。所谓形状记忆效应，是指一定形状的合金在某种条件下经塑性变形，然后加热至该材料的某一临界温度以上时，又完全恢复其原来形状的现象，如Ti-Ni、Au-Cd、Cu-Zn-Sn等合金在马氏体相变中具有形状记忆效应，在一定条件下可因恢复原状而自动做功。

大部分形状记忆合金的记忆机理是热弹性马氏体相变。马氏体相变具有可逆性，当冷却时，由高温母相转变为马氏体，称为冷却相变，用Ms、M_f分别表示马氏体相变开始与终了的温度。加热时发生马氏体逆变为母相的过程，该过程的起始和终了温度分别用As、A_f表示。具有马氏体逆转变，且Ms与As相差很小的合金，将其冷却到 Ms 点以下，马氏体晶核随温度下降逐渐长大，温度回升时马氏体片又反过来同步地随温度上升而缩小，这种马氏体叫热弹性马氏体。形状记忆合金应具备如下条件：①马氏体相变是热弹性的；②马氏体点阵的不变切变为孪生；③母相和马氏体均为有序点阵结构。

形状记忆效应有三种形式。第一种为单向形状记忆效应，即将母相冷却或施加应力，使之发生马氏体相变，然后使马氏体发生塑性变形，改变其形状，再重新加热到 As 以上，马氏体发生逆转变，温度升到 A_f 点，马氏体完全消失，材料完全恢复母相形状。第二种称为双向形状记忆效应，又称可逆形状记忆效应。合金加热发生马氏体逆转变时，对母相有记忆效应；当从母相再次冷却为马氏体时，还恢复原马氏体的形状。第三种在冷热循环过程中，形状回复到与母相完全相反的形状，称为全方位形状记忆效应。

目前，记忆合金在工程和医学方面都得到成功的应用，实例如下①管子接头，用记忆合金加工成内径比欲连接管的外径小4%的套管，然后在低温下（M_f 以下）将套管扩径约8%，装配后，随温度升高，套管恢复原来的内径，与待连接管形成紧密配合，这类接头已用于海底输油管道的修补等。②热敏装置，如火灾报警器、记忆铆钉等。③热能-机械能转换装置。利用马氏体相变逆转中产生的应力和位移，将热能转换为机械能，这种装置可利用海水温差发电，也可制成太阳能发动机。

形状记忆合金种类很多，有钛-镍系、铜系、铁系，一些聚合物和陶瓷材料也具有形状记忆功能。已实用化的形状记忆材料目前只有钛-镍和铜系合金。

六、储氢材料

储氢材料是指能以金属氢化物的形式吸收氢，加热后又能释放氢的金属。

氢是一种重要的能源，它资源丰富，发热值高，且洁净、无污染。但氢能源的开发遇到的主要难题之一是氢气的储存。钢瓶储存氢气既危险储量又小。液态氢虽然占空间小，但氢气的液化温度是 -253℃，必须有极好的绝热保护。绝热层的体积和重量往往与储箱相当。用储氢材料储存氢气，是一种安全、经济而有效的方法。因此，自20世纪60年代中期以来，储氢材料的研究得到迅速的发展，新型储氢合金不断出现。

许多金属（或合金）可固溶氢气形成含氢的固溶体。在一定的温度和压力条件下，含氢的固溶体（MHx）与氢气反应生成金属氢化物（MHy），并放出热量。

$$MHx + H_2 \rightleftharpoons MHy + \Delta H$$

ΔH 是生成热，储氢材料正是靠与氢起化学反应生成金属氢化物来储氢的。

金属与氢的反应，是一个可逆过程。正向反应，吸氢、放热；逆向反应，释氢、吸热；改变温度与压力条件可使反应按正向、逆向反复进行，实现材料的吸、释氢功能。金属吸氢生成氢化物还是金属氢化物分解释放氢，受温度、压力和合金成分的控制。

实用的储氢材料应具备如下条件：

1）吸氢能力大，即单位质量金属的储氢量大，且吸氢、释氢速度快。

2）金属氢化物的生成热要适当。如果生成热太高，生成的金属氢化物过于稳定，释氢时就需要较高的温度；生成热太低，氢的储存较为困难。

3）化学稳定性好，反复吸氢、放氢时，材料的性能不致恶化；且对氧、水和二氧化碳等杂质敏感性小，经久耐用。

4）价格便宜。

目前，正在开发的储氢材料主要有以下几种：

1）镁系合金，这是最早研究的储氢材料。镁及其合金储氢量大、重量轻、资源丰富、价格低廉。主要缺点是分解温度过高（250℃），吸收氢速度慢。现在，镁系储氢合金的发展方向是通过合金化，加入镍、铜、稀土等元素，改善镁的储氢性能。

2）稀土系，LaNi5 是稀土系储氢合金的典型代表。其优点是室温即可活化、吸氢放氢容易、抗杂质等。缺点是成本高，大规模应用受到限制。

3）钛系储氢合金，该类合金分钛铁系和钛锰系。TiFe 金属间化合物可在室温下与氢反应生成 TiFeH 化合物，该合金室温下释氢压力不到 1MPa，且价格便宜。缺点是活化困难，抗杂质中毒能力差。加入钴、铬、铜、锰等元素，可改善其储氢特性。现在已开发出储氢性能很好的 Ti-Fe 氧化物合金。钛锰合金中 TiMn1.5 化合物储氢性能最佳，在室温下即可活化。Ti 与 Mn 原子比达到 1.5 时，合金吸氢量较大，如果钛量增加，吸氢量增大，但由于形成稳定的钛氢化物，室温释氢量减少。

储氢材料的应用主要有以下几方面：

1）氢的储存、净化和回收。使用储氢合金储存氢气安全、无需高压和液化，可长期储存，是最安全的储氢方法。市场上出售的氢气都含有杂质，经储氢合金吸收后再释放出来，可制备 99.9999% 以上的高纯氢，这就是储氢合金的低能耗超净化作用。当含氢的废气经过储氢材料时，氢气被吸收，这样可以把废气中的氢分离出来加以利用。

2）氢燃料发动机。氢燃料发动机可用于汽车等，以提高热效率，减少环境污染。储氢材料作为发动机的氢燃料储存器。氢能汽车的前景十分诱人。

3）氢气静压机。改变金属氢化物温度时，其氢分解压也随之改变，由此可实现热能与机械能的转换。通过平衡氢压的变化而产生高压氢气的储氢金属，称为氢气静压机。目前，已开发了各种氢化物压缩机，用于热泵、空调机、制冷装置、水泵等。

本章主要名词

非铁（有色）合金（non-ferrous alloy）
时效硬化（age hardening）
固溶强化（solution strengthening）
铸造铝合金（cast aluminium alloy）
变形铝合金（deformation aluminium alloy）
黄铜（brass）
紫铜（copper）
轴承合金（bearing alloy）
青铜（bronze）
非晶合金（non-crystalline alloy）
钛合金（titanium alloy）
记忆合金（memory alloy）
梯度材料（gradient material）
储氢合金（stored hydrogen alloy）
纳米材料（nano-grain material）
纳米碳管（carbon nanotube）
固溶处理（solution treatment）

习　　题

1. 解释下列名词：

（1）固溶处理，时效强化。

（2）纯铜，黄铜，青铜。

2. 铝合金可通过哪些途径达到强化目的？

3. 铝合金的强化热处理原理和工艺操作与钢的强化热处理原理和工艺操作有什么异同？

4. 何谓硅铝明？它属于哪一类铝合金？为什么硅铝明具有良好的铸造性能？变质处理前后其组织和性能有何变化？这类铝合金主要用处何在？

5. 黄铜能否进行时效强化？一般采用何种强化方式？

6. 锡青铜主要特点是什么？

7. 轴承合金必须具有什么特性？其组织有什么要求？举例说明常用巴氏合金的化学成分、性能和用途。

8. 钛合金分几类？性能上有何特点？

第十章 机械零件选材及工艺路线分析

第一节 选材的一般原则

在机械零件产品的设计与制造过程中，如何合理地选择和使用金属材料是一项十分重要的工作。它不仅要考虑材料的性能以适应零件的工作条件并保证其使用寿命，而且要考虑材料的加工工艺性能和经济性，以便提高零件的生产率，降低成本，减少消耗等。本节仅就一般结构零件的选材原则作一简要介绍。

一、材料的力学性能

在设计零件并进行选材时，应根据零件的工作条件和损坏形式找出所选材料的主要力学性能指标，这是保证零件经久耐用的先决条件。

如汽车、拖拉机或柴油机上的连杆螺栓，在工作时整个截面不仅承受均匀分布的拉应力，而且拉应力是周期变动的，其损坏形式除了由于强度不足引起过量塑性变形而失效外，多数情况下是由于疲劳破坏而造成断裂。因此对连杆螺栓材料的力学性能除了要求有高的屈服极限和强度极限外，还要求有高的疲劳强度。由于该螺栓是整个截面均匀受力，因此材料的淬透性也需考虑。

表 10-1 列举了一些零件的工作条件、主要损坏形式及主要力学性能指标。

表 10-1 一些零件的工作条件、主要损坏形式及主要力学性能指标

零件名称	工作条件	主要损坏形式	主要力学性能指标
重要螺栓	交变拉应力	过量塑性变形或由疲劳而造成的断裂	$R_{p0.2}$，疲劳强度，HBW
重要传动齿轮	交变弯曲应力，交变接触压应力，齿表面受带滑动的滚动摩擦和冲击负荷	齿的折断、过度磨损或出现疲劳麻点	疲劳强度，抗弯强度，接触疲劳强度，HRC
曲轴、轴类	交变弯曲应力，扭转应力，冲击负荷，磨损	疲劳断裂，过度磨损	$R_{p0.2}$，疲劳强度，HRC
弹簧	交变应力，振动	弹性丧失或疲劳断裂	R_p，屈强比，疲劳强度
滚动轴承	点或线接触下的交变压应力，滚动摩擦	过度磨损破坏，疲劳断裂	抗压强度，疲劳强度，HRC

由上表可见，零件实际受力条件是较复杂的，而且选材时还应考虑到短时过载、润滑不良、材料内部缺陷等影响因素，因此力学性能指标经常成为材料选用的主要依据。

在工程设计上，材料的力学性能数据一般是以该材料制成的试样进行力学性能试验测得的，它虽能表明材料性能的高低，但由于试验条件与机械零件实际工作条件有差异，因而严格来说，材料力学性能数据仍不能确切地反映机械零件承受载荷的实际能力。即使这样，目前用此法来进行生产检验还是存在着一定的困难。生产中最常用的比较方便地检验材料力学性能的方法是检验硬度（见附录），因为硬度检验可以不破坏零件，而且硬度与力学性能之间存在一定关系。因此零件图样上一般都以硬度作为主要的热处理技术条件。

二、材料的工艺性能

现代工业所用的机械设备，大部分是由金属零件装配而成的，所以金属零件的加工是制造机器的重要步骤。

用金属材料制造零件的基本加工方法通常有下列四种：铸造、压力加工、焊接和机械加工。热处理是作为改善机械加工性能和使零件得到所要求的性能而安排在有关工序之间的。

材料工艺性能的好坏对零件加工生产有直接的影响。几种重要的工艺性能如下：

铸造性能：包括流动性、收缩、偏析、吸气性等；

锻造性能：包括可锻性（塑性与变形抗力的综合）、抗氧化性、冷镦性、锻后冷却要求等；

机械加工性能：包括粗糙度、切削加工性等；

焊接性能：包括形成冷裂纹或热裂的倾向、形成气孔的倾向等；

热处理工艺性能：包括淬透性、变形开裂倾向、过热敏感性、回火脆性倾向、氧化脱碳倾向、冷脆性等。

机械上的钢制零件一般要经过锻造、切削加工和热处理等几种加工，因此在选材时要对材料的工艺性能加以注意。

在小批量生产时，工艺性能的好坏并不显得突出，而大批量生产时，工艺性能则可以成为决定性因素。例如某厂曾试制一种24SiMnWV钢作为20CrMnTi钢的代用材料，虽然其力学性能较20CrMnTi钢为优，但因正火后硬度较高，切削加工性差，不能适应大量生产的要求而未被采用。

在设计零件时，也要注意热处理工艺性。如其结构形状复杂，应选用淬透性较好的钢材，如油淬钢，它淬火变形较小。

一般说来，碳钢的锻造、切削加工等工艺性能较好，其力学性能可以满足一般零件工作条件的要求，因此碳钢的用途较广，但它的强度不够高，淬透性较差。所以，制造大截面、形状复杂和高强度的淬火零件，常选用合金钢，因为合金钢淬透性好、强度高，但合金钢的锻造、切削加工等工艺性能较差。

通过改变工艺规范、调整工艺参数、改进刀具和设备、变更热处理方法等途径，可以改善金属材料的工艺性能。

三、材料的经济性

在满足使用性能的前提下，选用零件材料时还应注意降低零件的总成本。零件的总成本包括材料本身的价格和与生产有关的其它一切费用。

在金属材料中，碳钢和铸铁的价格是比较低廉的，因此在满足零件使用性能的前提下选用碳钢和铸铁（尤其是球墨铸铁），不仅具有较好的加工工艺性能，而且可降低成本。

低合金钢由于强度比碳钢高，总的经济效益比较显著，有扩大使用的趋势。

在选材时还应考虑国家的生产和供应情况，所选钢种应尽量少而集中，以便采购和管理。

总之，作为一个设计、工艺人员，在选材时必须了解我国工业生产发展形势，要按照国家标准，结合我国资源和生产条件，从实际情况出发，全面考虑力学性能、工艺性能和经济性等方面的问题。

第二节　热处理技术条件的标注

设计者应根据零件的工作特性，提出热处理技术条件。

热处理零件一般在图样上都以硬度作为热处理技术条件，对于渗碳的零件则还应标注渗碳深度，对于性能要求较高的零件还需标注有关的性能指标。

图样上的热处理技术条件要求书写相应的工艺名称，如调质、淬火回火、高频淬火等。在标注硬度范围时，其波动范围一般为：HRC 在 5 个单位左右，HBW 在 30～40 个单位左右。

按照新规定，热处理工艺分类及代号见表 10-2。

表 10-2　热处理工艺分类及代号

工艺总称	代号	工艺类型	代号	工艺名称	代号	加热方法	代号
热处理	5	整体热处理	1	退火	1	可控气氛(气体)	01
				正火	2	真空	02
				淬火	3	盐浴（液体）	03
				淬火和回火	4	感应	04
				调质	5		
				稳定化处理	6	火焰	05
				固溶处理；水韧处理	7		
				固溶处理和时效	8	激光	06

（续）

工艺总称	代号	工艺类型	代号	工艺名称	代号	加热方法	代号
热处理	5	表面热处理	2	表面淬火和回火	1	电子束	07
				物理气相沉积	2		
				化学气相沉积	3	等离子体	08
				等离子体化学气相沉积	4		
		化学热处理	3	渗碳	1	固体装箱	09
				碳氮共渗	2		
				渗氮	3		
				氮碳共渗	4	流态床	10
				渗其它非金属	5		
				渗金属	6		
				多元共渗	7	电接触	11
				熔渗	8		

注：摘自 GB/T 12603—2005。例如：退火工艺代号为 51101；正火工艺代号为 51201。

采用不同热处理方法时，图样上的标注方法见以下图例。

一、整体热处理时的标注图例

热处理技术条件大多标注在零件图样标题栏的上方，如图 10-1、10-2、10-3 所示。

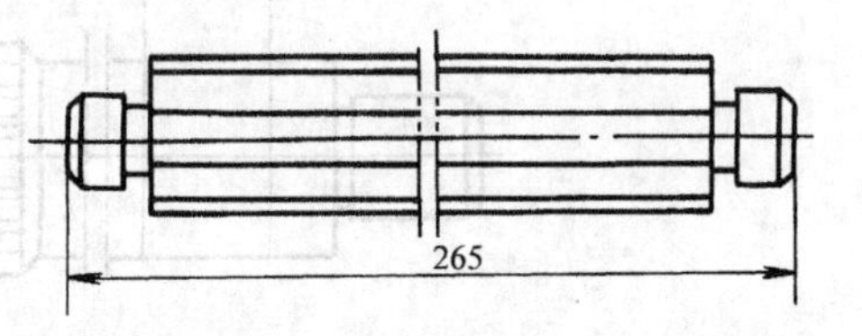

图 10-1　45 钢Ⅱ轴

（调质 235 ~ 265HBW）

二、局部热处理时的标注图例

零件局部热处理时，热处理部位一般用细实线限定，并在引线上写明热处理技术条件，如图 10-4、10-5、10-6 所示。

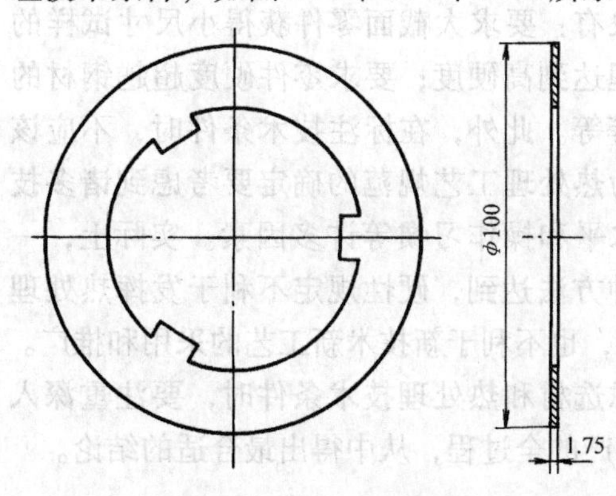

图 10-2　10 钢摩擦片

（渗碳 0.4 ~ 0.5mm，淬火回火 56 ~ 62HRC）

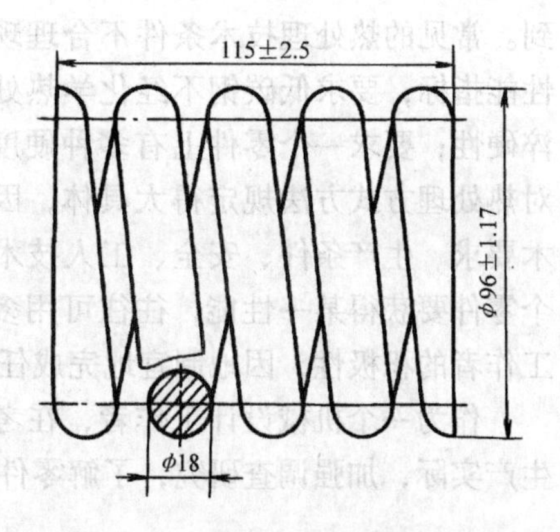

图 10-3　60Si2Mn 钢牵引钩弹簧

（淬火回火 43 ~ 48HRC）

必须指出，所标注的热处理技术条件应该合理，设计者不应仅仅根据整个机器结构的要求和零件工作特性来提出热处理技术条件，还必须考虑到材料热

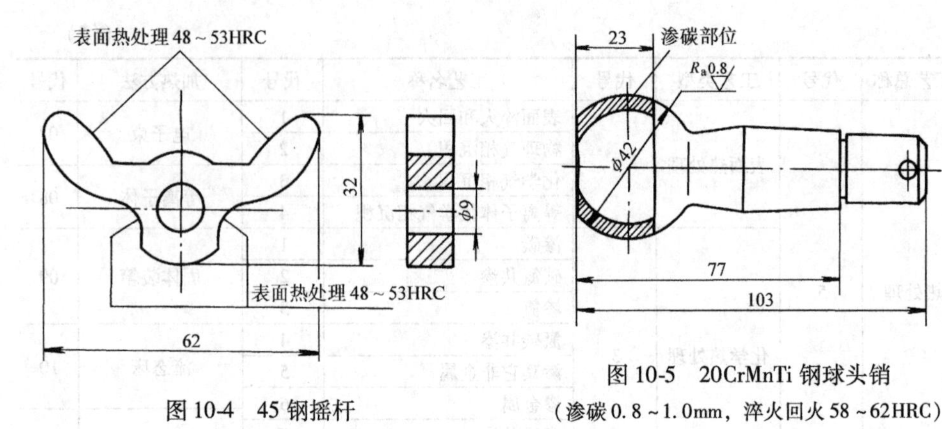

图 10-4　45 钢摇杆

图 10-5　20CrMnTi 钢球头销
（渗碳 0.8 ~ 1.0mm，淬火回火 58 ~ 62HRC）

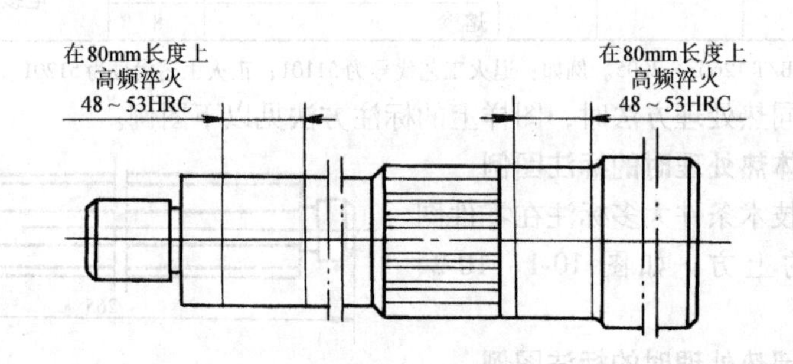

图 10-6　45 钢主轴
（调质 220 ~ 250HBW）

处理的特性和工艺性以及生产的实际条件和能力，以确保实际技术要求得以达到。常见的热处理技术条件不合理现象有：要求大截面零件获得小尺寸试样的性能指标；要求低碳钢不经化学热处理达到高硬度；要求零件硬度超越钢材的淬硬性；要求一个零件上有多种硬度等等。此外，在标注技术条件时，不应该对热处理方式方法规定得太具体，因为热处理工艺规范的确定要考虑到诸多技术要求、生产条件、安全、工人技术水平和操作习惯等许多因素。实际上，一个零件要获得某一性能，往往可用多种方法达到，硬性规定不利于发挥热处理工作者的积极性，因地制宜地完成任务，也不利于新技术新工艺的采用和推广。

作为一个机械设计工作者，在考虑选材和热处理技术条件时，要注重深入生产实际，加强调查研究，了解零件生产的全过程，从中得出最合适的结论。

第三节　冷加工方面减小变形、防止开裂的措施

一、改进淬火零件结构形状的设计

在实际生产中，技术人员有时只注意如何使零件的结构形状适合部件机构

的需要，而往往忽视了零件因结构形状不合理给热处理带来的不便，以致引起淬火变形甚至开裂，使零件报废。因此，设计工作者必须充分考虑淬火零件的结构形状与热处理工艺性的关系。

在设计淬火零件结构形状时，应掌握以下原则：

（一）避免尖角和棱角

零件的尖角、棱角部分是淬火应力最为集中的地方，往往导致出现淬火裂纹，如图 10-7a 所示。因此，在设计带尖角、棱角的零件时，应尽量设计成圆角、倒角以避免开裂。一般原则如图 10-7b 和图 10-8 所示。

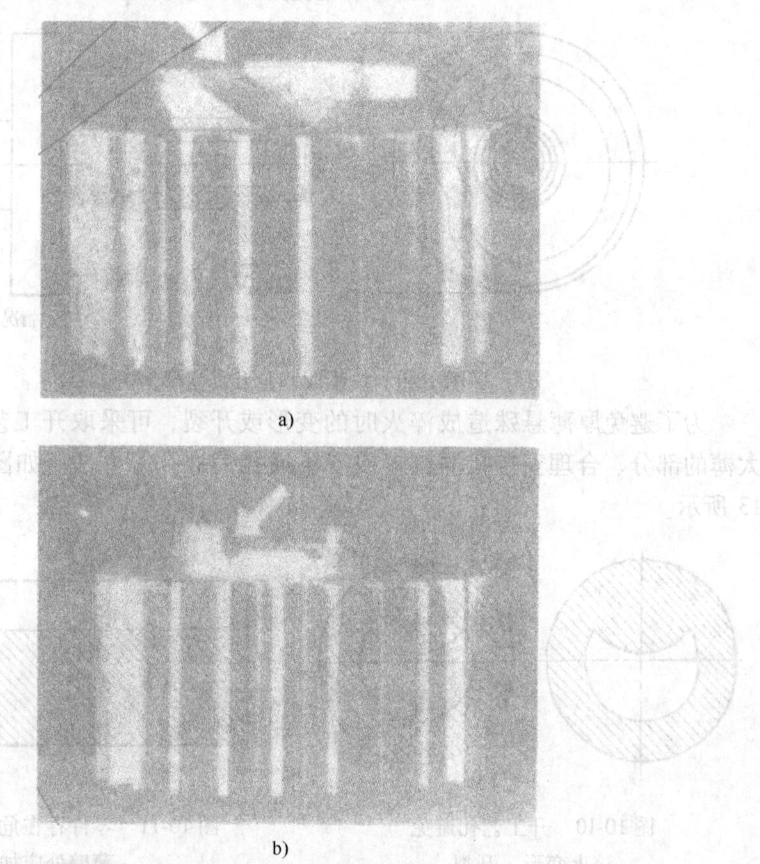

a)

b)

图 10-7　零件的尖角、棱角对淬火裂纹的影响

a）存在尖角、棱角时，出现淬火裂纹　b）避免尖角、棱角后，不出现淬火裂纹

注：该图取自参考文献［11］

（二）避免厚薄悬殊

厚薄悬殊的零件，在淬火冷却时，往往因冷却不均匀而造成的变形、开裂倾向较大。

图 10-9 为攻螺纹凸轮，原设计要求 15 钢渗碳淬火，桃形凹槽淬硬 59 ~

62HRC。由于桃形凹槽底部太薄，淬火后变形，向里凹入，建议修改设计，加厚槽底。

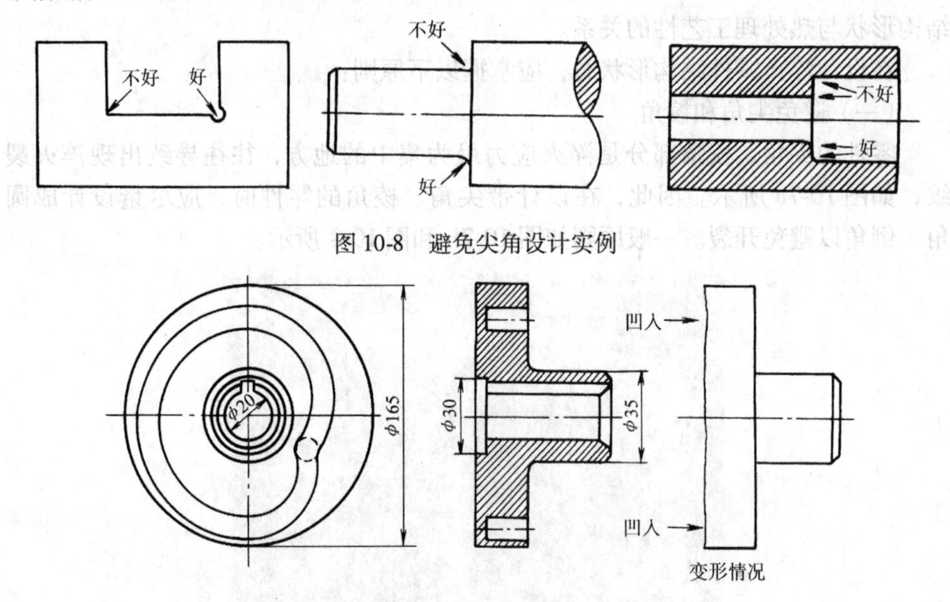

图 10-8　避免尖角设计实例

图 10-9　攻螺纹凸轮及其变形情况

为了避免厚薄悬殊造成淬火时的变形或开裂，可采取开工艺孔、加厚零件太薄的部分、合理安排孔洞位置或变不通孔为通孔等办法。如图 10-10 ~ 图 10-13 所示。

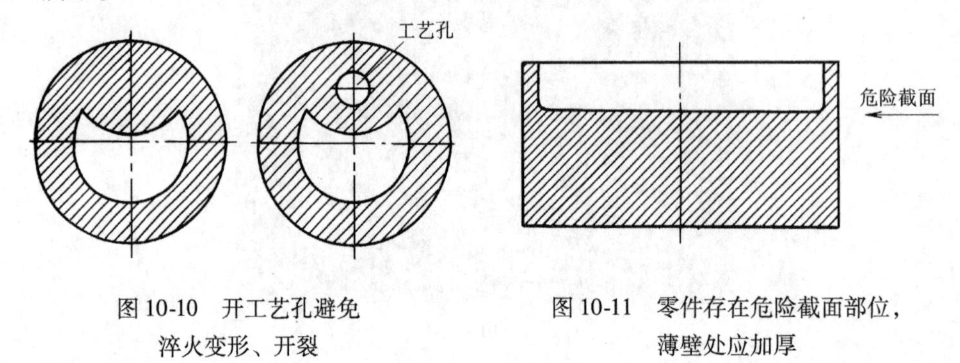

图 10-10　开工艺孔避免淬火变形、开裂

图 10-11　零件存在危险截面部位，薄壁处应加厚

（三）采用封闭、对称结构

开口或不对称结构的零件在淬火时应力分布亦不均匀，易引起变形，应改为封闭或对称结构。

图 10-14 为生产上经常碰到的弹簧卡头，其头部采用封闭结构，亦可在加工成型后，采用铜焊使形成封闭结构再淬火，在淬火、回火后再切开槽口。

图 10-15 为镗杆截面，要求渗氮时变形极小。原设计为在镗杆一侧开槽，结

果变形较大。后修改设计，在另一侧也开槽，使零件形状呈对称结构，从而减少了镗杆在热处理时的变形。

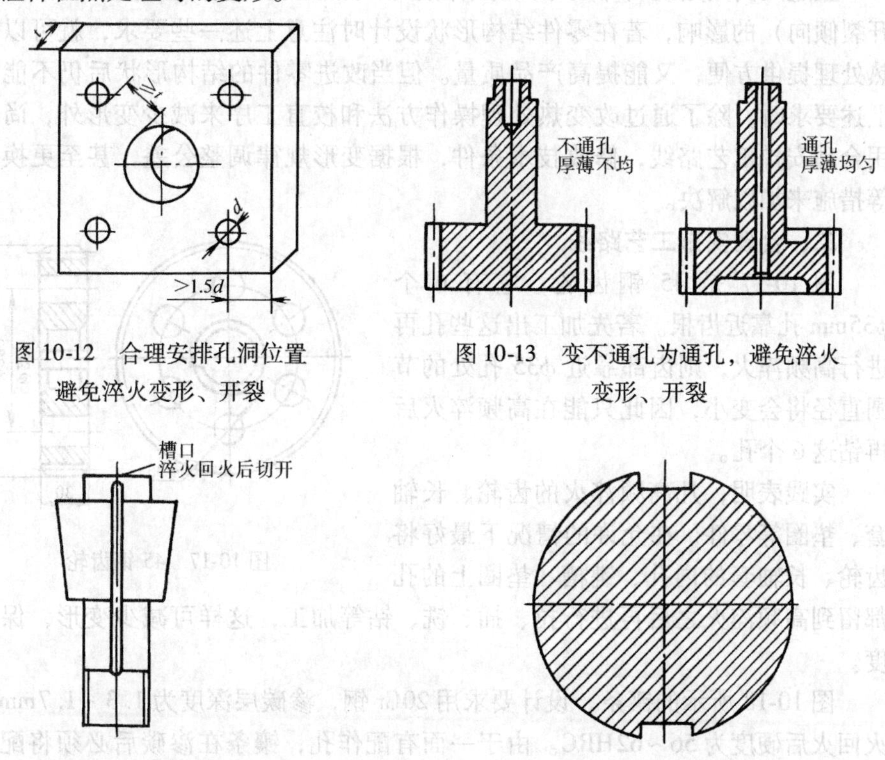

图 10-12　合理安排孔洞位置避免淬火变形、开裂

图 10-13　变不通孔为通孔，避免淬火变形、开裂

图 10-14　弹簧卡头

图 10-15　镗杆截面

（四）采用组合结构

某些有淬裂倾向而各部分工作条件要求不同的零件或形状复杂的零件，在可能条件下可采用组合结构或镶拼结构。

图 10-16 为一磨床顶尖，该顶尖的工作条件繁重，要求有高的热硬性。原设计整体采用 W18Cr4V 钢制造，在整体淬火后，出现了裂纹。后修改设计采用组合结构，顶尖仍用 W18Cr4V 钢，尾部用 45 钢，分别进行热处理，然后采用热套方式将两者装配在一起。既解决了开裂，又节约了 W18Cr4V 钢材，效果较好。

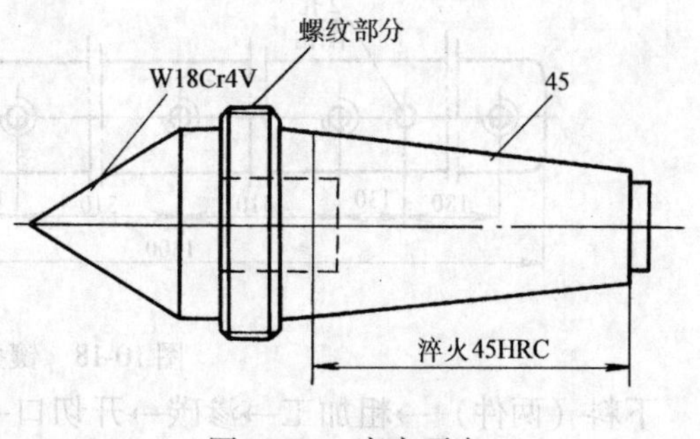

图 10-16　磨床顶尖

又如形状复杂、尺寸要求精确的大型模具，一般可采用镶拼结构，不仅减

少了热处理变形，而且有利于钳修。

上述几例只是说明淬火零件的结构形状对热处理工艺性（主要是淬火变形、开裂倾向）的影响，若在零件结构形状设计时注意上述一些要求，就可以既为热处理提供方便，又能提高产品质量。但当改进零件的结构形状后仍不能满足上述要求时，除了通过改变热处理操作方法和校直工序来减少变形外，尚可采用合理安排工艺路线，修改技术条件，根据变形规律调整公差，甚至更换材料等措施来加以解决。

二、合理安排工艺路线

图 10-17 是 45 钢齿轮，它有 6 个 ϕ35mm 孔靠近齿根。若先加工出这些孔再进行高频淬火，则齿部靠近 ϕ35 孔处的节圆直径将会变小，因此只能在高频淬火后再钻这 6 个孔。

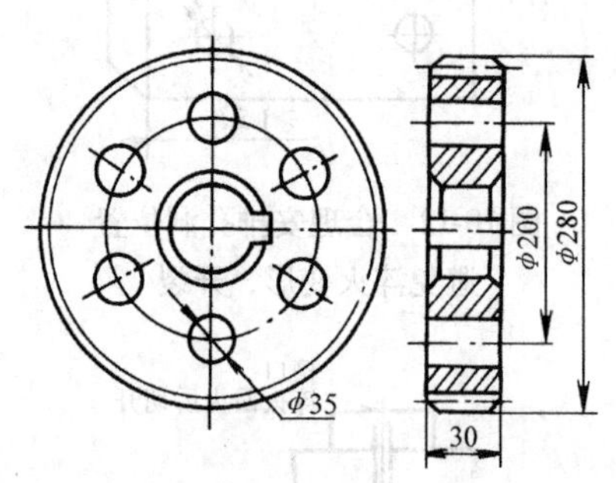

图 10-17　45 钢齿轮

实践表明，凡高频淬火的齿轮、长轴套、垫圈等零件，在允许的情况下最好将齿轮、长轴套的内孔、键槽、垫圈上的孔都留到高频淬火之后再进行拉、插、铣、钻等加工，这样可减少变形，保证精度。

图 10-18 所示的镶条，设计要求用 20Cr 钢，渗碳层深度为 1.3～1.7mm，淬火回火后硬度为 56～62HRC。由于一面有配作孔，镶条在渗碳后必须将配作面的渗碳层加工掉，结果镶条两面的碳含量不同，淬火时体积变化不同。渗碳面碳含量高，淬火后表面残留压应力较大，配作面去碳后碳含量低，残留压应力较小，结果造成很大变形。如改成按下述工艺路线加工，可减少变形：

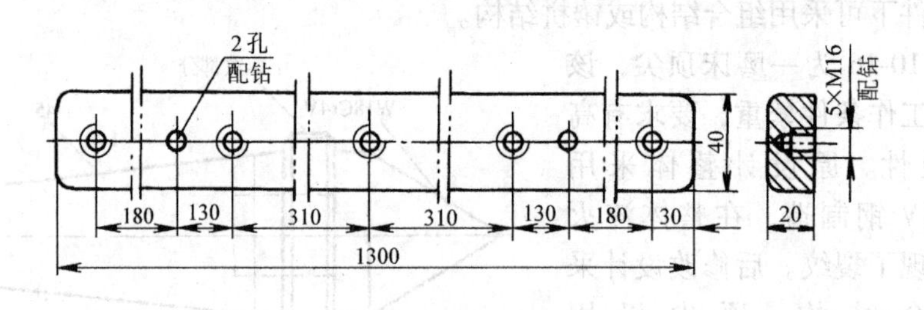

图 10-18　镶条

下料（两件）→粗加工→渗碳→开切口→淬火、回火→切开（成两件）→磨削、配作。

对于某些精密零件因切削加工或磨削加工造成应力而引起变形时，在工艺路线中可穿插除应力处理或时效处理以减小变形。

对于细长轴类和形状复杂的零件，在粗加工成形后安排一道除应力处理工序，以消除切削加工引起的应力，对减小淬火变形十分有利。

对于需要精磨的零件，如精密主轴、精密丝杠、量具等，在热处理及粗磨后，一般安排时效处理，以消除磨削应力，稳定尺寸，防止随后变形。对于精密丝杠，有时还采用先整体淬火回火，再将螺纹磨削成形的工艺路线，以保证精度，防止先加工螺纹再淬火时引起开裂。

三、修改技术条件

对于某些容易产生变形、开裂的零件，可以修改技术条件，以减少变形、防止开裂。

图 10-19 为带槽的轴，材料为 T8A，原设计要求≥55HRC，经整体水淬后，槽口处开裂。该零件实际只需槽部有高硬度即可，后修改技术条件，注明只要求槽部硬度为≥55HRC。经硝盐分级淬火冷却后，槽部≥55HRC，其余部分≥40HRC，可符合工作条件要求。

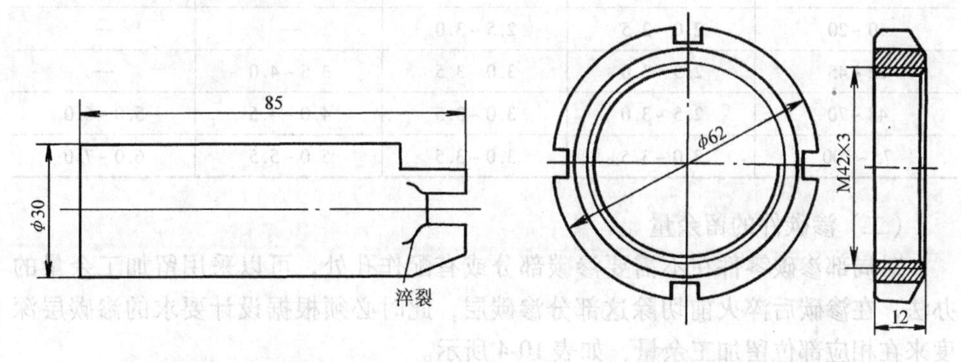

图 10-19　带槽的轴　　图 10-20　锁紧螺母

图 10-20 为锁紧螺母，原设计用 45 钢，要求四个槽口部分硬度在 35 ~ 40HRC。当槽口内螺纹等全部加工后，再整体淬火、回火，槽口硬度可达到技术条件，但内螺纹变形，不能保证精度，如先热处理后再加工，则又嫌硬度太高。后通过修改技术条件和调整工艺路线，解决了这些矛盾，修改后工艺路线如下：

下料→调质（25 ~ 30HRC）→加工槽口→槽口高频淬火（35 ~ 40HRC）→加工内螺纹。这样，既满足了槽口的硬度要求，又保证了螺纹精度。

四、按变形规律调整加工尺寸

在通过试验掌握了零件变形规律的情况下，可采取冷热加工配合、调整加工尺寸的方法来减小变形，这对于大批量生产的零件是一种行之有效的方法。

如某厂生产的汽车变速箱齿轮，通过试验，掌握了渗碳淬火后的变形规律，后经改变加工尺寸，就能在热处理后达到精度要求。该齿轮要求键宽为$10^{+0.09}_{+0.03}$，热处理变形规律为缩小0.05mm，因此在冷加工时将此尺寸控制在$10^{+0.12}$，热处理后一般在$10^{+0.07}$，正好在技术要求范围内。

五、预留加工余量

热处理时零件不可避免地会有变形，因此在零件加工过程中必须留有合理的加工余量，这样既可简化热处理操作，又不会使随后的机械加工（特别是磨削加工）因余量大而增加过大的工作量或因余量小而达不到尺寸要求。

（一）调质件的留余量

轴类调质件在淬火时会有变形、氧化、脱碳等，因此无论是原材料还是锻件，在调质前必须留有加工余量，表10-3为调质件直径上的留余量。

表10-3　调质件的加工余量　（单位：mm）

直　径	长　度			
	<500	500~1000	1000~1800	>1800
10~20	2.0~2.5	2.5~3.0	—	—
22~45	2.5~3.0	3.0~3.5	3.5~4.0	—
48~70	2.5~3.0	3.0~3.5	4.0~4.5	5.0~6.0
75~100	3.0~3.5	3.0~3.5	5.0~5.5	6.0~7.0

（二）渗碳件的留余量

对局部渗碳零件在不需要渗碳部分或有配作孔处，可以采用留加工余量的办法，在渗碳后淬火前切除这部分渗碳层，此时必须根据设计要求的渗碳层深度来在相应部位留加工余量，如表10-4所示。

表10-4　不渗碳局部加工余量　（单位：mm）

设计要求渗碳深度	不渗碳表面每面的留余量
0.2~0.4	1.1+淬火时留余量
0.4~0.7	1.4+淬火时留余量
0.7~1.1	1.8+淬火时留余量
1.1~1.5	2.2+淬火时留余量
1.5~2.0	2.7+淬火时留余量

（三）淬火件的留余量

精加工以后的零件在热处理淬火时由于热应力与组织应力的影响，必然会产生变形。为此，除采取前述有关措施设法减少淬火变形外，为了能在淬火后磨削时达到所要求的尺寸，必须留出足够的磨削余量。

轴杆类零件与轴套、环类零件内孔在热处理时的磨削余量如表10-5及表10-6所示，渗碳零件磨削余量如表10-7所示。

表 10-5　轴、杆类零件外圆热处理后的磨削余量　（单位：mm）

直径或厚度	长度										
	≤50	51 ~ 100	101 ~ 200	201 ~ 300	301 ~ 450	451 ~ 600	601 ~ 800	801 ~ 1000	1001 ~ 1300	1301 ~ 1600	1601 ~ 2000
≤5	0.35 ~ 0.45	0.45 ~ 0.55	0.55 ~ 0.65								
6 ~ 10	0.30 ~ 0.40	0.40 ~ 0.50	0.50 ~ 0.60	0.55 ~ 0.66							
11 ~ 20	0.25 ~ 0.35	0.35 ~ 0.45	0.45 ~ 0.55	0.50 ~ 0.60	0.55 ~ 0.65						
21 ~ 30	0.30 ~ 0.40	0.30 ~ 0.40	0.35 ~ 0.45	0.40 ~ 0.50	0.45 ~ 0.55	0.50 ~ 0.60	0.55 ~ 0.65				
51 ~ 80	0.35 ~ 0.45	0.35 ~ 0.45	0.35 ~ 0.45	0.35 ~ 0.45	0.40 ~ 0.50	0.40 ~ 0.50	0.50 ~ 0.60	0.55 ~ 0.65	0.60 ~ 0.70	0.70 ~ 0.80	0.85 ~ 1.00
81 ~ 120	0.50 ~ 0.60	0.50 ~ 0.60	0.50 ~ 0.60	0.50 ~ 0.60	0.50 ~ 0.60	0.50 ~ 0.60	0.60 ~ 0.70	0.65 ~ 0.75	0.65 ~ 0.80	0.65 ~ 0.90	0.85 ~ 1.00
121 ~ 180	0.60 ~ 0.70	0.60 ~ 0.70	0.60 ~ 0.70	0.60 ~ 0.70	0.60 ~ 0.70						
181 ~ 260	0.70 ~ 0.90	0.70 ~ 0.90	0.70 ~ 0.90	0.70 ~ 0.90							

注：1. 粗磨后需人工时效的零件应较上表面增加 50%。

2. 此表为断面均匀、全面淬火的零件的余量，特殊零件协商解决。

3. 全长三分之一以下局部淬火者可取下限，淬火长度大于三分之一按全长处理。

4. ϕ80mm 以上短实心轴可取下限。

5. 高频淬火件可取下限。

表 10-6　轴、套、环类零件内孔热处理后的磨削余量　（单位：mm）

孔径公称尺寸	<10	11 ~ 18	19 ~ 30	31 ~ 50	51 ~ 80	81 ~ 120	121 ~ 180	181 ~ 260	261 ~ 360	361 ~ 500
一般孔余量	0.20 ~ 0.30	0.25 ~ 0.35	0.30 ~ 0.45	0.35 ~ 0.50	0.40 ~ 0.60	0.50 ~ 0.75	0.60 ~ 0.90	0.65 ~ 1.00	0.80 ~ 1.00	0.85 ~ 1.30
复杂孔余量	0.25 ~ 0.40	0.35 ~ 0.45	0.40 ~ 0.50	0.50 ~ 0.65	0.60 ~ 0.80	0.70 ~ 1.00	0.80 ~ 1.20	0.90 ~ 1.35	1.05 ~ 1.50	1.15 ~ 1.75

注：1. 碳素钢工件一般均用水或水-油淬，孔变形较大，应选用上限；薄壁零件（外径/内径 <2 者）应取上限。

2. 合金钢薄壁零件（外径/内径 <1.25 者）应取上限。

3. 合金钢零件渗碳后采用二次淬火者应取上限。

4. 同一工件上有大小不同的孔时，应以大孔计算。

5. “一般孔”指零件形状简单、对称，孔是光滑圆孔或花键孔；“复杂孔”指零件形状复杂、不对称、壁薄，孔形不规则。

6. 外径/内径 <1.5 的高频淬火件，内孔留余量应减少 40% ~50%，外圆加大 30% ~40%。

7. 特殊零件协商解决。

表 10-7 渗碳零件磨削余量 （单位：mm）

公称渗碳深度	0.3	0.5	0.9	1.3	1.7
放磨量	0.15~0.20	0.20~0.25	0.25~0.30	0.35~0.40	0.45~0.50
实际工艺渗碳深度	0.4~0.6	0.7~1.0	1.0~1.4	1.5~1.9	2.0~2.5

六、更换材料

材料是根据零件的工作条件来选取的。由于结构形状的原因，在采用了其它措施后仍不能减小变形、防止开裂的情况下，也可以考虑更换材料。一般可以用合金钢来代替碳钢，用低变形钢来制造工、模、量具等。

如图 10-21 为一滚轮，槽部（12H11）要求淬硬，但槽附近有 ϕ8mm 的配作孔要在淬火后配作。若选用 45 或 40Cr 钢，在淬火前加工出孔，则淬火后变形大。若淬火后加工孔，则加工不动，故选用中碳钢整体淬火不合适。若采用高频淬火，则零件较小，单独淬槽部有困难。

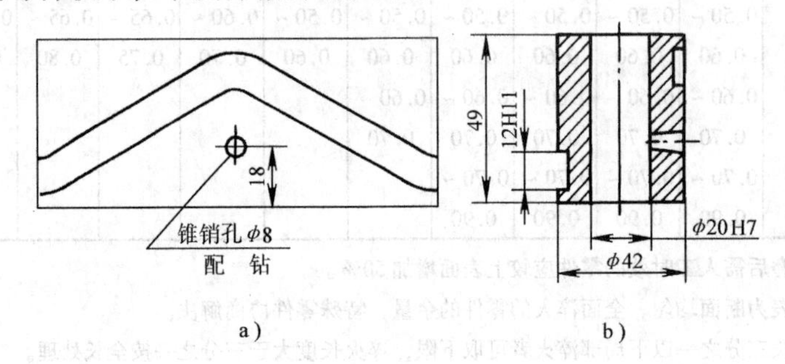

图 10-21 滚轮

a）展开图 b）剖面图

如果采用20Cr 钢，先加工槽，然后渗碳，渗碳后将配作孔处的渗碳层去掉，然后淬火（油冷）、低温回火，ϕ8mm 锥孔因碳含量低而淬不硬，故可以配作。其工艺路线如下：

下料→加工槽→渗碳→加工内孔及配作孔去碳层→淬火、低温回火→配作。

又如图 10-22 为大型剪刀板，原设计要求用 65Mn 钢，硬度 55~60HRC。经

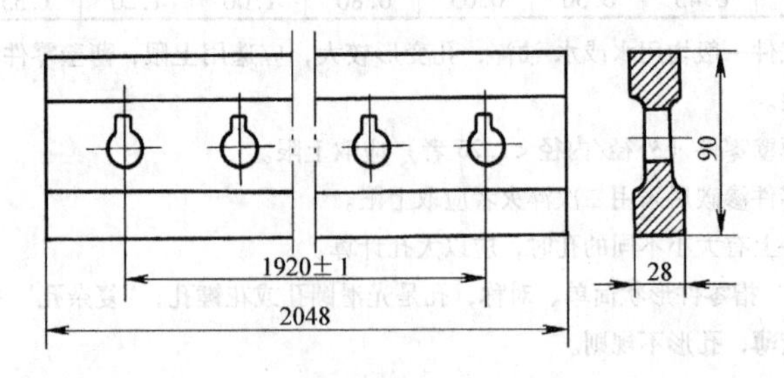

图 10-22 大型剪刀板

水淬油冷后，长度伸长达6mm左右，因孔距公差显著超差而报废。后改用CrWMn、Cr120Mo钢，淬火后伸长仅1～2mm，同时预先控制孔距的加工尺寸，则刚好符合设计要求。

七、提高表面质量

切削加工后零件的表面质量太差，有时可能成为淬火裂纹的起因。如图10-23所示为一轴承套圈，因切削刀痕过深，造成应力集中，在淬火时沿刀痕方向形成淬火裂纹。所以应提高零件淬火前的表面加工质量。

图10-23 轴承套圈

注：该图取自参考文献［11］

第四节 热处理与切削加工性的关系

在机器制造过程中，绝大部分的机械零件都是经过切削加工而最终形成的，因此改善材料的切削加工性对提高产品质量和生产率、降低成本具有重要意义。

材料的切削加工性是指材料被切削的难易程度，它常用一定刀具寿命下的切削速度、相对加工性、表面质量等来衡量。

钢的切削加工性与其化学成分、金相组织和力学性能有关。在确定了化学成分以后，通过热处理方法来改变钢的金相组织和力学性能是改善钢的切削加工性的重要途径之一。

不同成分的钢在不同热处理状态下具有不同的组织和力学性能，它们对钢的切削加工性能起着极其重要的影响。

碳含量在w_C0.25%以下时，钢的切削加工性随碳含量的增加而改善。碳含量过低时，退火钢中有大量柔软的铁素体，钢的延展性非常好，但切削易粘着切削刃而形成刀瘤，而且切削是撕裂断落，导致表面质量变差，刀具的寿命也受到影响。因此，碳含量过低的钢不宜在退火状态切削加工。随着碳含量增加，退火钢中铁素体量减少，而珠光体量增多，钢的延展性降低而硬度和强度增加，从而使钢的切削加工性有所改善。生产上碳含量 $w_C \leqslant 0.25\%$ 的低碳钢大多在热轧或高温正火状态或冷拔塑性变形状态进行切削加工。碳含量 $w_C > 0.6\%$ 的高碳钢，大多要通过球化退火获得合格的球化组织（最佳为 4 级），使硬度适当降低之后再进行切削加工。碳含量在 $w_C 0.25\% \sim 0.6\%$ 之间的中碳钢，为了获得较好的表面加工质量，经常采用正火处理获得较多的细片状珠光体，使硬度适当提高些。对碳含量 $w_C > 0.5\%$ 的中碳钢宜采用一般的退火或淬火加高温回火的调质处理，以获得比正火处理略低的硬度，易切削加工。

实践证明，在切削加工时，为了不致发生“粘刀”现象和使刀具严重磨损，通过金相组织控制钢的硬度范围是必要的。为了使钢具有良好的切削加工性，一般希望硬度控制在 170～230HBW。调质状态的中碳钢为了改善表面质量可将硬度提高到≥250HBW，但将使普通刀具受到严重磨损。

应该指出，不同金相组织，不同硬度对不同切削加工方法（如车、铣、刨、镗、拉等）切削加工性的影响是不同的。例如具备回火索氏体组织的中碳钢，车削加工性较好，而拉、插加工性则较差，故其切削加工性只属中等。常用结构钢热处理后的硬度、组织与表面质量的关系如表 10-8 所示。

表 10-8　常用结构钢热处理后的硬度、组织与表面粗糙度的关系

钢　号	热处理	硬度 HBW	组　织	加工表面粗糙度评估
20Cr	正火	156～179	铁素体 + 索氏体	车削、拉、插尚低
20Cr	调质	187～207	回火索氏体 + 铁素体	车削好，拉、插差或尚低
20CrMnTi	正火	160～207	铁素体 + 索氏体	车削好，拉、插差
45	正火	170～203	铁素体 + 索氏体	车削、拉、插尚低
45	调质	220～250	回火索氏体 + 少量铁素体（<10%）	车削好、拉、插差
40Cr	正火	179～229	索氏体 + 少量铁素体（<5%）	车、拉、插均低
40Cr	调质	230～250	回火索氏体 + 少量铁素体	车削好，拉、插差或尚低
35SiMn	正火	187～229	铁素体 + 索氏体	车、拉、插均低

合金渗碳钢 20CrMnTi 由于碳含量较低，即使采取正火处理，插齿的表面质量也难达到高的要求，为此常对它进行不完全淬火（即加热至 Ac_1 以上温度淬火）使硬度达 20～25HRC，则插齿表面粗糙度可达 $R_a 1.6 \sim 0.4$，刀具寿命提高 3～4 倍。不完全淬火后所以具有良好的切削加工性，是由于得到了低碳钢马氏体和铁素体的混合组织所致。高速钢铣刀经过锻造和退火以后，其硬度为 207～255HBW，在此状态，高速钢铣刀的精铲加工难以达到齿形粗糙度 $R_a 1.6$ 的技术要求。后将粗铲的铣刀经不完全淬火（880～890°C 加热，720～730°C 分级等温冷却）得到碳含量较低的马氏体和索氏体的混合组织，其硬度提高到 32～

43HRC，使铲削加工性能大大改善，精铲后齿型粗糙度可达 *R*a1.6 以上，铲削速度也显著提高。经过不完全淬火处理后再经精铲的铣刀，在最终热处理前需经过退火，否则少数晶粒会因出现组织遗传性而过分长大（晶粒度达 6～8 级），在齿形处的晶粒特别不均匀，这样的组织会使铣刀脆性上升，以致发生崩刃。

大多数工件在淬火回火后要进行磨削加工，因此希望钢具有良好的磨削性，以减少磨削时产生“烧伤”或形成“磨削裂纹”的可能性，在精磨后易于获得高的表面质量。钢的磨削性也与钢的成分、组织、热处理以及材质等有密切关系。例如 9SiCr 钢可用作量具，因溶于基体的 Si 增加钢的硬度和强度，降低钢的磨削性，所以 9SiCr 钢量具在精磨后达不到像 GCr15 钢那样足够光洁的表面。CrMn 钢碳含量较高（达 1.30%～1.50%），淬火回火热处理后能获得高硬度（63HRC 以上）和高耐磨性，然而经常由于碳化物分布不均匀而严重降低其力学性能和磨削性，在磨削过程中碳化物偏聚处可能发生剥落。钢中残留网状碳化物的存在，容易产生磨削裂纹并明显降低表面质量，比如渗碳零件，渗碳后表面碳浓度过高时即形成网状碳化物，淬硬后还有较多残留奥氏体，在磨削加工时，即使采用较小的磨削量也很难避免产生磨削裂纹。表面脱碳的工件，淬火回火后表面硬度偏低而且存在拉应力，在磨削加工时也容易造成磨削裂纹。另外发现工件硬度与磨削裂纹的形成有密切关系：硬度在 55HRC 以下者，虽可能产生烧伤，但磨裂极少；硬度在 60HRC 以上者，即使只增加 1～2HRC，也会使磨裂敏感性大大增加。实践表明，正确选定热处理工艺方法可以有效改善钢的磨削性能。例如严格控制渗碳时表面碳浓度，使它的 $w_C \leqslant 1.10\%$，不产生网状碳化物等措施，对改善钢的磨削性能均有明显效果。

综上所述，改变热处理工艺方法是改变材料切削加工性的一个重要途径。因此，对切削加工性差的材料，除了从冷加工角度采取措施外，可以通过改变材料的热处理工艺方法获得合适的组织，以改善其切削加工性，对此应予以足够的重视。

第五节　典型零件选材及工艺分析

一、齿轮类

机床、汽车、拖拉机等机械中速度的调节和功率的传递主要靠齿轮，因此齿轮在机械工业中是十分重要、使用量很大的零件。

齿轮工作时的一般受力情况如下：

1）齿部承受很大的交变弯曲应力。

2）换挡、起动或啮合不均匀时承受冲击力。

3）齿面相互滚动、滑动、并承受接触压应力。

齿轮的损坏形式主要是齿的折断和齿面的局部剥落及过度磨损。

据此，要求齿轮材料具有以下主要性能：

1）高的弯曲疲劳强度和接触疲劳强度。

2）齿面有高的硬度和耐磨性。

3）齿轮心部有足够高的强度和韧性。

此外，还要求有较好的热处理工艺性，如热处理变形小，变形有一定的规律等。

下面以机床和汽车、拖拉机两类齿轮为例进行分析。

（一）机床齿轮

机床中齿轮担负着传递动力、改变运动速度和运动方向的任务。一般机床中的齿轮精度大部分是7级精度。

机床齿轮的工作条件比起矿山机械、动力机械中的齿轮来说属于运转平稳、负荷不大、条件较好的一类。实践证明，一般机床齿轮选用中碳钢制造，并经高频感应热处理，所得到的硬度、耐磨性、强度及韧性能完全满足使用要求，而且高频淬火具有变形小、生产率高等优点。

下面以C616机床中的齿轮为例加以分析。

机床齿轮一般制造工艺路线如下：

下料→锻造→正火→粗加工→调质→精加工→高频淬火及回火→精磨

（正火→精加工；高频淬火及回火→推孔（花键孔或圆孔）→精磨）

（1）热处理工序的作用　正火处理对锻造齿轮毛坯是必需的热处理工序，它可以使同批坯料具有相同的硬度，便于切削加工，并使组织均匀，消除锻造应力。对于一般齿轮，正火处理也可作为高频淬火前的热处理工序，而不用调质处理。

调质处理可以使齿轮具有较高的综合力学性能，这样齿轮心部具有较高的强度和韧性，使齿轮能承受较大的弯曲应力和冲击力。同时调质处理也是为高频淬火作组织准备，这是因为调质后齿轮的组织为回火索氏体，在淬火时变形更小。

高频淬火及低温回火是赋予齿轮表面性能的关键工序，高频淬火提高了齿轮表面硬度和耐磨性，并使齿轮表面有压应力存在而增强了抗疲劳破坏的能力。为了消除淬火应力，高频淬火后应进行低温回火（或自行回火），这对防止研磨裂纹的产生和提高抗冲击能力极为有利。

（2）齿轮高频淬火后的变形　齿轮高频淬火后，其变形一般表现为内孔缩小，外径不变或减小。齿轮外径与内径之比小于1.5时，内径略胀大；当齿轮有键槽时，内径向键槽方向胀大，形成椭圆形，齿间亦稍有变形；齿形变化较小，一般表现为中间凹0.002~0.005mm。这些微小的变形对生产影响不大，因为一般机床用的7级精度齿轮，淬火回火后，均要经过滚光和推孔才成为成品。

高频淬火齿轮通常用碳含量为w_C0.40%～0.50%的碳钢或中碳低合金钢（40、45、40Cr、45Mn2、40MnB等）制造。大批量生产时，一般要求精选碳含量以保证质量，45钢限制在w_C0.42%～0.47%，40Cr钢限制在w_C0.37%～0.42%。经高频淬火并低温回火后淬硬层应为中碳回火马氏体，而心部则为毛坯热处理（正火或调质）后的组织。

（二）汽车、拖拉机齿轮

汽车、拖拉机齿轮主要分装在变速箱和差速器中，在变速箱中，主要用于改变发动机、曲轴和主轴齿轮的速比，在差速器中则用于增加扭转力矩并调节左右两车轮的转速，通过齿轮将发动机的动力传到主动轮，驱动汽车、拖拉机运行。汽车、拖拉机齿轮的工作条件比机床齿轮要繁重得多，因此在耐磨性、疲劳强度、心部强度和冲击韧性等方面的要求均比机床齿轮高。实践证明，汽车、拖拉机齿轮选用渗碳钢并经渗碳热处理是较为合适的。

下面以JN—150型载重汽车（载重量为8000kg）变速箱中第二轴的二、三挡齿轮（如图10-24所示）为例进行分析。

（1）选择用钢　汽车、拖拉机齿轮的生产特点是批量大、产量高，因此在选择用钢时，在满足力学性能的前提下，对工艺性能必须给以足够的重视。

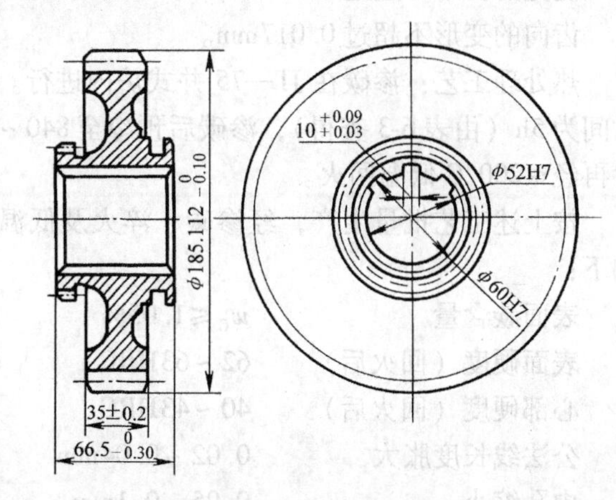

图10-24　齿轮

20CrMnTi钢具有较高的力学性能（见第七章表7-4），该钢经渗碳淬火低温回火后，表面硬度为58～62HRC，心部硬度为30～45HRC。20CrMnTi的工艺性能尚好，锻造后用正火可以改善其切削加工性。

20CrMnTi钢的热处理工艺性较好，有较好的淬透性，且不易过热，渗碳后可直接预冷淬火。此外该钢渗碳速度较快，过渡层较均匀，渗碳淬火后变形小，这对制造形状复杂、要求变形小的齿轮零件来说是十分有利的。

20CrMnTi钢可制造截面在30mm以下，承受高速中等载荷以及冲击、摩擦的重要零件，如齿轮、齿轮轴等各种渗碳零件。当碳含量在上限时，也可用于制造截面在40mm以下、模数大于10的齿轮等。

根据JN—150型载重汽车变速箱中二轴齿轮的工作条件，选用20CrMnTi钢是比较合适的。

(2) 二轴齿轮的工艺路线　下料→锻造→正火→机械加工→渗碳、淬火及低温回火→喷丸→磨内孔及换挡槽→装配。

其中热处理工序的作用在第七章的“渗碳钢”中已有叙述，不再重复。

(3) 热处理技术条件和热处理工艺　热处理技术条件：

渗碳层表面碳含量，w_C0.8%～1.05%；

渗碳层厚度，0.8～1.3mm；

淬火后硬度，≥59HRC；

回火后表面硬度，58～64HRC；

回火后心部硬度，33～48HRC；

齿轮主要尺寸，齿数（Z）=32　模数（m）=5.5；

公法线长度（L）$=74.88^{-0.16}_{-0.24}$　键宽$=10^{+0.09}_{+0.03}$；

变形要求：

齿部公法线摆动量小于0.055mm；

键宽的变形不超过0.05mm；

齿向的变形不超过0.017mm。

热处理工艺：渗碳在JT—75井式炉内进行。渗碳温度为920～940°C，渗碳时间为5h（由表6-3查得），渗碳后预冷至840～860°C直接淬火（油冷），淬火后再经≤200°C低温回火。

按上述工艺批量生产，经渗碳、淬火及低温回火后经检测得到的统计结果如下：

表面碳含量	w_C≤1.05%
表面硬度（回火后）	62～63HRC
心部硬度（回火后）	40～43HRC
公法线长度胀大	0.02～0.04mm
内孔缩小	0.05～0.1mm
键宽缩小	0.05mm

根据上述变形规律，生产上进一步采用冷热加工配合的方法，使变形控制在要求的技术条件范围之内。

齿轮类除高频淬火齿轮与渗碳齿轮外，根据受力情况和性能要求的不同，尚有碳氮共渗齿轮；用中碳钢合金钢调质并经渗氮处理的齿轮；以及采用铸铁、铸钢制造的齿轮。

二、轴类

轴类零件是机械制造工业中另一类用量很大，占有相当重要地位的结构件。

轴类零件的主要作用是支撑传动零件并传递运动和动力，它们在工作时受多种应力的作用，因此从选材角度看，材料应有较高的综合力学性能；局部承受摩擦的部位如车床主轴的花键、曲轴轴颈等处，要求有一定的硬度和抗磨损能力；此外还需根据其应力状态和负荷种类考虑材料的淬透性和抗疲劳性能。实践表明，受交变应力的轴类零件、连杆螺栓等结构件，其损坏形式不少是由疲劳裂纹引起的。下面以车床主轴、汽车半轴、内燃机曲轴、镗杆、大型人字齿轮轴等典型零件为例进行分析。

（一）机床主轴

主轴是机床中主要零件之一，其质量好坏直接影响机床的精度和寿命，因此必须根据主轴的工作条件和性能要求，选择用钢和制定合理的冷热加工工艺。

在选用机床主轴的材料和热处理工艺时，必须考虑以下几点：

1）受力的大小。不同类型的机床，工作条件有很大差别，如高速机床和精密机床主轴的工作条件与重型机床主轴的工作条件相比，无论在弯曲或扭转疲劳特性方面差别都很大。

2）轴承类型。如在滑动轴承上工作时，轴颈需要有高的耐磨性。

3）主轴的形状及其可能引起的热处理缺陷。结构形状复杂的主轴在热处理时易变形甚至开裂，因此在选材上应给予重视。

（1）机床主轴的工作条件和性能要求　C616—416 车床主轴如图 10-25 所示，其工作条件如下：

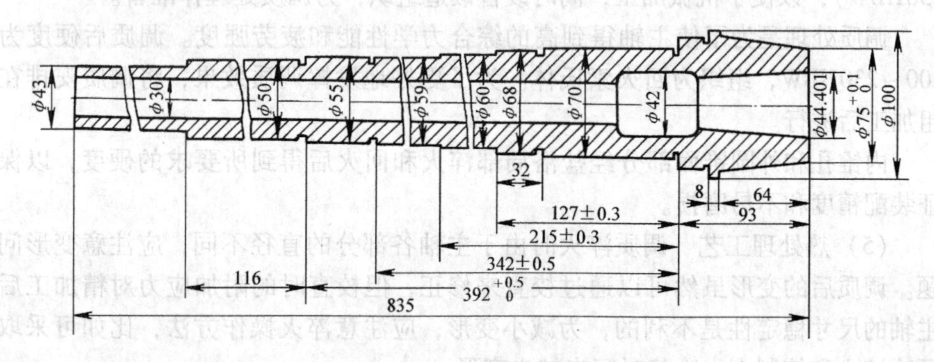

图 10-25　C616—416 车床主轴

1）承受交变的弯曲应力和扭转应力，有时受到冲击载荷的作用。

2）主轴大端内锥孔和锥度外圆，经常与卡盘、顶针有相对摩擦。

3）花键部分经常有磕碰或相对滑动。

该主轴是在滚动轴承中运转，承受中等负荷，转速中等，有装配精度要求，且承受一定的冲击。

因此确定热处理技术条件如下：

1）整体调质后硬度应为 200～230HBW，金相组织为回火索氏体。

2）内锥孔和外圆锥面处硬度为45～50HRC，表面3～5mm内金相组织为回火托氏体和少量回火马氏体。

3）花键部分的硬度为48～53HRC，金相组织同上。

（2）选择用钢　C616车床属于中速、中负荷、在滚动轴承中工作的机床，因此选用45钢是可以的。过去此主轴曾采用45钢经正火处理后使用，后来为了提高其强度和韧性，在粗车后又增加了调质工序。而且调质状态的疲劳强度比正火高，这对提高主轴抗疲劳性也是很重要的。表10-9为45钢正火和调质后力学性能比较。

表10-9　45钢正火和调质后的力学性能

热处理	R_m/MPa	R_{eH}/MPa	疲劳强度/MPa
调质	682	490	388
正火	600	340	260

（3）主轴的工艺路线　下料→锻造→正火→粗加工（外圆留余4～5mm）→调质→半精车外圆（留余2.5～3.5mm），钻中心孔，精车外圆（留余0.6～0.7mm，锥孔留余0.6～0.7mm），铣键槽→局部淬火（锥孔及外锥体）→车定刀槽，粗磨外圆（留余0.4～0.5mm），滚铣花键→花键淬火→精磨。

（4）热处理工序的作用　正火处理是为了得到合适的硬度（170～230HBW），以便于机械加工，同时改善锻造组织，为调质处理作准备。

调质处理是为了使主轴得到高的综合力学性能和疲劳强度。调质后硬度为200～230HBW，组织为回火索氏体。为了更好地发挥调质效果，将调质安排在粗加工后进行。

内锥孔和外圆锥面部分经盐浴局部淬火和回火后得到所要求的硬度，以保证装配精度和不易磨损。

（5）热处理工艺　调质淬火时由于主轴各部分的直径不同，应注意变形问题。调质后的变形虽然可以通过校直来修正，但校直时的附加应力对精加工后主轴的尺寸稳定性是不利的，为减小变形，应注意淬火操作方法，比如可采取预冷淬火和控制水中冷却时间来减少变形。

花键部分可用高频淬火以减少变形和达到硬度要求。

经淬火后的内锥孔和外圆锥面部分需经260～300°C回火，花键部分需经240～260°C回火，以消除淬火应力并达到规定的硬度值。

也有用球墨铸铁制造机床主轴的，如某厂用球墨铸铁代替45钢制造X62WT万能铣床主轴，使用结果表明，球墨铸铁的主轴淬火后硬度为52～58HRC，且变形比45钢小。

（二）汽车半轴

汽车半轴是驱动车轮转动的直接驱动件。半轴材料与其工作条件有关，载重汽车目前选用40Cr钢，而重型载重汽车则选用性能更高的40CrMnMo钢。

(1) 汽车半轴的工作条件和性能要求　以跃进—130型载重汽车（载重量为2500kg）的半轴为例，该半轴（图10-26）的工作条件分析如下：

该半轴用于传递转矩，汽车运行时，发动机输出的转矩，经过多级变速和主动器传递给半轴，再由半轴传至车轮。在上坡或起动时，转矩很大，特别在紧急制动或行驶在不平坦的道路上，工作条件更为繁重。

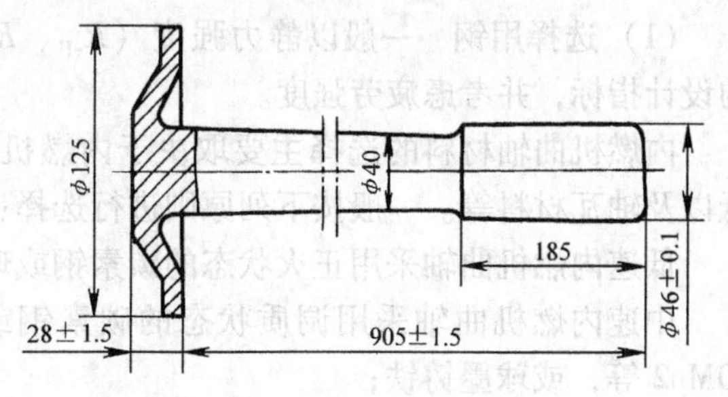

图10-26　汽车半轴

因此半轴在工作时承受冲击、反复弯曲疲劳和扭转应力的作用，要求材料有足够的抗弯强度、疲劳强度和较好的韧性。

热处理技术条件：

硬度　杆部　37~44HRC；

　　　盘部外圆24~34HRC；

金相组织　回火索氏体或回火托氏体

弯曲度　杆中≤1.8mm，盘部跳动≤2.00mm。

(2) 选择用钢　半轴材料可选用40Cr、42CrMo、40CrMnMo钢，同时规定调质后半轴的金相组织为：淬透层应呈回火索氏体或回火托氏体，心部（从中心到花键底半径四分之三范围内）允许有铁素体存在。

根据上述技术条件，选用40Cr钢能满足要求。同时应指出，从汽车的整体性能来看，设计半轴时所采取的安全系数是比较小的。这对于考虑到汽车超载运行而发生事故时，半轴首先破坏对保护后桥内的主动齿轮不受损坏是有利的。从这一点出发，半轴又是一个易损件。

(3) 半轴的工艺路线　下料→锻造→正火→机械加工→调质→盘部钻孔→磨花键。

(4) 热处理工艺分析　锻造后正火，硬度为187~241HBW。调质处理是使半轴具有高的综合力学性能。

淬火后的回火温度是根据杆部要求的硬度（37~44HRC）确定的，选用420℃±10℃回火。回火后在水中冷却，以防止产生回火脆性，同时水冷有利于增加半轴表面的压应力，提高其疲劳强度。

（三）内燃机曲轴

曲轴是内燃机中形状复杂而又重要的零件之一，它在工作时受到内燃机周期性变化着的气体压力、曲柄连杆机构的惯性力、扭转和弯曲应力以及冲击力等作用。在高速内燃机中曲柄还受到扭转振动的影响，会造成很大的应力。

因此，对曲轴的性能要求是保证有高的强度，一定的抗冲击能力和弯曲、扭转疲劳强度，在轴颈处要求有高的硬度和耐磨性。

(1) 选择用钢　一般以静力强度（R_{eH}、R_m、A、Z）和冲击韧度作为曲轴的设计指标，并考虑疲劳强度。

内燃机曲轴材料的选择主要取决于内燃机的使用情况、功率大小、转速高低以及轴瓦材料等。一般按下列原则进行选择：

低速内燃机曲轴采用正火状态的碳素钢或球墨铸铁；

中速内燃机曲轴采用调质状态的碳素钢或合金钢，如 45、40Cr、45Mn2、50Mn2 等，或球墨铸铁；

高速内燃机曲轴采用高强度的合金钢，如 35CrMo、42CrMo、18Cr2Ni4WA 等。

长期以来，人们认为曲轴在动载荷下工作，要求材料有较高的冲击韧度更为安全。实践证明，这种认识是不够全面的。我国早就用球墨铸铁成功地代替锻钢来制造一般内燃机曲轴，球墨铸铁的工艺性如铸造性能、切削加工性等都比较好，生产过程大为简化，其成本也比锻钢低。

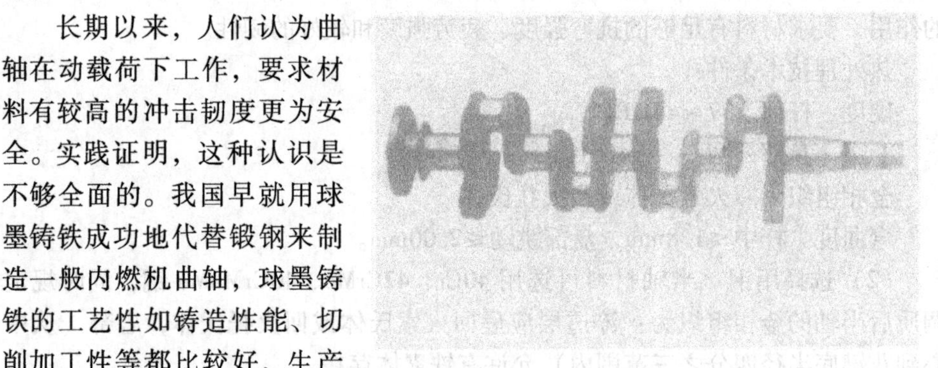

图 10-27　曲轴

注：该图取自参考文献［11］

(2) 热处理技术条件及工艺　以 110 型柴油机球墨铸铁曲轴（见图 10-27）为例加以说明。

材料：QT600—3 球墨铸铁。

技术要求：$R_m \geqslant 650$MPa；$KV_2 \geqslant 12$J（试样尺寸 20mm × 20mm × 110mm）；轴体硬度 240 ~ 300HBW，轴颈硬度 ≥55HRC；珠光体数量：试棒 ≥75%，曲轴 ≥70%。

工艺路线：

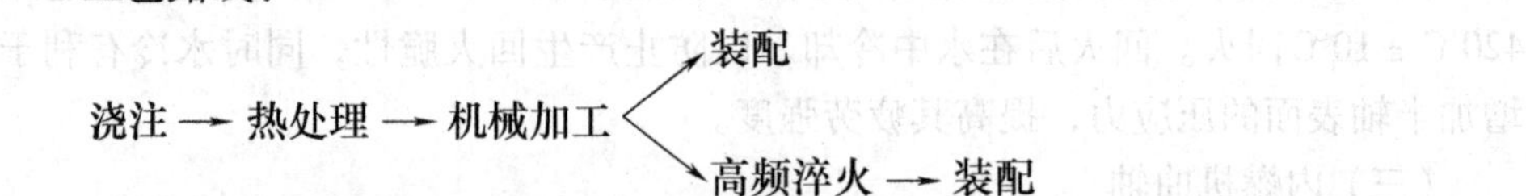

这种曲轴的质量关键在于铸造，铸造后的球化质量，有无铸造缺陷，成分及金相组织是否合格等都十分重要，只有在保证铸件质量的前提下，才谈得上

热处理。

铸后的热处理工序包括正火和高温回火。

正火的目的是为了增加球铁组织内珠光体的含量和细化珠光体片，以提高其抗拉强度、硬度和耐磨性。

回火的目的是为了消除正火风冷所造成的内应力。

在有高频设备的条件下，对轴颈处进行的表面淬火可进一步提高轴颈处的硬度和耐磨性。

（四）镗杆

镗杆的简图如图 10-28 所示。

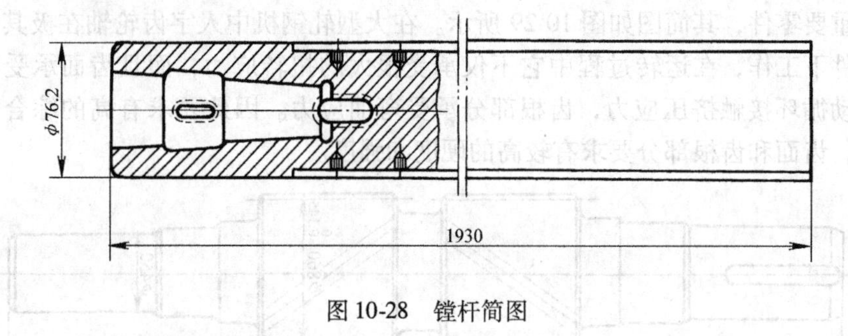

图 10-28　镗杆简图

（1）工作条件和性能要求

1）镗杆在重负载荷条件下工作，承受冲击载荷。

2）精度要求极高，应在尺寸精度 IT6 以上，并在滑动轴承中运转。

3）内锥孔和外锥面经常有相对摩擦。

因此，要求镗杆表面有极高的硬度，心部有较高的综合力学性能。

热处理技术条件为：

渗氮层深度 0.5mm 以上，表面硬度 850HV 以上（相当于 65HRC 以上），心部硬度 250～280HBW。

（2）选择用钢　根据镗杆的工作条件和性能要求，选用 38CrMoAlA 钢是较为理想的。38CrMoAlA 钢经调质处理后有较高的综合力学性能。另外，钢中含有的 Cr、Mo、Al 等元素对形成合金氮化物十分有利，可使渗氮层表面有极高的硬度，以保证镗杆的极高精度。

（3）工艺路线　备料→锻造→退火→粗加工（留余量 3.8mm）→调质→精加工（留磨量 1.0～1.6mm）→除应力处理→粗磨（孔留磨量 0.10～0.15mm）→渗氮→精磨，研磨。

（4）热处理工艺分析　38CrMoAlA 钢含有一定量的合金元素，因此在锻造后为了细化和均匀组织并降低硬度，宜采用完全退火处理。

调质处理在井式炉中进行，有利于减小变形。

除应力处理安排在精车之后，粗磨和渗氮之前进行，有利于减小渗氮处理过程中的变形。

除应力处理的温度一般低于回火温度20～30°C，保温时间稍长（即高温时效处理）。

渗氮处理是关键的热处理工序，它最后决定镗杆的耐磨性和精度。渗氮时除要求高的硬度外，热处理变形一定要小，在镗杆两侧对称开槽就是为了减少变形。

（五）1700轧钢机人字齿轮轴

（1）人字齿轮轴的工作条件和性能要求　人字齿轮轴是连接轧钢机与变速箱的重要零件，其简图如图10-29所示。在大型轧钢机中人字齿轮轴在极其繁重的条件下工作，在运转过程中它不仅承受很大的扭转应力，而且齿面承受很大的脉动循环接触挤压应力，齿根部分承受弯曲应力。因此要求有高的综合力学性能，齿面和齿根部分要求有较高的硬度和强度。

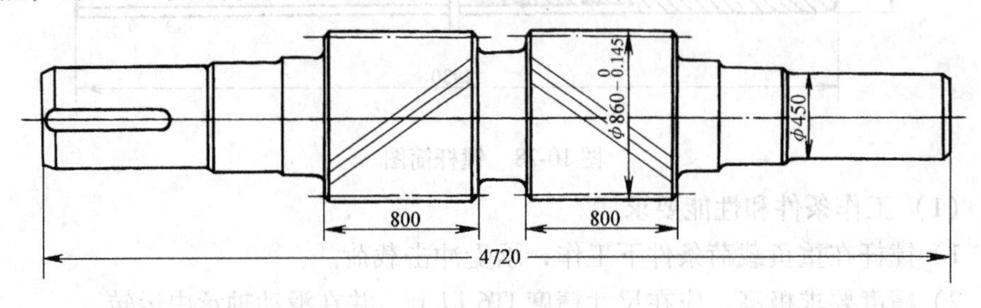

图10-29　人字齿轮轴

热处理技术条件：

调质后：220～260HBW，$R_{eH}\geqslant 650$MPa，$A\geqslant 12\%$，$KV_2\geqslant 32$J；

齿部淬火后：51～58HRC。

（2）选择用钢　人字齿轮轴直径较大，而且要求高的综合力学性能，曾采用32Cr2MnMo钢制造，经调质处理后力学性能能满足设计要求（以离表面1/3半径处为准）。但该钢冶炼困难，锻造性能又较差，成品率低，因而改用34CrMoA。

用34CrMoA钢制造，经调质后在ϕ450mm纵向离表面1/3半径处取样所得结果如表10-10所示。

表10-10　34CrMoA钢人字齿轮轴的力学性能

试样	性能					
	R_{eH}/MPa	R_m/MPa	A(%)	Z(%)	HBW	KV_2/J
1#	669	852	19	58	269	57.6
2#	683	872	16	57		60.0

上述性能数据说明该钢可以作为1700轧钢机人字齿轮轴的材料。

该钢在冶炼、锻造、切削加工方面没有什么困难。

（3）人字齿轮轴的工艺路线　铸锭→锻造→退火→粗加工→调质→精加工（跑合齿部）→表面淬火→加工键孔

（4）热处理工艺分析　含有Cr、Mo等元素的合金钢，在炼钢过程中吸收的氢凝固后固溶于锻坯中，在锻件冷却过程中，由于氢溶解度随温度降低而减小，氢将从锻件中析出，当析出氢的分解压力过大时，在锻件内局部区域形成大量细小裂纹（见图10-30），一般称它为“白点”。锻件尺寸愈大，愈容易出现白点。

铬钼钢人字齿轮轴在锻后需进行防白点退火，其工艺曲线如图10-31所示。

a）　　b）

图10-30　白点

a）横截面　b）纵截面

注：该图取自参考文献［11］

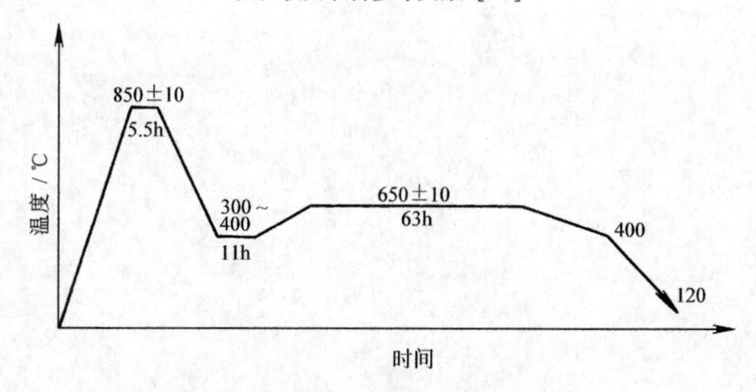

图10-31　锻后的防白点退火工艺曲线

防白点退火应在锻造以后立即进行，在650°C的长时间保温过程可使氢得以逸出锻件之外，而避免了白点的形成。

调质处理是为了使人字齿轮轴具有高的综合力学性能。

齿面和齿根的表面淬火是为了使其能承受较大的接触挤压应力和弯曲应力。采用沿齿沟中频感应表面淬火工艺能满足上述要求。

表面淬火后齿面和齿根淬硬层在 2 ~ 4mm 范围内，表面硬度在 51 ~ 58HRC 范围内，符合技术条件要求。

本章主要名词

机械零件 mechanical parts

力学性能 mechanical property

工艺规范 technical specification

技术参数 technical paramater

热处理状态 heat treated condition

热处理工艺 heat treatment technology

切削性能 cutting property

齿轮轴 gear shaft

装配 fit up

车床主轴 lathe main shaft

半轴 semi-shaft

服役条件 working condition

图纸 engineering scheme

习　题

1. 以某一种机械零件为对象，说明其选材的一般原则。

2. 以汽车、拖拉机变速箱齿轮为例子，说明其选材，并制定热加工、冷加工工艺路线。

3. 以跃进-130 型载重汽车半轴（见图 10-26）为例子，说明其选材，并制定热加工、冷加工工艺路线。

4. 试分析机床主轴的服役条件、性能要求。说明主轴的选材，并说明冷、热加工工艺路线。

第十一章　高分子材料

机械工程非金属材料是指传统的金属材料之外的所有工程材料，包括有机高分子材料（塑料、橡胶及其复合材料）和无机非金属材料（陶瓷、玻璃、水泥、耐火材料，统称陶瓷材料）。随着科学技术的发展和人类涉猎领域的扩大，人们对科学技术的物质基础——材料，提出了越来越多的苛刻要求。对于要求密度小、耐腐蚀、电绝缘、减振消声和耐高温等性能的工程构件，传统的金属材料已难以胜任。新兴的非金属机械工程材料则在轻质、高强度、耐高温方面有很大优势，于是相继出现了合成高分子材料、现代陶瓷材料和复合材料，使工程材料的范围日益得以扩大。本章和第十二、第十三章主要介绍高分子材料基础知识，常用工程塑料和橡胶，陶瓷材料的基础知识和常用工程陶瓷，以及复合材料。

第一节　高分子材料概述

一、高分子化合物与高分子材料

（一）高分子化合物

按照相对分子量的高低，化合物可以分为低分子化合物和高分子化合物两大类。低分子化合物的相对分子量在 10～1000 范围内，分子中含有几个至几十个原子，如水、食盐、乙醇、蔗糖等物质（相对分子量分别为 18，58.5，46.05，198.11）。相对分子量大于 5000～10000 的化合物称为高分子化合物，高分子化合物有天然和人工合成之分，常见的几种高分子化合物的相对分子量如下：

天然高分子化合物：	果　胶	≈2.7 万
	天然橡胶	20 万～100 万
	丝 蛋 白	≈15 万
人工合成高分子化合物：	聚 乙 烯	2 万～20 万
	聚氯乙烯	2 万～16 万
	有机玻璃	5 万～14 万
	氯丁橡胶	3.9 万～8 万

高分子化合物都是由一种或多种简单低分子化合物聚合而成的，所以又称为聚合物或高聚物。一般来说，高分子化合物具有一定的强度和弹性，而低分子化合物则没有什么强度和弹性，因此只有当化合物的相对分子量达到一定数

值，才能称为高分子化合物，方可作为高分子材料在工程上应用。

（二）高分子材料

高分子材料是主要由高分子化合物组成的材料，是一种用途广泛，发展迅速，在国民经济中占有极其重要地位的新型材料。高分子材料主要包括塑料、橡胶和化纤三大类，合成胶粘剂属塑料或橡胶范畴。

二、高分子化合物的组成

高分子化合物的相对分子量虽然很大，但其化学组成并不复杂，通常由一种或几种简单的低分子化合物聚合而成。

（一）高分子化合物（高聚物）的单体、链节和聚合度

以高分子化合物聚乙烯为例。聚乙烯是由乙烯经聚合反应获得的，反应式如下：

$$n\,CH_2=CH_2 \xrightarrow{\text{聚合}} \left[CH_2—CH_2 \right]_n$$

可见，聚乙烯分子链是由乙烯分子中双链打开重复连接构成的简单链。因此，把组成高分子化合物的简单低分子化合物（或聚合前的低分子化合物）叫作单体，即乙烯是聚乙烯的单体。单体一般具有双链或是一些复杂的环状化合物，以及一些含有特殊官能团的化合物。常见的单体结构及名称列于表 11-1。

表 11-1　常见的高分子化合物的单体及结构

单体结构	名　称	重复单元	聚合物
$CH_2=CH_2$	乙烯	$—CH_2—CH_2—$	聚乙烯
$CH_2=CH_2\ CH_2$	丙烯	$—CH_2—CHCH_3—$	聚丙烯
$C_6H_5—CH=CH_2$	苯乙烯	$—CH_2—C_6H_4—CH—$	聚苯乙烯
$CH_2=CH—CH=CH_2$	丁二烯	$—CH_2—CH=CH—CH_2—$	聚丁二烯
$CH_2=CCH_3—CH_2=CH_2$	异戊二烯	$—CH_2—CCH_3=CH—CH_2—$	聚异戊二烯
$CH_2=CHCN$	丙烯腈	$—CH_2—CHCN—$	聚丙烯腈
$CF_2=CF_2$	四氯乙烯	$—CF_2—CF_2—$	聚四氯乙烯
$CH_2=CHCl$	氯乙烯	$—CH_2—CHCl—$	聚氯乙烯

构成聚合物的重复结构单元称为链节，如聚乙烯分子中的 $—CH_2—CH_2—$ 即为其链节。聚合物分子中链节的数目 n 称为聚合度，也即重复结构单元的数目。

（二）高分子化合物相对分子量的多分散性和平均分子量

由低分子化合物组成的纯物质（单体）总有确定而且均一的相对分子量，而高分子化合物则是由长度不同（聚合度不同）、相对分子量不同、化学组成相同的同系高分子混合物，即高分子化合物总是由不同大小的高分子组成，这一现象称为高分子化合物相对分子量的多分散性，如：

聚苯乙烯相对分子量　10，000～300，000

聚丙烯腈相对分子量　60，000～500，000

高分子化合物的相对分子量 M 为：

$$M = m \times n$$

其中，m 和 n 分别为聚合物单体的相对分子量和聚合度。

相对分子量不同，高分子化合物的性能和物理状态也不同，以聚乙烯为例见表 11-2。

表 11-2　聚乙烯分子量对性能的影响

单体相对分子量 m	聚合度 n	相对分子量	室温状态	用　途
28	8	224	气体 + 液体	化工原料
	>50	>1400	软态固体	石蜡
	>200～20000	>5600～560000	固体	机器零件，生活用品

通常，高分子化合物的相对分子量常用具有统计意义的平均相对分子量表示。图 11-1 为某聚合物平均相对分子量示意图，其平均相对分子量为 $\overline{M}$。

高分子化合物的平均相对分子量及相对分子量分布宽窄（分散性大小），对高分子化合物的物理、力学性能有很大影响。一般来说，平均相对分子量增大，高分子材料的机械强度提高，但相对分子量太大又会使其融熔粘度增大，流动性差，给加工成型带来困难；在平均相对分子量基本相同情况下，相对分子量分布宽（如图 11-2*B*），高分子化合物熔融温度变宽，有利于加工成型，相对分子量分布窄的高分子化合物（如图 11-2*A*），其制品往往在某些方面具有较好的性能，如抗撕裂性能较好等。因此，对作为涂料使用的聚合物，平均相对分子量不宜过高，以免给施工带来困难，对某些高强塑料，相对分子量分布不宜过宽，以提高其抗撕裂性能。

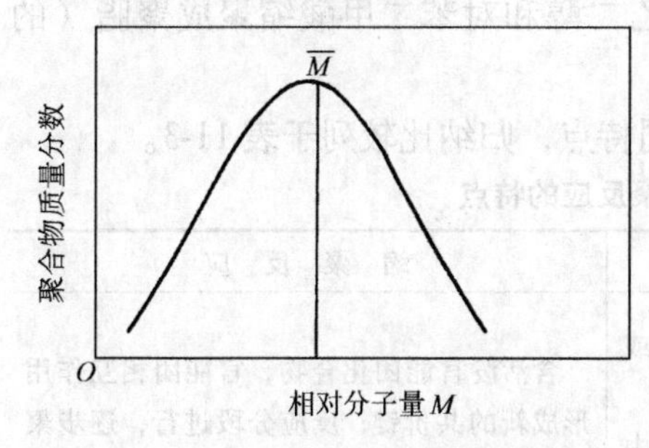

图 11-1　聚合物的相对分子量分布

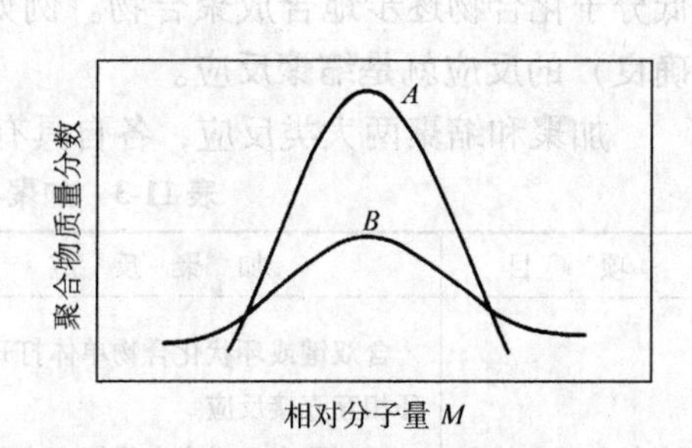

图 11-2　两种聚合物的相对分子量分布

总之，在高分子材料的工业生产中，常常要控制产品的相对分子量大小及分布情况，以适应不同的需要。而平均相对分子量的大小及分布情况则要由制备高分子化合物的反应条件和反应机理来决定。

三、高分子化合物的聚合类型

高分子化合物的聚合类型有加成聚合反应（简称加聚）和缩合聚合反应（简称缩聚）之分。

（一）加聚反应

加聚反应是指一种或几种单体在一定条件下，如光照、加热或化学药品处理等引发作用，借助于双键的打开自身加成，并在分子间形成新的共价键，最后得到大分子的过程。

根据单体种类不同，加聚反应又分为均聚和共聚两种。同种单体分子间的加聚反应称为均聚，其产物称为均聚物，如乙烯在引发剂作用下生成聚乙烯的反应。两种或两种以上单体的聚合叫共聚，其产物称为共聚物，如 ABS 塑料就是丙烯腈（A）、丁二烯（B）和苯乙烯（S）三种单体的共聚物。

可见，均聚物实际上是单体本身的自聚物；共聚物则不是各种单体自聚物的混合物，而是在主链中包含两种或两种以上单体链节的新型聚合物。共聚可以有效改善均聚物某些性能不足，创造出新品种。单体链节在共聚物中排列方式不同，性能也不相同。共聚物具有各组成单体的特性，因此人们称共聚物为“高分子合金”，例如，ABS 塑料具有丙烯腈（A）的耐蚀性、丁二烯（B）的韧性和苯乙烯（S）的良好工艺性。

（二）缩聚反应

缩聚反应是由一种或几种单体相互作用形成高分子化合物，同时产生低分子副产物（如 H_2O，NH_3，HX）的聚合反应。缩聚反应比加聚反应复杂的多。

经缩聚反应形成的聚合物的化学结构组成与单体的不同，参与缩聚反应的单体一般都是具有两个或两个以上活泼的官能团（如羟基—OH，氨基—NH_2）的低分子化合物，通过官能团的相互作用，在分子间生成新的化学键，从而把低分子化合物逐步地合成聚合物。例如，乙二醇和对苯二甲酸缩聚成聚脂（的确良）的反应就是缩聚反应。

加聚和缩聚两大类反应，各自具有不同特点，归纳比较列于表 11-3。

表 11-3　加聚与缩聚反应的特点

项　目	加 聚 反 应	缩 聚 反 应
单体与反应特点	含双键或环状化合物单体打开双键或环相互直接反应 链锁聚合，反应在瞬间完成不易得中间产物 绝大多数是不可逆的，无小分子放出	含活泼官能团化合物，官能团相互作用形成新的共价键；反应分段进行，逐步聚合可得到中间产物 一般都是可逆的，有小分子放出
链节特点	链节和单体的化学组成相同	链节和单体的化学组成不同

（续）

项　目	加 聚 反 应	缩 聚 反 应
聚合产物	产物的分子量分布较宽，如合成橡胶、聚烯烃类塑料 某些用于粘合剂的树脂 某些用于涂料的成膜物质	相对分子量分布较窄，如酚醛、环氧、尼龙、聚脂、有机硅等工程塑料 某些用于粘合剂的树脂，某些用于涂料的成膜物质

四、高分子化合物的分类和命名

（一）分类

高分子化合物的种类很多，分类方法也很多，有天然和人工合成之分，有机和无机之分，常见的分类原则和方法见表11-4。

表11-4　高分子化合物常见的分类方法

分类的原则	类　别	举例与特性
按聚合物的来源	天然聚合物 人造聚合物 合成聚合物	如天然橡胶、纤维素、蛋白质等 经人工改性的天然聚合物，如硝酸纤维，醋酸纤维 完全由低分子物质合成的，如聚氯乙烯，聚酰胺
按生成聚合物的化学反应	加聚物 缩聚物	由加成聚合反应得到的，如聚烯烃 由缩合聚合反应得到的，如酚醛树脂
按聚合物的工艺性质	塑料 橡胶 纤维 涂料 胶粘剂	有固定形状、热稳定性与强度 具有高弹性，可作弹性及密封材料 单丝强度高，多用做纺织材料 涂布于物体表面，可以形成坚固的防护膜 能将两种物质粘结在一起，形成很牢固的物质
按高分子的几何结构	线型聚合物 体型聚合物	高分子为线型或支链型结构 高分子为网状或体型结构
按聚合物的热行为	热塑性聚合物 热固性聚合物	线型结构加热后仍不变 线型结构加热后变为体型
按聚合物分子的结构	碳均链聚合物 杂链聚合物 元素有机聚合物	一般为加聚物—C—C—C— 一般为缩聚物—C—C—O—C—；—C—C—N— 一般为缩聚物—O—Si—O—Si—O—

（二）命名

聚合物的命名尚未统一，目前多采用习惯法命名，同一种高分子化合物往往有几种不同的名称。

1. 习惯命名法

天然高分子化合物一般按来源和性质而用其俗名，如纤维素、蛋白质、虫胶等。合成聚合物中加聚物的命名一般常用单体的名称前加“聚”字，如聚乙烯、聚氯乙烯、聚甲基丙烯酸甲酯等；缩聚物因与单体的组成不同，它们的命名可按结构单元加“聚”字，如聚对苯二甲酸乙二酯。若缩聚产物结构复杂，则常以原料名称命名，并在名称之后加“树脂”二字，如酚醛树脂、环氧树脂等。目前“树脂”二字的应用范围有扩大的趋势，凡未加工的聚合物，也都称为树脂，如聚氯乙烯树脂。

2. 简称和商业名称

有些聚合物的名称不是指一种具体物质，而是代表一类聚合物，如聚酰胺，聚脂等。许多聚合物都有简称和商业名称，例如：

化学名称	商品名称	简称
聚己二酰己二胺	尼龙 66	聚酰胺
聚癸二酰癸二胺	尼龙 1010	聚酰胺
聚对苯二甲酸乙二酯	的确良	聚酯
聚丙烯腈	腈纶	

3. 英文命名

聚合物还可以用英文或英文缩写字头表示，例如：

聚合物	英文名称	英文缩写
聚乙烯	Polyethylene	PE
聚氯乙烯	Polyvinyl Chloride	PVC
聚苯乙烯	Polystyrene	PS
聚丙烯	Polypyopylene	PP
丙烯腈-丁二烯-苯乙烯三聚物	Acryonitrile-butadiene-styrene terpolymer	ABS
聚酰胺（尼龙）	Polyamicle（Nylon）	PA
聚甲醛	Polyformaldehyde	POM

五、高分子化合物的结构

高分子化合物的结构有两方面的含义，一是指聚合物中大分子链的结构，二是指大分子的聚集态结构。和金属一样，高分子化合物的结构直接决定着高分子材料的性能。

（一）大分子链的结构

大分子链的结构是指大分子的内部结构，即大分子链中原子或基团间的几何排列形态。

1. 大分子链的几何结构

大分子链是由许多链节组成的长链，即链节是组成大分子链的主要化学结构单元，其几何结构形态有线型（含支链线型）和体型两种。

（1）线型结构　具有线型结构的大分子链包含无支链的长链和有支链的长链两种几何结构形态（图 11-3a，b）。具有线型及支链线型结构的聚合物，由于长链大分子的直径约为几Å（1Å = 10^{-8}cm）、长度达几千甚至几十万Å，长径比一般可达 1∶1000 以上，故多呈卷曲状，并且很容易改变卷曲的形状。这类聚合物在升温时可以软化及流动，冷却时能凝固变硬，再加热还能再软化及再流动，故通常称为热塑性高分子化合物，这类聚合物具有可溶性，即在一定的溶剂中可以溶解。属于此类的高分子材料有热塑性工程塑料、未硫化的橡胶、合成纤维等。这些材料的最大优点是可以反复加工使用，而且具有较好的弹性。

（2）体型（网状）结构　具有体型结构的聚合物，大分子链节相互交联，呈立体网状形态（图 11-3c）。这类聚合物即不能溶于溶剂，加热时又不能熔融流动，故称为热固性高分子化合物。属于此类的高分子材料有热固性工程塑料、硫化橡胶等。这类材料一般具有耐热性、刚性，化学稳定性较好，但脆性大，弹性小。

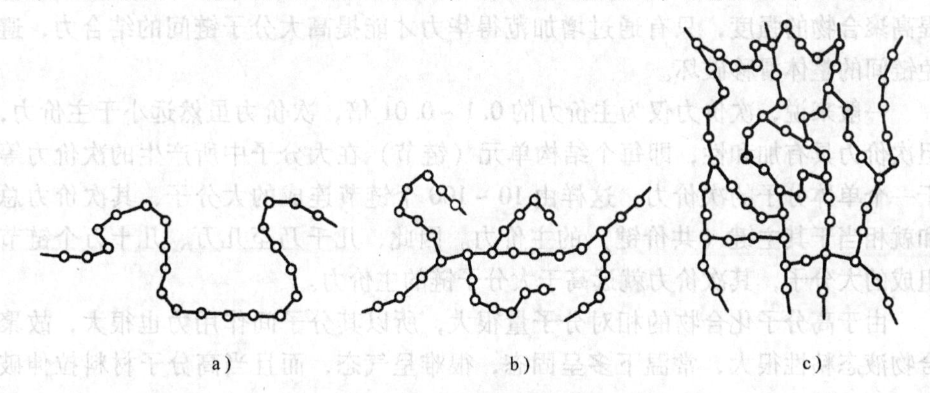

图 11-3　聚合物大分子的三种形态

a）线型　b）支链线型　c）体型（网状）

线型结构和体型结构在一定条件下可以转化，即：线型大分子→体型大分子，这种现象称为固化或交联，属不可逆变化。

在胶粘剂及涂料配置与工艺施工中，除对所用树脂的相对分子量要加以控制之外，还应注意在粘结与涂膜前，不要使线型结构的树脂变成体型结构，否则容易固化，不利于施工与应用。

无支链线型、支链线型和体型高分子在化学组成相同（重复结构单元相同）条件下具有不同的理化性能、热性能和力学性能，例如市场上所见的聚乙烯有三种结构物，其性能见表 11-5。

2. 大分子之间的作用力

聚合物大分子链中链节之间、原子之间（如 Si—O，C—O，C—C，H—H）以强大的共价键结合，这种共价键力称为主价力，正是这种主价力把原子或链节约束在一起形成大分子长链。

表 11-5　几种不同结构聚乙烯的性能

性能	低密度聚乙烯	高密度聚乙烯	交联聚乙烯
密度/（g/cm^3）	0.91～0.925	0.941～0.965	0.93～1.4
拉伸强度 R_m/MPa	7～15	21～37	10～21
断裂伸长率 A（%）	90～800	50～100	180～600
连续工作温度/°C	80～100	120	135
熔点/°C	105	135	—
分子链结构	支链线型	线型	体型
用途	薄膜、奶瓶	较硬的水杯、水桶、工程塑料部件、绳缆	海底电缆的包皮

大分子之间的作用力简单说来有两种：分子键和氢键力，其中氢键力较大，大分子之间的作用力称为次价力。次价力在简单聚合物中是很脆弱的，当聚合物受到外力作用时，链与链之间容易滑脱，因此，这种材料的破坏被认为是大分子链与链之间的分离（分子间的滑移）而非大分子链本身的断裂。所以，要提高聚合物的强度，只有通过增加范得华力才能提高大分子链间的结合力，避免链间的整体滑移破坏。

一般来说，次价力仅为主价力的 0.1～0.01 倍，次价力虽然远小于主价力，但次价力具有加和性，即每个结构单元（链节）在大分子中所产生的次价力等于一个单体分子的次价力，这样由 10～100 个链节连成的大分子，其次价力总和就相当于其主键（共价键）的主价力。因此，几千乃至几万、几十万个链节组成的大分子，其次价力就远高于大分子链的主价力。

由于高分子化合物的相对分子量很大，所以其分子间作用力也很大，故聚合物液态粘性很大，常温下多呈固态，很难呈气态，而且当高分子材料拉伸破坏时，总是分子链首先断裂（共价键断开），而不是大分子之间的滑动破坏。例如，当聚乙烯分子量高达 100 万以上时，拉伸强度 R_m 为 40MPa，可用于制造承受较大冲击的纺织梭子，而普通聚乙烯相对分子量在 50 万以上，R_m = 20MPa，只能做普通构件如手柄等。

当聚合物分子相互交连，如体型聚合物，由于分子链与分子链之间有共价键形成刚性骨架，因而强度较高，塑性较差。带有侧链的聚合物，由于侧链阻碍大分子链的相互滑动，也使强度增加。

3. 大分子链的构象及柔顺性

（1）大分子链的构象　高分子材料具有其它材料所罕见的高弹性、好的韧性、耐冲击性等良好的力学性能，其根本原因都是聚合物微观运动多种性的结果，即一是大分子链非常长（10^2～10^5nm），很容易卷曲成无规线团，二是分子链的共价单键可以进行内旋转运动。

大部分聚合物如聚乙烯、聚丙烯等的主链完全由 C—C 单键组成，每一个单键（σ 键）都可以绕着它邻近的键在键长和键角不变的情况下任意旋转，此即单键的内旋转。图 11-4 为共价 C—C 单键内旋转运动的示意图。

如图 11-4 所示，当 C—C 单键不带任何原子或基团时，内旋转运动是完全自由的，图中 C_2—C_3 键按键角 θ 绕 C_1—C_2 键旋转（对 C—C 键而言，θ = 109°28′），由于单键 C_2—C_3 的内旋转，C_3 可以出现在以 C_2 为顶点，以 C_2—C_3 为边长，以 θ 角为外锥角的圆锥体底边上的任何一个位置上。同样，C_4 可以出现以 C_3 为顶点，以 C_3—C_4 为边长，以 θ 角为外锥角的圆锥体底边上的任一位置上。以此类推，对于拥有众多单键的大分子链，各单键均可做与上述情况相同的内旋转运动。

大分子链上原子绕单键的内旋结果，导致原子排布方式的不断变化，加之大分子链往往含有成千上万个单键，每个单键都可内旋，造成大分子形态的瞬息万变，因而分子链出现不同的形象。这种由于单键内旋运动引起原子在空间位置的变化而构成大分子链的各种形象称为大分子链的构象。

（2）大分子链的柔顺性　实际上，聚合物大分子链的内旋运动一方面要受到相邻的其它原子或基团的空间阻碍；另一方面，由于分子间力的存在，更会受到相邻大分子的束缚，所以内旋转是不自由的。由于大分子链上单键的内旋转运动，必然造成整个大分子链的形状及末端距（L）每一瞬间都不相同，大分子链时而蜷曲时而伸展的状况（如图 11-5 所示），这种特性称为大分子链的柔顺性。换言之，大分子链的柔顺性指的是由于大分子构象的变化而获得不同蜷曲程度的特性。这是造成高分子材料具有良好的弹性及韧性的主要因素。通常，容易内旋的链称为柔性链，不易内旋的链称为刚性链。

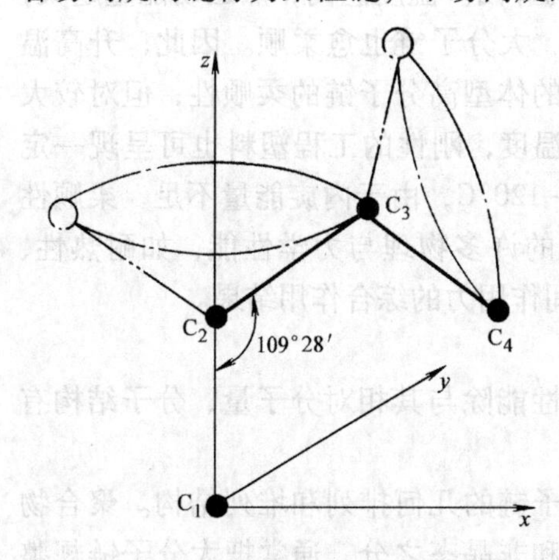

图 11-4　C—C 单键内旋转运动的示意图

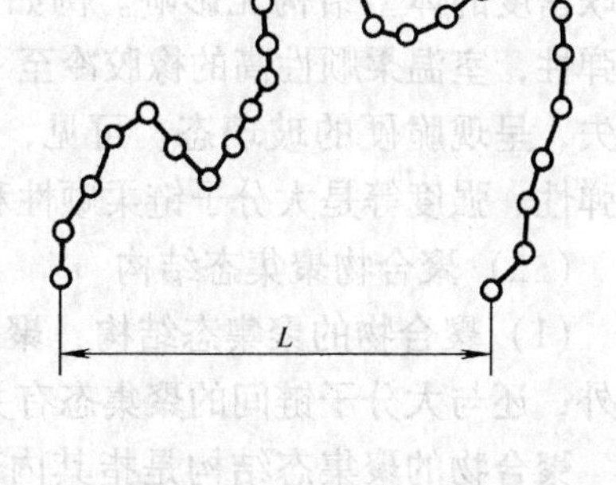

图 11-5　高分子形状及末端距

大分子链的柔顺性是聚合物与低分子物质在许多基本性能上存在差异的根本原因。大分子链的柔顺性与链中单键内旋转的难易程度有关，单键的内旋转彼此之间相互牵制，一个键的运动往往牵连到邻近键的运动，所以大分子链的运动通常不会以单键或链节为单元进行，也不会以整个大分子的形式进行，而是以一些相互联系的链节组成的链段为运动单元，因此，链段是大分子链中能够独立运动的最小单元。链段可以包含几个、十几个、甚至几十个链节。链段的热运动使大分子产生强烈的蜷曲倾向，因此链段愈短，链段包含链节数目愈少，则大分子的柔顺性愈好。

影响大分子链柔顺性的因素主要有：主链结构、化学键交联密度和温度的影响。

大分子主链全部由单键组成，则大分子链的柔顺性好。主链的组成结构不同，大分子链的柔顺性也不同，Si—O 共价键组成的主链柔顺性最好，合成橡胶（如硅橡胶）多含此链。当线型大分子长链间产生化学键交联时，化学键交联密度愈大，大分子链柔顺性愈差，原因是化学键交联影响了链段的运动，反之，当交联密度较低时，两交联点之间的分子远大于链段长，虽交联但不大妨碍分子内旋，大分子链仍保持良好的柔顺性。例如硫化程度低（$w_S 2\% \sim 3\%$）的橡胶，仍保持与天然橡胶分子相似的柔顺性。若交联密度较大时，线型聚合物变成体型聚合物，就无所谓孤立的线型大分子可言。例如，硫化橡胶交联密度达30%以上时，就失去高弹性，称为硬橡胶。因此，线型长链分子结构是大分子具有柔顺性的根源，若分子伸直成棒状，卷曲成结实的小球或高密度交联的体型结构，都将失去线型蜷曲长链分子的特点，使分子的内旋转表现不出来而失去柔顺性。

温度是促使大分子内旋转呈现柔顺性的外因。温度愈高，热运动能量越大，分子的内旋越自由，大分子的构象数愈多，大分子链也愈柔顺。因此，升高温度可以增加线型高分子链或较低交联密度的体型高分子链的柔顺性，但对较大交联密度的体型结构无影响。例如，升高温度，刚性的工程塑料也可呈现一定的弹性，室温柔顺性高的橡胶冷至 $-70 \sim -120°C$，由于内旋能量不足，柔顺性消失，呈现脆硬的玻璃态。可见，聚合物的许多物理与力学性能，如耐热性、高弹性、强度等是大分子链柔顺性和分子间作用力的综合作用结果。

（二）聚合物聚集态结构

（1）聚合物的聚集态结构　聚合物的性能除与其相对分子量、分子结构有关外，还与大分子链间的聚集态有关。

聚合物的聚集态结构是指其内部大分子链的几何排列和堆列结构。聚合物的大分子排列有有序和无序之分，即晶态和非晶态之分。通常把大分子链规整有序排列的聚合物称为结晶型聚合物，把杂乱无章排列的称为无定形（又称非晶态或玻璃态）聚合物，如图 1-3 所示。线型聚合物可在一定条件下形成晶态或部分晶态，而体型聚合物都是非晶态。常见的聚乙烯、聚四氯乙烯、聚酰胺

(尼龙）等属于结晶型聚合物，有机玻璃、聚苯乙烯等分子排列杂乱，象线团纠缠在一起，属典型的非晶态聚合物。

和金属不同的是，聚合物不存在完全晶态的聚合物，通常把大分子链规则紧密排列区域超过50%的聚合物即称为结晶型聚合物，换言之，结晶型聚合物大分子的聚集态是晶态和非晶态两种状态的混合结构。结晶型聚合物的结构模型见图11-6，模型表明在结晶聚合物中存在着所谓“晶区”，中间还存在着所谓“非晶区”，“晶区”和“非晶区”比整个大分子链小的多。结晶聚合物中每个分子既包含着规整排列的部分（晶区），又包含着不规整排列的部分（非晶区）。在“晶区”里，大分子链的局部是规则而紧密排列的；而在“非晶区”中，大分子链则是蜷曲和无序排列的。另外，聚合物在拉伸应力作用下，大分子链定向排列也会形成“晶区”结构，此即所谓的拉伸取向聚合物“晶区”结构。

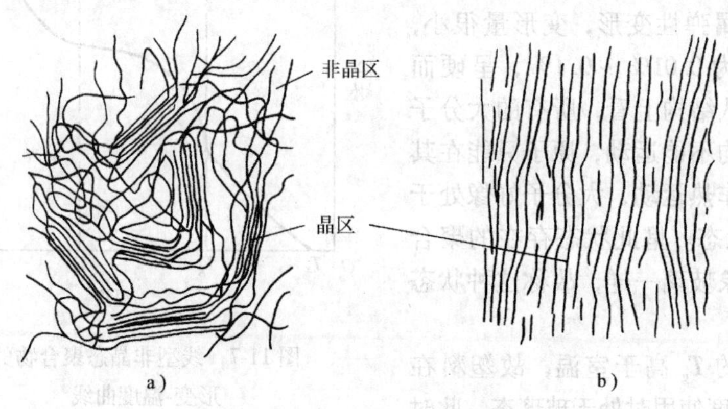

图11-6　结晶聚合物的晶区结构

a）结晶聚合物的晶区结构　b）拉伸（取向）聚合物的晶区结构

（2）结晶度　聚合物中晶区部分所占的质量分数或体积分数称为聚合物的结晶度。典型的聚合物的结晶度为50%～95%。表11-6列出了几种常见聚合物的结晶度，结晶度大小与大分子链的结构和聚合物的结晶能力有关。线型和支链线型高分子以及低交联密度的体型高分子才可能结晶，高度交联的体型高分子材料则无结晶能力只能是无定形高分子材料。

表11-6　几种常见聚合物的结晶度

聚合物类别	结晶度（%）	聚合物类别	结晶度（%）
高压聚乙烯	40～65	尼龙66	50
低压聚乙烯	60～95	聚异丁烯	20
聚四氟乙烯	88		

结晶使聚合物分子处于密集聚集状态，增强了分子间作用力，使聚合物的熔点、密度、刚性、硬度、耐热性和化学稳定性有所提高；结晶又使链段运动

困难，使与链段运动有关的性能，如弹性、断裂伸长率、冲击韧性等降低，透明度下降。

六、高分子材料的性能

高分子材料的性能包括力学性能、物理性能（电、磁、热）和化学性能等，简述如下。

（一）聚合物的力学状态

线型非晶态聚合物在不同的温度下表现出不同的力学状态，即玻璃态、高弹态和粘流态，其形变-温度曲线如图 11-7 所示，图中 T_x 为脆化温度，T_g 为玻璃化温度，T_f 为粘流温度，T_d 为分解温度。

(1) 玻璃态　聚合物在较低温度（$T < T_g$）受力时，形变与外力服从虎克定律，属弹性变形，变形量很小，应变量约为 0.01% ~0.1%，呈硬而脆状态。从结构上看，所有的大分子链及链段均不能运动，原子只能在其平衡位置作热运动，大分子好像处于“冻结”状态。呈此状态存在的聚合物，性质象玻璃一样，故称这种状态为玻璃态。

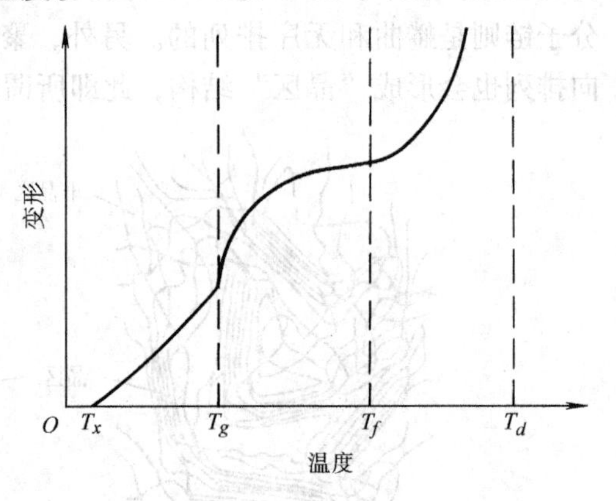

图 11-7　线型非晶态聚合物的形变-温度曲线

塑料的 T_g 高于室温，故塑料在低于 T_g 温度使用时处于玻璃态，此时若受到外力时，只有键长与键角作瞬时而短暂的振动而改变，并且是可逆的，因而具有较高的力学性能，可用作结构材料。

(2) 高弹态　在 $T_g < T < T_f$ 时，聚合物分子的动能较大，链段可以运动，但大分子动能尚不足以克服大分子链之间的次价力进行整体移动，当施加外力时，聚合物会产生缓慢的形变，去除外力后聚合物又会缓慢地恢复原状，这种状态称为高弹态。此时分子链呈蜷曲状，这是聚合物特有的状态。在外力作用下，蜷曲的大分子链沿外力方向逐渐舒展拉直，产生很大的弹性变形，其宏观弹性变形量可达 100% ~1000%。外力去除后分子链又逐渐回复到原来的蜷曲状态，弹性变形消失。该过程是一个缓慢的随时间逐渐变化的过程。

室温下处于高弹态的聚合物为橡胶，工作温度范围在 $T_g \sim T_f$ 之间。

(3) 粘流态　当 $T > T_f$ 时，分子动能足以使链段和整个分子链都运动起来，聚合物成为流动的粘稠液体，这种状态称为粘流态。粘流态聚合物在外力作用下，大分子链之间发生相对滑动而产生不可逆永久变形，称为粘性流动变形。胶粘剂、涂料、有机涂料称为流动性树脂，在室温下储存和使用状态均为粘流态。热塑性塑料和橡胶的成型也是在粘流态进行的。处于粘流态的聚合物可以通过喷涂、吹塑等加工方法制成各种产品。

聚合物三种力学状态的力学特征对比列于表 11-7。

表 11-7　聚合物力学状态机理及特征

状　态	力学行为特征	机　理
玻璃态	弹性模量大，约 100MPa 断裂伸长率小，<1% 形变可逆 力学性能（如弹性模量）依赖于原子性质	原子的平均位置发生位移
高弹态	弹性模量小，约 10MPa 断裂伸长率大，100%～1000% 形变可逆 力学性能依赖于链段的性质	链段发生位移
粘流态	弹性模量很小 形变率很大 形变不可逆 力学性能（如粘度）依赖于分子链的性质	大分子链整体发生位移

对于线性结晶型聚合物，结晶区存在的最高温度称为熔点 T_m，此类在 T_g～T_m 之间为类似玻璃态的硬结晶态，温度高于 T_m 为粘流态，是对结晶型聚合物加工成型时的状态。分子量很大的结晶型聚合物在硬结晶态和粘流态之间还存在一个介乎两者之间的皮革态，这是非晶区处于高弹态、晶区处于硬结晶态的复合状态。

体型非晶态聚合物大分子链之间以化学键交联成立体网状，其交联密度对聚合物的力学状态有重要影响。若交联密度较小，两个交联点之间链段较长，柔性好，链段可以运动，外力作用下链段伸展可产生高弹性变形，这类聚合物仍具有高弹态，如轻度硫化的橡胶；若交联密度较大，交联点间的链段短，链段运动困难、则将失去高弹性，如过度硫化的橡胶；若交联密度很大，链段完全不能运动，只有主链键长和键角可作很小变化，此时聚合物只呈玻璃态，如酚醛塑料。

（二）力学性能

（1）高弹性和低弹性模量　这是聚合物材料特有的性能。橡胶为典型的高弹性材料，弹性变形的伸长率可达 100%～1000%，而金属的弹性变形伸长率<1%；橡胶的弹性模量为 10～100MPa，约为金属弹性模量的千分之一。塑料因其使用状态为玻璃态，故无高弹性，但其弹性模量也远比金属低，约为金属弹性模量的十分之一。

（2）低强度和低硬度　聚合物的强度取决于主价力、次价力、相对分子量和结晶度等因素，所有能束缚和阻碍大分子链和链段运动的因素均可以提高其强度和硬度。聚合物的抗拉强度平均为100MPa左右，是理论强度的1/200，这是由于聚合物中分子链排列不规则，内部含有大量杂质、空穴和微裂纹，在外力作用下，空穴聚合成微裂纹，而微裂纹不断扩展形成宏观裂纹（又称银纹），导致最后断裂。所以高分子材料的抗拉强度比金属材料低得多。通常热塑性材料 $R_m = 50 \sim 100\text{MPa}$；热固性材料 $R_m = 30 \sim 60\text{MPa}$；橡胶的强度更低，一般为20~30MPa。由于聚合物密度小，故其比强度（强度/密度）较高，这也是其重要特性之一。

塑料的硬度测试采用布氏硬度或洛氏硬度试验法，橡胶的硬度测试采用肖氏（邵氏）硬度试验法。如尼龙的硬度为110~118HRT，酚醛塑料的硬度为30HBW。

（3）粘弹性　聚合物在外力作用下同时发生弹性变形和粘性流动，并且其变形与时间有关，这一性质称为粘弹性。聚合物的粘弹性表现为蠕变、应力松弛和内耗三种现象。

蠕变是在应力（或载荷）保持恒定的情况下，应变随时间的延长而增加的现象。其本质是在恒定应力作用下蜷曲分子链发生位移导致了不可逆塑性变形。例如，架空的聚氯乙烯电缆套管时间长了就会发生弯曲，就是蠕变引起的。蠕变实际上反映了材料在一定外力作用下的尺寸稳定性，对于尺寸精度要求高的聚合物零件，就需要选择蠕变抗力高的材料。

应力松弛指的是聚合物受力后其变形量保持不变，而应力随时间延长逐渐衰减的现象。例如，化工管道法兰盘橡胶密封垫圈使用一段时间后，常因密封不严而发生泄漏，其原因就是应力松弛。应力松弛是受力伸直的大分子链借助于链段的运动趋于稳定蜷曲态的缘故，因此凡降低链段或大分子链运动能力的因素，如增加主链刚性、增加交联密度，提高次价力等均可提高聚合物的应力松弛抗力。

外界作的功被高分子材料所吸收，消耗于分子链的内摩擦，转化为热能，这种现象称为内耗。内耗使高分子材料具有良好吸波、减振和消声性能，但内耗影响聚合物的稳定性和使用安全性，如内耗引起汽车橡胶轮胎发热，易导致爆胎引发交通事故。

（4）冲击韧性　提高强度可以增加高分子材料的冲击韧性。如聚苯乙烯塑料的脆性大，冲击吸收功约为10.8~17.4J，将聚苯乙烯与丁苯橡胶共混后可得到抗冲击聚苯乙烯，冲击吸收功提高到47.8J。

（5）摩擦学性能　高分子材料的硬度虽低于金属，但具有优于金属的摩擦学性能，摩擦系数低，有些高分子材料还具有良好的自润滑性能，如尼龙、聚四氟乙烯和高密度聚乙烯等，因而可以用来制作耐磨减摩零件，如轴承、凸轮、密封圈、活塞环和刹车片等。

（三）热性能

通常用最高使用温度衡量高分子材料的耐热性，用导热系数衡量其导热性，用线膨胀系数衡量其尺寸稳定性。

（1）低耐热性　耐热性是指材料在高温下长期使用时保持性能不变的能力。由于大分子链受热时易发生链段运动或分子链移动，易导致材料软化或熔化，故聚合物的耐热性差。对于不同的高分子材料，其耐热性评定的判据不同，如塑料是指在高温下能保持高硬度和较高强度的能力，T_g、T_m 越高，塑料的耐热性越好，大多数热塑性塑料的耐热温度在100°C以下，少数品种如聚苯醚可达150°C。橡胶的耐热性是指在较高温度下保持高弹性的能力，通常 T_f 越高，使用温度越高，耐热性越好。

（2）低导热性　材料的导热性与其内部的自由电子、原子和分子的热运动有关。高分子材料内部无自由电子，且分子链相互缠绕在一起，受热时不易运动，故导热性差，约为金属材料导热性的十分之一到千分之一，如塑料的热导率一般只有0.84～2.5kJ/（m·h·°C），金属材料为10～330kJ/（m·h·°C）。对于要求散热的制品，如摩擦部件，导热性低是一个缺点，但在有些场合也是优点，如用于机床上的塑料手柄、汽车驾驶盘，气温低时用手握住会有温暖的感觉。

（3）高的线膨胀系数　线膨胀系数是指材料样品温度每升高1°C的时伸长率。高分子材料的线膨胀系数为金属材料的3～10倍，这与受热时，分子间结合力减小，分子链柔顺性增大有关，故加热时高分子材料产生明显的体积和尺寸的变化。因此在设计制作与金属紧密结合的塑料制品时，应考虑其线膨胀系数，以免开裂和脱落。

（四）电性能

（1）高绝缘性　由于高分子材料内部无自由电子，也无足够的离子，因此大多数高分子材料具有较高的表面电阻和体积电阻系数，较高的介电常数，因而是电的不良导体——绝缘体，如聚乙烯、聚苯乙烯和聚四氟乙烯等，但极性高分子材料的绝缘性差一些，不宜制作高绝缘电缆套管，如聚氯乙烯等。

（2）静电现象　由于聚合物是电的不良导体，当其中电荷能量分布不均匀时，就会产生静电现象，经相互摩擦会引起火花放电。聚合物经改性或在其表面喷涂消静电剂可以消除或减轻静电现象。

（五）化学性能

一般塑料、橡胶都具有良好的化学稳定性，耐酸、碱和大气腐蚀。比如常用的硬聚氯乙烯，耐浓硫酸、浓盐酸和碱的侵蚀，聚四氯乙烯具有极好的化学稳定性，可以耐沸腾王水（HCl∶HNO_3＝3∶1）腐蚀。但聚酯类、聚酰胺类塑料在酸、碱作用下会水解，聚碳酸酯溶于四氯化碳有机溶剂。因此选用塑料、橡胶作耐蚀零件或制品时，除考虑其化学稳定性（如耐蚀性）外还应注意其抗溶剂性。

七、高分子材料的老化与防止

高分子材料在储存和使用过程中，由于空气、水、光、热、辐射等环境因素的作用，使聚合物失去原有性能的现象称为老化。聚合物的老化是很普遍的现象，如塑料、橡胶材料变硬、变脆、出现龟裂，或者变软发粘，褪色变色、透明度下降等。

引起高分子材料老化的根本原因在于材料内部结构的变化：一是大分子链断裂（降解），平均分子量减小，导致聚合物变软、发粘、褪色等；二是大分子链发生交联，即线型大分子转变为体型大分子，或低交联密度的大分子转变为高度交联的大分子，使高弹聚合物变硬、变脆，如橡胶和某些塑料的脆化。

防止老化的主要措施有：

（1）改变聚合物的结构　改变聚合物的结构以提高其耐热稳定性，如聚氯乙烯在含氯气气氛中经紫外线照射成为氯化聚氯乙烯，抗老化能力提高。

（2）加入防老剂（稳定剂）　例如橡胶中加碳黑吸收可见光；添加水杨酸酯和二苯甲酮类有机化合物等紫外线吸收剂可提高聚合物抗紫外线辐射引起的老化；加入锌白粉（ZnO）和钛白粉（TiO_2）可反射可见光；在聚合物表面形成石蜡薄膜可防止臭氧（O_3）与聚合物接触，防止降解。

（3）表面处理　在聚合物表面镀或喷涂金属以及其它耐老化涂料作为防护层，可使聚合物材料与空气、水、光和腐蚀介质等隔绝，防止老化。

第二节　工程塑料

一、工程塑料概述

工程塑料是指具有耐热、耐寒及良好的力学、电气、化学等综合性能，可以替代非铁（有色）金属及其合金，作为结构材料用来制造机器零件或工程结构的塑料的通称。工程塑料以其质轻、耐蚀、电绝缘，具有良好的耐磨和减磨性，良好的成型工艺性等特性以及有着丰富的资源而成为应用很广泛的高分子材料，在工农业、交通运输业、国防工业及日常生活中均得到广泛应用。

（一）塑料的组成和分类

塑料是一种以天然或合成树脂为主要成分，在一定温度、压力条件下可塑制成型，并在常温下能保持形状不变的材料。

1. 塑料的组成

塑料的组成有简单组分和复杂组分之分。简单组分的塑料基本上由树脂组成，如聚四氯乙烯，聚苯乙烯，有机玻璃等；复杂组分的塑料则由多种组分组成，除树脂外，还加入各种添加剂，如酚醛塑料、环氧塑料等。一般说来，塑料是由树脂和若干种添加剂（如填充剂、增塑剂、润滑剂、着色剂、稳定剂、固化剂和阻燃剂）组成。

（1）树脂　树脂是塑料的主要组分，一般占塑料全部组成的40%～100%，它是塑料中能起粘结作用的部分，也叫粘料，并使塑料具有成型性能。树脂有天然和合成之分，前者如松香、虫胶等，具有无固定熔点、受热后逐渐软化、不溶于水但能溶于某些有机溶剂（如醇和醚）等特性。天然树脂产量少，现很少用于塑料。合成树脂就是人工合成的具有与天然树脂某些性能相似的有机高分子化合物，如聚乙烯、聚碳酸酯、酚醛树脂等。合成树脂是现代塑料的基本原料，其种类、性质和所占比例大小决定着塑料的性能。

（2）填充剂　又叫填料、填充母料，约占塑料组分的20%～60%，其主要作用是：改变塑料的某些性能，如硬度；减少树脂用量，降低塑料成本；扩大塑料的应用范围。常用的填料种类有木粉、玻璃纤维、石棉、云母粉、铝粉、二硫化钼和石墨粉等。

（3）增塑剂　增塑剂是用来提高树脂可塑性的，用量一般不高于20%。增塑剂主要是通过降低大分子间作用力，增大链段的运动能力来改善树脂大分子链的柔顺性，从而降低树脂的软化温度和硬度，提高塑性。常用增塑剂是液态或固态低熔点有机化合物，与树脂相溶性好，挥发性小，无色无味，对光、热稳定的一类物质，如氧化石蜡、磷酸脂类等。

（4）润滑剂　润滑剂是为防止塑料在成型过程中粘模而加入的添加剂，用量较少，一般为0.5%～1.5%常用的润滑剂为硬脂酸及硬脂酸盐类。

（5）着色剂　着色剂是使塑料制品具有美丽色彩的有机或无机颜料。常用着色剂有铁红、铬黄、氧化铬绿、士林蓝、锌白、钛白、炭黑等。

（6）固化剂　固化剂为热固性塑料所必需的添加剂，目的在于促使线型结构转变为体型结构，使大分子链之间产生交联，成型后获得坚硬的塑料制品。固化剂种类很多，固化剂的选用要视塑料品种及加工条件而定。如酚醛树脂常用六次甲基四胺，或顺丁烯二酸；聚脂树脂用过氧化物等。

（7）稳定剂　稳定剂为防老化添加剂，其主要作用是提高某些塑料的受热或光照稳定性。加入少量稳定剂（千分之几）可防止过早老化，延长塑料制品的使用寿命。常用稳定剂有硬脂酸盐、铅化物、酚类和胺类物质等。

（8）其它添加剂　塑料添加剂除上述几项外还有阻燃剂（如氧化锑、含溴化合物）、抗静电剂、发泡剂、溶剂、稀释剂等。添加剂的种类很多，要根据塑料品种和产品功能要求而决定添加与否及添加量的多少。

2. 塑料的分类

1）按树脂受热时的行为分为热塑性与热固性塑料两大类：

热塑性塑料：指随温度升高变软，随温度降低硬化的一类塑料，其大分子链结构通常为线型或支链线型结构，如聚乙烯、聚丙烯、ABS 等。

热固性塑料：指成型状态具有线型结构，成型以后在室温或加热到一定温度保温一段时间以后，内部结构不可逆转化为体型网状结构的一类塑料，如酚醛塑料、环氧塑料等。

2）按使用范围可分为通用塑料和工程塑料两大类：

通用塑料：指产量大、成本低、用途广的聚烯烃类塑料（如聚乙烯、聚氯乙烯、聚丙烯等），占塑料产量的75%以上。

工程塑料：指应用于工业产品或在工程技术中作为结构、零件、外观和装饰的塑料，具有机械强度高或耐热、耐蚀等特点，如ABS，聚四氟乙烯、聚甲醛等。

（二）塑料的特性

塑料的品种规格繁多，性能也多种多样，它不仅可以具有象钢铁那样的强度、象铜那样的韧性、象石头那样的坚硬，还可以象棉花般的轻盈、玻璃般的透明、橡胶那样的弹性、黄金那样的稳定和海绵那样的多孔等。综合起来，工程塑料具有以下一些特性。

（1）密度小　一般塑料的密度在 $0.9 \sim 2.3g/cm^3$ 范围内，略大于水，最轻的比水还轻，平均密度约为钢的1/6，铝的1/2，这一特性对要求减轻自重的车辆、船舶和飞机等具有特别重要的意义。

（2）良好的耐腐蚀性能　一般塑料对酸、碱等具有良好的抵抗能力，例如，聚四氟乙烯能耐各种酸碱的浸蚀，甚至在连黄金也能溶解的“王水”中煮沸，它也不受影响。

（3）优异的电气绝缘性能　几乎所有的塑料都具有优异的电气绝缘、极小的介电损耗、以及优良的耐电弧特性，可以与陶瓷、橡胶等相媲美，这在电机、电器、无线电和电子工业上具有独特的意义。

（4）减摩、耐磨和自润滑性能　大部分塑料的摩擦系数都比较低，并且耐磨性好，可以作为轴承、齿轮、活塞环和密封圈等在腐蚀性介质中（例如在各种水溶液中），或者在少油、无油润滑条件下有效地工作。

（5）消声吸振性　采用塑料制成的传动、摩擦零件，可以减少噪声，降低振动，改善劳动条件。

（6）独特的成型工艺性　大部分塑料都可直接注射和挤压成型，也可模压成型、吹塑成型等，易制作形状复杂的零件，生产效率高。

塑料制品的生产工艺路线为：

树脂 + 添加剂→混合造粒→颗粒塑料→模压、注射或吹塑→塑料制品。

虽然塑料具有上述优点，但也有不足之处，因而在应用上受到一定的限制。一般塑料的机械强度较差，特别是刚性差。例如，一般尼龙塑料的弹性模量仅

2000MPa 左右，约为钢铁的百分之一。

塑料的耐热性很低，一般只能在 100°C 以下的温度，长时间使用，少数塑料可超过 200°C。塑料的线膨胀系数很大，大多在 10×10^{-6}/°C 左右，约为钢铁的 10 倍，所以塑料对钢铁等金属部件的嵌合性不理想，塑料制品中的金属镶嵌件因温度变化容易脱落。塑料的热导率只有金属的 1/200 ~ 1/600，因此散热性不好，是一个缺点，特别是对摩擦零件更为不利，但对隔热来说却又是一个优点。

在长期载荷作用下，即使当温度不高时，塑料也会发生蠕变，在常温下的蠕变称为冷流。聚四氟乙烯的冷流最为突出，这是它的缺点。

有些塑料在溶剂中会发生溶胀或应力开裂，因此，必须避免与某些溶剂接触，例如，聚碳酸酯与四氯化碳就不宜接触。

此外，塑料容易燃烧，而且在光和热的作用下，性能容易变坏即发生老化。综上所述，为扩大塑料的使用范围，一方面需要不断改进与提高塑料产品的性能（如加入防老化剂或抗氧化剂防老化），另一方面要不断研制各种新型塑料。

二、热塑性工程塑料及应用

常用的热塑性工程塑料有聚烯烃类塑料（包括聚乙烯、聚氯乙烯、聚苯乙烯和聚丙烯）。ABS 塑料、聚碳酸酯、有机玻璃、聚甲醛和聚酰胺（尼龙）等。

（一）聚烯烃类塑料

聚烯烃塑料的原料来源于石油或天然气，有丰富的原料，且聚烯烃塑料价格低廉，用途广泛，是世界上产量最大的塑料品种。

（1）聚乙烯　聚乙烯简称 PE，是由乙烯单体聚合而成，常用的合成方法有高压法、中压法和低压法三种，其中高压法和中压法生产的聚乙烯又称为低密度聚乙烯（LDPE），低压法生产的为高密度聚乙烯（HDPE）。聚乙烯产品的性能对比见表 11-8。低密度聚乙烯中含有较多的支链而具有较低的密度、相对分子量和结晶度，因而质地柔软，适于制造薄膜和软管；高密度聚乙烯中含有很少的支链，具有较高的结晶度、密度和较高的相对分子量，因而质地坚硬，可以作为受力结构材料来使用。高密度聚乙烯具有良好的化学稳定性和电绝缘性，在常温下耐酸、碱，不溶于有机溶剂，仅发生软化溶涨。另外，聚乙烯吸水性极小，具有对各种频率优异的电绝缘性。聚乙烯的机械强度不高，热变形温度较低，尺寸稳定性一般。

聚乙烯可以作为化工设备与贮罐的耐腐蚀涂层衬里，化工耐腐蚀管道、阀件、衬套、滚动轴承保持器，以代替铜和不锈钢。由于它的摩擦性能好，可以用来制造小载荷齿轮、轴承等。聚乙烯作为水下高频电缆或一般电缆包皮，已经得到广泛应用。用火焰喷涂法或静电喷涂法涂于金属表面，可达到减摩防腐的目的。另外，聚乙烯无毒无味，可制作食品包装袋、奶瓶、食品容器等。

表 11-8 聚乙烯产品的性能对比

种类	低密度聚乙烯（LDPE）	高密度聚乙烯（HDPE）
结晶度（%）	56~75	85~95
密度/（g/cm^3）	0.91~0.95	0.96~0.98
拉伸强度 R_m/MPa	7~15	21~37
冲击韧度 α_K/（J/cm^2）（缺口）	5.4~2.7	2.1~1.6
断裂伸长率 A（%）	300~500	20~100
相对硬度	1~2	3~4
熔点/°C	100~110	120~130
使用范围	薄膜、包装材料、电线绝缘层或包皮、桶、管	桶、管、塑料部件、电线绝缘层或包皮

（2）聚氯乙烯　聚氯乙烯简称 PVC，是由氯化乙烯单体聚合而成，也是最早工业化生产的塑料品种之一，产量仅次于 PE，广泛应用于工业、农业和日用制品。它是由乙炔气体和氯化氢合成氯乙烯再聚合而成。PVC 树脂适宜的加工温度为 150~180°C，使用温度为 -15~55°C。常用聚氯乙烯塑料因加入的增塑剂数量不同可分为硬质聚氯乙烯和软质聚氯乙烯。作为硬质塑料应用时，PVC 的突出优点是耐化学腐蚀、不燃烧、成本低，易于加工；缺点是耐热性差，冲击韧性低，有一定的毒性。

聚氯乙烯的用途极为广泛，从建筑材料到机械零件、日常生活用品均有它的制品。目前硬质聚氯乙烯制品有管、板、棒、焊条、管件、离心泵、通风机等，软质聚氯乙烯制品有管、棒、耐寒管、耐酸碱软管、薄板、薄膜以及承受高压的织物增强塑料软管等。软质聚氯乙烯用于常温电气绝缘材料和电线的绝缘层，由于耐热性差，不宜用于电烙铁、电熨斗和电炉等电气用具。

（3）聚丙烯　聚丙烯简称 PP，是由丙烯单体聚合而成，它具有良好的耐热性能，无外力作用时，加热到 150°C 也不变形，是常用塑料中唯一能经受高温消毒（130°C）的品种。力学性能优于高密度聚乙烯，并有突出的刚性和优良的电绝缘性能。主要缺点是粘合性、染色性较差，低温易脆化，易受热、光作用变质，易燃，收缩大。聚丙烯几乎不吸水，并具有优良的化学稳定性（对浓硫酸、浓硝酸除外）。高频电性能优良，且不受温度影响，成型容易。由于它具有优良的综合力学性能，常用来制造各种机械零件，如法兰、接头、泵叶轮、汽车上主要用作取暖及通风系统的各种结构件。又因聚丙烯无毒，可作药品、食品的包装。

（4）聚苯乙烯　聚苯乙烯简称 PS，目前世界上其产量仅次于 PE、PVC。它有良好的加工性能、很好的着色性能，电绝缘性优良。但硬而脆，冲击韧性低，耐热性差，因此有相当数量的聚苯乙烯与丁二烯、丙烯腈、异丁烯等共聚使用。

共聚后的聚合物具有较高冲击韧性、耐热性、耐蚀性均较高。聚苯乙烯可作为各种仪表外壳，汽车灯罩，仪器指示灯罩，化工贮酸槽，化学仪器零件，电讯零件等。聚苯乙烯的导热性差，可以作为良好的冷冻绝热材料，聚苯乙烯泡沫塑料是一种良好的绝热材料。由于透明度好，可以用作光学仪器及透明模型。

聚氯乙烯、聚丙烯和聚苯乙烯的性能见表11-9。

表11-9　三种聚烯烃塑料的性能对比

名　称	聚氯乙烯（PVC）	聚丙烯（PP）	聚苯乙烯（PS）
密度/（g/cm³）	1.30~1.45	0.90~0.91	1.02~1.11
拉伸强度/MPa	35~46	30~39	42~56
断裂伸长率（%）	20~40	100~200	1.0~3.798
压缩强度/MPa	56~91	39~56	98
耐热温度/°C	60~80	149~160	80
24h吸水率（%）	0.07~0.4	0.03~0.04	0.03~0.10

（二）ABS塑料

ABS塑料是由丙烯腈、丁二烯、苯乙烯三种组元以苯乙烯为主体共聚而成，三个单体可以任意比例变化，制成各种品级的树脂，其性能见表11-10。ABS树脂兼有三种组元的共同性能，使其成为“坚韧、质硬、刚性”的材料，被誉为“高分子合金”。丙烯腈能使聚合物耐化学腐蚀，具有一定的表面硬度：丁二烯使聚合物呈现橡胶状态的韧性；苯乙烯使聚合物呈现热塑性的加工特性。总之ABS树脂具有耐热、表面硬度高、尺寸稳定、良好的耐化学腐蚀性及电性能、易成型和机械加工等特点，表面还可以电镀。ABS塑料原料易得、综合性能良好、成本低廉，在工业领域得到广泛应用。

表11-10　ABS塑料的性能

类　型	超高冲击型	高强度中冲击型	低温冲击型	耐热型
密度/（g/cm³）	1.05	1.07	1.02	1.06~1.08
弹性模量/MPa	1800	2900	700~1800	2500
拉伸强度/MPa	35	63	21~28	53~58
压缩强度/MPa			18~39	70
耐热温度/°C	87~96	89~98	78~98	96~118
24h吸水率（%）	0.3	0.3	0.2	0.2

在机电行业，常用来制造齿轮、泵叶轮、轴承、把手、管道、贮槽内衬、电机外壳、仪表盘、蓄电池槽、水箱外壳、冷藏库和冰箱衬里等各类制品。汽车上已有很多零件采用ABS塑料，如仪表板组、加热器和空气调节器格栅座、铰链、盖板等。

（三）聚碳酸酯

聚碳酸酯简称 PC，是一种新型热塑性工程塑料，近年来发展很快，产量仅次于尼龙。聚碳酸酯的化学稳定性很好，能抵抗日光、雨水和气温变化的影响，透明度高，耐热耐寒。聚碳酸酯具有优良的力学性能，尤其以冲击韧性和尺寸稳定性最为突出，成型收缩率小，制件尺寸精度高。缺点是易应力开裂和耐药品性差。聚碳酸酯综合性能优良，加工成型方法简单，可以用来代替金属，特别是非铁（有色）金属，合金及其它材料，广泛用于机械、仪表、电讯、交通、航空、医疗器械等领域。例如，波音 747 客机中有 2500 个零件采用聚碳酸酯制造，每架飞机用近 2t 聚碳酸酯。

在机械制造中，因聚碳酸酯强度高、刚性好、耐冲击、耐磨和尺寸稳定性好，是良好的摩擦传动零件材料，如轴承、齿轮、齿条、蜗轮和蜗杆，也可做金刚砂磨轮粘结剂。在电子工业中，聚碳酸酯耐击穿电压高，可制作高度绝缘零件如垫圈、垫片、电容器和高温工作的电气设备零件。光学照明器材方面，利用 PC 透光率高，耐冲击，可制作大型灯罩、防爆灯、防护玻璃等。聚碳酸酯的性能列于表 11-11。

表 11-11　聚碳酸酯的性能

性　能	数　值	性　能	数　值
伸长率（%）	100	冲击吸收功/J	
弹性模量/MPa	2200 ~ 2500	（无缺口）	不断
拉伸强度/MPa	60 ~ 70	（缺口）	6.3 ~ 7.5
压缩强度/MPa	83 ~ 88	使用温度/°C	−100 ~ 130
弯曲强度/MPa	106		

（四）有机玻璃

有机玻璃的化学名称为聚甲基丙烯酸甲酯，简称 PMMA，是由单体甲基丙烯酸甲脂聚合而成，由于其透光性很好，可和普通无机玻璃相比拟，故俗称之为有机玻璃。有机玻璃具有极好的透光性，可以透过 90% 以上的太阳光，透过紫外线的能力达 73%。其次，有机玻璃的机械强度较高，并具有一定的耐热性，140°C 时开始软化。有机玻璃容易吸水，因而其电绝缘性不及聚乙烯，可作为一般要求的电绝缘材料。有机玻璃质较脆，易开裂，表面硬度低，易擦毛和划伤。此外，有机玻璃易溶于丙酮，二氯乙烷等有机溶剂中。总之，有机玻璃的综合性能较好，特别是透光性好，故主要用来制造具有一定透明度和强度的零件，如油标、油杯、化学镜片、窥镜、设备标牌、透明管道，飞机、船舶、汽车的座窗和仪器仪表部件、电气绝缘材料以及各种文具、生活用品等。

（五）聚甲醛

聚甲醛简称 POM，有均聚和共聚之分，是一种优良的工程塑料。聚甲醛是一种无侧链，高结晶度、高密度的线型聚合物，具有优良的综合性能，其抗拉强度达到70MPa，可以在104°C以下长期使用，脆化温度为-40°C，吸水性也极小，尺寸稳定性高，聚甲醛物理、力学性能超过尼龙，但价格低于尼龙，因此近年来被广泛应用于制造各种机械零件。甲醛的主要缺点是热稳定性差，成型加工时要严格控制温度，并且有刺激性的臭味，它遇火会燃烧，长期在大气中曝晒还会老化，因此室外使用时必须加稳定剂。

聚甲醛可以代替各种非铁（有色）金属和合金来支撑某些部件，如轴承、齿轮、凸轮、滚轮、辊子、阀门、管道、螺帽、泵叶轮、鼓风机叶片、汽车底盘小部件、汽化器、舷梯、化工容器、配电盘、杆件、线圈座等，也可以用来制作外圆磨床液压套筒、农用喷雾器部件等。聚甲醛因具有良好的摩擦性能，特别适用于制作某些不宜有润滑油情况下使用的轴承和齿轮。

（六）聚酰胺

聚酰胺塑料简称PA，商品名为尼龙或锦纶，是目前机械工业中应用最广泛的一类工程塑料。尼龙的品种很多，常用的有尼龙6、尼龙66，尼龙610，尼龙1010等，其中尼龙1010是我国独创的新型聚酰胺品种，它是用蓖麻油经一系列化学反应聚合而成，具有聚酰胺塑料的所有特性，已大量用作机械零件。常用的几种尼龙的性能列于表11-12。

表11-12　常用的几种尼龙的性能

品　　种	尼龙6	尼龙66	尼龙610	尼龙1010
密度ρ/（g/cm^3）	1.13～1.15	1.14～1.15	1.03～1.09	1.04～1.06
伸长率（%）	150～250	60～200	100～240	100～250
弹性模量/MPa	830～2600	1400～3300	1200～2300	1600
拉伸强度/MPa	54～78	57～83	47～60	52～55
压缩强度/MPa	60～90	90～120	70～90	—
弯曲强度/MPa	70～100	100～110	70～100	82～89
冲击吸收功/J				
（缺口）	3.1	3.9	3.5～5.5	4～5
（无缺口）	—	—	—	>490
熔点/°C	215～223	265	210～223	200～210
耐热温度/°C	40～50	50～60	51～56	45
洛氏硬度HRT	85～115	100～118	90～113	—
布氏硬度HBW	—	—	—	7.1

聚酰胺的机械强度很高，耐磨减摩，自润滑性能好，而且耐油、耐蚀、消声、减振，大量用于制造小型零件，代替非铁（有色）金属及其合金。尼龙容易吸水，吸水后性能和尺寸变化大。

聚酰胺类塑料中还有一种单体浇铸尼龙，又称为MC尼龙、铸型尼龙。MC尼龙由于采用了碱聚合法，提高了聚合速度，可以用单体通过简便的聚合工艺，直接在模内聚合成型。单体为己内酰胺，催化剂以氢氧化钠为最常用。MC尼龙的相对分子量可以高达35000～70000，而一般尼龙6为20000～30000，提高了一倍左右。因此其各项物理、力学性能高于尼龙6。目前，许多工业部门都广泛应用MC尼龙。MC尼龙的优点还在于：只要简单的模具，就能铸造各种大型机械零件，重量从几公斤到几百公斤，工艺简便；可以浇铸成各种型材，再切削加工成所需要的零件，适合多品种、小批量生产。

（七）聚四氟乙烯

聚四氟乙烯简称F-4、PTFE，俗称氟塑料、塑料王，商品名称特氟隆，是以线型晶态聚合物聚四氟乙烯为基的塑料。结晶度为55%～75%，熔点327°C。具有优异的耐化学腐蚀性，不受任何化学试剂的侵蚀，即使在高温下在强酸、强碱、强氧化剂中也不受腐蚀；还具有突出的耐高温和耐低温性能，在－195～250°C范围内长期使用其力学性能几乎不发生变化；而且摩擦系数小，只有0.04，具有突出的自润滑性；吸水性小，在极潮湿的条件下仍能保持良好的绝缘性。但其强度、硬度低，尤其是压缩强度不高；加工成型性差，加热后粘度大，只能用冷压烧结方法成型；在温度高于390°C时分解出有剧毒的气体，因此加工成型时必须严格控制温度。

PTFE主要用来制作化工机械上的各种零部件，如管道、反应器、活门、阀门、泵等。由于PTFE具有极高的热稳定性，良好的介电性能，是一种极好的绝缘材料，广泛用于高频电子仪器的绝缘。利用它的良好减摩自润滑性能，可以用来制作各种垫圈、阀座、阀瓣，以及用PTFE填充的塑料制造自润滑而耐磨的轴承、活塞环等。

三、热固性工程塑料及应用

与热塑性工程塑料相比，热固性工程塑料的主要优点是硬度和强度高，刚性大，耐热性优良，使用温度范围远高于热塑性工程塑料，主要缺点是成型工艺较复杂，常常需要较长时间加热固化，而且不能再成型，不利于环保。常用的热固性工程塑料有酚醛塑料、环氧塑料和有机硅塑料。

（一）酚醛塑料

（1）酚醛树脂　由酚类和醛类经过化学反应而得的树脂称为酚醛树脂，其中以苯酚与甲醛缩聚而成的酚醛树脂应用较为普遍。按制备条件不同，酚醛树脂可分为热塑性酚醛树脂和热固性酚醛树脂。

热塑性酚醛树脂的结构为线型结构，在酸的催化下，过量苯酚和甲醛（两者摩尔比为1∶0.75～0.85）。在有固化剂（六次甲基四胺）及加热的条件下，使树脂由可溶可熔的线型分子互相交联而成为不溶不熔的体型结构酚醛树脂。

热固性酚醛树脂是由苯酚和过量甲醛（两者摩尔比为6:7）在碱催化下，经过一系列的缩合反应而生成的。

酚醛塑料是以酚醛树脂为粘料加入必要的添加剂（填料、增塑剂等），根据制备方法和用途的不同，可分为酚醛模压塑料（又称压塑粉）和酚醛层压塑料。其填料品种不同，性能有较大差别，如表11-13所示。

表11-13　酚醛塑料的性能

品种 性能	模压塑料			层压塑料		
	木粉填充	碎布填充	矿粉填充	纸	布	石棉
密度/(g/cm^3)	1.35~1.4	1.34~1.3	1.9~2.0	1.24~1.38	1.34~1.38	1.6~1.8
剪切强度/MPa	56~70	70~105	28~105	35~84	35~84	28~56
拉伸强度/MPa	35~56	35~56	21~56	49~140	56~140	42~84
压缩强度/MPa	105~245	140~224	140~224	140~280	175~280	140~280
弯曲强度/MPa	56~84	56~84	56~84	70~210	84~210	84~140
冲击吸收功/J	0.054~0.27	0.16~1.16	0.13~0.82	0.16~0.82	0.54~2.17	0.27~0.81
比热容/×4.2J/(g·℃)	0.4	0.35	0.34	0.3	0.35	0.35

（2）酚醛塑料的性能　酚醛塑料分子中含有较多的羟基（—OH）和羟甲基（$—CH_2OH$）等极性基团，因此，它与金属有较好的粘附力。又因其结构中含有大量苯环，且有较大的交联密度，故酚醛塑料有一定的机械强度，刚性大；耐热性较环氧塑料好，但性脆。另外，由于苯环和羟甲基的存在，其介电性较好，但极性基团的存在对介电性能又有一定影响，因此它只可用于低频而不能用于高频绝缘材料。它在水润滑条件下具有较低的摩擦系数（0.01~0.03左右），以及很高的pv极限值。热固性酚醛塑料不溶于有机溶剂及酸中，但耐碱性差，不易变形，不因温度、湿度的变化而扭曲皱裂。此外，成型工艺简便，价格低廉。

（3）酚醛塑料的主要用途　由于酚醛塑料具有较高的机械强度，良好的电性能，以及耐热、耐磨、耐腐蚀等优良性能，因此在机械、汽车、航空、电器等工业中常用于来制造齿轮、凸轮、轴承、垫圈、皮带轮等结构件和各种电气绝缘零件，并可代替部分非铁（有色）金属（如铝、紫铜、青铜等）制作的金属零件，酚醛塑料可用来做涂料、胶粘剂和日常生活所用的电木制品（插头、开关、电话机外壳等），也可制作汽车的刹车片，化学工业用耐酸泵，纺织工业用无声齿轮及制作玻璃钢、模压塑料等。酚醛复合材料在宇航工业上可作为瞬时耐高温和烧蚀的结构材料用在空间飞行器、火箭、导弹和超声速飞机上。

（二）环氧塑料

（1）环氧树脂　环氧塑料由环氧树脂与各种添加剂混合而成。环氧树脂是分子中含有两个或两个以上环氧基团的一类线型高分子化合物。线型环氧树脂在固化剂的作用下，由于树脂分子中的羟基和两端的环氧基参与反应而进行交联，成为体型结构。常用的固化剂一般为胺类（如乙二胺、二乙烯三胺）和酸酐类（如邻苯二甲酸酐、顺丁烯二酸酐等）。

（2）环氧塑料的性能　环氧塑料的突出性能是有较高的机械强度，在较宽的频率和温度范围内具有良好的电绝缘性能，介电强度高，耐电弧，耐表面漏电；具有优良的耐碱性，良好的耐酸性和耐溶剂性。具有突出的尺寸稳定性和耐久性，以及耐霉菌性能，故可在苛刻的热带条件下使用。由于环氧树脂中有极性的羟基和环氧基及醚键的存在，使其对金属、塑料、玻璃、陶瓷等有良好的粘附能力，因此有“万能胶”之称。环氧塑料的缺点是成本高于酚醛；所使用的某些树脂和固化剂毒性较大。

（3）环氧塑料的主要用途　环氧塑料用于制作塑料模具、精密量具、电子仪器的抗振护封的整体结构和各种增强环氧层压制品以及电气、电子元件、线圈的灌封，还可用作清漆、浇铸塑料、层压塑料及电绝缘材料等，广泛用于机械、化工、航空等工业部门。

（三）有机硅塑料

在有机硅聚合物中，得到广泛应用的主要是由有机硅单体（如有机卤硅烷或取代正硅酸酯类）经水解缩聚而成的，其主链由硅-氧键构成，侧链通过硅与有机基团相连的聚合物。这种聚合物称为聚有机硅氧烷，通过交联可获得体型结构的热固性塑料。

聚有机硅氧烷是一类聚合物，可按不同要求合成液体状硅油、热塑性的硅橡胶以及热固性硅树脂等，用这类聚合物可分别制成各种塑料（压塑粉、层压塑料）、橡胶、清漆、涂料、胶粘剂以及润滑油等。

有机硅树脂的热稳定性高，耐高温老化和耐热性很好，具有优良的电绝缘性，特别是高温下电绝缘性好，耐稀酸、稀碱，耐有机溶剂。主要用于压制工作温度达 180～200°C 的电绝缘零件。

常用的热固性塑料的性能列于表 11-14。

表 11-14　热固性塑料的性能

类　型	酚醛	环氧	有机硅
吸水率（%）	0.01～1.2	0.03～0.20	2.5（mg/cm^2）
线膨胀系数/$\times10^{-5}$℃	0.8～4.5	2～6	
热变形温度（1.86MPa）/°C	150～100	72～290	
耐热温度/°C	100～150		200～300
拉伸强度/MPa	32～63	15～70	
弹性模量/MPa	5600～35000		
压缩强度/MPa	80～120	54～210	
弯曲强度/MPa	50～100	42～100	25～70
冲击吸收功 α/J（无缺口）	0.25～0.6	0.5～0.1	0.23～1.8
成型收缩率（%）	0.3～1.0	0.05～1.0	0.5～1.0

四、工程塑料的选材原则和方法

工程塑料的选材原则和金属材料一样，即“满足使用性能、工艺性能良好、经济合理性”三原则。正确选用塑料零件的材料是一个复杂的技术问题，尚无标准方法可循，根据一些生产单位的经验，大致方法如下：

(1) 全面了解零件应具备的性能指标　在全面了解零件应具备的性能指标的同时，要弄清零件的工作环境和服役条件，如零件工作环境的温度、湿度变化范围，零件在何种介质中工作，户外使用还是户内使用，连续工作还是间歇工作，载荷类型等等。同一种塑料零部件在不同的环境和条件下工作，对其使用性能要求不一样。

(2) 掌握材料的性能特征　一般资料上列出的各种塑料的性能指标数据，是在实验室条件下得出的，它与零件在实际工作条件下材料的性能有一定的差别。因此，文献中的数据只可作为各种材料相互比较的依据，而不可作为定量计算的依据。要正确选材，必须对每一种材料找出1~2项比较突出的性能，作为优先选用的对象，如PTFE具有良好的自润滑性能，可优先考虑作为摩擦零件的用材。

(3) 初步选定材料后应反复进行试验　初选时可能有几种材料性能相近，就必须综合考虑择其优点最多者，制出零件后还需要经过多次试验和实际使用考核，才能最终确定。

第三节　橡胶材料

一、橡胶材料概述

橡胶也是以高分子化合物为基础的材料，和塑料的区别是其在很宽的温度范围内（-50~150°C）处于高弹态，具有高弹性，同时具有优良的伸缩性和储能作用，因而成为常用的弹性材料、密封材料、减振材料和传动材料。目前应用橡胶制造的产品已达四万多种，广泛用于国防、国民经济和日常生活的各个方面，起着其它材料所不能替代的作用。最早使用的橡胶是天然橡胶，它是由橡胶树或杜仲树等植物中的胶乳制成的。随着工业的发展及其日趋广泛应用，天然橡胶不仅在数量上，而且在性能上已满足不了需要。人们通过对天然橡胶结构和性能的研究，制成了合成橡胶，现已生产了几十种，无论是产量还是某些特殊性能，都远远超过了天然橡胶。

在生产中，习惯把未经硫化的合成橡胶与天然橡胶，都称为生胶；硫化后的橡胶则称为橡皮，生胶与橡皮统称为橡胶。

（一）橡胶的组成与分类

1. 橡胶的组成

(1) 生胶　生胶分子结构为线型，主链为柔性链，容易发生内旋转，使分子卷曲。鉴于以上原因，橡胶的机械强度比塑料低，但其伸长率却比塑料大的多。同时生胶随温度的变化性能也发生变化，如高温时发粘，低温时变脆，且能为溶剂所溶解，因而不能满足制品使用性能的要求。为了改善或提高橡胶制品的各种性能，通常都要加入其它几种组分（统称为配合剂）并经硫化处理。对配合剂的要求是：粒度小，分散性好，能被橡胶润湿，彼此间粘附力大，无水分，纯净等。

(2) 硫化剂　相当于热固性塑料中的固化剂，它使橡胶线型分子相互交联成为网状结构，橡胶的交联过程叫“硫化”。橡胶品种不同，所用硫化剂也不同。天然橡胶常以硫磺做硫化剂，合成橡胶除硫磺外，还可用过氧化物及金属氧化物等。硫磺在橡胶中的用量，随制品要求的不同而异，一般软质橡胶为1%~4%，半硬质橡胶约为10%，而硬质橡胶中则高达30%~40%。

(3) 促进剂　又叫硫化促进剂，其作用是缩短硫化时间，降低硫化温度，提高制品的经济性。常用的促进剂是一些化学结构复杂的有机化合物，有时往往还加入氧化锌等活化剂。

(4) 软化剂　橡胶是弹性体，在加工过程中必须使它具有一定的塑性才能和各种配合剂混合。软化剂的加入能增加橡胶的塑性，改善粘附力，并能降低橡胶的硬度和提高耐寒性。常用的软化剂有：硬脂酸、精制蜡、凡士林以及一些油类和脂类。

(5) 补强剂　凡能提高硫化橡胶强度、硬度、耐磨性等力学性能的物质，都叫补强剂。目前应用效果最好的是碳黑。

(6) 填充剂　其作用是增加橡胶的强度和降低成本，主要以粉状填料或织物填料形式加入。在粉状填料中能提高橡胶力学性能的（即具有补强作用）叫活性填料，而对橡胶强度影响不大，主要起减少橡胶用量或使橡胶具有某些特性的叫非活性填料。因此只有对天然橡胶、氯丁橡胶等本身具有很大拉伸强度（达20MPa）的，才采用非活性填料，如滑石粉、硫酸钡等；而那些本身拉伸强度很低（只有2MPa）的橡胶，如丁腈橡胶、硅橡胶和氟橡胶等，必须加入活性填料（如碳黑、白陶土、氧化锌、氧化镁等）后才能达到高强度。

(7) 着色剂　能使橡胶制品具有各种不同颜色。着色剂必须具有以下条件：日光照射不变色，对生胶和其它配合剂无不良影响，硫化时稳定，着色力强，不渗出制品表面。常用的是有机染料和无机染料（如钛白、铁丹、锑红、铬绿、群青等）。

2. 分类

橡胶品种很多，按其原料来源可分为天然橡胶和合成橡胶两大类。

合成橡胶按其用途又分为通用合成橡胶和特种合成橡胶，前者主要用做轮胎、运输带、胶管、胶板、胶辊、垫片、密封装置等；后者主要用做高温、低温、酸、碱、油和辐射等条件下使用的橡胶制品。

（二）橡胶的性能

使用角度不同，对橡胶的性能要求也不同。橡胶的性能有定伸强度、抗撕裂强度、耐磨性、回弹性、伸长率、永久变形、耐寒、耐高温、电性能、透气性等指标。其中最主要性能是高弹性和力学性能。

1. 高弹性

（1）高弹态　高弹态是橡胶性能的主要特征。橡胶类聚合物的高弹态温度范围很宽，且随品种而异。橡胶的弹性模量很小，约为1MPa左右，而塑料、合成纤维的弹性模量可高达2000MPa以上。橡胶高弹形变时的形变值很大，一般都在100%～1000%之间，而其它聚合物的形变一般仅在1%～10%之间。

（2）回弹性能　橡胶的回弹性能特别好，承受外力时立即产生很大的形变，外力消除后能立即恢复原状，这是金属材料和其它非金属材料所不能比拟的。橡胶大分子的主链是C—C、C—O或Si—O键，都属σ键，能够内旋而具有很好的柔顺性，在高弹态处于卷曲状态。这就是橡胶具有回弹性的原因。

不同的橡胶品种，相对分子量的大小、分子链上基团性能、侧链长短、交联程度的大小等都不相同，柔顺性就有差别，所以橡胶回弹性能也有优劣之别。

（3）可塑性　可塑性是指在一定温度和压力下发生塑性变形，外力消除后能够保持所产生的变形的能力，塑性变形是不可逆的。橡胶在加工过程中如弹性太大，加工成型就困难，这就需要适当降低弹性而增加可塑性。因此生产中必须解决好弹性和塑性的矛盾，做到既要有利于加工成型，又要保持制品良好的高弹性能。

2. 机械强度

机械强度是决定橡胶制品使用寿命的重要因素。工业生产中常以抗撕裂强度（或拉伸强度）及定伸强度来表示。抗撕裂强度与分子结构有关，一般线型结构强度高，支链多的强度差；分子量大的强度高（超过一定范围后，强度与分子量无关），相对分子量低的强度低。定伸强度是指在一定伸长率下产生弹性变形所需应力大小。所以定伸强度是外力克服卷曲链状分子舒展或拉伸的阻力，相对分子量越大，交联键愈多，定伸强度也愈大。

3. 耐磨性

耐磨性是橡胶抵抗磨损的能力。橡胶制品受到摩擦时，局部表面由于热和机械力的作用，使橡胶大分子链开始断裂，进而使小块橡胶从表面被撕裂下来造成磨损。磨损与橡胶的强度成反比。即强度越高，磨损量越小。

二、常用橡胶材料及应用

（一）天然橡胶

天然橡胶是从天然植物中采集、加工出来的。在自然界中，含橡胶成分的植物不下两千种，其中胶乳产量最大、质量最好的首推巴西三叶橡胶树。胶乳中约含有30%～40%的橡胶，其余大部分是水，还含有少量的蛋白质、脂肪酸和无机盐等。因此胶乳一般都要经凝胶、干燥、加压等一系列工序处理后制成生胶，生胶中橡胶含量在90%以上，而后才可制成各种类型的天然橡胶。天然橡胶是以聚异戊二烯为主要成分的不饱和天然高分子化合物。天然橡胶有较好的弹性，弹性模量约为9MPa，弹性伸长率500%～600%；有较好的力学性能，硫化后拉伸强度为17～29MPa，炭黑补强后拉伸强度为25～35MPa；有良好的耐碱性，但不耐浓强酸，还具有良好的电绝缘性；加工性能好，容易与其它配合剂混合；耐寒性好（－70°C），0～100°C回弹率高达85%。总之，天然橡胶的综合性能很好，缺点是耐油性差，耐臭氧老化性差，不耐高温。广泛用于制造轮胎，尤其是子午线轮胎、载重轮胎和工程轮胎等，并用于制造胶带、胶管、刹车皮碗等橡胶制品。

（二）通用合成橡胶

通用合成橡胶品种很多，下面介绍丁苯橡胶、顺丁橡胶、氯丁橡胶和乙丙橡胶。

（1）丁苯橡胶　丁苯橡胶是以丁二烯和苯乙烯单体，在乳液或溶液中用催化剂催化共聚而成的高分子材料，为线型非晶态聚合物。丁苯橡胶产量高，品种多，我国的常用品种为丁苯-10、丁苯-30、丁苯-50（数字为苯乙烯含量）。丁苯橡胶耐磨性、耐油性、耐溶剂性、耐热性及抗老化性优于天然橡胶，并可以任意比例与天然橡胶混用，价格低廉。缺点是抗撕裂强度低，耐寒性差、粘接性差，成型困难，弹性不如天然橡胶，主要用于制造轮胎、胶带、胶管、工业密封件和电气绝缘材料等。

（2）顺丁橡胶　顺丁橡胶是顺式-1、4聚丁二烯橡胶的简称，产量仅次于丁苯橡胶。顺丁橡胶是目前橡胶中弹性最好的一种，动态条件下耐屈挠裂化性和抗老化性、耐磨性、耐热性、耐寒性均优于天然橡胶，对油类和一些填充剂亲合性好，可以大量填充油和炭黑，物理、力学性能也不降低。缺点是强度低、加工性差、抗撕裂性差。一般需要和天然橡胶、丁苯橡胶共用，以改善其加工性能。主要用于制作轮胎、胶带、胶管、减振器、橡胶弹簧等减振部件、绝缘零件等。

（3）氯丁橡胶　氯丁橡胶由2-氯丁二烯-［1，3］单体聚合而成，产量居合成橡胶的第三位。具有高弹性、高绝缘性、高强度，并耐油、耐溶剂、耐氧化、耐酸、耐热、耐燃烧，抗老化，粘着性好，故有“万能橡胶”之称。缺点是耐寒性差、密度大、电绝缘性差、贮存稳定性差。氯丁橡胶可以代替天然橡胶制作一般制件，主要用于制作输送带、风管、电缆、输油管等，还可作为海底电缆、绝缘材料、化工防腐材料、以及地下采矿用耐燃安全橡胶制品。

（4）乙丙橡胶　乙丙橡胶由乙烯和丙烯共聚而成，原料来源丰富，并可大量加填充剂，价格低廉。结构稳定，抗老化性是通用橡胶中最好的；电绝缘并耐酸碱；冲击弹性仅次于顺丁橡胶和天然橡胶，低温时弹性保持好，冷到-57℃才变硬，到-77℃才变脆；耐热性好，一般可在150℃下长期使用，间歇使用可耐200℃。缺点是耐油性差，粘着性差，硫化速度慢，比一般合成橡胶慢3~4倍。主要用于制作轮胎、输送带、电线套管、蒸汽导管、密封圈、汽车部件等。

（三）特种合成橡胶

（1）丁腈橡胶　丁腈橡胶由丁二烯和丙烯腈共聚而成，以优异的耐油性著称，且耐油性随丙烯腈含量增加而增强。通常丙烯腈含量为15%~50%时，丁腈橡胶既耐油又有较高的弹性。国产丁腈橡胶的品种有丁腈-18、丁腈-29和丁腈-40等（其数字表示丙烯腈含量）。丁腈橡胶耐热、耐燃烧、耐磨性优于天然橡胶和氯丁橡胶。丁腈橡胶属于非结晶型高分子材料，拉伸强度低，仅为3~4.5MPa，炭黑补强后可达35MPa。缺点是耐寒性差，脆化温度为-10~-20°C，电绝缘性差，加工工艺性和耐臭氧性差。主要用于制作耐油制品，如油桶、油槽、输油管、耐油密封件、印刷胶辊和化工设备衬里及各种耐油减震制品等。

（2）硅橡胶　硅橡胶由二基硅氧烷与其它有机硅单体共聚而成。具有独特的高耐热和耐寒性，在-100~350°C范围内保持良好的弹性，抗老化性能好，透气率是天然橡胶的几十倍到几百倍。此外，硅橡胶加工性能良好，无毒无味，可以多次长时间承受高压蒸汽消毒和煮沸消毒，故可用于食品和医疗行业。主要缺点是强度低，耐油性不良，耐磨、耐酸碱性差，价格昂贵，因而使用上受到一定限制。主要用于制造各种耐高低温橡胶制品，如各种耐热密封垫片、垫圈、透气橡胶薄膜和耐高温的电线、电缆等。

（3）氟橡胶　氟橡胶是主链或侧链上含有氟原子的合成高分子弹性聚合物的总称。具有耐高温、耐油和耐化学药品腐蚀的显著特点，最高使用温度为315°C。氟橡胶的品种很多，其中含氟烯烃共聚物是应用最广、产量最大的氟橡胶。氟橡胶具有较高的拉伸强度，抗老化性能优异，对日光、臭氧和气候的作用十分稳定，透气性低，因此是高真空、超高真空密封中的重要材料。缺点是价格昂贵，耐寒性差、弹性差。主要用于国防和高技术中的密封件和化工设备中油压系统、燃料系统、真空密封系统和耐化学药品的密封制品等。

几种常用橡胶性能列于表11-15。

表 11-15 几种常用橡胶性能

性能	天然橡胶	丁苯橡胶	氯丁橡胶	丁腈橡胶	硅橡胶
密度/（g/cm^3）	0.93	0.94	1.3	1.0	1.4
拉伸强度/MPa	30~35	25~31	27~32	25~30	
300%定伸强度/MPa	11~12	8~12			
相对伸长率（%）	600~850	900~700	500~650	450~700	
最高使用温度/°C	120	120	150	170	315
玻璃化温度/°C	-73	-75	-50	-55	-123
耐光性	一般	一般	优	一般	很好
耐臭氧老化	差	差	很好	差	很好
耐气候性	好	好	优	好	很好
耐热性	差	一般	很好	好	优
耐酸	好	好	很好	好	好
耐碱	很好	很好	很好	好	好
耐汽油	差	差	很好	优	优
耐芳香族溶剂	很差	很差	差	好	优
击穿电压/（kV/m）	24000		24000	12000	32000
介电常数	2.5		6.7	7.1	10

本章主要名词

高分子（macromolecule）　聚合物（polymer）
单体（monomer）　聚合度（polymerization degree）
聚合（polymerization）　缩聚（condensation polymerization）
线型结构（linear structure）　体型（网状）（reticullation）
柔顺性（flexibility）　结晶度（crystallization degree）
玻璃态（glassiness）　高弹性（high elasticity）
粘流（viscous）　粘弹性（elasto viscousness）
老化（aging）　工程塑料（engineering plastics）
热塑性（thermoplast）　热固性（thermoset）
树脂（resin）　有机玻璃（polymethacrylate）
聚碳酸脂（polycarbonate）　聚四氟乙烯（polytertrafluoroethylene）
环氧树脂（epoxy）　酚醛塑料（phenolic plastics）
有机硅（silicone）　硫化（vulcanization）
天然橡胶（gum rubber，natural rubber）　合成橡胶（synthetic rubber）
丁苯橡胶（butadiene styrene rubber）　顺丁橡胶（butadiene rubber）
氯丁橡胶（polychloroprene rubber）　丁腈橡胶（butyrinitrile rubber）
硅橡胶（silica rubber）　氟橡胶（fluororubber）

习　题

1. 什么是高分子化合物和高分子材料？高分子材料包括哪几类？

2. 何谓高聚物的老化？防止老化的措施有哪些？

3. 试述常用工程材料的种类、性能和应用。

4. 举出四种商业上最常用的热塑性塑料，简要说明其用途。

5. 高真空条件下的密封圈采用什么橡胶材料为宜？机械设备中的油路密封圈采用何种橡胶材料寿命长？简要说明理由。

6. 用金属制作塑料制品的镶嵌件需要注意什么问题？

7. 常用热固性工程塑料有几类？举例说明其用途。

8. 根据线型非晶态聚合物的温度-形变曲线说明 T_x、T_g、T_f、T_d 的物理意义。

第十二章　工程陶瓷材料

第一节　陶瓷材料概述

一、陶瓷的定义和分类

（一）定义

陶瓷是一种无机非金属材料，它同金属材料、高分子材料一起被称为三大固体材料。陶瓷是由金属和非金属元素的无机化合物构成的多晶固体材料，具有耐高温、耐腐蚀、硬度高等优点，不仅用于生活制品，而且在现代工业中也得到愈来愈广泛的应用。如内燃机的火花塞（每秒引爆 25～50 次，瞬间温度可达2500°C,并要求有绝缘性能和耐腐蚀性能等）之类的零件，非陶瓷材料莫属。

传统的陶瓷产品是用粘土类及其他天然矿物原料经过粉碎加工、成型、烧成等工艺过程而得到的，使用的原料主要是硅酸盐矿物，故归属于硅酸盐类材料。生产的发展和科学技术的进步要求充分利用陶瓷材料的物理与化学性质，因而目前已开发出许多陶瓷新品种，如氧化物陶瓷、非氧化物陶瓷、金属陶瓷、功能陶瓷等统称为特种陶瓷，它们的生产过程基本上还是传统的方式，但采用的原料已扩大到化工原料和合成原料，组成范围也超出了硅酸盐材料的范畴。

陶瓷在国际上并没有统一的定义。美国把用无机非金属物质为原料，在制造或使用过程中经高温锻烧而成的制品和材料称陶瓷；而我国认为，凡采用传统的陶瓷生产方法制成的无机多晶产品均属陶瓷之列。

陶瓷一词系陶器与瓷器两大类产品的总称。陶器通常有一定吸水率，断面粗糙无光，不透明，敲击之声音粗哑，有釉或无釉。瓷器致密，吸水率很低，有一定的半透明性，通常都施有釉层。介于陶器与瓷器之间的一类产品称为炻器或半瓷。

通常把用于工业领域如制作机械零部件等的陶瓷称为工程陶瓷或工程结构陶瓷，这是一种古老而又年轻的工程材料。

（二）分类

陶瓷产品按组成可分为硅酸盐陶瓷、氧化物陶瓷、非氧化物陶瓷（氮化物陶瓷、碳化物陶瓷和复合陶瓷）；按性能可分为普通陶瓷（如日用陶瓷、建筑陶瓷、化工陶瓷等）和特种陶瓷（如结构陶瓷、功能陶瓷）；按用途可分为日用瓷、艺术瓷、建筑瓷、工程陶瓷等。

二、陶瓷制品生产工艺

陶瓷品种繁多，生产工艺过程也各不相同，但一般都要经历四个步骤：坯料制备、成型、坯体干燥和烧结。

(一) 坯料的制备

坯料的制备过程随原料、成型工艺和对坯料性能要求的不同而不同，例如为控制制品晶粒的粗细，要将原料粉碎并细磨到一定程度；为除掉杂质要对原料进行精选；为控制制品性能要按一定比例配料；为控制坯料含水量需进行脱水；为使成分更加均匀和除去所含的大量空气需安排练坯和陈腐工艺等。

(二) 成型

原料经过制坯以后，可采用塑制法将可塑泥团塑制成型，或采用注浆法将浆料浇注成型，也可采用压制法将粉料压制成所需形状和尺寸的陶瓷制品。

(三) 坯体干燥

坯体干燥是坯体中水分排出的过程，随着水分的排出，颗粒间彼此靠近，体积发生收缩。坯料中加入无收缩的非塑性物料，会减少干燥龟裂现象；非可缩性物料采用干压、半干压、热压和等静压成型时，其水含量低于临界水含量，因此无需干燥或进行快速干燥。

(四) 烧结

未经烧结的生坯或素坯中存在大量水分和空隙，强度很低，不能使用。生坯经过初步干燥之后，即可涂釉或直接送去烧结。烧结时陶瓷内部将出现粒子的迁移、扩散和聚拢，并发生一系列的物理化学变化，如晶粒发生相变、体积减小、密度增加、强度与硬度增加等，这些变化直接影响陶瓷质量。因此在烧结过程中，必须掌握好烧结温度、保温时间、升温与冷却速度以及炉内气氛等烧结工艺参数。

三、陶瓷的结构

(一) 陶瓷的晶体结构

陶瓷是由金属和非金属元素的无机化合物构成的多晶固体材料，即陶瓷是多晶体，这与金属有相似之处，但金属是以金属键将原子结合在一起的，而陶瓷晶体一般都是由离子键构成的离子晶体（MgO、Al_2O_3 等），也有由共价键组成的共价晶体（Si_3N_4、SiC），晶体的类型远比金属材料复杂。

构成离子晶体的基本质点是正、负离子，负离子为非金属元素（例如氧等），正离子一般为金属元素（例如铝、镁），硅也能作为正离子。负离子的直径大，通常按照一定规则组成不同的晶格（如简单立方、面心立方、密排六方）。金属正离子的直径小，它存在于非金属负离子晶格的间隙中。例如氧化铝晶体中，铝原子便处于氧原子组成的正八面体空隙之中，氧化硅晶体中，硅原子则处于氧原子的正四面体间隙中，如图 12-1 所示。这种晶体结构使离子晶体具有优异的化学稳定性。

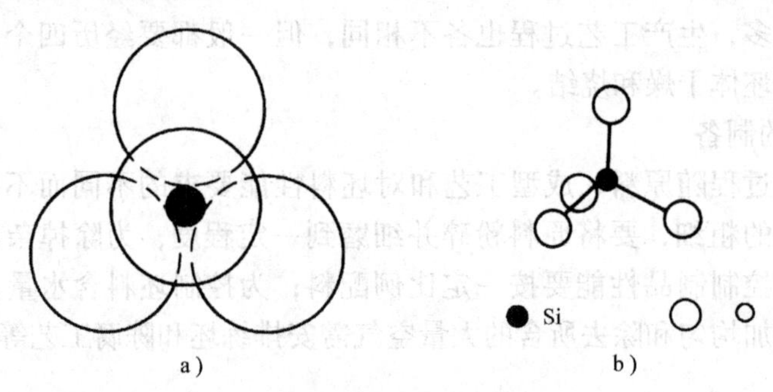

图 12-1　SiO_2 晶体的硅—氧四面体结构模型 a）和化学键结合模型 b）

离子晶体中，正负离子以静电作用力（库伦力）相结合，键的结合能较高，结合比较牢固，因此陶瓷具有硬度高、熔点高、性脆等特性。部分陶瓷是由极化的共价键组成，具有一定离子键特性，常常使结合更加牢固，具有相当高的结合能。

（二）陶瓷的显微结构

陶瓷的性能除了取决于其化学组成和晶体结构之外，还和显微结构关系密切。不同陶瓷的显微结构各不相同，但有一点是共同的，即其显微组织均由晶相、玻璃相和气相组成。

（1）晶相　晶相是陶瓷的主要组成相。组成陶瓷晶相的晶体通常有两类物质：一类是氧化物（如氧化铝、氧化钛等）；另一类是含氧酸盐（硅酸盐、钛酸盐、锆酸盐等）。陶瓷材料的晶相常常不只一个，因此又将多晶相进一步分为主晶相、次晶相、第三晶相等。例如普通电瓷主晶相是莫来石晶体，次晶相为石英晶体。

陶瓷材料的物理、力学和化学性能主要取决于主晶相。主晶相晶粒的大小对陶瓷性能影响很大。例如刚玉陶瓷的晶粒平均尺寸为 200μm 时，其拉伸强度为 74MPa，而平均尺寸为 1.8μm 时，其拉伸强度可高达 570MPa。这是因为多晶材料的初始裂纹尺寸与晶粒度相当，晶粒愈细，初始裂纹尺寸就愈小，强度也就愈高。此点和金属相似。

（2）玻璃相　玻璃相是陶瓷烧结时，各组成物和杂质经一系列物理化学反应后形成的液相冷却而成的非晶态物质。陶瓷中这种低熔点的玻璃相有将分散的晶相粘结在一起，降低烧成温度、控制晶体长大以及填充气孔空隙的作用。但是玻璃相的强度比晶相低，热稳定性也差，在较低温度下就开始软化。此外，玻璃相结构疏松，空隙中常填充一些金属离子而使其绝缘性能降低，因此工程陶瓷必须控制玻璃相的含量。普通陶瓷中玻璃相占 20% ~40%。而日用瓷为了提高透明度，其玻璃相则高达60%以上。玻璃相多为无规则网络的硅酸盐结构，即由硅氧四面体（SiO_4）通过共顶连接而形成向三维空间发展的网络，但其排列是无序的，因此整个玻璃相是一个不存在对称性及周期性的体系。图 12-2 为石英（SiO_2）晶体与石英玻璃（SiO_2）结构对比示意图。

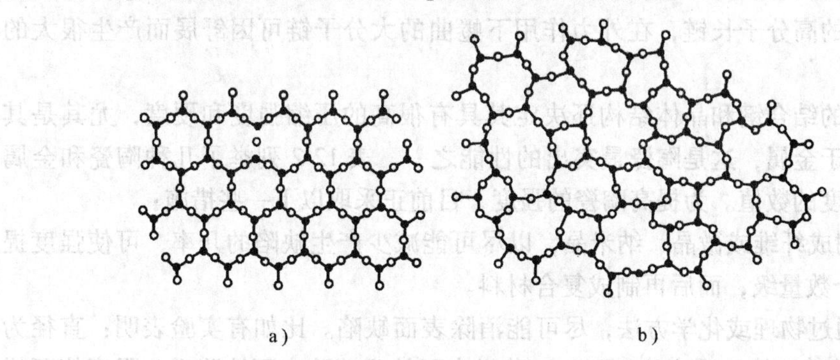

图 12-2　石英晶体 a）与石英玻璃 b）结构示意图

（3）气相　陶瓷没有金属致密，其实际强度远远低于晶体的理论强度，原因是其组织中存在大量气孔所致，一般陶瓷的气孔体积分数达 10%，甚至更多。气孔的形成主要是原料和工艺方面的原因造成的。

气孔是应力集中的地方，能导致机械强度降低并引起陶瓷材料介电损耗增大，抗电击穿能力下降。此外，气相对光的散射影响其透明度，因此工业陶瓷总是力求控制气孔的数量、大小和分布。对某些要求密度小、绝热性能好的特种陶瓷，则往往要求保留一定量的气相，气相体积含量可达 90%。

四、陶瓷的性能

（一）力学性能

图 12-3 为陶瓷、钢和橡胶三种材料的应力-应变曲线。可以看出，陶瓷在外力作用下产生的弹性变形量小于钢，更是远远小于橡胶。但弹性模量一般都比金属大，更是橡胶所不能比拟的。表12-1 为几种陶瓷材料和中碳钢的弹性模量值。

表 12-1　几种陶瓷材料的弹性模量

材　料	弹性模量 $E/\times10^5$MPa
SiO_2	0.7
烧结 Si_3N_4	1.6
热压 Si_3N_4	3.2
热压 Si_3N_4（1400°C）	2.6
SiC	4.5
中碳钢	2.2

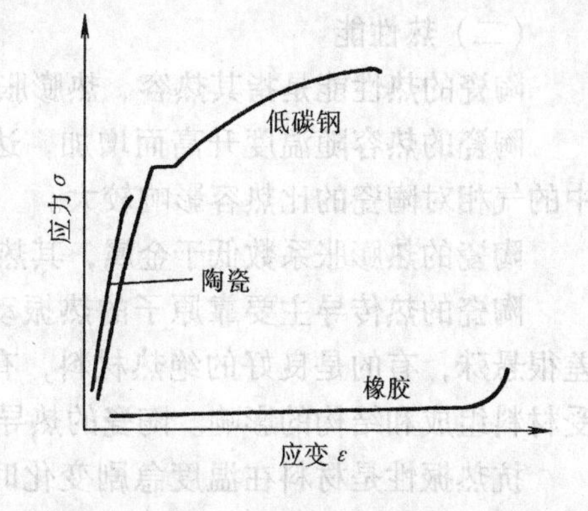

图 12-3　陶瓷、钢和橡胶的应力-应变曲线

陶瓷在室温下呈脆性断裂，这是由于陶瓷大多数为离子晶体，离子键结合能大，在外力作用下很难产生形变，而离子一旦因形变产生位移，很容易引起同号离子相斥，从而导致键的断裂，此外陶瓷中存在气孔也使脆性显著增加。金属之所以具有较好的塑性，是因为原子间以金属键结合。至于橡胶，因其具有柔顺性的高分子长链，在外力作用下蜷曲的大分子链可因舒展而产生很大的形变。

陶瓷的结合键和晶体结构还决定其具有很高的压缩强度和硬度，尤其是其硬度远高于金属，这是陶瓷最突出的性能之一。表 12-2 列举了几种陶瓷和金属的莫氏硬度的数值。为提高陶瓷的强度，目前正采取以下一些措施：

1）制成纤维或微晶、纳米晶，以尽可能减少产生缺陷的几率，可使强度提高 1 ~2 个数量级，而后再制成复合材料。

2）通过物理或化学方法，尽可能消除表面缺陷。比如有实验表明：直径为 0.25mm 的玻璃棒，强度为 45MPa；若经表面处理消除表面缺陷后，强度值可提高到 1750MPa；如再进行喷砂造成表面缺陷，其强度则降到 15MPa。

3）在表面造成预加的残留应力层，以抵消工作时表面承受的部分拉应力，制造钢化玻璃就是利用这种原理。

4）提高陶瓷材料的纯度，消除气相、提高其密度和均匀度、细化晶粒。

5）研制新型陶瓷材料和进一步改善制造工艺。

表 12-2　几种陶瓷和金属的莫氏硬度对比

陶　瓷	莫氏硬度	金　属	莫氏硬度
长石陶瓷	7.0	铝	2.9
滑石瓷	8.0	铁	4.5
Al_2O_3	9.0	铂	4.3
SiC	9.2	铱	6.5

（二）热性能

陶瓷的热性能是指其热容、热膨胀、导热率和抗热振性等能力。

陶瓷的热容随温度升高而增加，达到一定温度后则与温度无关。陶瓷组织中的气相对陶瓷的比热容影响较大。

陶瓷的热膨胀系数低于金属，其热膨胀系数和温度的关系与比热容相似。

陶瓷的热传导主要靠原子的热振动来完成的，不同陶瓷材料的导热性能相差很悬殊，有的是良好的绝热材料，有的则是良好的导热材料。陶瓷的热导率受材料组成和结构的影响。陶瓷的热导率也小于金属。

抗热振性是材料在温度急剧变化时抵抗破坏的能力。脆性材料一般抗热振能力差，常在热冲击下破坏。现代陶瓷的抗热振性已有显著提高，并在尖端工业上得到了应用。

陶瓷材料的熔点一般都高于金属，而且有高的高温强度，在1000°C以上的高温下陶瓷仍能保持其室温下的强度，而且高温抗蠕变能力强，是工程上常用的耐高温材料。

（三）电学性能

陶瓷是传统的绝缘材料。这是因为离子晶体中没有象金属晶体中那样的“自由电子”，只有当温度升高到熔点附近时，离子热振动加强，才表现出一定的导电能力。现代陶瓷中已出现了一批具有各种电性能的陶瓷，如压电陶瓷、磁性陶瓷、透明铁电陶瓷等，为陶瓷的应用开拓了广阔的前景。

（四）化学性能

在陶瓷晶体中，金属原子被周围的非金属元素（氧原子）所包围，屏蔽于非金属原子组成的晶格间隙之中，形成非常稳定的化学结构，很难再同介质中的氧发生作用，即使1000°C以上的高温也不会氧化。此外，陶瓷对酸、碱、盐等的腐蚀也有较强的抵抗能力，也能抵抗熔融金属（如铝、铜等）的侵蚀。所以陶瓷是非常好的耐蚀材料。

（五）光学性能

陶瓷的化学性能差异也比较大。目前已研制出了如制造固体激光器材料，光导纤维材料、光存储材料等陶瓷新品种，并已在通信、摄影、计算机技术等领域获得了应用。氧化铝透明陶瓷的出现，是光学材料的重大突破，它基本上是由单一晶相组成的多晶材料，1mm厚的试片透光率可达80%以上。

第二节　常用工程陶瓷

一、普通瓷

普通瓷是指粘土类陶瓷，是用粘土、长石、石英为原料，经配制、烧结而成的。这类陶瓷历史悠久、应用广泛，种类也多。除作为日用陶瓷之外，工业上主要用作绝缘用的电瓷以及耐酸碱要求不高的化学瓷、承载较小的结构零件用瓷等。

粘土（通常为高岭土）的化学组成为 $Al_2O_3 \cdot 2SiO_2 \cdot 2H_2O$，经烧结失去结晶水后，变成莫来石晶体（$3Al_2O_3 \cdot 2SiO_2$），因此普通瓷中粘土的成分、粒度及数量的多少对陶瓷的显微结构和性能影响很大，也影响其成型加工性（可塑性）。

石英是一种普通结晶状的 SiO_2 矿石，烧结时高温下可溶解于液相中，未溶解的石英颗粒残留在坯体中成为晶相中的一部分。

长石是一种碱金属的铝硅酸盐，常见的有钾长石（$K_2O \cdot Al_2O_3 \cdot 6SiO_2$）和钠长石（$Na_2O \cdot Al_2O_3 \cdot 6SiO_2$）。长石是一种溶剂物质，能降低陶瓷产品的烧结温度。其熔点较低，如 K_2O-Al_2O_3-SiO_2 三元化合物最低熔点为985°C左右。此外，烧结时长石能与粘土和石英形成液相，填充坯体空隙，增加致密度，提高力学性能。

以上三种原料的纯度与粒度以及配料比例均与制品的性能关系密切。图12-4表示用于绝缘的电瓷配料比例与性能关系，图中Ⅰ为机械强度高的区域；Ⅱ为介电性能好的区域；Ⅲ为热稳定性及化学稳定性高的区域；B为硬质瓷的标准组成点，它兼顾了机、电、热三方面的性能。由此可知，原料配比对产品性能有着决定性的影响。

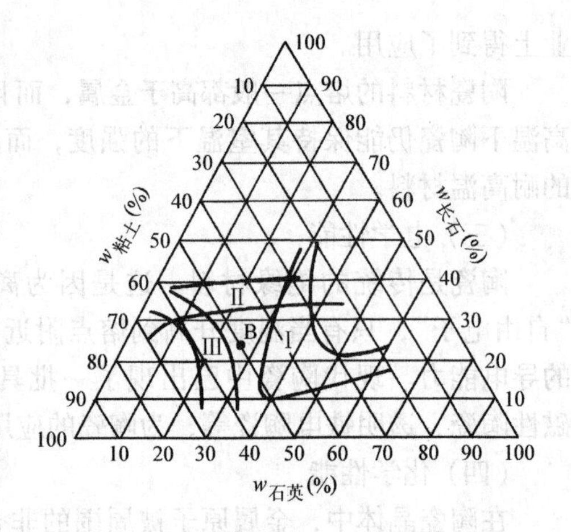

图 12-4　电瓷配料比例与性能的关系
Ⅰ—机械强度高　Ⅱ—介电强度高
Ⅲ—热稳定性好，化学稳定性好
B—硬质瓷的典型配方

这类瓷质地坚硬，不会氧化生锈，耐腐蚀，不导电，能耐一定高温，成本低廉，加工成型性好，是各类陶瓷中用量最大的一种。广泛用于电气、化工、建筑、纺织等行业。

二、氧化铝陶瓷

氧化铝陶瓷是以 Al_2O_3 为主要成分的陶瓷，其中 Al_2O_3 含量在45%以上。根据瓷坯中主晶相的不同，又可分为刚玉瓷、刚玉-莫来石瓷及莫来石瓷等，根据 Al_2O_3 的百分含量又可分为75瓷、95瓷和99瓷等。75瓷属刚玉-莫来石瓷，95瓷和99瓷属刚玉瓷。刚玉瓷的性能最好，但生产工艺复杂，成本高。刚玉-莫来石瓷性能虽不及刚玉瓷，但成本低。它们都是工业上广泛应用的氧化铝瓷。

氧化铝瓷的原料是从天然矿物中提取的工业氧化铝，故 Al_2O_3 的成分和杂质含量易于控制。氧化铝陶瓷中少量的添加剂有的是与 Al_2O_3 生成固溶体，活化晶体，使瓷坯易于烧结，有的则在瓷中生成液相，降低烧结温度或控制晶粒大小。

刚玉瓷的主晶相是 α-Al_2O_3 刚玉晶体，属菱形晶系柱状晶体，含玻璃相、气相均极少。熔点为2025°C，故能耐很高的温度，莫氏硬度为9，仅次于金刚石、氮化硼、立方氮化硼和氮化硅，其机械强度也比普通陶瓷高3～6倍，且具有良好的抗化学腐蚀和介电性能。因此，刚玉瓷常用作高温实验的容器（如瓷舟）和盛装熔融的铁、镍、钴等的坩埚，测温热电偶的绝缘套管等。由于氧化铝瓷综合性能优良（强度高，抗热振性好，高温下绝缘性能好，能耐化学腐蚀），因此它一出现就取代了普通陶瓷而成为内燃机火花塞的材料。近年来出现的新型氧化铝（微晶刚玉）和氧化铝金属瓷等，其强度、耐磨性和抗热振性能更高，除用于金属切削刀具外，还用于耐磨零件，腈纶纤维的起毛割刀等。氧化铝陶瓷的缺点是脆性大，抗热冲击性能差，但这些缺点都因新型氧化铝的出现而得到改善。

三、氮化硅陶瓷

氮化硅（Si_3N_4）是共价化合物，原子间结合能很大，晶体结构属六方晶系，高纯氮化硅为白色或灰白色。其制备方法有反应烧结法和热压烧结法，前者获得的主晶相是 α-Si_3N_4，属低温相，在显微镜下呈针状形态；后者获得的主晶相为 β-Si_3N_4，属高温相，在显微镜下呈粒状或柱状。

Si_3N_4 陶瓷极其稳定，除氢氟酸外，能耐各种无机酸（如盐酸、硝酸、硫酸和王水）和碱溶液的腐蚀，也能抵抗熔融的非铁（有色）金属的侵蚀。

氮化硅陶瓷的硬度高，有良好的耐磨性，摩擦系数小（只有0.1~0.2），几乎和加油的金属表面一样，具有自润滑性，因此是一种优良的耐磨材料。氮硅原子组成的共价晶体，既无离子，也无可移动的自由电子，因此具有优良的电绝缘性能。

氮化硅陶瓷的热膨胀系数小，有比其他陶瓷更优越的抗高温蠕变性能及抗热振性能。其最高使用温度虽不及 Al_2O_3，但其高温强度在1200°C 时仍不下降，超过 Al_2O_3。

氮化硅陶瓷的强度随制造工艺不同而异。热压氮化硅陶瓷由于组织致密，气孔率可接近于零，因此强度很高，一般室温弯曲强度为800~1000MPa，加入某些添加剂后强度可高达1500MPa。反应烧结的氮化硅陶瓷尚有20%~30%的气孔，因而强度不及热压氮化硅，与95瓷相近。但反应烧结氮化硅工艺性能好，可以获得形状复杂、精度很高的制品，这是许多陶瓷所不及的。一般陶瓷在烧结时不可避免地要发生体积收缩，而反应烧结氮化硅在硅元素被氮化的时候，体积有一定的膨胀，因此陶瓷瓷坯的几何尺寸变化甚微，一般在0.1%~0.3%的范围内。但是，反应烧结时由于氮化深度的限制，不能制成厚壁零件，一般壁厚不得超过20~30mm。在应用方面，反应烧结氮化硅陶瓷用于耐磨、耐腐蚀、耐高温绝缘的零件，例如农用潜水泵工作环境很差，常与泥沙接触，要求其密封件要有良好的耐磨性，原采用铸造锡青铜密封环与9Cr18不锈钢对磨，寿命很短。改用氧化铝瓷后，一般使用寿命在1000h左右，但其抗热振性差，易断裂，现改用反应烧结氮化硅陶瓷与9Cr18不锈钢对磨，使用寿命提高到8400h后，磨损量仍很小，尚可继续使用。此外，还可用作在腐蚀介质下工作的泵或阀用密封环，反应烧结氮化硅陶瓷比普通陶瓷的寿命高6~7倍。还可用在非铁（有色）金属高温溶液下工作的某些零件，如电磁泵的管道、阀门、热电偶套管以及高温轴承。氮化硅陶瓷用作燃气轮机的叶片，可以提高进口燃气的温度和压力，从而提高了发动机的功率又降低了燃料的消耗，又因密度只有合金钢的1/3左右，故可大大减轻自重，因此氮化硅陶瓷是制作燃气轮机零件的理想材料。

热压氮化硅陶瓷的力学性能比反应烧结氮化硅好，但只能用于形状简单的制品，例如金属切削刀具，这种刀具不仅能胜任淬火钢、冷硬铸铁等高硬度材料的精加工和半精加工，而且还可用于硬质合金、镍基合金等材料的精加工，其切削综合性能良好，而成本比立方氮化硼和金刚石刀具低，是一种理想的刀具材料。此外，热压氮化硅陶瓷还可用于转子发动机中的刮片以及高温轴承等。

氮化硅陶瓷的性能见表12-3。

表12-3 氮化硅陶瓷的性能

性能	反应烧结	常压烧结	热压烧结
密度/ (g/cm³)	2.7	3.0	3.1
热膨胀系数/ (10^{-6}/K)	3.2 (20~1200°C)	3.4 (20~1000°C)	2.6 (20~1000°C)
热导率/ [W/ (m·K)]		14.65 (20°C)	19.31 (20°C)
弹性模量/MPa	250 (20°C)	280 (20°C)	320 (20°C)
弯曲强度/MPa	340 (20°C) 300 (1200°C)	850 (20°C) 800 (1000°C)	1000 (20°C) 900 (1200°C)
维氏硬度/GPa			18 (20°C)
抗热振性 ΔT/°C	350	800~900	800~1000

四、Sialon陶瓷

Sialon（赛隆）陶瓷是在 Si_3N_4 中添加一定量的 Al_2O_3 构成的Si-Al-O-N系的新型陶瓷材料。在 Si_3N_4 中添加 Al_2O_3 烧结时，Al_2O_3 固溶于 Si_3N_4 中，Al和O原子部分置换了 Si_3N_4 中的Si、N原子，形成由Si-Al-O-N元素构成的一系列物质，并有效地促进了 Si_3N_4 烧结。Sialon陶瓷相仍属六方晶系，其性质随 Al_2O_3 溶入的多少而发生变化。Sialon陶瓷主要组成元素为Si、Al、O、N，基本结构单元为（Si、Al）$(O、N)_4$ 四面体，构成简图如图12-5所示。这类材料可用常压烧结方法达到接近热压烧结氮化硅的性能，是目前所知强度最高的陶瓷材料，并兼有优异的化学稳定性、耐磨性、良好的热稳定性以及不高的密度，是一种很有前途的工程材料。

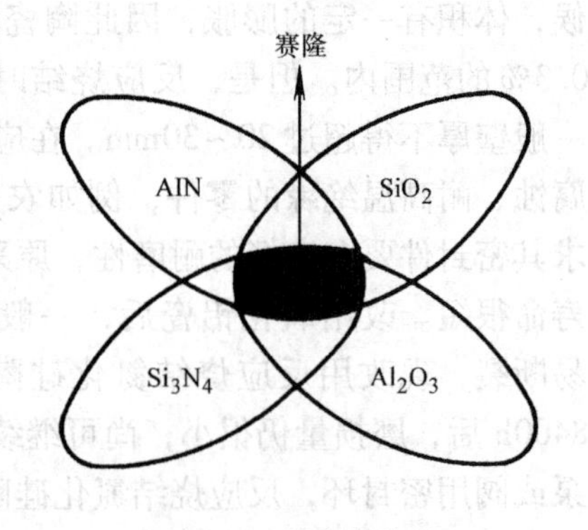

图12-5 赛隆的构成

赛隆陶瓷的应用领域相当广泛，可以用作发动机部件、耐腐蚀夹具、刀具材料等。

五、碳化硅陶瓷

碳化硅和氮化硅一样，是键能大而稳定的共价晶体。SiC 是将石英、碳和木屑装在电炉里在 1900～2000°C 的高温下合成的，成型的方法也有反应烧结和热压法两种。

SiC 晶体中主要包括两种晶型：一是 α-SiC，属六方晶系，是高温稳定型；另一是 β-SiC 属六方晶系，是低温稳定型。多数 SiC 是以 α-SiC 为主晶相的。纯 SiC 是无色高阻的绝缘体，具有负电阻温度系数。

碳化硅陶瓷最大的特点是高温强度大，其抗弯强度在 1400°C 高温下仍可保持 500～800MPa。而其它陶瓷在 1200～1400°C 时高温强度就显著下降。热压碳化硅是目前高温强度最高的陶瓷。

碳化硅陶瓷具有很好的热传导能力，在陶瓷中仅次于氧化铍陶瓷。其热稳定性好，同时也很耐磨、耐腐蚀，抗蠕变性能好。

碳化硅陶瓷目前用作某些要求高温强度高的结构材料，如用于火箭尾喷管的喷嘴、浇铸金属用的喉嘴以及热电偶导管、高温电炉电热棒和炉管等，也可用于燃气轮机的叶片和轴承等。因其热传导能力高，还可用作高温热交换器的材料、核燃料的包封材料等。因其耐磨，常用于制作各种泵的密封圈。

六、氮化硼陶瓷

BN 晶体的粉体是用硼砂（$Na_2B_4O_7$）和尿素（$CO(NH_2)_2$）通过氮的等离子气体加热而获得的。BN 晶体属六方晶系，其晶体结构与石墨相似，具有很好的润滑性和导热性，有“白石墨”之称，是氮化硼陶瓷的主晶相。与石墨不同之处是 BN 是绝缘体，而石墨是导体。氮化硼（六方 BN）和石墨的晶体结构如图 12-6 所示。

氮化硼陶瓷的制备有三种工艺：冷压法、热压法和气相反应法。

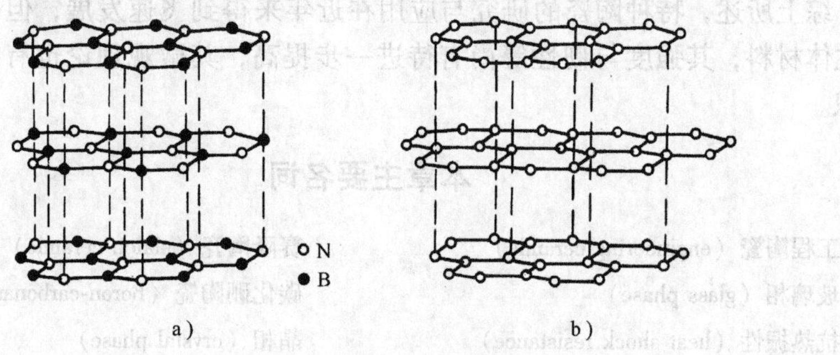

图 12-6　氮化硼和石墨的晶体结构

a）BN　b）石墨

六方 BN 具有良好的耐热性，热导率与不锈钢相当，热稳定性好，同时还具有良好的绝缘性能，高温介电强度好，在 2000°C 下，仍是绝缘体，是理想的高温绝缘和绝热材料。六方 BN 化学稳定性好，能抵抗大部分熔融金属的侵蚀。同石墨一样，六方 BN 硬度低，有自润滑性。

六方 BN 晶体用碱金属为触媒，在 1350～1800°C，6.28～6.59MPa 下，转变为极硬材料——立方 BN，立方 BN 晶体结构牢固，硬度与金刚石相似，是十分优良的耐磨材料。

六方 BN 陶瓷常用来制作半导体散热绝缘材料、热电偶导管、冶金用的高温容器和管道、玻璃制品成型模具及高温轴承等。

立方 BN 目前只用于磨料和金属切削刀具。

七、碳化硼陶瓷

碳化硼 B_4C 为六方晶系，由一系列菱形晶系的混合晶体组成，混合晶体的组成可以从 $B_{13}C_2$ 到 $B_{12}C_3$（B_4C）连续变化。在这些结构中，硼碳组成的基元 C—B—C 沿着菱形轴方向互相联接。

B_4C 是强共价键化合物，因此其突出特性是非常坚硬，莫氏硬度达 9.3，维氏硬度为 50GPa，仅次于金刚石和立方 BN，具有很高的耐磨性。

碳化硼的密度为 2.52g/cm^3，分解温度为 2350°C 左右，熔点为 2450°C。在真空和还原性气氛中，制品结构可稳定至熔点；在氧化气氛中可达 1000°C，超过此温度发生氧化。另外，碳化硼有高的抗酸性和抗碱性，且能抗大多数熔融金属的侵蚀。

碳化硼的热膨胀系数较低，导热性尚可，因而有较好的热稳定性。

碳化硼主要是用作松散的磨料，加工硬质陶瓷。烧结体可作为喷砂的喷嘴、研钵之类的研磨工具、切削工具和高温热交换器。B_4C 的高度脆性和低密度，可用来制造防弹背心。B_4C 有吸收热中子性质，同时其耐热性、抗热冲击性、导热性都相当良好，可以广泛作为原子反应堆的控制剂使用。

综上所述，特种陶瓷的研究与应用在近年来得到飞速发展，但作为工业用的主体材料，其强度与韧性等尚有待进一步提高，其微观理论也有待进一步去认识。

本章主要名词

工程陶瓷（engineering ceramic）	赛隆陶瓷（sialon ceramic）
玻璃相（glass phase）	碳化硼陶瓷（boron-carbonate ceramic）
抗热振性（heat shock resistance）	晶相（crystal phase）
氮化硅陶瓷（silicon-nitride ceramic）	气孔（pore）
反应烧结（reaction sintering）	氧化铝陶瓷（alumina ceramic）

热压烧结（hot press sintering） 氮化硼陶瓷（boron-nitride ceramic）
碳化硅陶瓷（silicon-carbonate ceramic）

习 题

1. 区分陶瓷和工程陶瓷的不同之处。
2. 简述陶瓷制品的生产工艺，解释陶瓷的晶体结构和显微结构。
3. 陶瓷为何是脆性的？提高陶瓷强度的途径有哪些？
4. 什么是普通瓷？有何用途？
5. 常用工程陶瓷有哪几种？各有何特点和用途？

第十三章　复 合 材 料

第一节　复合材料概述

一、复合材料的概念

所谓复合材料，国际标准化组织（ISO）的定义为："由两种以上在物理和化学上不同的物质结合起来而得到的一种多相固体材料"。每一种材料都有其性能上的优势与不足，通过相互复合，取长补短，可使它们的特性得以充分发挥，获得最佳经济效果。因此发展复合材料是材料革命的一个重要方向。例如金属比较坚韧，但多数不耐高温；陶瓷耐高温，但很脆，如果把它们掺合在一起，二者组合成的复合材料——金属陶瓷材料兼有金属和陶瓷的优点。再如把高强度玻璃纤维混在柔软的塑料中形成的玻璃纤维增强塑料，则有密度轻，强度高，抗腐蚀及成型工艺简单等优点，其性能可与钢铁媲美。

不同的非金属材料、金属材料之间、非金属材料与金属材料之间都可以相互复合，从而得到丰富多彩的复合材料。复合材料通常由基体材料和增强材料两部分组成，基体一般选用强度韧性好的材料，如聚合物、橡胶、金属等，而增强材料则选用高强度、高弹性模量的材料，如玻璃纤维、碳纤维和硼纤维等。

二、复合材料的特性

（一）复合材料的性能特点

人们使用材料总是希望其既具有较高的强度，又有较好的塑性，强度高意味着承载能力强，而好塑性则能够防止材料突然破坏。但是金属材料的强度与塑性很难同步大幅度提高，无机非金属（玻璃、陶瓷）刚而不柔，有机聚合物（树脂、橡胶等）则柔而不刚，而复合材料是将刚性较大的增强材料与塑性较好的基体结合起来，刚柔并济，具有综合性能。

（1）高比强度、高比模量　比强度和比模量是度量材料承载能力的两个重要指标，从表 13-1 可以看出，纤维增强复合材料的比强度和比模量是各类材料中最高的。据计算，用复合材料制成与高强度钢具有相同强度和刚度的零件时，其质量可以减轻 70% 左右，这对高速运转的结构零件或要求减轻质量的运输工具和工程构件等具有十分重大的意义。

（2）抗疲劳性能好　金属材料的疲劳破坏，一般都是材料内部损伤积累造成的，裂纹发展至一定程度，迅速扩展而造成的突然断裂（裂纹的扩展方向不变），通常事先没有预兆，常导致重大事故甚至灾难。而纤维复合材料中的初始缺陷（如断裂的纤维、基体开裂、纤维脱胶等）大大超过普通金属，因而对缺口、孔等引起应力集中的敏感性要比金属小得多，特别是纤维和基体界面能改变裂纹扩展方向，从而在一定程度上阻止了裂纹的扩展。其疲劳破坏过程总是从纤维的薄弱环节开始，逐渐扩展到结合面上，破坏前有明显的征兆。大多数金属的疲劳极限是其拉伸强度的40% ~50%，而碳纤维复合材料则可以高达70% ~80%。

表13-1　复合材料与金属材料的比强度、比模量对比

材　　料	密度 $/(g\cdot cm^{-3})$	拉伸强度 /MPa	弹性模量 /GPa	比 强 度 /0.1m	比 模 量 $/10^2m$
钢	7.8	1030	2100	0.13	0.27
铝	2.8	470	750	0.17	0.26
钛	4.5	960	1140	0.21	0.25
玻璃钢	2.0	1060	400	0.53	0.21
高强度碳纤维/环氧	1.45	1500	1400	1.03	0.97
高模量碳纤维/环氧	1.60	1070	2400	0.67	1.5

（3）减摩耐磨、自润滑性能好　例如塑料复合钢板可用作轴承材料，复合钢板兼有钢的强度及某些塑料（如尼龙、聚四氟乙烯）的耐磨性、尺寸稳定性和高的 *pv* 极限值，从而能使轴承寿命显著提高。再如若将石棉与塑料复合，则可得到摩擦系数大、制动效果好的摩阻材料，可制造刹车盘片等。

（4）破损安全性能好　纤维复合材料基体中平均每平方厘米面积上的纤维至少几千根，多至几万根（直径一般为10 ~100μm），使用中超载时即使少量纤维断裂，其载荷会迅速重新分配到未破坏的纤维上，这样在短时间内不至使整个构件失去承载能力。

（5）化学稳定性好　由于纤维和聚合物基体具有较高的化学稳定性，因而纤维增强聚合物基复合材料具有较高的化学稳定性。

（6）其它特殊性能　如隔热性，烧蚀性及特殊的电、光、磁等性能。此外复合材料适合于整体成型，具有良好的工艺性能。

目前，纤维增强复合材料存在的主要问题是：抗冲击性能低，横向强度和层间剪切强度差；成本较高等。值得指出的是复合材料通常具有很强的方向性，是一种各向异性的非均质材料，与各向同性的均质金属材料有很大差别，对此在设计和使用时应予以高度重视。

（二）复合材料的设计及制造技术特点

复合材料的设计及其制造技术完全不同于传统的金属材料，具有两个基本特点：

（1）力学性能的可设计性　在构件的设计和制造时可按其受力情况和性能要求设计复合材料的性能，而不仅仅是传统设计的材料的选择。

（2）材料制造和构件制造的统一性　由原材料制造复合材料的过程，同时也是制造复合材料构件的过程，上述特点使制造复合材料构件或制品的过程同时包含着材料、设计和制造三个不可分割的方面。

三、复合材料的分类和命名

（一）按基体材料分类

（1）非金属基复合材料　包括聚合物基复合材料和陶瓷基复合材料。

（2）金属基复合材料　主要以非铁（有色）金属及其合金为基的复合材料。

（二）按增强材料的形状分类

（1）纤维复合材料　如橡胶轮胎、玻璃钢、纤维增强陶瓷等。

（2）层合复合材料　如钢-铜-塑料三层复合无油润滑轴承材料等。

（3）颗粒复合材料　如金属陶瓷等。

复合材料的命名国内外没有统一的规定，最常用的是根据增强材料和基体材料的名称来命名，有三种情况：

1）以基体材料为主命名，如金属基复合材料、聚合物基复合材料。

2）以增强材料为主命名，如碳纤维增强复合材料，氧化铝纤维增强复合材料。

3）基体与增强材料并用。这种命名方法一般是将增强材料名称放在前面，基体材料名称放在后面，最后加“复合材料”，如碳纤维增强铝合金复合材料常写成“C_f/Al 复合材料”，氧化铝颗粒增强铝合金复合材料常写成“Al_2O_{3p}/Al 复合材料”（f—纤维，p—颗粒）。

目前工业中应用最广、发展最快的是纤维/聚合物复合材料。

四、复合材料的界面与强度

选用性能很好的增强材料和基体材料制备的复合材料，其性能却不一定令人满意，这是因为不是任何材料都能相互复合，复合需要满足一定的要求。比如纤维聚合物的复合主要与三个因素有关：纤维与基体本身的性质及含量，二者的界面结合强度和纤维在基体中的排列方式等。

（一）复合材料对纤维和基体的要求

1）纤维的强度和弹性模量要求高。复合材料的增强效果主要取决于增强材料，而基体是起支持、保护及应力传递作用，这样即使个别纤维产生裂缝甚至断裂，由于基体对纤维的粘合力，也能使复合材料有足够的强韧性。

2）纤维与基体能相互浸润。

3）纤维与基体材料的热膨胀系数要匹配。

4）基体与纤维之间不发生使性能降低的界面化学反应。

5）纤维与基体材料界面间有足够的结合强度。

6）纤维与基体的相对含量要适当。

（二）界面结合强度

复合材料除力学性能主要取决于纤维外，其它各种性能几乎都取决于基体或基体与纤维的界面，所以纤维与基体之间必须牢固结合，只有这样，基体承受的应力才能传递到纤维上，以发挥其增强作用。当然界面结合强度过大，则断裂过程中就没有纤维从基体中拔出的过程，导致整个复合材料呈脆性断裂。所以纤维与基体之间要有适当的结合强度（粘附力）。

界面结合强度主要与增强材料的表面组成、结构与性质有很大的关系。

第二节 纤维增强聚合物基复合材料

复合材料的种类很多，本节仅对工业中应用最广、产量最大的纤维/聚合物复合材料着重介绍，其它种类的复合材料只作简介。

一、玻璃纤维/聚合物复合材料

（一）玻璃纤维/聚合物复合材料的性能

玻璃纤维/聚合物复合材料俗称玻璃钢，它是以玻璃纤维作为增强材料，以热固性树脂（常用环氧、酚醛树脂）为粘结材料而得的复合材料。

玻璃纤维是高纯度熔融态玻璃以极快的速度抽拉而成的细丝状纤维，主要成分是 SiO_2，其次是碱金属氧化物如 Na_2O、K_2O，碱含量愈低，则性能（强度、稳定性和介电性）愈好。玻璃纤维具有高比强度和高比模量（高于高强钢、铝合金、钛合金）、低伸长率（$\varepsilon<5\%$）、耐高温（200～250°C）、化学稳定性好等特点，拉伸强度 σ_b 高达1000～2500MPa，而普通玻璃只有70MPa。但玻璃纤维也有脆性较大，耐磨性、柔曲性差，皮肤接触后有触痛感等不足，另外表面光滑，与基体间结合力小。

玻璃钢的性能主要取决于所用热固性树脂和玻璃纤维的性能、相对用量以及界面结合的情况。

玻璃钢的主要优点是：

1）质轻、比强度高，超过一般高强度钢及铝、钛等合金的比强度。

2）具有优良的电绝缘性能。

3）具有很好的耐化学腐蚀性和耐大气腐蚀性能。

4）能短期承受超高温的作用，抗烧蚀性好。

5）具有防磁和透过微波的特殊性能。

6）成型工艺简单、可以制成不同厚度和形状非常复杂的制件或大型整体件。

玻璃钢的不足之处主要是弹性模量不高，只有钢的1/5～1/10，刚性较差，不耐高温，容易老化和蠕变等，通常只能在低于300°C以下使用。

（二）热固性玻璃钢的改性

为了改进热固性玻璃钢的性能，进一步扩大其应用范围，需进行改性。例如用40%的热固性酚醛树脂和60%的环氧树脂混溶后制成的玻璃钢，不仅具有环氧树脂优良的粘结性，改善了酚醛树脂的脆性，同时还具有酚醛树脂良好的耐热性，改善了环氧树脂耐热性差的缺点。这种热稳定性好、强度更高的环氧-酚醛玻璃钢与酚醛层压玻璃钢相比，其拉伸强度从16.6MPa提高至24.5MPa，冲击吸收功从8.2J提高至28.4J。

（三）玻璃钢的用途

资料表明，如果材料的强度提高10倍，就可把机械零件的质量降低到原来的1/30。因玻璃钢质轻、强度高、耐腐蚀、绝缘性好，因而近年来发展极为迅速，目前已广泛应用于许多工业部门，是工程上不可缺少的重要材料之一。

（1）在车辆制造上的应用　用来制造汽车、机车、客车、货车和拖拉机的车身及其配件，如车顶、车门、窗框、发动机罩、通风窗、仪表盘、挡泥板、电瓶箱、油箱等。

（2）在电机电器方面的应用　可用来制造高压绝缘子、电杆绝缘支架、印刷电路绝缘板、电机护环、电机转子、高压熔断器管、变压器零件、各种电信设备零件、开关盒、蓄电池匣、熔体箱、插座等品种繁多的电机、电气配件。用玻璃钢作电机、电器的部件，不但能提高其绝缘性能和延长使用寿命，而且还为国家节省了大量的棉布和贵重、稀缺金属。如用玻璃钢代替棉布层压板，一吨就可节约棉布4000m，用玻璃钢作电机护环，可节约昂贵的高强度无磁合金钢。

（3）在机械工业方面的应用　从简单的护罩类制品如电动机罩、皮带轮防护罩、仪器罩等，到成型复杂的结构件，如柴油机、造纸机、水轮机、风机、磁选机、拖拉机等各种部件以及轴承、轴承套、齿轮、螺钉、螺帽、法兰圈等各种机械零件，都可以用玻璃钢制造。用玻璃钢代替金属和合金钢可取得良好的效果，例如用于石油裂化冷风机的玻璃钢叶片，每只就节约不锈钢50kg，铝材30kg。

（4）在石油、化工中的应用　用来制造管道、阀门、泵、贮罐、槽、塔器、衬里等防腐蚀制品，可解决化工生产中长期存在的“跑、冒、漏、滴”等老大难问题。

（5）在国防军工方面的应用　目前从一般常规武器到火箭、导弹；从地面、海洋到空中都广泛使用玻璃钢来制造相关零部件，是现代化军工中不可缺少的重要工程材料之一。

（四）玻璃纤维增强热塑性塑料

近年来玻璃纤维增强热塑性塑料的总产量虽还不能与玻璃钢相比，但其增长速度是惊人的。据统计，全世界玻璃纤维增强热塑性塑料年增长率已达25%~30%。目前已经应用的热塑性塑料几乎都可以用玻璃纤维增强，其中用量最大的是尼龙类、聚烯烃类。

玻璃纤维增强热塑性材料的性能随所用树脂种类而异，如表13-2所示。但总的来看，玻璃纤维加入后，可使性能发生以下变化：

1）拉伸强度、弯曲强度和抗疲劳性能提高2～3倍以上。

2）使脆性塑料抗冲击性能提高2～4倍。

3）抗蠕变性能提高2～5倍。

4）热变形温度提高10～20°C。

5）吸水率降低10%～20%。

6）线膨胀系数和成型收缩率减少1/2～1/4。

表13-2　常用玻璃纤维增强热塑性塑料的性能比较

性能指标 \ 塑料	尼龙66		ABS		聚甲醛		聚丙烯		聚苯乙烯		聚碳酸酯	
	未增强	增强后	未增强	增强后	未增强	增强后	未增强	增强后	未增强	增强后	未增强	增强后
密度/（g/cm^3）	1.14	1.37	1.05	1.28	1.42	1.63	0.91	1.13	1.07	1.28	1.2	1.43
模塑收缩率（%）	0.018	0.004	0.003	0.001	0.020	0.003	0.018	0.004	0.004	0.001	0.006	0.001
洛氏硬度	R118	R121	R101	R124	M86	M82	M90	R111	M80	M92	M78	M95
吸水率（%）	1.50	0.90	0.30	0.14	0.22	0.30	0.01	0.03	0.10	0.05	0.15	0.07
拉伸强度/MPa	81	182	42	102	62	137	34	69	49	95	63	130
弯曲模量/10^2MPa	29	91	22	77	28	98	13	56	32	91	23	84
热胀系数/（10^{-6}/°C）	8.10	3.24	9.54	2.88	8.10	3.96	7.20	3.60	6.48	3.42	6.66	2.34
热变形温度/°C	77	254	91	104	110	163	57	146	82	102	129	148

另外，玻璃纤维含量对增强效果有重要影响，例如玻璃纤维对尼龙1010的增强作用，在一定含量限度内其强度随玻璃纤维含量增加而增加（含量超过40%时增加已不明显），但含量小于10%，强度反而下降。因此一般以20%～40%为宜。

这类制品质量轻，构件设计灵活，生产方法简单，可以整体成型，取消了研磨、钻孔、抛光等工序，装配容易，适合批量生产，降低成本。制成的构件耐腐蚀，可以代替铸铝、锌合金、钢材、铜材等，主要用作汽车元件、电器电子元件、机械零件、家具、日用生活品等。用玻璃纤维增强尼龙代替铜制造螺旋桨，其强度、刚度和耐蚀性都能满足要求，效果很好。

还有一种新发展起来的玻璃纤维增强热塑性发泡体，质量更轻且刚性好，可以用木工机械加工，常用来制作船桨、球棒、收音机和电视机的外壳、家具、门窗等，是一种代替木材和金属的很有前途的工程材料。目前玻璃纤维增强的聚碳酸酯泡沫塑料，其比强度超过了金属，用这种材料制造的全塑自行车，质量仅7kg，很受消费者青睐。

二、碳纤维/聚合物复合材料

以碳纤维作增强材料的聚合物基复合材料是性能非常出色的新型工程材料。碳纤维/聚合物复合材料的性能同样与聚合物的性能、含量、纤维排列方向以及相互间界面结合强度等因素有关，因碳纤维比玻璃纤维具有更优良的性能，因此这种复合材料不仅保留了玻璃纤维增强塑料的许多优点，而且某些性能还远远超过了它。

目前世界各国多采用聚丙烯腈纤维（PAN）制造碳纤维，其工艺过程如下：PAN 纤维→氧化处理（空气中，加张力，200～300°C）→碳化处理（N_2 气中或真空，1000～2000°C）→高强度碳纤维（碳纤维Ⅱ，w_C = 75%～95%）→石墨化处理（N_2 气中或真空中，2000°C 以上）→高模量碳纤维（碳纤维Ⅰ，w_C = 98%～99%）。

碳纤维的主要成分是碳，以具有一定取向度的层状石墨条带重叠而成，其密度 ρ = 1.7～2.0g/cm³，为钢的1/4，拉伸强度为钢丝的 4 倍，比强度为钢的 16 倍，铝的 12 倍。

碳纤维复合材料的性能特点：

（1）弹性模量高　玻璃钢的弹性模量较低，承受负荷时其应变量也相应较大，一般当应变量达到1%～2%时聚合物便发生脆裂，因此玻璃钢零件设计时，其允许承载能力不超过极限应力的60%，而碳纤维/聚合物复合材料的弹性模量约为玻璃钢的3～6 倍，承载时应变量较小，因而设计时可允许在极限应力条件下使用。

（2）比强度和比模量高　碳纤维/聚合物复合材料的密度约为钢的1/4，铝合金的1/2，而强度和模量超过铝合金并接近于高强度钢，因此比强度和比模量是现有复合材料中最高的，特别是比模量要高出玻璃钢好几倍（见表13-3）。

表 13-3　碳纤维/环氧复合材料预计自产量性能对比

材　料	纤维体积分数 f（%）	密　度 ρ/（g/cm³）	拉伸强度 R_m/MPa	比强度	弹性模量 $E/10^6$MPa	比模量
钢	—	7.8	1000	0.13	2.4	0.27
铝	—	2.6	400	0.15	0.7	0.27
玻璃钢	60	2.0	1100	0.55	0.4	0.20
碳纤维/环氧Ⅱ型	60	1.5	1400	0.93	1.3	0.87
碳纤维/环氧Ⅰ型	60	1.3	1000	0.62	1.9	1.20

（3）耐冲击性能好　碳纤维聚合物复合材料抗冲击性能极好，是“柔中有刚”的好材料，试验表明，用手枪在十步远的距离击穿不了1cm 厚的碳纤维增强塑料。

（4）高潮湿或高温条件下强度损失少　玻璃钢在潮湿环境下使用时，强度损失 15%，甚至更多，而碳纤维增强塑料几乎不受影响。在高温老化试验中，碳纤维增强塑料的强度损失也比玻璃钢少，此外，它的摩擦系数小，耐腐蚀、抗疲劳、耐瞬时高温性也比玻璃钢好。但其制品也存在各向异性、层间剪切强度低的特点，使其应用受到一定限制。

碳纤维增强复合材料在宇航、航空和航海等领域有作为结构材料的趋势，以取代或部分取代某些金属材料或其它非金属材料来制造要求比强度高和比模量高的零部件。研究表明，如果能使航天飞行器的质量减轻1kg，则可使运载火箭减轻500kg。据统计，碳纤维增强复合材料在飞机上的应用，可使飞机质量减少25%~50%，例如用碳纤维/环氧复合材料作直升飞机的桨叶其寿命比金属桨叶长3倍，美国最先进的大黄蜂式战斗机的机架装配零件有1/8是碳纤维增强复合材料，轨道飞行器一号系统的飞船、发动机舱、隔离装置接合器、级间接合器等都是使用碳纤维环氧复合材料。

在机械工业中，碳纤维增强塑料可用于制造磨床磨头、齿轮等以提高精度和运转速度，减少电能消耗。在动力机械、矿山机械和农业机械上，用于制造要求摩擦系数低、耐磨性能好，具有自润滑性能的轴承、齿轮、活塞、连杆以及密封圈、衬垫板等。

在化学工业上，则利用其耐腐蚀性制造各类罐、泵、阀及各种形式的管道等。总之，碳纤维增强塑料在国民经济各个部门特别是尖端工业部门的应用越来越广泛。

三、硼纤维/聚合物复合材料

硼纤维聚合物复合材料是以环氧聚合物和聚酰亚胺等为基料，用硼纤维增强的新型复合材料，始于20世纪60年代中期，目前只有少数国家生产，且生产规模较小。

这种复合材料的各向异性更加明显，其纵向与横向的拉伸强度和弹性模量的差值达十倍甚至几十倍，因此单向迭层的复合材料很少使用，多采用各向迭层。这种材料层间剪切强度较低，常采用陶瓷晶须来提高其剪切强度。因此目前除在航空工业上用于制造飞机的机翼、水平稳定器罩板和方向舵等外，其应用远不如玻璃纤维和碳纤维复合材料广泛。

四、纤维增强聚合物复合材料成型工艺

纤维增强聚合物基复合材料常用以下几种方法成型：

（1）手糊法　是在模具上刷一层已加固化剂的树脂，然后贴一层纤维织物，用刷子刷平后再刷一层树脂，再贴一层纤维织物，直至所需厚度为止。涂刷结束后需加一定的压力，让其在室温下（或加热）固化成型。这种加工成型方法设备简单、费用少、生产成本低、制品的尺寸和形状不受限制，故实用性强。但因系手工操作，生产效率低，且制品质量不够稳定。此法广泛应用于整体构件和大型制件（如汽车顶篷和飞机雷达罩等）的生产。

（2）模压法　是借助于压力机将涂好树脂的纤维或其制品，压制到所需的形状并固化，这与热固性塑料压制成型的方法完全一样，只是工艺参数不同。此法生产效率高，产品质量稳定，结构密实、尺寸精确，适于小型玻璃纤维增强塑料制品的成型。

（3）缠绕法　是把纤维浸以树脂并按一定的规律连续缠绕于芯模上，再经固化而成。此法易于机械化、生产效率高，制品质量稳定。但制品形状的局限性很大，最适合于缠绕球形、圆筒形等轴对称回转体的壳体零件。如火箭发动机的玻璃钢壳体就是采用此法生产的，又如根据薄壁内压力容器纵截面积上应力为横截面积上的两倍这一力学特征，可以缠绕成周向应力为轴向应力两倍的高压容器（如氧气瓶），从而做到充分发挥纤维增强塑料各向异性的特点，同时又使容器最轻。

(4) 喷射法 是利用压缩空气将树脂、硬化剂（或引发剂）和切短的纤维同时喷射到模具上，经过辊压排除气泡并在其表面喷涂一层树脂，再经固化而成型的方法。此法成型效率高、制品无接缝，适应性强，适合于异形制品的成型加工。但劳动条件差、技术要求高，树脂、硬化剂和纤维的比例要求严格。

第三节 其它复合材料简介

一、层合复合材料

层合复合材料是由两层或两层以上不同材料结合而成的，用层合法增强的复合材料可使强度、刚度、耐磨、耐腐蚀、绝热、质轻等性能分别得以改善。常用的层合复合材料有：

(一) 多层金属复合材料

多层金属复合材料是将性能不同的两层或两层以上金属通过胶合、熔合、铸造、热轧、焊接或喷涂等方法复合在一起，以满足某些性能要求的复合材料。

这种材料的应用很广，例如用于测量和控制温度的简易恒温器就是利用两种线膨胀系数不同的金属板胶合在一起，当温度变化后发生定向翘曲变形的现象制成的。机床主轴轴承、内燃机的高速轴承等滑动轴承，如采用锡基、铅基巴氏合金制造，则一般是将其离心浇铸注到钢背上形成双金属层，若采用铝锑镁和20 高锡铝合金，则是将轴承合金与08 钢轧制成双层或三层复合材料的。大型拖拉机的引犁壁通常也是用三层钢板轧制而成的。此外，我国生产的合金钢-普通钢复合钢板、不锈钢-普通钢复合钢板等都是典型的金属层合复合材料。

(二) 塑料-金属多层复合材料

塑料-金属多层复合材料的典型代表为 SF 型三层复合材料，它是以钢板为基体、烧结铜网为中间层，表面再热压一层塑料而成。它是一种具有自润滑性能的层合复合材料，其力学性能取决于基体，摩擦磨损性能取决于塑料，钢与塑料之间通过多孔性青铜为媒介，所获得的粘结力一般可大于喷涂层和粘贴层。一旦塑料磨损，露出青铜，仍不致严重损伤配合件表面。常用的塑料表面层有聚四氟乙烯（SF—1 型）和聚甲醛（SF—2 型）

三层材料经复合加工后，其物理力学性能发生了很大的变化。以 SF—1 型复合材料和 F—4 塑料相比，承载能力提高 20 倍，热导率提高 50 倍，线膨胀系数降低 85%，从而改善了尺寸的稳定性，使 *pv* 值提高到 20 倍左右，因而可用作重载（140MPa）、高温（270°C）及低温（-195°C）条件下，以及水或腐蚀性介质中工作的无油润滑轴承及某些耐磨件。

SF 型复合材料已用于汽车底盘衬套、垫片、内燃机衬垫、离合器衬套、齿轮泵轴承、轧钢机油轴瓦等等。特别是 SF—2 具有良好的异物埋没性[⊖]，所以适用于拖拉机、农业机械中各种部件上的衬套，如农具升降装置、滚筒式播种机械等。

二、夹层结构复合材料

夹层结构是由两层薄而强度高的面板（或称蒙皮），中间夹一层轻而弱的芯子组成。面板在夹层结构中主要起抗拉和抗压作用。几乎所有材料都可作面板。但对要求拉伸强度、压缩强度和弹性模量高的面板，通常选用金属、玻璃钢或其它增强塑料等。

夹芯结构起着支撑面板和传递剪切力的作用。其结构形式有实心的和蜂窝格子的两种。常用的实心芯子为泡沫塑料、木屑等；蜂窝格子则由金属箔、玻璃布、石棉布等通过辊压法、拉伸法或三相纺织法制成。

面板与芯子的联结方法一般用胶粘剂胶结；也可用粘结性好的泡沫塑料，使它在两块面板中间发泡固化将面板粘结起来；对于金属材料，也可用焊接等方法。

夹层材料的优点有：

1）密度小，比强度高，可使产品结构的质量减轻 15%~90%。

2）它类似于工字钢的结构，因而比强度高，抗压稳定性好。

3）可根据需要选配面板和夹心材料以获得所需要的性能，如绝缘、隔声、耐高温等。

4）可作成整体结构，减少装配工作量等。

夹层结构复合材料的性能与面板材料和厚度、夹芯高度和蜂窝格子的大小及泡沫塑料的性能等有关。总的来说，蜂窝夹层结构的耐热性和机械强度比泡沫夹层结构高，因此对于结构尺寸大，要求强度高，刚性好、耐热性好的受力构件宜采用蜂窝结构，而对于受力不大，但要求刚性好、尺寸较小的受力构件，则采用泡沫塑料夹层结构。

夹层结构主要用于飞机上的天线罩、隔板、火车车厢、运输容器、发动机罩以及绝缘隔声耐热板等。

三、颗粒增强复合材料

颗粒增强复合材料是由一种或多种材料的颗粒均匀分散在基体材料内所组

⊖ 异物埋没性是指外来硬质点镶嵌于摩擦副基体表面中的能力。

成的复合材料。例如弥散强化的金属材料就是一种颗粒复合材料，增强粒子可以是人工加入的，也可以是热处理过程中析出的第二相形成的。

颗粒增强的原理是利用大小适宜的增强粒子呈高度弥散分布在基体中，以阻止使基体塑性变形的位错运动（如金属材料）或分子链的运动（如高分子材料）。增强粒子直径的大小直接影响增强效果，金属基体中增强粒子的直径在0.01~0.1μm范围时增强效果最好。

金属陶瓷是常见的一种陶瓷颗粒增强金属基复合材料。一般来说金属及其合金的热稳定性好，塑性也好，但在高温下易氧化和蠕变；陶瓷则脆性大，但耐高温、耐腐蚀性好。用适当大小的陶瓷粒子来强化金属基体就可以达到取长补短的目的。如常用的YW、YT类硬质合金便是WC陶瓷或TiC陶瓷颗粒在Co金属基体（Co作为粘结剂）中形成的金属陶瓷材料。

金属陶瓷复合材料中陶瓷相主要是氧化物（Al_2O_3、MgO、BeO）和碳化物（TiC、SiC、WC），金属基体主要是Ti、Cr、Ni、Co、Fe等和FeBSi、NiCrBSi等合金。这种复合材料具有高硬度、高强度、耐磨损、耐腐蚀、耐高温和膨胀系数小等优点，是一种优良的工具材料，此外还用于制造金属拉丝模具、阀门等。除金属陶瓷外，还有石墨-铝合金颗粒复合材料，这是在铝液中加入颗粒状石墨并悬浮于铝合金中，浇得的铸件具有优良的减磨消振性能和较小的密度，是一种新型的轴承材料。

四、纳米复合材料

纳米复合材料是指至少一种组分相在尺度上被缩小至纳米量级程度（5~100nm）的复合材料。纳米复合材料包括三种形式：两种以上纳米尺寸的晶粒之间的复合，纳米粒子与薄膜复合，纳米厚的薄膜交替叠层复合。

纳米尺寸的晶粒具有极大的表面能，晶粒之间的界面区已大到超常程度，故可使一些通常不易固溶、混溶的组分有可能实现在纳米尺度上的复合，形成新型金属-陶瓷、陶瓷-陶瓷等复合材料，这些材料由于存在纳米尺寸效应，可望明显改善复合材料的韧性和耐热性。形成的无机-无机、无机-有机复合材料是性能优异的新一代功能复合材料。纳米材料的颗粒可以是晶体、准晶体或非晶体，可以是金属、陶瓷或复合材料。与传统材料相比，纳米材料具有很多优点，如尺寸很小，合成时具有大的驱动力和短的扩散距离；界面原子所占比例很高（5nm颗粒界面原子约占50%），有可能使原子有新的排列及获得新的材料性能；对不同的纳米颗粒进行原位反应、涂层和混合，可以合成新的、多组分的复合材料，所以它具有纳米尺寸、显微结构及设计性能。纳米复合材料实质上是利用纳米微粒排列不同于结晶组分的界面组分，使该材料具有新的特殊性能。业已证实，许多在通常熔融或液态下不能混合的物质组分，如金属和离子材料、或金属和陶瓷、金属和聚合物等，均可在纳米级尺度下合金化，从而生成一系列新材料。现已成功合成的纳米材料有 Pb-Al_2O_3、Au-CaF_2、Au-聚乙烯、Ag/Fe，CaF_2/Cu，Si_3N_4-SiC、SiC-C 等。

纳米薄膜交替叠层复合材料由于纳米层间界面效应可使之产生许多特异效能，如 Fe-Al、Cu-Ni 系有明显的超硬度，Ni-SiO_2 系能大大提高软 X 射线的反射率。

纳米复合材料作为一种新型的材料，由于其特殊的制备方法赋予其不同于传统材料的各种特殊性能，预期其应用的领域将十分广泛，目前人们已在光学、电学领域开始试用。纳米复合材料的扩散性和可溶性预计会对复合材料界面处成分、性能的骤然变化问题的解决带来生机，纳米复合材料的优越的力学性能，将会使这种材料在更加苛刻环境下的应用发挥其优势。可以预言，随着制造新型纳米复合材料工艺的问世，人们将进一步探索纳米复合材料的颗粒尺寸、界面相的含量、界面相的原子结构与纳米复合材料性能之间相互关系以及纳米材料的扩散问题，这些问题的解决将对材料科技的进步及国民经济的发展起巨大的推动作用。

此外，还有陶瓷基复合材料，它是以陶瓷作为基体，以碳纤维、陶瓷、难熔金属纤维、晶须、晶片、颗粒作为增强体，主要为改善陶瓷基体的本质脆性，避免突发破坏，提高工作可靠性。例如，碳纤维增强 Sialon 陶瓷复合材料的抗弯强度仍保持 298MPa，但断裂韧性从 $2.2\text{MPa}\cdot\text{m}^{1/2}$ 提高到 $9.5\text{MPa}\cdot\text{m}^{1/2}$。另外，还有用于航空航天领域的 C/C 复合材料（碳纤维增强碳基复合材料）和化学成分连续变化的功能梯度复合材料（FGMs）等新型复合材料，以及其它各种新型功能复合材料等。

本章主要名词

复合材料（composite material）
增强体（reinforced material）
聚合物基复合材料（polymer matrix composites）
陶瓷基复合材料（ceramic matrix composites）
玻璃纤维（spun glass）
硼纤维（boron fiber）
层合复合材料（multilayer composite material）
颗粒增强金属（powder reinforced metals）
基体（matrix）
界面结合强度（interface bond strength）
碳纤维（carbon fiber）
纤维增强塑料（fiber reinforced plastics）
纳米复合材料（nano-composites）

习　题

1. 什么是复合材料？复合材料的种类有哪些？复合材料的设计、制造技术特点是什么？
2. 简述纤维增强树脂基复合材料的性能、特点和用途？
3. 简述纤维增强树脂基复合材料的成型工艺。
4. 什么是层合复合材料？它在机械工业有何应用？
5. 何谓纳米复合材料？有何优点？

附　录

附录A　常用的力学性能指标及其含义

力学性能	性能指标				说　明
	符号		名称	单位	
	新标准	旧标准			
强度	R_m	σ_b	抗拉强度	MPa	相应最大力（F_m）的应力
	R_{eH}	σ_{sU}	上屈服强度	MPa	屈服强度是指当金属材料呈现屈服现象时，在试验期间达到塑性变形发生而力不增加的应力点。试样发生屈服而力首次下降前的最高应力称为上屈服强度；屈服期间不计初始瞬时效应时的最低应力称为下屈服强度
	R_{eL}	σ_{sL}	下屈服强度	MPa	
	R_p 例如 $R_{p0.2}$	σ_p 例如 $\sigma_{p0.2}$	规定非比例延伸强度	MPa	非比例延伸率等于规定的引伸计标距百分率时的应力。使用的符号应附以下脚注说明所规定的百分率，例如$R_{p0.2}$表示规定非比例延伸率为0.2%时的应力
塑性	A	δ_5	断后伸长率	%	断后标距的残余伸长（L_U-L_0）与原始标距（L_0）之比的百分率
	Z	ψ	断面收缩率	%	断裂后试样横截面积的最大缩减量（S_0-S_U）与原始横截面积（S_0）之比的百分率
硬度	HBW	HBS HBW	布氏硬度	—	用一定直径的硬质合金球施加试验力压入试样表面形成压痕，布氏硬度与试验力除以压痕表面积的商成正比
	HRC HRB HRA	HRC HRB HRA	洛氏硬度	—	根据压痕深浅来测量硬度值，硬度数可直接从洛氏硬度计表盘上读出。HRC、HRB、HRA分别表示用不同的压头和载荷测得的硬度值，也适用于不同场合
	HV	HV	维氏硬度	MPa	用正四棱锥形压痕单位面积上所受到的平均压力数值表示。可测硬而薄的表面层硬度
冲击韧性	KV_2 KU_2 KV_8 KU_8	A_K	冲击吸收能量	J	用规定高度的摆锤对处于简支梁状态的缺口（分V、U形两种）试样进行一次性打击，试样折断时的冲击吸收功。其中，KV_2是V形缺口、KU_2是U形缺口试样在2mm摆锤刀刃下的冲击吸收能量；KV_8是V形缺口、KU_8是U形缺口试样在8mm摆锤刀刃下的冲击吸收能量
抗疲劳性	例 σ_{-1}	例 σ_{-1}	疲劳极限	MPa	材料的抗疲劳性能是通过试验决定的，通常是在材料的标准试件上加上循环特性为$r=\sigma_{min}/\sigma_{max}=-1$的对称循环变应力或者$r=0$的脉动循环（也叫零循环）的等幅变应力，并以循环的最大应力σ_{max}表征材料的疲劳极限

附录B 常用硬度试验方法的原理及硬度符号说明

名称	符号	原理	试验规范						硬度符号说明
			硬度符号（举例说明）	球直径 D/mm	试验力-压头球直径平方的比率 $0.102 \times F/D^2$	试验力 F/N	试样厚度 /mm	载荷保持时间 /s	
布氏硬度（摘自GB/T 231.1—2002）	HBW	用硬质合金球压入试样表面，并在规定载荷作用下保持一定时间，卸除试验力，测量试样表面压痕的直径，布氏硬度与试验力除以压痕表面积的商成正比。 $HB = 0.102 \times 2F/\{\pi D[D-(D^2-d^2)^{1/2}]\}$ 式中，F—载荷(N) D—球体直径(mm) d—压痕平均直径(mm) h—压痕深度(mm)	HBW10/3 000	10	30	29 420	参照国家标准中的相关规定	10～15	布氏硬度用符号HBW表示，符号HBW前面为硬度值，符号后依次为球直径、试验力(kgf)及试验力保持时间(10～15s不标注)。例如：350HBW5/750表示用直径5mm的硬质合金球在7.355kN(750kgf)试验力下保持10～15s测定的布氏硬度值为350；600HBW1/30/20表示用直径1mm的硬质合金球在294.2N(30kgf)试验力下保持20s测定的布氏硬度值为600等
			HBW10/1 500		15	14 710			
			HBW10/1 000		10	9 807			
			HBW10/500		5	4 903			
			HBW5/750	5	30	7 355			
			HBW5/250		10	2 452			
			HBW5/125		5	1 226			
			HBW5/62.5		2.5	612.9			
			HBW5/25		1	245.2			
			HBW2.5/187.5	2.5	30	1 839			
			HBW2.5/62.5		10	612.9			
			HBW2.5/31.25		5	306.5			
			HBW2.5/16.625		2.5	153.2			
			HBW2.5/6.25		1	61.29			
			HBW1/30	1	30	294.2			
			HBW1/10		10	98.07			
			HBW1/5		5	49.03			
			HBW1/2.5		2.5	24.52			
			HBW1/1		1	9.807			

(续)

名称		原理	试验规范							硬度符号说明
			洛氏硬度标尺	硬度符号	压头类型①	初试验力 F0/N	主试验力 F0/N	总试验力 F0/N	适用范围	
洛氏硬度	摘自 GB/T 230.1—2004	F_0 F_n+F_t F_0 在初始试验力及总试验力的先后作用下，将压头（金刚石圆锥、钢球或硬质合金球）分两个步骤压入试样表面，经规定保持时间后，卸除主试验力，测量在初试验力下的残余压痕深度 h，根据 h 值及常数 N 和 S，用公式计算洛氏硬度：洛氏硬度 $=N-h/S$ 式中 N—给定标尺的硬度数（A、B、D、N、T 标尺为 100，其余为 130） h—试样上参与压痕深度（mm） S—N、T 标尺为 0.001，其余标尺为 0.002	A	HRA	金刚石圆锥	98.07	490.3	588.4	20～88HRA	A、C 和 D 标尺洛氏硬度用硬度值、符号 HR 和使用的标尺字母表示，如 59HRC 表示用 C 标尺测得的洛氏硬度值为 59；B、E、F、G、H 和 K 标尺的洛氏硬度用硬度值、符号 HR、使用的标尺和球压头代号（钢球为 S，硬质合金为 W）表示，如 60HRBW 表示用硬质合金压头在 B 标尺上测得的洛氏硬度值为 60；N 标尺表面洛氏硬度用硬度值、符号 HR、试验力数值（总试验力）和使用的标尺表示，如 70HR30N 表示用总试验力为 294.2N 的 30N 标尺测得的表面洛氏硬度值为 70；T 标尺表面洛氏硬度用硬度值、符号 HR、试验力数值（总试验力）、使用的标尺和压头代号表示，如 40HR30TS 表示用钢球压头在总试验力为 294.2N 的 30T 标尺测得表面洛氏硬度值为 40
			B	HRB	直径 1.587 5mm 球		882.6	980.7	20～100HRB	
			C	HRC	金刚石圆锥		1 373	1 471	20～70HRC	
			D	HRD	金刚石圆锥		882.6	980.7	40～77HRD	
			E	HRE	直径 3.175mm 球		882.6	980.7	70～100HRE	
			F	HRF	直径 1.587 5mm 球		490.3	588.4	60～100HRF	
			G	HRG	直径 1.587 5mm 球		1 373	1 471	30～94HRG	
			H	HRH	直径 3.175mm 球		490.3	588.4	80～100HRH	
			K	HRK	直径 3.175mm 球		1 373	1 471	40～100HRK	
表面洛氏硬度			N	HR15N	金刚石圆锥	29.42	117.7	147.1	70～94HR15N	
			N	HR30N	金刚石圆锥		264.8	294.2	42～86HR30N	
			N	HR45N	金刚石圆锥		411.9	441.3	20～77HR45N	
			T	HR15T	直径 1.587 5mm 球		117.7	147.1	67～93HR15T	
			T	HR30T	直径 1.587 5mm 球		264.8	294.2	29～82HR30T	
			T	HR45T	直径 1.587 5mm 球		411.9	441.3	10～72HR45T	

（续）

名称	符号	原理	硬度值有效范围	试验规范 试样厚度/mm	试验规范 试验	试验规范 硬度符号	试验规范 试验力/N	试验规范 载荷保持时间/s	硬度符号说明
维氏硬度（摘自GB/T 4340.1—1999）	HV	将顶部两相对面具有规定角度（136°）的正四棱锥体金刚石压头用试验力压入试样表面，保持规定时间后卸载，用单位压痕面积所承受载荷表示材料的硬度 $HV = 0.102 \times [2P\sin(136°/2)]/d^2 \approx 0.1891 \times P/d^2$ 式中，P—载荷（N） d—两压痕对角线的长度 d_1 和 d_2 的算术平均值（mm）	—	至少为压痕对角线长度的1.5倍	维氏硬度试验	HV5	49.03	一般保持时间为10～15s，特殊材料可延长，但误差应在±2s之内	维氏硬度HV表示，符号前为硬度值，符号后依次为选择的试验力值及试验力保持时间（10～15s不标注）。例如：640HV30和680HV30/20分别表示同在试验力为294.2下保持10～15s和20s测的值为640和680
						HV10	98.07		
						HV20	196.1		
						HV30	294.2		
						HV50	490.3		
						HV100	980.7		
					小负荷维氏硬度试验	HV0.2	1.961		
						HV0.3	2.942		
						HV0.5	4.903		
						HV1	9.807		
						HV2	19.16		
						HV3	29.42		
					显微维氏硬度试验	HV0.01	0.098 07		
						HV0.015	0.147 1		
						HV0.02	0.196 1		
						HV0.025	0.245 2		
						HV0.05	0.490 3		
						HV0.1	0.980 7		

附录C　钢铁金属硬度及强度换算表(适用于碳钢及合金钢)

硬度								抗拉强度 R_m/MPa								
洛氏		表面洛氏			维氏	布氏($P/D^2=30$)		碳钢	铬钢	铬钒钢	铬镍钢	铬钼钢	铬镍钼钢	铬锰硅钢	超高强度钢	不锈钢
HRC	HRA	HR15N	HR30N	HR45N	HV	HBS	HBW									
20.0	60.2	68.8	40.7	19.2	226	225		774	742	736	782	747		781		740
20.5	60.4	69.0	41.2	19.8	228	227		784	751	744	787	753		788		749
21.0	60.7	69.3	41.7	20.4	230	229		793	760	753	792	760		794		758
21.5	61.0	69.5	42.2	21.0	233	232		803	769	761	797	767		801		767
22.0	61.2	69.8	42.6	21.5	235	234		813	779	770	803	774		809		777
22.5	61.5	70.0	43.1	22.1	238	237		823	788	779	809	781		816		786
23.0	61.7	70.3	43.6	22.7	241	240		833	798	788	815	789		824		796
23.5	62.0	70.6	44.0	23.3	244	242		843	808	797	822	797		832		806
24.0	62.2	70.8	44.5	23.9	247	245		854	818	807	829	805		840		816
24.5	62.5	71.1	45.0	24.5	250	248		864	828	816	836	813		848		826
25.0	62.8	71.4	45.5	25.1	253	251		875	838	826	843	822		856		837
25.5	63.0	71.6	45.9	25.7	256	254		886	848	837	851	831	850	865		847
26.0	63.3	71.9	46.4	26.3	259	257		897	859	847	859	840	859	874		858
26.5	63.5	72.2	46.9	26.9	262	260		908	870	858	867	850	869	883		868
27.0	63.8	72.4	47.3	27.5	266	263		919	880	869	876	860	879	893		879
27.5	64.0	72.7	47.8	28.1	269	266		930	891	880	885	870	890	902		890
28.0	64.3	73.0	48.3	28.7	273	269		942	902	892	894	880	901	912		901
28.5	64.6	73.3	48.7	29.3	276	273		954	914	903	904	891	912	922		913
29.0	64.8	73.5	49.2	29.9	280	276		965	925	915	914	902	923	933		924
29.5	65.1	73.8	49.7	30.5	284	280		977	937	928	924	913	935	943		936

（续）

硬度								抗拉强度 R_m/MPa								
洛氏		表面洛氏			维氏	布氏（$P/D^2=30$）		碳钢	铬钢	铬钒钢	铬镍钢	铬钼钢	铬镍钼钢	铬锰硅钢	超高强度钢	不锈钢
HRC	HRA	HR15N	HR30N	HR45N	HV	HBS	HBW									
30.0	65.3	74.1	50.2	31.1	288	283		989	948	940	935	924	947	954		947
30.5	65.6	74.4	50.6	31.7	292	287		1002	960	953	946	936	959	965		959
31.0	65.8	74.7	51.1	32.3	296	291		1014	972	966	957	948	972	977		971
31.5	66.1	74.9	51.6	32.9	300	294		1027	984	980	969	961	985	989		983
32.0	66.4	75.2	52.0	33.5	304	298		1039	996	993	981	974	999	1001		996
32.5	66.6	75.5	52.5	34.1	308	302		1052	1009	1007	994	987	1012	1013		1008
33.0	66.9	75.8	53.0	34.7	313	306		1065	1022	1022	1007	1001	1027	1026		1021
33.5	67.1	76.1	53.4	35.3	317	310		1078	1034	1036	1020	1015	1041	1039		1034
34.0	67.4	76.4	53.9	35.9	321	314		1092	1048	1051	1034	1029	1056	1052		1047
34.5	67.7	76.7	54.4	36.5	326	318		1105	1061	1067	1048	1043	1071	1066		1060
35.0	67.9	77.0	54.8	37.0	331	323		1119	1074	1082	1063	1058	1087	1079		1074
35.5	68.2	77.2	55.3	37.6	335	327		1133	1088	1098	1078	1074	1103	1094		1087
36.0	68.4	77.5	55.8	38.2	340	332		1147	1102	1114	1093	1090	1119	1108		1101
36.5	68.7	77.8	56.2	38.8	345	336		1162	1116	1131	1109	1106	1136	1123		1116
37.0	69.0	78.1	56.7	39.4	350	341		1177	1131	1148	1125	1122	1153	1139		1130
37.5	69.2	78.4	57.2	40.0	355	345		1192	1146	1165	1142	1139	1171	1155		1145
38.0	69.5	78.7	57.6	40.6	360	350		1207	1161	1183	1159	1157	1189	1171		1161
38.5	69.7	79.0	58.1	41.2	365	355		1222	1176	1201	1177	1174	1207	1187	1170	1176
39.0	70.0	79.3	58.6	41.8	371	360		1238	1192	1219	1195	1192	1226	1204	1195	1193
39.5	70.3	79.6	59.0	42.4	376	365		1254	1208	1238	1214	1211	1245	1222	1219	1209

（续）

硬度								抗拉强度 R_m/MPa								
洛氏		表面洛氏			维氏	布氏（$P/D^2=30$）		碳钢	铬钢	铬钒钢	铬镍钢	铬钼钢	铬镍钼钢	铬锰硅钢	超高强度钢	不锈钢
HRC	HRA	HR15N	HR30N	HR45N	HV	HBS	HBW									
40.0	70.5	79.9	59.5	43.0	381	370	370	1271	1225	1257	1233	1230	1265	1240	1243	1226
40.5	70.8	80.2	60.0	43.6	387	375	375	1288	1242	1276	1252	1249	1285	1258	1267	1244
41.0	71.1	80.5	60.4	44.2	393	380	381	1305	1260	1296	1273	1269	1306	1277	1290	1262
41.5	71.3	80.8	60.9	44.8	398	385	386	1322	1278	1317	1293	1289	1327	1296	1313	1280
42.0	71.6	81.1	61.3	45.4	404	391	392	1340	1296	1337	1314	1310	1348	1316	1336	1299
42.5	71.8	81.4	61.8	45.9	410	396	397	1359	1315	1358	1336	1331	1370	1336	1359	1319
43.0	72.1	81.7	62.3	46.5	416	401	403	1378	1335	1380	1358	1353	1392	1357	1381	1339
43.5	72.4	82.0	62.7	47.1	422	407	409	1397	1355	1401	1380	1375	1415	1378	1404	1361
44.0	72.6	82.3	63.2	47.7	428	413	415	1417	1376	1424	1404	1397	1439	1400	1427	1383
44.5	72.9	82.6	63.6	48.3	435	418	422	1438	1398	1446	1427	1420	1462	1422	1450	1405
45.0	73.2	82.9	64.1	48.9	441	424	428	1459	1420	1469	1451	1444	1487	1445	1473	1429
45.5	73.4	83.2	64.6	49.5	448	430	435	1481	1444	1493	1476	1468	1512	1469	1496	1453
46.0	73.7	83.5	65.0	50.1	454	436	441	1503	1468	1517	1502	1492	1537	1493	1520	1479
46.5	73.9	83.7	65.5	50.7	461	442	448	1526	1493	1541	1527	1517	1563	1517	1544	1505
47.0	74.2	84.0	65.9	51.2	468	449	455	1550	1519	1566	1554	1542	1589	1543	1569	1533
47.5	74.5	84.3	66.4	51.8	475		463	1575	1546	1591	1581	1568	1616	1569	1594	1562
48.0	74.7	84.6	66.8	52.4	482		470	1600	1574	1617	1608	1595	1643	1595	1620	1592
48.5	75.0	84.9	67.3	53.0	489		478	1626	1603	1643	1636	1622	1671	1623	1646	1623
49.0	75.3	85.2	67.7	53.6	497		486	1653	1633	1670	1665	1649	1699	1651	1674	1655
49.5	75.5	85.5	68.2	54.2	504		494	1681	1665	1697	1695	1677	1728	1679	1702	1689

（续）

硬度								抗拉强度 R_m/MPa								
洛氏		表面洛氏			维氏	布氏($P/D^2=30$)		碳钢	铬钢	铬钒钢	铬镍钢	铬钼钢	铬镍钼钢	铬锰硅钢	超高强度钢	不锈钢
HRC	HRA	HR15N	HR30N	HR45N	HV	HBS	HBW									
50.0	75.8	85.7	68.6	54.7	512		502	1710	1698	1724	1724	1706	1758	1709	1731	1725
50.5	76.1	86.0	69.1	55.3	520		510		1732	1752	1755	1735	1788	1739	1761	
51.0	76.3	86.3	69.5	55.9	527		518		1768	1780	1786	1764	1819	1770	1792	
51.5	76.6	86.6	70.0	56.5	535		527		1806	1809	1818	1794	1850	1801	1724	
52.0	76.9	86.8	70.4	57.1	544		535		1845	1839	1850	1825	1881	1834	1857	
52.5	77.1	87.1	70.9	57.6	552		544			1869	1883	1856	1914	1867	1892	
53.0	77.4	87.4	71.3	58.2	561		552			1899	1917	1888	1947	1901	1929	
53.5	77.7	87.6	71.8	58.8	569		561			1930	1951			1936	1966	
54.0	77.9	87.9	72.2	59.4	578		569			1961	1986			1971	2006	
54.5	78.2	88.1	72.6	59.9	587		577			1993	2022			2008	2047	
55.0	78.5	88.4	73.1	60.5	596		585			2026	2058			2045	2090	
55.5	78.7	88.6	73.5	61.1	606		593								2135	
56.0	79.0	88.9	73.9	61.7	615		601								2181	
56.5	79.3	89.1	74.4	62.2	625		608								2230	
57.0	79.5	89.4	74.8	62.8	635		616								2281	
57.5	79.8	89.6	75.2	63.4	645		622								2334	
58.0	80.1	89.8	75.6	63.9	655		628								2390	
58.5	80.3	90.0	76.1	64.5	666		634								2448	
59.0	80.6	90.2	76.5	65.1	676		639								2509	
59.5	80.9	90.4	76.9	65.6	687		643								2572	

（续）

硬度								抗拉强度 R_m/MPa								
洛氏		表面洛氏			维氏	布氏（$P/D^2=30$）		碳钢	铬钢	铬钒钢	铬镍钢	铬钼钢	铬镍钼钢	铬锰硅钢	超高强度钢	不锈钢
HRC	HRA	HR15N	HR30N	HR45N	HV	HBS	HBW									
60.0	81.2	90.6	77.3	66.2	698		647								2639	
60.5	81.4	90.8	77.7	66.8	710		650									
61.0	81.7	91.0	78.1	67.3	721											
61.5	82.0	91.2	78.6	67.9	733											
62.0	82.2	91.4	79.0	68.4	745											
62.5	82.5	91.5	79.4	69.0	757											
63.0	82.8	91.7	79.8	69.5	770											
63.5	83.1	91.8	80.2	70.1	782											
64.0	83.3	91.9	80.6	70.6	795											
64.5	83.6	92.1	81.0	71.2	809											
65.0	83.9	92.2	81.3	71.7	822											
65.5	84.1				836											
66.0	84.4				850											
66.5	84.7				865											
67.0	85.0				879											
67.5	85.2				894											
68.0	85.5				909											

附录 D 钢铁金属硬度及强度换算表（适用于碳钢）

硬				度			抗拉强度 R_m /MPa	硬				度			抗拉强度 R_m /MPa
洛氏	表面洛氏			维氏	布氏			洛氏	表面洛氏			维氏	布氏		
HRB	HR15T	HR30T	HR45T	HV	HBW $P/D^2=10$	HBW $P/D^2=30$		HRB	HR15T	HR30T	HR45T	HV	HBW $P/D^2=10$	HBW $P/D^2=30$	
60.0	80.4	56.1	30.4	105	102		375	70.0	83.2	62.5	40.7	121	113		421
60.5	80.5	56.4	30.9	105	102		377	70.5	83.3	62.8	41.2	122	114		424
61.0	80.7	56.7	31.4	106	103		379	71.0	83.4	63.1	41.7	123	115		427
61.5	80.8	57.1	31.9	107	103		381	71.5	83.6	63.5	42.3	124	115		430
62.0	80.9	57.4	32.4	108	104		382	72.0	83.7	63.8	42.8	125	116		433
62.5	81.1	57.7	32.9	108	104		384	72.5	83.9	64.1	43.3	126	117		437
63.0	81.2	58.0	33.5	109	105		386	73.0	84.0	64.4	43.8	128	118		440
63.5	81.4	58.3	34.0	110	105		388	73.5	84.1	64.7	44.3	129	119		444
64.0	81.5	58.7	34.5	110	106		390	74.0	84.3	65.1	44.8	130	120		447
64.5	81.6	59.0	35.0	111	106		393	74.5	84.4	65.4	45.4	131	121		451
65.0	81.8	59.3	35.5	112	107		395	75.5	84.7	66.0	46.4	134	123		459
65.5	81.9	59.6	36.1	113	107		397	75.0	84.5	65.7	45.9	132	122		455
66.0	82.1	59.9	36.6	114	108		399	76.0	84.8	66.3	46.9	135	124		463
66.5	82.2	60.3	37.1	115	108		402	76.5	85.0	66.6	47.4	136	125		467
67.0	82.3	60.6	37.6	115	109		404	77.0	85.1	67.0	47.9	138	126		471
67.5	82.5	60.9	38.1	116	110		407	77.5	85.2	67.3	48.5	139	127		475
68.0	82.6	61.2	38.6	117	110		409	78.0	85.4	67.6	49.0	140	128		480
68.5	82.7	61.5	39.2	118	111		412	78.5	85.5	67.9	49.5	142	129		484
69.0	82.9	61.9	39.7	119	112		415	79.0	85.7	68.2	50.0	143	130		489
69.5	83.0	62.2	40.2	120	112		418	79.5	85.8	68.6	50.5	145	132		493

（续）

硬度							抗拉强度 R_m /N/mm²	硬度							抗拉强度 R_m /MPa
洛氏	表面洛氏			维氏	布氏			洛氏	表面洛氏			维氏	布氏		
					HBW								HBW		
HRB	HR15T	HR30T	HR45T	HV	$P/D^2=10$	$P/D^2=30$		HRB	HR15T	HR30T	HR45T	HV	$P/D^2=10$	$P/D^2=30$	
80.0	85.9	68.9	51.0	146	133		498	90.0	88.7	75.3	61.4	183		176	617
80.5	86.1	69.2	51.6	148	134		503	90.5	88.8	75.6	61.9	185		178	624
81.0	86.2	69.5	52.1	149	136		508	91.0	89.0	75.9	62.4	187		180	631
81.5	86.3	69.8	52.6	151	137		513	91.5	89.1	76.2	62.9	189		182	639
82.0	86.5	70.2	53.1	152	138		518	92.0	89.3	76.6	63.4	191		184	646
82.5	86.6	70.5	53.6	154	140		523	92.5	89.4	76.9	64.0	194		187	654
83.0	86.8	70.8	54.1	156		152	529	93.0	89.5	77.2	64.5	196		189	662
83.5	86.9	71.1	54.7	157		154	534	93.5	89.7	77.5	65.0	199		192	670
84.0	87.0	71.4	55.2	159		155	540	94.0	89.8	77.8	65.5	201		195	678
84.5	87.2	71.8	55.7	161		156	546	94.5	89.9	78.2	66.0	203		197	686
85.0	87.3	72.1	56.2	163		158	551	95.0	90.1	78.5	66.5	206		200	695
85.5	87.5	72.4	56.7	165		159	557	95.5	90.2	78.8	67.1	208		203	703
86.0	87.6	72.7	57.0	166		161	563	96.0	90.4	79.1	67.6	211		206	712
86.5	87.7	73.0	57.8	168		163	570	96.5	90.5	79.4	68.1	214		209	721
87.0	87.9	73.4	58.3	170		164	576	97.0	90.6	79.8	68.6	216		212	730
87.5	88.0	73.7	58.8	172		166	582	97.5	90.8	80.1	69.1	219		215	739
88.0	88.1	74.0	59.3	174		168	589	98.0	90.9	80.4	69.6	222		218	749
88.5	88.3	74.3	59.8	176		170	596	98.5	91.1	80.7	70.2	225		222	758
89.0	88.4	74.6	60.3	178		172	603	99.0	91.2	81.0	70.7	227		226	768
89.5	88.6	75.0	60.9	180		174	609	99.5	91.3	81.4	71.2	230		229	778
								100.0	91.5	81.7	71.7	233		232	788

附录E　国内外常用钢牌号对照表

类别	中　国	美　国		俄罗斯	日　本	德　国	英　国
	GB	AISI	UNS	ГОСТ	JIS	DIN	BS
碳素结构钢	Q195（A1）	A283grB	—	Ст1сп	SS330	—	040A10
	Q215-A（A2）	A283grC	—	Ст2сп	SS330	Rst34-2	040A12
	Q235-A（A3）	A283grD	—	Ст3сп	SS400	Rst37-2	080A15
	Q275（C5）	A573gr70	—	Ст5сп	SS490	Rst50-2	060A32
优质碳素结构钢	10	1010	G10100	10	S10C	CK10	050A10
	15	1015	G10150	15	S15C	CK15	050A15
	20	1020	G10200	20	S20C	CK20	050A20
	25	1025	G10250	25	S25C	CK25	060A25
	30	1030	G10300	30	S30C	CK30	060A30
	35	1035	G10350	35	S35C	CK35	060A35
	40	1040	G10400	40	S40C	CK40	060A40
	45	1045	G10450	45	S45C	CK45	060A47
	50	1050	G10500	50	S50C	CK50	060A52
	55	1055	G10550	55	S55C	CK55	060A57
	60	1060	G10600	60	S60C	CK60	060A62
合金结构钢	30Mn2	1330	G13300	30Г2	SMn433	28Mn6	28Mn6
	42SiMn	—	—	42СГ	—	46MnSi4	—
	40B	50B40	G50401	—	—	35B2	—
	15Cr	5115	G51150	15X	SCr415	17Cr3	17Cr3
	20Cr	5120	G51200	20X	SCr420	20Cr4	20Cr4
	40Cr	5140	G51400	40X	SCr440	41Cr4	41Cr4
	45Cr	5145	G51450	45X	SCr445	—	—
	38CrSi	—	—	38XC	—	—	—
	35CrMo	4137	G41370	35XM	SCM435	34CrMo4	34CrMo4
	38CrMoAl	6470E（SAE）	—	38XMЮA	SACM645	41CrAlMo7	41CrAlMo7
	40CrV	6140E（SAE）	—	40XФA	—	42CrV6	42CrV6
	20CrMn	5120	G51200	20XГ	SMnC420	20MnCr5	—

（续）

类别	中国	美国		俄罗斯	日本	德国	英国
	GB	AISI	UNS	ГОСТ	JIS	DIN	BS
合金结构钢	30CrMnTi	—	—	30ХГТ	—	30MnCrTi4	—
	40CrNi	3140	G31400	40ХН	SNC236	40CrNi6	640M40
	12CrNi3	3415	G34150	12ХН3А	SNC815	15NiCr13	15NiCr13
	20CrNiMo	8620	G86200	20ХНМ	SNCM220	20NiCrMo22	20NiCrMo22
	40CrNiMoA	4340	G43400	40ХНМА	SNCM439	36NiCrMo4	817M40
弹簧钢	65	1065	G10650	65	SWRH67 A/B	CK67	080A67
	70	1070	G10700	70	SWRH72 A/B	—	070A72
	65Mn	1566	G15660	65Г	—	—	—
	55Si2Mn	9260H	G92600	55С2	SUP6	55Si7	251H60
	60Si2Mn	9260H	G92600	60С2	SUP7	60SiCr7	251N60
	50CrVA	6150	G61500	50ХФА	SUP10	50CrV4	735A51
轴承钢	GCr6	50100	G50986	ЩХ6	—	105Cr2	—
	GCr9	51100	G51986	ЩХ9	SUJ1	105Cr4	—
	GCr15	52100	G52986	ЩХ15	SUJ2	100Cr6	—
	GCr15SiMn	—	—	ЩХ15СГ	—	100CrMn6	—
碳素工具钢	T7	—	—	У7	SK7，SK6	C70W2	C70U
	T8	W108E	T72301	У8	SK6，SK5	C80W2	C80U
	T9	W109E	T72301	У9	SK5，SK4	—	C90U
	T10	W110E	T72301	У10	SK4，SK3	C100W2	C105U
	T12	W112E	T72301	У12	SK2	C115W2	C120U
	T13	—	—	У13	SK1	C135W2	—
合金工具钢	Cr2	L3	T61203	Х	—	100Cr6	BL1
	W	F1	T60601	В1	SKS21	120W4	BF1
	5CrW2Si	S1	T41901	5ХВ2С	—	45WCrSi7	BS1
	Cr12	D3	T30403	Х12	SKD1	X210Cr12	BD3
	Cr12Mo1V1	D2	T30402	—	SKD11	X155CrV-Mo121	BD2
	CrWMn	O7	T31507	ХВГ	SKS31	105WCr6	—
	5CrMnMo	V1G	—	5ХГМ	SKT5	40CrMnMo7	—

（续）

类别	中国	美国		俄罗斯	日本	德国	英国
	GB	AISI	UNS	ГОСТ	JIS	DIN	BS
合金工具钢	5CrNiMo	L6	T61206	5XHM	SKT4	55NiCrMoV6	BH224/5
	4Cr5MoSiV1	H13	T20813	4X5MФ1C	SKD61	X40CrMoV51	BH13
	4Cr5W2VSi	H12	T20812	4X5B2ФC	SKD62	X37CrMoW51	—
高速钢	W18Cr4V	T1	T12001	P18	SKH2	S18-0-1	BT1
	W6Mo5Cr4V2	M2	T11302	P6M5	SKH51	S6-5-2	BM2
	W2Mo9Cr4-VCo8	M42	T11342	—	SKH59	S2-10-1-8	BM42
不锈耐酸钢	0Cr13	405S	S40500	08X13	SUS405	X6Cr13	403S17
	1Cr13	410	S41000	12X13	SUS410	X10Cr13	410S21
	2Cr13	420	S42000	20X13	SUS420J1	X20Cr13	420S37
	3Cr13	420	S42000	30X13	SUS420J2	X30Cr13	420S45
	1Cr17	430	S43000	12X17	SUS430	X6Cr17	430S15
	1Cr17Ni2	431	S43100	14X17H2	SUS431	X17CrNi162	431S29
	9Cr18	440C	S44004	95X18	SUS440C	—	—
	0Cr18Ni9	304	S30400	08X18H10	SUS304	X5CrNi1810	304S15
	1Cr18Ni9	302	S30200	12X18H9	SUS302	X10CrNi189	302S25
	1Cr18Ni9Ti	—	—	12X18H9T	—	X12CrNiTi-189	321S20
	0Cr18Ni11Nb	347	S34700	08X18H12Б	SUS347	X6CrNiNb-1810	347S17
	1Cr18Mn8Ni-5N	202	S20200	12X17Г9AH4	SUS202	—	284S16
耐热钢	1Cr5Mo	502	S50200	15X5M	STBA25	—	625
	1Cr25Ni20Si2	314	S31400	20X25H20C2	SUS310S	X15CrNiSi-2520	310S24
	1Cr16Ni35	330	N08330	—	SUH330	X12CrNiSi-3610	—
	2Cr25Ni20	310	S31000	25X25H20C2	SUH310	X12CrNi-2520	310S31
	4Cr10Si2Mo	—	K64005	40X10C2M	SUH3	X40CrSiMo-102	—
	4Cr14Ni14W2-Mo	—	K66009	45X14H14B2M	SUH31	X50NiCrWV-1313	331S42

参考文献

[1] 胡赓祥，蔡珣．材料科学基础［M］．上海：上海交通大学出版社，2000.

[2] 胡赓祥，钱苗根．金属学［M］．上海：上海科学技术出版社，1980.

[3] 卢光熙，侯增寿．金属学教程［M］．上海：上海科学技术出版社，1985.

[4] 石德珂．材料科学基础［M］．北京：机械工业出版社，1999.

[5] 孙鼎伦，陈全明．机械工程材料学［M］．上海：同济大学出版社，1992.

[6] 陶岚琴，王道胤．机械工程材料简明教程［M］．北京：北京工业大学出版社，1991.

[7] 吴维琍，庄和铃．机械工程材料［M］．上海：上海交通大学出版社，1988.

[8] 文九巴．材料科学与工程［M］．哈尔滨：哈尔滨工业大学出版社，2007.

[9] 陆大纮，许晋堃．金属材料及热处理［M］．北京：人民铁道出版社，1979.

[10] 王健安．金属学与热处理［M］．北京：机械工业出版社，1980.

[11] 史美堂．金属材料及热处理［M］．上海：上海科学技术出版社，1991.

[12] 郑明新．工程材料［M］．北京：清华大学出版社，1983.

[13] 赵越超．工程材料［M］．长沙：湖南科学技术出版社，1995.

[14] 曹茂盛．功能材料概论［M］．哈尔滨：哈尔滨工业大学出版社，1999.

[15] 乔明俊，等．机械工程材料［M］．郑州：河南科学技术出版社，1983.

[16] 王运炎．金属材料及热处理［M］．北京：机械工业出版社，1984.

[17] 沈莲．机械工程材料［M］．北京：机械工业出版社，1990.

[18] 王焕庭．机械工程材料［M］．大连：大连理工大学出版社，1991.

[19] 孙广锡．金属材料及热处理［M］．西安：西北大学出版社，1995.

[20] 赵品，谢辅洲，孙文山．材料科学基础［M］．哈尔滨：哈尔滨工业大学出版社，1999.

[21] 张云兰，刘建华．非金属工程材料［M］．北京：轻工业出版社，1987.

[22] 王培铭．无机非金属材料学［M］．上海：同济大学出版社，1999.

[23] 漆守华．非金属材料［M］．武汉：武汉工学院出版社，1990.

[24] 杨克．工程非金属材料［M］．南京：东南大学出版社，1991.

[25] 赵玉庭，姚希曾．复合材料基体与界面［M］．上海：华东化工学院出版社，1991.

[26] 于春田．金属基复合材料［M］．北京：冶金工业出版社，1995.

[27] 夏淑华．机械工程非金属材料学［M］．乌鲁木齐：新疆大学出版社，1992.

[28] 张立德，牟季美．纳米材料和纳米结构［M］．北京：科学出版社，2001.

[29] 郑明新．工程材料［M］．2 版．北京：清华大学出版社，1991.

[30] 崔忠圻．金属学与热处理［M］．北京：机械工业出版社，1999.

[31] 刘毅，等．金属学与热处理［M］．北京：冶金工业出版社，1996.

[32] 王希琳．金属材料及热处理［M］．北京：水利电力出版社，1992.

[33] 李杰．工程材料学基础［M］．北京：国防科技大学出版社，1995.

[34] 耿洪滨，等．新编工程材料［M］．哈尔滨：哈尔滨工业大学出版社，2000.

[35] 范悦，等．工程材料与机械制造基础：上册［M］．北京：航空工业出版社，1997.
[36] 肖纪美．材料的应用与发展［M］．北京：宇航出版社，1988.
[37] 刘智恩．材料科学基础［M］．西安：西北工业大学出版社，2000.
[38] 吴诗惇．金属超塑性变形理论［M］．北京：国防工业出版社，1997.
[39] 祝燮权．实用金属材料手册［M］．2 版．上海：上海科学技术出版社，2000.
[40] 陈恒庆．中国与世界主要工业国家钢铁牌号对照手册［M］．北京：中国标准出版社，1998.